水利水电工程金属结构设计技术与实践

中水珠江规划勘测设计有限公司

陆 伟 冯梦雪 李代茂 张祖林 汪艳青 著

黄河水利出版社

·郑州·

内 容 提 要

本书讲述了水工金属结构的基础知识、设计内容、设计方法、工程实践、施工技术、运行管理等方面的进展和成就。全书分八章,主要介绍了绪论,金属结构设备选型与布置,新技术应用,新设备应用,检测、评价与维护,设计要点与典型工程质量问题分析及处理,典型工程简介,行业管理等方面的内容。本书结合澳门闸、大隆、马堵山、潼南、十里河水库等工程,系统全面地总结了水工钢闸门、启闭机、清污机、压力钢管等水工金属结构设备的设计经验、设计要点和新技术、新设备的应用,是水工金属结构设计的实用手册。

本书由长期从事水利工程设计和管理、具有丰富经验的专业技术人员共同编写,是一本系统完整、实用性强的技术文献,可供从事水利、水电、水运、市政、生态环境等工作的科研、设计、施工及管理方面的技术人员使用,也可供大专院校相关专业师生学习参考。

图书在版编目(CIP)数据

水利水电工程金属结构设计技术与实践/陆伟等著.—郑州:黄河水利出版社,2022.4

ISBN 978-7-5509-3273-9

Ⅰ.①水… Ⅱ.①陆… Ⅲ.①水工结构-金属结构-研究 Ⅳ.①TV34

中国版本图书馆 CIP 数据核字(2022)第 069847 号

组稿编辑:王志宽　电话:0371-66024331　E-mail:wangzhikuan83@126.com

出 版 社:黄河水利出版社　　网址:www.yrcp.com

地址:河南省郑州市顺河路黄委会综合楼 14 层　　邮政编码:450003

发行单位:黄河水利出版社

发行部电话:0371-66026940、66020550、66028024、66022620(传真)

E-mail:hhslcbs@126.com

承印单位:广东虎彩云印刷有限公司

开本:787 mm×1 092 mm　1/16

印张:22.5

字数:520 千字　　印数:1—1 000

版次:2022 年 4 月第 1 版　　印次:2022 年 4 月第 1 次印刷

定价:220.00 元

序

我国是一个水资源总量丰富、水资源时空和地域分布不均、人均水资源短缺的国家。中华人民共和国成立以来,党领导下的水利事业发生了翻天覆地的变化,取得了历史性成就,尤其是近30年来,我国水利建设事业得到蓬勃发展,建成了数量众多的优质水利水电工程,在奋斗历程中涌现出一大批优秀的勘察设计和施工单位。

水工金属结构设备是水利水电工程中的重要设备之一,对保证工程安全运行和效益发挥具有极为重要的作用。水工金属结构专业经过近30年的快速发展,钢闸门从中小规模、常规的平面提升闸门、弧形闸门、人字闸门发展为超大规模、型式多样的闸门,尤其是近年来出现的旋转闸门、浮箱闸门、气动盾形闸门、液压升降坝、钢坝闸、水景坝等多种产品,进一步适应了水工建筑物的布置型式和工程景观需要;启闭机械从中小型卷扬式启闭机发展为超大型卷扬式和液压式启闭机,出现了齿轮驱动、空气驱动、水力驱动等多种型式;清污机械从人工清污、提栅清污发展为多功能清污机、一体化清污船和清污机器人,大大提高了水电站的发电效益;压力钢管的型式规模、钢材冶炼技术、制作工艺和安装设备也获得了创新性发展。水工金属结构设备在设计、制造、安装中大量使用“五新”技术,为提高产品质量、保证工程安全运行、节约工程投资、提升智能监控水平提供了技术保障。

按照国务院关于深化简政放权、放管结合、优化服务的决策部署,目前我国水工金属结构实行产品认证管理,启闭机实行事中事后监管,这有利于促进水工金属结构设备进一步适应市场改革。随着市场经济的高速发展,水工金属结构设备的设计、制造、安装和运行管理水平需要不断进行优化和完善,才能更好地服务于市场。

该书编者长期从事水利工程设计和管理,大部分编者来自中水珠江规划勘测设计有限公司。该公司前身是成立于1985年的水利部珠江水利委员会勘测设计研究院,是水利部珠江水利委员会的主要技术支撑单位,开展了大量的大中型水利、水电、航运交通、供水工程、城市防洪排涝、河流治理、湖泊治理、生态修复等项目的规划、勘测、设计等工作,积累了丰富的经验,培养和造就了一大批高素质的专业技术人才。该书编者参与的标志性设计作品主要有:广西大藤峡水利枢纽(亚洲最高人字闸门,高度47.5 m)、澳门内港挡潮闸(世界最大旋转下卧式闸门,宽度62 m)、广西壮族自治区百色通航设施(世界最高扬程2×500 t单级全平衡垂直升船机,扬程88 m)、云南省新平县十里河水库(亚洲最高压输水管道,设计压力13.5 MPa)、广东珠三角水资源配置工程(世界流量最大、带有D4.8 m钢衬的输水盾构隧洞,流量80 m^3/s)等。随着这些大规模工程的陆续实施,水工金属结构设备将再次迎来新的发展机遇,技术水平也必将再上新台阶。

该书收集了大量工程技术资料,全面系统地总结了金属结构设备的设计技术和工程实践,是专业理论和实践经验的结晶,对金属结构专业设计有很好的借鉴意义。该书可作为工程技术人员的工具书,也可作为学习参考书,具有很好的实用价值。

水利部珠江水利委员会副主任　易越涛

2021 年 12 月 25 日

前　言

党的十八大制定了新时代统筹推进“五位一体”总体布局的战略目标，习近平总书记站在党和国家事业发展全局的战略高度，多次强调治水对民族发展和国家兴盛的重要意义，提出“节水优先、空间均衡、系统治理、两手发力”的新时代治水思路，为水利工作提供了科学指南和根本遵循。党的十九届六中全会统筹发展和安全，坚持稳中求进工作总基调，全面贯彻新发展理念，加快构建新发展格局。在新时代，水利工作全面推进理念思路创新、体制机制创新、内容形式创新，统筹解决好水灾害频发、水资源短缺、水生态损害、水环境污染的问题，水利水电工程设计、施工和运行管理进入全新高质量发展阶段。

水工金属结构设备是水利水电工程中不可缺少的重要组成部分，我国水利水电建设近 30 年来得到了高质量快速发展，随着三峡水利枢纽、白鹤滩水电站、南水北调、引江济淮等一大批大型水利水电工程的兴建，超大孔口和超高水头闸门、大容量启闭机、大口径压力钢管获得了广泛应用。国内已建工程的闸门孔口宽度最大达 100 m（苏州河口水闸），设计水头最高达 160 m（小湾水电站）；卷扬式启闭机单吊点容量最大达 18 000 kN（乌东德水电站），液压启闭机单吊点容量最大达 12 500 kN（白鹤滩水电站）；压力钢管直径最大达 14.4 m（向家坝水电站），设计水头最高达 1 175 m（苏巴姑水电站），*HD* 值最大达 3 553 m^2（西龙池抽蓄）。大型水利枢纽、巨型水电站和超长距离引调水工程的兴建使得金属结构专业在理论研究、工程设计、材料选用、施工技术、运行管理等方面都取得了长足进步和丰硕成果，工程技术已达到甚至超过了国际水平。

本书系统总结了我国多年来水利水电工程金属结构设备设计的经验，广泛收集了国内外有关资料，全面论述了金属结构设备的设计技术以及相关工程实践经验和教训，大部分插图和工程资料来自中水珠江规划勘测设计有限公司设计的工程。全书以设计为主线，穿插了制造安装、运行维护的内容，体现了“五新”技术和生态环保理念。全书图文并茂，浅显易懂，内容丰富，对工程设计人员具有很强的指导性和实用性。

本书由中水珠江规划勘测设计有限公司陆伟任主编，并负责全书的统稿工作。主编是中国水力发电工程学会水工金属结构专业委员会委员、能源行业水电金属结构及启闭机标准化技术委员会委员、自愿性产品（水工金属结构）认证检查员和水利工程启闭机事中事后监督检查高级审查员。本书编写分工如下：前言，陆伟；第一章绪论，陆伟、冯梦雪；第二章金属结构设备选型与布置，陆伟、冯梦雪、汪艳青；第三章新技术应用，陆伟、张祖林、汪艳青；第四章新设备应用，陆伟、冯梦雪；第五章检测、评价与维护，陆伟、李代茂、张祖林；第六章设计要点与工程质量问题分析及处理，陆伟、冯梦雪、李代茂、张祖林、汪艳青;第七章典型工程简介,陆伟、冯梦雪、李代茂、张祖林、汪艳青;第八章行业管理,陆伟、冯梦雪、李代茂。

本书在编写过程中得到了中水珠江规划勘测设计有限公司、广东粤海珠三角供水有限公司领导和同事的大力支持和帮助,还得到了水利部综合事业局、水利水电规划设计总院、水电水利规划设计总院、河海大学、武汉大学、水利部水工金属结构质量检验测试中心、中国葛洲坝集团机械船舶有限公司、四川东方水利智能装备工程股份有限公司等有关部门和诸多专家的协助。同时感谢周浩、李菲两位同志帮助图表剪辑和编排,在此谨向以上各单位及关心、帮助本书出版的同志一并致谢!由于编写人员水平和经验有限,错误和不足之处在所难免,敬请读者批评指正。

编 者

2021 年 12 月

目　录

第一章　绪　论

第一节　金属结构设备发展现状

一、发展现状

水工金属结构设备是指以金属材料制成的闸门、拦污栅、启闭机、清污机和压力钢管等产品或构件的总称，通常布置在枢纽泄水建筑物、输水建筑物、引水隧洞、机组流道、船闸建筑物等过水部位，根据功能和需要设置成不同型式，承担水库防洪、蓄水、泄洪、排涝、排漂、排沙、引水、发电、通航、过鱼、供水、灌溉等任务，是工程中不可缺少的重要设备之一。工程建成后，水工金属结构设备能否可靠运行不仅关系着设备本身的使用效果和寿命，也直接影响到工程安全和经济效益、社会效益的发挥，对工程起着举足轻重的作用，甚至关乎国家和人民生命财产的安危。

我国水利水电建设近30年来得到了高质量快速发展，随着三峡水利枢纽、二滩水电站、小湾水电站、乌东德水电站、白鹤滩水电站、溪洛渡水电站、向家坝水电站、大藤峡水利枢纽等一大批巨型高坝大库工程和南水北调、引江济淮、滇中引水、珠三角水资源配置、环北部湾广东水资源配置等一大批引水调水工程的兴建，我国的水利水电建设事业达到了高峰。大坝高度、装机容量、供水规模、建设技术、管理水平等已稳居世界前列。超大孔口和超高水头闸门、大容量启闭机、大口径压力钢管获得了广泛应用，这些都对金属结构设备合理的选型与布置、优良的设计、高质量的制造安装以及科学的运行管理提出了更高的要求。工程技术人员在设计中大量使用BIM、有限元分析、模型试验等新技术，在设备制造中大量使用高强材料、耐蚀材料、自润滑材料等新材料和新型涂层喷涂、消失模铸造等新工艺，在设备研发和运行中大量创新新型闸门、启闭机、无电应急装置、在线监测等新设备和新产品，这些都为提高金属结构设备使用寿命和安全性能，实现安全、智能化管控提供了重要保障。

二、设备规模

我国目前已建和在建工程中已有40多座200 m级以上的高坝，如坝高305 m的雅砻江锦屏一级水电站拱坝、坝高216.5 m的红水河龙滩水电站重力坝、坝高233 m的清江水布垭混凝土面板堆石坝、坝高314 m的大渡河双江口水电站土石坝等，水工钢闸门、启闭机、压力钢管的规模得到大幅度提高。

(一)闸门现状规模

1.平面提升闸门现状规模

国内已建工程平面提升闸门孔口宽度最大的达34.1 m(西津、长洲)，孔口高度最大的达 36 m(三峡),设计水头最高的达 160 m(小湾),总水压力最大的达 173 154 kN(向家坝)。国内外已建典型工程提升式平面闸门特性见表 1-1。

表 1-1 国内外已建典型工程提升式平面闸门特性

地点	工程名称	闸门名称	孔宽×孔高(m×m)	设计水头(m)	总水压力(kN)
青海	龙羊峡水电站	放空底孔定轮事故闸门	5×9.5	120	66 700
湖北	水布垭水电站	放空洞定轮事故闸门	5×11	152.2	87 160
云南	小湾水电站	放空底孔定轮事故闸门	5×12	160	100 000
四川	锦屏一级水电站	放空底孔滑动事故闸门	5×12.42	133	86 000
四川	溪洛渡水电站	泄洪深孔链轮事故闸门	5.2×14.04	109.3	81 770
贵州	天生桥一级水电站	放空洞链轮事故闸门	6.8×9	120	73 542
四川	瀑布沟水电站	放空洞链轮事故闸门	7×9	123.78	84 894
湖北	三峡水利枢纽	泄洪深孔定轮事故闸门	7×11	85	106 610
四川	两河口水电站	放空洞定轮事故闸门	7×13	125.34	110 807
青海	李家峡水电站	中孔定轮事故闸门	8×13	60	57 070
四川	二滩水电站	泄洪洞定轮事故闸门	13×17	37	64 017
广东	飞来峡水利枢纽	厂房尾水事故闸门	14×11.9	26.08	34 763
广东	清远水利枢纽	厂房尾水事故闸门	14.6×11.1	25.94	33 732
福建	水口水电站	溢洪道事故闸门	15×22.5	22.5	38 450
江西	新干航电枢纽	厂房尾水事故闸门	15.05×12.8	25.97	39 040
广西	长洲水利枢纽	泄水闸工作闸门	16×16.91	16.91	23 100
广西	红花水电站	泄水闸工作闸门	16×17.6	17.6	30 028
贵州	大融航电枢纽	泄水闸工作闸门	16×19	19	35 000
四川	向家坝水电站	厂房尾水检修闸门	16×20.65	61.886	173 154
江西	峡江水利枢纽	厂房尾水事故闸门	16.2×13.6	20.41	30 930
江西	峡江水利枢纽	厂房进口检修闸门	16.2×19.58	31.95	71 164
广东	北江大堤西南水闸	水闸定轮工作闸门	20×3.5	11.13	7 032
浙江	曹娥江大闸	挡潮闸工作闸门	20×5	9	8 250
四川	向家坝水电站	升船机辅助船闸工作闸门	24×17	5	20 732
广西	大藤峡水利枢纽	船闸上闸首事故闸门	34×23.3	22.8	93 649
湖北	三峡水利枢纽	船闸一闸首事故闸门	34×36	36	—
广西	西津二线船闸	下闸首检修闸门	34.1×18.23	18.23	56 862
广西	长洲三四线船闸	下闸首检修闸门	34.1×22.5	22.5	86 619

续表 1-1

地点	工程名称	闸门名称	孔宽×孔高 (m×m)	设计水头 (m)	总水压力 (kN)
瑞士	真沃森水电站	底孔滑动工作闸门	1.8×3	200	11 280
塔吉克斯坦	努列克水电站	泄洪洞链轮事故闸门	4.5×7.4	101.4	36 400
法国	谢尔邦松水电站	2#导流洞链轮事故闸门	6.2×11	124	84 300
巴西	伊泰普水电站	定轮闸门	6.7×22	140	190 000
巴基斯坦	曼格拉水电站	定轮闸门	9.24×9.24	85.4	68 900
泰国	巴帕南水闸	单扉闸门	20×8.75	8.757 695	—
美国	约翰日船闸	工作闸门	26.2×34.4	34.4	160 000
荷兰	伊色耳挡潮闸	露顶式工作闸门	80×11.6	11.6	53 960

2. 弧形闸门现状规模

国内已建工程弧形闸门孔口宽度最大的达 40 m(镇江水利枢纽),孔口高度最大的达 26.5 m(大藤峡),设计水头最高的达 160 m(小湾),总水压力最大的达 155 000 kN(白鹤滩)。国内外已建典型工程弧形闸门特性见表 1-2。

表 1-2　国内外已建典型工程弧形闸门特性

地点	工程名称	闸门名称	孔宽×孔高 (m×m)	设计水头 (m)	总水压力 (kN)
河南	小浪底水利枢纽	排沙洞工作闸门压紧式止水	4.4×4.4	122.05	42 000
河南	小浪底水利枢纽	1#孔洞工作闸门压紧式止水	4.8×5.4	139.4	60 000
云南	小湾水电站	底孔工作闸门充压式止水	5×7	160	108 500
湖北	水布垭水电站	底孔工作闸门压紧式止水	6×7	152.2	89 633
浙江	滩坑水电站	泄兴兼放空洞工作闸门	7×7	102	89 000
湖北	三亚水利枢纽	泄洪深孔工作闸门	7×9	85	66 300
贵州	天生桥一级电站	放空洞工作闸门充压式止水	6.4×7.5	120	87 350
广西	大藤峡水利枢纽	泄水低孔工作闸门	9×18	39	58 840
贵州	构皮滩水电站	泄洪洞工作闸门充压式止水	10×9	80	81 000
云南	小湾水电站	泄洪洞工作闸门	12×15	40	67 970
四川	二滩水电站	泄洪洞工作闸门	13×15	37	74 770
四川	白鹤滩水电站	泄洪洞工作闸门	14×11.3	70	155 000
四川	溪洛渡水电站	泄洪洞工作闸门	14×12	65	145 838
广东	飞来峡水利枢纽	溢流坝工作闸门	14×12.592	16	19 201
广东	高陂水利枢纽	溢流坝工作闸门	14×13.5	21.84	31 853
广西	大藤峡水利枢纽	泄洪表孔工作闸门	14×26.5	26	49 619
重庆	草街航电枢纽	冲沙闸工作闸门	14.8×25.5	25	54 349
云南	马堵山水电站	溢流坝工作闸门	15×17.5	17.5	25 680
云南	南沙水电站	溢流坝工作闸门	17×17.6	17.6	29 428

续表 1-2

地点	工程名称	闸门名称	孔宽×孔高（m×m）	设计水头（m）	总水压力（kN）
湖南	五强溪水电站	溢流坝工作闸门	19×23	23	52 060
江西	石虎塘航电枢纽	泄水闸工作闸门	20×9.8	9.8	15 451
湖南	铜湾水电站	溢流坝工作闸门	20×16.05	16.05	30 070
贵州	三板溪水电站	溢洪道工作闸门	20×19.833	19.833	40 205
广西	老口航运枢纽	泄水闸工作闸门	22×14	14	30 330
广州	黄埔涌水闸	南闸工作闸门	35×6.8	2.93	3 960
江苏	镇江水利枢纽	引航道工作闸门	40×7.98	7.98	9 140
巴基斯坦	塔贝拉水电站	泄洪底孔工作闸门	4.9×7.3	136	75 000
塔吉克斯坦	努列克水电站	泄洪洞工作闸门压紧式止水	5×6	103.45	55 000
巴基斯坦	曼格拉水电站	溢洪道工作闸门	11×11.2	46	58 900
加拿大	麦加	泄洪洞工作闸门	12.2×12.8	61	85 280
越南	SONLA 水电站	高孔工作闸门	15×11.5	30.56	45 100
巴西	伊泰普水电站	溢洪道工作闸门	20×21.34	20.84	44 200
苏联	维柳斯克坝	溢洪道工作闸门	40×16	15.2	48 500
俄罗斯	萨扬舒申克水电站	坝身泄水孔工作闸门	5×6	117	53 000

3. 人字闸门现状规模

国内已建工程人字闸门孔口宽度最大的达 34.1 m（西津、长洲），孔口高度最大的达 47.5 m（大藤峡），设计水头最高的达 40.25 m（大藤峡）。国内已建典型工程人字闸门特性见表 1-3。

表 1-3　国内已建典型工程人字闸门特性

地点	工程名称	船闸型式	孔宽×坎上水深（m×m）	闸门高度（m）	设计水头（m）
贵州	平寨航电枢纽	单线单级船闸	12×3	27.585	23.83
广西	大化水电站	单线单级船闸	12×3	32.51	29
广东	飞来峡水利枢纽	左岸单线单级船闸	14×2.5	18	17.49
江西	万安水利枢纽	单线单级船闸	14×2.5	36.25	32.5
广西	红花水电站	单线单级船闸	18×3	21.515	17.71
广东	飞来峡二三线船闸	右岸双线单级船闸上闸首	34×5	19.99	14.44
湖北	葛洲坝大江船闸	单线单级船闸	34×5	34.5	27
湖北	三峡水利枢纽	双线五级船闸五闸首	34×5	37.5	35
湖北	三峡水利枢纽	双线五级船闸一闸首	34×5	38.5	31
广西	大藤峡水利枢纽	单线单级船闸下闸首	34×5	47.5	40.25
广西	西津二线船闸	单线单级船闸	34.1×5	25.32	19.52
广西	长洲水利枢纽	四线单级船闸	34.1×5	30.1	19.2

4. 翻板闸门现状规模

国内已建工程翻板闸门中规模最大的是苏州河口水闸，孔口宽度 100 m，孔口高度 9. 766 m。国内已建典型工程翻板闸门特性表见表 1-4。

表 1-4　国内已建典型工程翻板闸门特性

地点	工程名称	闸门名称	孔宽×孔高(m×m)	设计水头(m)
广州	南沙横沥岛尖东闸	液压驱动顶铰上翻板闸	20×8. 07	6. 76
安徽	黄山花山坝工程	液压底轴驱动钢坝闸	42. 6×4. 8	4. 8
广东	大洞口水闸	液压驱动底铰下翻闸	55×7. 89	7. 89
贵阳	南明河水环境综合治理工程	气动盾形闸门	60×8	8. 205
广东	三江口水闸	液压驱动底铰下翻闸	60×8. 6	7. 81
湖北	恩施综合治理工程	液压底轴驱动钢坝闸	66×6	6. 5
上海	苏州河口水闸	液压底轴驱动钢坝闸	100×9. 766	4. 28
郑州	郑东新区 A 坝控制闸	液压驱动顶铰上翻闸	104×6. 12	6. 12

(二)启闭机现状规模

1. 卷扬式启闭机现状规模

国内已建工程固定卷扬式启闭机单吊点容量最大的达 18 000 kN(乌东德水电站)，双吊点容量最大的达 2×10 000 kN(金川水电站、阿尔塔什水利枢纽)，扬程最大的达 159 m(水布垭水电站)。国内已建典型工程固定卷扬式启闭机特性见表 1-5。

表 1-5　国内已建典型工程固定卷扬式启闭机特性

地点	工程名称	使用部位	容量(kN)	扬程(m)
湖北	水布垭水利枢纽	放空洞事故闸门	3 200	159
新疆	阿尔塔什水利枢纽	2#深孔泄洪洞事故闸门	6 300	140
云南(四川)	白鹤滩水电站	3#~4#导流底孔进口封堵闸门	6 300	42
浙江	滩坑水电站	进水口事故闸门启闭机	6 300/2 000	70
湖北	江坪河水电站	泄洪放空洞进口事故门	6 300/4 000	110
湖北	洞坪水电站	2#泄洪中孔事故检修闸门	6 500	65
四川	大岗山水电站	导流底孔封堵闸门	7 000	18
广东	梅州蓄能电站	下库事故闸门	7 500	78
浙江	滩坑水电站	泄洪洞事故闸门启闭机	8 000/2 000	100
云南(四川)	白鹤滩水电站	2#导流底孔进口封堵闸门	9 000	42
四川	锦屏二级水电站	调压井事故闸门	9 000/2 000	—
云南(四川)	白鹤滩水电站	6#导流底孔进口封堵闸门	9 000/4 000	25

续表 1-5

地点	工程名称	使用部位	容量(kN)	扬程(m)
云南(四川)	乌东德水电站	5#导流洞进口封堵闸门	12 500	72
云南(四川)	乌东德水电站	1#~4#导流洞进口封堵闸门	18 000	38
云南(四川)	白鹤滩水电站	2#~4#导流洞进口封堵闸门	2×6 300	42
四川	黄金坪水电站	泄洪洞事故闸门	2×6 300	64
新疆	阿尔塔什水利枢纽	2#发电洞事故闸门	2×6 300	75
云南	龙开口水电站	导流洞封堵闸门	2×6 300	80
云南(四川)	向家坝水电站	6#导流底孔进口封堵闸门	2×6 500	90
云南(四川)	溪洛渡水电站	泄洪洞进口事故闸门	2×7 000	66
云南(四川)	白鹤滩水电站	1#导流洞进口封堵闸门	2×8 000	42
云南(四川)	溪洛渡水电站	1#导流洞进口封堵闸门	2×8 000	47
四川	大渡河深溪沟水电站	泄洪洞进口事故闸门	2×8 000	47
四川	金川水电站	导流洞封堵闸门	2×10 000	28
新疆	阿尔塔什水利枢纽	导流封堵闸门	2×10 000	35

国内已建工程单向门机容量最大的达 10 000 kN(白鹤滩水电站),双向门机容量最大的达 2×8 000 kN(白鹤滩),扬程最大的达 140 m(三峡水利枢纽、龙羊峡水电站)。国内已建典型工程门机特性见表 1-6。

表 1-6 国内已建典型工程门机特性

地点	工程名称	使用部位	容量(kN)	扬程(m)
云南	漫湾水电站	坝顶双向门机	5 000	120
湖北	三峡水利枢纽	坝顶双向门机	5 000	140
青海	龙羊峡水电站	坝顶双向门机	5 000/3 000/400	140
四川	锦屏一级水电站	坝顶双向门机	6 300/200	25
云南	小湾水电站	坝顶双向门机	6 600	30
四川	大岗山水电站	坝顶双向门机	7 000	20
四川(云南)	溪洛渡水电站	坝顶双向门机(斜拉)	8 000/160	20
四川(云南)	白鹤滩水电站	坝顶双向门机(斜拉,弧形轨道)	10 000/500	28
四川	金沙水电站	泄洪坝段双向门机	2×2 500	55
广西	大藤峡水利枢纽	坝顶双向门机	2×2 500	70
四川(云南)	乌东德水电站	坝顶双向门机(斜拉)	2×2 500/300	125
四川	金沙水电站	电站进口双向门机	2×2 500/650	65
四川(云南)	乌东德水电站	泄洪洞进水塔顶双向门机	2×3 200	90
四川(云南)	白鹤滩水电站	1#导流尾水隧洞双向门机	2×6 300(台车)	65
四川(云南)	白鹤滩水电站	泄洪洞双向门机(斜拉,弧形轨道)	2×8 000/630	67

2.液压启闭机现状规模

国内已建工程液压启闭机单吊点容量最大的达 12 500 kN(白鹤滩水电站),双吊点容量最大的达 2×6 300 kN(大藤峡水利枢纽),行程最大的达 16.9 m(岩滩水电站)。国内已建典型工程液压启闭机特性见表 1-7。

表 1-7 国内已建典型工程液压启闭机特性

地点	工程名称	使用部位	容量(kN)	行程(m)
湖北	三峡水利枢纽	电站快速闸门	4 000/8 000	16.88
四川(云南)	溪洛渡水电站	电站快速闸门	4 500/10 000	11.5
四川	锦屏一级水电站	电站快速闸门	4 500/11 000	10.3
广西	岩滩水电站	电站快速闸门	6 000/8 000	16.9
四川	白鹤滩水电站	电站快速闸门	8 000/12 500	12.65
广东	飞来峡水利枢纽	二三线船闸下闸首人字闸门	2×2 000/2×2 000	7.276
广西	大藤峡水利枢纽	下闸首人字闸门	2×3 200/2×3 200	7.6
四川	乌东德水电站	泄洪底孔弧形工作闸门	2×3 600/2×800	13.7
四川	二滩水电站	泄洪底孔弧形工作闸门	2×4 500/2×3 000	—
广西	大藤峡水利枢纽	泄洪高孔弧形工作闸门	2×5 000	12.3
重庆	重庆草街航电枢纽	冲沙闸弧形工作闸门	2×5 000	13.74
四川	白鹤滩水电站	溢流坝弧形工作闸门	2×5 000	15.6
广西	大藤峡水利枢纽	泄洪低孔弧形工作闸门	2×6 300	13.2
阿根廷	LB 水电站	进水口快速闸门	8 000	21
巴基斯坦	DASU 水电站	泄洪底孔高压事故闸门	17 000	7.5

3.螺杆式启闭机现状规模

螺杆式启闭机由于启闭速度慢、效率低,一般使用在小型闸门上,灌区工程应用较广。螺杆式启闭机容量一般为 10~1 000 kN,行程通常不超过 8 m。国内已建工程规模最大的螺杆式启闭机是广东白盆珠水电站放空底孔弧形工作闸门螺杆式启闭机,容量 750/400 kN,行程 7 m。

(三)压力钢管现状规模

国内已建工程压力钢管直径最大的达 14.4 m(向家坝水电站),设计水头最高的达 1 175 m(苏巴姑水电站),*HD* 值最大的达 3 553 m^2(西龙池抽蓄)。国内已建典型工程压力钢管特性见表 1-8。

表 1-8 国内已建典型工程压力钢管特性

结构型式	工程名称	管径 D(m)	设计水头 H(m)	设计水头×管径 HD(m^2)
明管	那板箐	0.65	955	621
	新华成	0.75	1 064	798
	天湖	1.4	1 074	1 503.6
	苏巴姑	1.0	1 175	1 175
	伊萨河二级	1.1	700	770
	三湖补水	1.2	420	504
	南极洛河	1.2	1 092	1 310
	南沙河	1.4	470	658
	磨坊沟	1.4	540	756
	锁金山	1.6	650	1 040
	羊卓雍湖	2.1	1 000	2 100
	牛栏江—滇池补水	3.4	39	132.6
	滇中引水	4.17	209	872
	白山二期	8.0	85	680
	龚嘴	8.0	60	480
	隔河岩	8.0	170	1 360
地下埋管	以礼河三级	2.2	724	1 593
	锦潭	3.0	150	450
	天荒坪	3.2	888	2 842
	宝泉抽蓄	3.5	510	1 785
	广州抽蓄	3.5	725	2 538
	西龙池抽蓄	3.5	1 015	3 553
	十三陵	3.8	685	2 603
	鲁布革	4.6	420	1 932
	珠三角水资源配置	4.8	110	528
	张河湾抽蓄	5.2	515	2 678
	官帽舟	5.4	163	880
	鲁基厂	5.6	94.5	529
	马堵山	5.8	120	696
	锦屏二期	6.5	258	1 677
	小浪底	7.8	198	1 544

续表 1-8

结构型式	工程名称	管径 D（m）	设计水头 H（m）	设计水头×管径 HD（m^2）
地下埋管	天生桥一级	8.2	170	1 394
	小湾	8.5	251	2 133.5
	白鹤滩	8.6	354.354	3 047
	糯扎渡	8.8	224	1 971
	鲁地拉	9.0	94	846
	二滩	9.0	189.5	1 706
	锦屏一期	9.0	249.7	2 247
	拉西瓦	9.5	276	2 622
	龙滩	10.0	245.3	2 453
	溪洛渡	10.0	287	2 870
	岩滩	10.8	76	821
	功果桥	11.0	58	638
	三峡	13.5	166.5	2 248
	乌东德	13.5	245.5	3 314
	向家坝	14.4	158	2 275
坝内埋管	老虎嘴	4	97.8	391
	乌江渡	5.7	154	878
	漫湾	7.5	128	960
	龙羊峡	7.5	171.4	1 286
	水口	10.5	71.5	751
	岩滩	10.8	82	886
	三峡	12.4	72.6	900
钢衬钢筋混凝土管	依萨河二级	1.0	994	994
	紧水滩	4.5	105	473
	东江	5.2	162	842
	南沙	5.6	85	476
	环北部湾广东水资源配置	7.0	164	1 148
	公伯峡	8.0	132	1 056
	李家峡	8.0	152	1 216
	龙开口	10.0	119	1 190

续表 1-8

结构型式	工程名称	管径 D(m)	设计水头 H(m)	设计水头×管径 HD(m^2)
钢衬钢筋混凝土管	阿海	10.5	111	1 165
	金安桥	10.5	158	1 659
	观音岩	10.5	162.5	1 706
	五强溪	11.2	80	896
	景洪	11.2	89.7	1 004
	积石峡	11.5	105	1 207
	向家坝	12.2	140	1 708
	三峡	12.4	139.5	1 730
回填管	贵州栗子园水利枢纽	1.2	184	220.8
	贵州朱昌河水库	1.2	400	480
	珠海竹银供水	2.4	116	278
	三亚西水中调	2.6	100	260
	东莞水库联网	3.2	90	288
	广州西江引水	3.6	95	342
	滇中引水	4.0	205	820
	雅玛渡	4.0	227	908
	红河勐甸水库工程	1.0	200	200
	白牛厂汇水处排工程	1.0	250	250
	新疆特吾勒一级水电站	1.4	450	630
	老挝南梦 3 水电站	1.78	635	1 130.3
	海南南渡江引水东山泵站	1.8	100	180
	掌鸠河引水工程	2.2	100	220
	西藏德罗水电站	3.3	365	1 204.5

第二节 设备范围和分类

一、设备范围

水工金属结构设备所包括的范围有广义和狭义之分，广义上的水工金属结构包括水利水电工程中各种类型的闸阀门、压力钢管、启闭机、清污机、升船机和钢盖板、钢桥梁、钢塔架等与钢结构有关的设备,狭义上的水工金属结构通常包括闸阀门、启闭机、清污机、压力钢管四部分,每一部分又包括若干品种。其中,闸阀门包括各种类型以钢材为主材的平面闸门、弧形闸门、人字闸门、拦污栅、拦漂排和可代替闸门作为泄水、调流、检修使用的蝶阀、球阀、锥形阀等;启闭机包括固定卷扬机、移动式启闭机、液压启闭机、螺杆式启闭机等,电站厂房或泵站泵房内的桥机作为机组辅助设备,通常不包括在水工金属结构设备中;清污机械包括耙斗式清污机和回转式清污机两种类型;压力钢管包括明管、地下埋管、坝内埋管、钢衬钢筋混凝土管、回填管、钢岔管、伸缩节等。

二、设备分类

(一)闸门

闸门是设置在水工建筑物的过流孔口并可操作移动的挡水设备,通常布置在建筑物的进、出口等咽喉要道,按照运行要求由启闭设备开启或关闭,可靠地控制下泄流量和上下游水位。闸门包括门体和埋件两部分,门体是闸门的活动部分,一般由面板、梁格、吊耳等组成的门叶结构和支承行走装置、止水装置、平压装置等组合而成,弧形闸门和某些翻板门设有支臂。埋件是埋设在土建结构中的固定部分,一般由主轨、副轨、反轨、侧轨、底槛、侧枕、门楣等组成。埋件与门体止水装置紧密贴合,共同形成密封圈,并为门体的启闭提供导向和限位。闸门所承受的水压力通过门体传递给埋件,进而传递到水工混凝土中。

闸门型式多种多样,分类方法有很多,一般可按闸门的工作性质、孔口性质、构造特征、运动方式、支承型式和设备规模来分类。

闸门按工作性质分类,分为工作闸门、事故(快速)闸门、检修闸门:

(1)工作闸门。水工建筑物正常运行时需要经常关闭或打开孔口的闸门,这类闸门一般使用较频繁,通常要求在动水中启闭,但也有例外,如船闸闸首的工作闸门需在静水中启闭。

(2)事故闸门。闸门的下游(或上游)发生事故时,能在动水中关闭的闸门。当需要快速关闭时,也称为快速闸门。这种闸门,通常在静水中开启,但也有例外,如对于不便于设置平压装置的小型闸门,也可采用小开度动水提门开启方式。

(3)检修闸门。水工建筑物及设备需检修时用以挡水的闸门。这种闸门,在静水中启闭,一般使用概率较小。部分检修闸门有采用小开度动水提门开启方式。

闸门按孔口性质分类,分为露顶式、潜孔式:

(1)露顶式闸门。设置在开敞式泄水道上,当闸门关闭挡水时,门顶高于工作挡水水位,需设置两侧和底缘三边止水。

(2)潜孔式闸门。设置在潜没式泄水道上,当闸门关闭挡水时,门顶低于工作挡水水位,和胸墙联合挡水,需设置顶部、两侧和底缘四边止水。

闸门按构造特征分类,分为平面闸门、弧形闸门、人字闸门、一字闸门、三角闸门、翻板闸门、拱形闸门、扇形闸门、鼓形闸门、气动盾形闸门等,其中以平面闸门、弧形闸门、人字闸门、翻板闸门最为常用。

(1)平面闸门。具有平面挡水面板的闸门,最常用的是平面提升闸门。

(2)弧形闸门。具有弧形挡水面板的闸门,最常用的是绕水平轴竖向旋转的弧形闸门。

(3)人字闸门。由两扇能绕其端部的顶底枢竖轴转动的门叶组成，闭合后两扇门叶呈人字形的闸门。

(4)翻板闸门。借助水力或外力等条件，绕固定轴旋转完成开启和关闭的闸门。

闸门按运动方式分类，分为提升式闸门、下沉式闸门、横拉式闸门、旋转式闸门、翻板式闸门、升卧式闸门、盖板式闸门、浮箱式闸门等。

闸门按支承型式分类，分为滑动式闸门、定轮式闸门、台车式闸门、链轮式闸门等。

闸门按设备规模分类，分为小型闸门、中型闸门、大型闸门、超大型闸门。

(二)拦污栅、拦漂排

拦污栅是用于拦阻水中污物进入引水道的栅条结构物，是取水输水建筑物中必不可少的设备，一般布置在水库、水电站或泵站的进水口处，用以拦阻可能进入水道内的树枝、树叶、水草、浮冰、城市垃圾、牲畜尸体等污物，以保护机组、闸门、管道和其他相关设备的正常运行。和闸门结构类似，拦污栅包括栅体和埋件两部分，栅体由栅条、梁格、吊耳、支承行走装置等组成，埋件由主轨、副轨、反轨、侧枕、栅楣等组成。拦污栅可按布置形状、孔口性质、运动状态、运动方式和设备规模来分类。

拦污栅按平面上的布置形状分为直线拦污栅、折线拦污栅、多边形拦污栅、曲线拦污栅；按立面上的布置形状分为垂直式拦污栅、倾斜式拦污栅。

拦污栅按孔口性质分类，分为露顶式拦污栅、潜孔式拦污栅。

拦污栅按运动状态分类，分为活动式拦污栅、固定式拦污栅，活动式拦污栅以提升式为主。

拦污栅按设备规模分类，分为小型拦污栅、中型拦污栅、大型拦污栅、超大型拦污栅。

拦漂排是在多污物河流上的水电站、泵站的进水口前沿设置的拦漂设备，用以拦截水流表层的漂浮物，以增强拦污效果，减小进水口拦污栅的压力。拦漂排是漂浮在水中的链状结构，由浮体、端部锚头、埋件等组成，必要时设有中部拉绳或拉锚装置。浮体由若干个浮箱或浮筒用钢质拉杆或钢丝绳串连组成；端部锚头分为固定锚头和活动锚头两种，活动锚头带有支承行走装置；埋件由主轨、反轨、侧轨等组成。拦漂排清漂方式采用人工清漂、清漂船清漂或智能机器人清漂。

(三)阀门

阀门是指用来控制管道内介质、具有可动机构的机械设备。阀门安装在大坝泄水孔、生态流量泄放孔、水电站和泵站机组前、引水调水工程的输水管道中，其功能与闸门类似，对水介质具有截止、调流、减压、泄压等功能，其适用的孔口规模通常较小。水利水电工程中常用的阀门通常是按结构型式分类，分为球阀、蝶阀、闸阀、锥形阀、活塞阀等。

(1)球阀。启闭件为球体，由阀杆带动，并绕阀杆的轴线做旋转运动的阀门。

(2)蝶阀。启闭件为蝶板，由阀杆带动，并绕阀杆的轴线做旋转运动的阀门。

(3)闸阀。启闭件为闸板，由阀杆带动，沿阀座做直线升降运动的阀门。

(4)锥形阀。安装在泄水建筑物或压力管道出口处、具有锥形出流段的阀门。

(5)活塞阀。依靠一类似于活塞状圆柱体在阀腔内做轴向运动来实现调节功能的阀门。

(四)启闭机

启闭机是水利水电工程中用于开启、关闭、吊运闸门和拦污栅的永久设备，是一种循环间隔吊运的起重设备,具有启闭速度低、荷载变化大、双吊点同步要求高、并能适应特殊要求的特点,其使用可靠性对闸门、拦污栅的运行安全有着极为重要的作用。启闭机可按型式、动力传送方式、安装状况、闸门特征类别来分类。

启闭机通常按型式分类,分为固定卷扬式启闭机、移动式启闭机、液压启闭机、螺杆式启闭机四种类型:

(1)固定卷扬式启闭机。机架固定在水工建筑物上,用钢丝绳做牵引件、经卷筒转动来启闭闸门或拦污栅等的机械设备,是使用最广泛的启闭机,简称固定卷扬机。

(2)移动式启闭机。沿轨道行走、可以实现一机多门、多栅操作的启闭机。移动式启闭机包括门式启闭机、台车式启闭机和桥式启闭机等。门式启闭机是具有门形构架并能沿轨道单向或双向行走的启闭机,简称门机;台车式启闭机是具有车形构架并能沿轨道单向行走的启闭机,简称台车;桥式启闭机是具有桥形构架并能沿轨道双向行走的启闭机,简称桥机。

(3)液压启闭机。通过对液压能的调节、控制、传递和转换达到开启和关闭闸门的机械设备。

(4)螺杆式启闭机。通过起重螺杆和承重螺母的旋合传递运动和动力,将旋转运动转化为直线运动,用以操作闸门开启或关闭的机械设备。

启闭机按动力传送方式分类,分为机械传动启闭机、液压传动启闭机、人力传动启闭机。

启闭机按安装状况分类,分为固定式启闭机、移动式启闭机。

启闭机按闸门特征类别分类,分为平面闸门启闭机、弧形闸门启闭机、人字闸门启闭机、翻板闸门启闭机等。

(五)清污机

清污机指水电站或泵站中清除附着在拦污栅上杂物的机械设备,可集清污和卸污功能于一体,并可根据需要兼具提栅功能,可在不停机和不放空水库的条件下进行栅前清污。清污机通常按型式分类,分为耙斗式清污机和回转式清污机两种类型。

(1)耙斗式清污机。利用耙斗抓取污物,分为斜面式、门式和悬挂式等多种类型,斜面式适用于斜栅,设有行走轮和轨道;门式适用于直栅,设有行走轮和轨道;悬挂式适用于斜栅和直栅,可固定在排架梁或钢架梁上,也可沿梁底轨道行走,适用于中小型水电站或泵站。

(2)回转式清污机。机身固定在拦污栅上方,与拦污栅合成整体,利用回转齿耙捞取拦污栅上的污物,用液压马达驱动或电动机驱动,通常配皮带运输机导污、卸污,适用于中小型水电站或泵站。

(六)压力钢管

压力钢管是水电站、泵站、输水工程中用于引水、发电、供水、灌溉的钢制管道,通常按型式分类,分为明管、地下埋管、坝内埋管、钢衬钢筋混凝土管、回填管以及所包括的钢岔管、伸缩节、进人孔等附件。

(1)明管。暴露在空气中的压力钢管。

(2)地下埋管。埋入岩体中,钢管与岩壁之间填筑混凝土或水泥砂浆的压力钢管。

(3)坝内埋管。埋设在混凝土坝体内的压力钢管。

(4)钢衬钢筋混凝土管。由钢衬与钢筋混凝土组成并共同承载的压力钢管,沿坝体下游坡敷设的钢衬钢筋混凝土管称为坝后背管。

(5)回填管。埋在管沟槽内并回填土石的压力钢管。

(6)钢岔管。压力钢管分岔处的管段,包括月牙肋岔管、三梁岔管、球形岔管、贴边岔管、无梁岔管等型式。

(7)伸缩节。为了适应温度变化和地基不均匀沉降,在两节钢管之间设置的具有伸缩或角变位性能的联结部件,包括套筒式、波纹管等型式。

第三节 材 料

一、闸门和启闭机常用钢材

(一)常用钢材

闸门、启闭机主要结构件的钢材应根据闸门、启闭机的性质、使用条件、连接方式、工作温度等不同情况选用合适的牌号。闸门、启闭机及埋件结构件常用牌号见表 1-9,常用钢材化学成分见表 1-10、常用钢材力学性能见表 1-11,常用钢材牌号中外对照见表 1-12。

表 1-9 闸门、启闭机及埋件结构件常用牌号

项次	使用条件		工作温度(℃)	牌号
1	闸门、启闭机结构件	大型工程的工作闸门、大型工程的重要事故闸门、局部开启的工作闸门、大型启闭机	$t>0$ $-20<t\leqslant0$ $t\leqslant-20$	Q235B、Q355B、Q390B、Q420B、Q460B Q235C、Q355C、Q390C、Q420C、Q460C Q235D、Q355D、Q390D、Q420D、Q460D
2		中、小型工程不做局部开启的工作闸门,其他事故闸门,中、小型启闭机	$t>0$ $-20<t\leqslant0$ $t\leqslant-20$	Q235B、Q355B Q235C、Q355C Q235D、Q355D
3		各类检修闸门、拦污栅	$t\geqslant-30$	Q235B、Q355B
4	埋件	主要受力埋件	—	Q235B、Q355B
5		其他埋件	—	Q235A、Q235B

表 1-10 常用钢材化学成分 (%)

牌号	C	Si	Mn	P	S	Cu	N	Cr
Q235B	≤0.20	≤0.35	≤1.40	≤0.045	≤0.045	—	—	—
Q355B	≤0.20	≤0.50	≤1.60	≤0.035	≤0.035	≤0.30	≤0.012	≤0.3
Q245R	≤0.20	≤0.35	0.5~1.0	≤0.025	≤0.015	—	—	—
ZG310-570	≤0.5	≤0.6	≤0.9	≤0.04	≤0.040	≤0.40	—	≤0.35
40Cr	0.37~0.44	0.17~0.37	0.5~0.8	—	—	—	—	0.8~1.1
06Cr19Ni10	≤0.08	≤1	≤2	≤0.045	≤0.03	—	—	18~20
06Cr17Ni12Mo2Ti	≤0.08	≤1	≤2	≤0.045	≤0.03			16~18
022Cr22Ni5Mo3N	≤0.03	≤1	≤2	≤0.03	≤0.02		8~20	21~23
20Cr13	0.16~0.25	≤1	≤1	≤0.04	≤0.03	—	—	12~14

表 1-11　常用钢材力学性能

牌号	交货状态	钢板厚度(mm)	拉伸试验 抗拉强度 σ_b (N/mm^2)	拉伸试验 屈服强度 σ_s (N/mm^2) ≥	拉伸试验 断后伸长率 δ_s(%) ≥	冲击试验 温度(℃)	冲击试验 V 型冲击功 A_{kV}(J) ≥	弯曲试验 180°, $b=2a$
Q235B	热轧	≤16	370~500	235	26	20	27	$d=a$
		16~40		225				
		40~60		215	25			
		60~100		205	24			$d=2a$
		100~150		195	22			$d=2.5a$
		>150		185	21			
Q355B	热轧	≤16	470~630	345	20	20	34	$d=2a$
		16~40		335				$d=3a$
		40~63		325	19			
		63~80		315				
		80~100		305				
Q245R	热轧	6~16	400~520	245	25	0	31	$d=a$
		16~36		235				
		36~60		225				
		60~100	390~510	205	24			$d=2a$
		100~150	380~500	185				$d=3a$
		>150	370~490	175				
ZG310-570	正火	—	570	310	24	—	15	—
40Cr	回火	25	980	785	9		47	—
	调质	≤100	735	540	15		39	—
		100~300	685	490	14		31	—
		300~500	635	440	10		23	—
		500~800	590	345	8	—	16	—
06Cr19Ni10	—	—	515	205	40	—	—	—
06Cr17Ni12Mo2Ti	—	—	515	205	40	—	—	—
022Cr22Ni5Mo3N	—	—	620	450	25	—	—	—
20Cr13	—	—	520	225	18	—	—	—

表 1-12　常用钢材牌号中外对照

中国牌号/中国标准	国际牌号/国际标准	欧洲牌号/欧洲标准	美国牌号/美国标准
Q235B GB/T 700—2006	E235B ISO 630:1995	S235JR1.0038 EN 10025-2:2004	Gr. 65 ASTM A573/A573M:2000
Q355B GB/T 1591—2008	E355CC ISO 4951:2001	1.0045 EN 10025-6:2004	Gr. 50 ASTM A572/A572M:2004
Q245R GB/T 713—2008	P235 ISO 9328-2—2004	P245GH EN 10028-2:2003	Grade415-40 ASTM A27/A27M.:2005
ZG270-500 GB/T 11352—2009	270-480W ISO 3755:1999	GP280GH EN 10213-2:1995	Grade70-40 ASTM A27/A27M.:2005
40Cr GB/T 3077—2015	41Cr4 ISO 683-18:1996	41Cr4 EN 10083-1:1998+Al:1996	5140 ASTM A29/A29M:2005
06Cr19Ni10/S30408 GB/T 20878—2007	X7CrNi18-10 ISO/TS 15510:2003(E)	1.4301/X5CrNi18-10 EN 10088-1:2005E	304/S30400 ASTM A959:2004
06Cr17Ni12Mo3Ti/S31668 GB/T 20878—2007	X6CrNiMoTi17-12-2 ISO/TS 15510:2003(E)	1.4571/X6CrNiMoTi17-12-2 EN 10088-1:2005E	316Ti/S31635 ASTM A959:2004
022Cr22Ni5Mo3N/S22253 GB/T 20878—2007	X2CrNiMoN22-5-3 ISO/TS 15510:2003(E)	1.4462/X2CrNiMoN22-5-3 EN 10088-1:2005E	S31803 ASTM A959:2004
20Cr13/S42020 GB/T 20878—2007	X20Cr13 ISO/TS 15510:2003(E)	X20Cr13 EN 10088-1:2005E	420/S42000 ASTM A959:2004

(二)部件钢材

主要承载的结构和构件不应采用沸腾钢,Q235 钢和 Q355 钢应具有相应工作温度下冲击韧性的合格保证。当工作环境温度在 0~-20 ℃时,主要承载结构采用的 Q235 钢和 Q355 钢应具有 0 ℃冲击韧性的合格保证;当工作环境温度低于-20 ℃时,采用的 Q235 钢和 Q355 钢应具有-20 ℃冲击韧性的合格保证。

支铰、滚轮、卷筒等结构的铸钢件可选用 ZG230-450,ZG270-500,ZG310-570,ZG340-640 等铸钢,也可选用 ZG40Mn2、ZG50Mn2、ZG35Cr1Mo、ZG42CrMo、ZG34Cr2Ni2Mo、ZG65Mn 等合金铸钢。主支承滑块、滑轮的铸铁件可选用 QT450-10、QT500-7,反向滑块和配重块的铸铁件可选用 HT150、HT200、HT250。吊杆轴、连接轴、主轮轴、支铰轴和其他轴可选用 20、25、35、45 等优质钢,也可选用 40Cr、42CrMo、35CrMo、42CrMo、35CrMoV、35CrMoSiA 、50Mn、65Mn 等合金钢锻件。车轮可选用 ZG65Mn、U71Mn 等合金钢锻件。

淡水环境中的闸门止水板及支承滑道埋件普通构件的不锈钢宜选用 12Cr18Ni9、12Cr18Ni9Si3、06Cr19Ni10、022Cr19Ni10 等奥氏体不锈钢,海水环境的不锈钢宜选用 06Cr17Ni12Mo2Ti、022Cr22Ni5Mo3N、022Cr23Ni5Mo3N 等耐蚀不锈钢。作为主要受力构件或泄水孔道钢衬等有承载、抗冲耐磨要求时宜选用 022Cr19Ni5Mo3Si2N、022Cr22Ni5Mo3N、022Cr23Ni5Mo3N、022Cr23Ni4MoCuN 等双相不锈钢。不锈钢锻件宜选用 00Cr19Ni10、06Cr19Ni10、12Cr13、20Cr13 等。门(栅)槽埋件浇筑在混凝土中,维修更换困难,工作段除铸钢件表面外,其余外露表面宜选用不锈钢。常用不锈钢钢牌号和力学性能对比见表 1-13。

表 1-13　常用不锈钢牌号和力学性能

数字代号	国标牌号	美标牌号	欧标牌号	屈服 $R_{p0.2}$ (MPa)	抗拉 R_m (MPa)	A (%)	HBW (≤)	PRE 耐点蚀指数	说明
S30210	12Cr18Ni9	S302	1.431 0	205	515	40	201	19.6	奥氏体
S30240	12Cr18Ni9Si3	S302B		205	515	40	217	19.6	奥氏体
S30408	06Cr19Ni10	S304	1.430 1	205	515	40	201	20.6	奥氏体
S30403	022Cr19Ni10	S304L	1.430 6	170	485	40	201	20.6	奥氏体
S31603	022Cr17Ni12Mo2	S316L	1.440 4	170	485	40	217	25.25	奥氏体
S21953	022Cr19Ni5Mo3Si2N	S31500		440	630	25	290	29.2	双相钢
S22253	022Cr22Ni5Mo3N	S31803	1.446 2	450	620	25	293	34.14	双相钢
S22053	022Cr23Ni5Mo3N	S32205		450	620	25	293	35.95	双相钢
S23043	022Cr23Ni4MoCuN	S32304	1.436 2	400	600	25	290	26.32	双相钢

二、压力钢管常用钢材

（一）钢材等级

钢管所用的钢材应根据钢管的结构型式、钢管规模、使用温度、钢材性能、制作安装工艺要求以及经济合理性等因素综合选定。钢管承受冲击荷载（水锤），因此有冲击性能要求。钢管正常运行时管内水温不会低于 0 ℃，因此要求钢材的质量等级不应低于 C 级。

月牙肋岔和肋板等沿板厚方向受拉的构件，使用钢板通常较厚，Z 向性能等级应根据板厚确定 Z15、Z25、Z35，每一张原轧制钢板均应进行检查。沿板厚方向受拉的构件用材，还应符合《厚度方向性能钢板》（GB 5313）的要求。月牙肋钢岔管肋板 Z 向性能级别见表 1-14。

表 1-14　月牙肋钢岔管肋板 Z 向性能级别

板厚（mm）	Z 向性能级别
$t<35$	—
$35 \leq t<70$	Z15
$70 \leq t<110$	Z25
$110 \leq t<150$	Z35

（二）常用钢材

钢管管壁、支承环、岔管加强构件等主要受力构件应使用镇静钢，并根据使用部位、工作条件、连接方式等不同情况选用合适的牌号。压力钢管常用钢材见表 1-15。

表 1-15　压力钢管常用钢材

钢种	牌号(标准)	交货状态
碳素结构钢(GB/T 700)	Q235、Q275 的 C、D 级	热轧、控轧或正火
低合金高强度结构钢(GB/T 1591)	Q355、Q390、Q420、Q460、Q500、Q550、Q620、Q690 的 C、D、E 级	热轧、控轧或正火、淬火+回火或 TMCP+回火
锅炉和压力容器用钢板(GB/T 713)	Q245R、Q355R、Q370R、Q420R	热轧、控轧或正火
压力容器用调质高强度钢板(GB/T 19189)	07MnMoVR、07MnNiVDR、07MnNiMoDR、12MnNiVR	调质(淬火加回火)
低焊接裂纹敏感性高强度钢板(YB/T 4137)	Q460CF、Q500CF、Q550CF、Q620CF、Q690CF、Q800CF	TMCP(控轧控冷)、TMCP+回火或淬火加回火
水电站压力钢管用钢(GB/T 31946)	Q355S、Q490S、Q560S、Q690S	热轧、控轧或正火、淬火+回火或 TMCP+回火

明管、岔管宜选用压力容器钢。其他受力构件,如明管支座滚轮等可选用 Q235、Q355、35、45 以及 ZG270-500、ZG310-570 等钢种。如选用强度等级为 800 MPa 及以上的钢材,应选用性能稳定、经验成熟、经过工程实际考验或经过试验充分论证的钢种。

(三)管线钢

输水工程大量采用回填管,除选用压力钢管常用的钢材外,也可选用石油、天然气行业管道常用的管线钢。管线钢最初是从国外引进,主要用于油气输送工程,目前已实现国产量化。管线钢属于低碳或超低碳的微合金化钢,是高技术含量和高附加值的产品,通过添加微量元素,使其具有高强度、高冲击韧性、低的韧脆转变温度、良好的焊接性能、优良的抗氢致开裂(HIC)性能和抗硫化物应力腐蚀开裂(SSCC)性能。常用的管线钢牌号有 API Spec 5L 标准的 B、X42、X46、X52、X60、X65、X70、X80,分别对应 GB/T 9711 标准的 L245、L290、L320、L360、L415、L450、L485、L555,钢级分为 PSL1 和 PSL2 两种。X70 与 07MnMoVR 化学成分对比见表 1-16、力学性能对比见表 1-17。

表 1-16　X70 与 07MnMoVR 化学成分(%)对比

牌号	C	Si	Mn	P	S	Cu	Ni	Cr	Mo	V	B	Pcm
X70M (PSL2)	≤0.12	≤0.45	≤1.7	≤0.025	≤0.015	—	—	—	—	—	—	≤0.25
07MnMoVR	≤0.09	0.15~0.4	1.2~1.6	≤0.02	≤0.01	≤0.25	≤0.4	≤0.3	0.1~0.3	0.02~0.06	≤0.002	≤0.2

三、其他材料

(一)止水材料

闸门止水材料可根据运行条件选用普通橡胶水封、橡塑复合水封或特殊橡胶密封,橡塑复合水封的表层四氟乙烯薄膜厚度应大于 1.0 mm,磨损厚度(预压缩 3 mm,运行 3 000 m)不应大于 0.2 mm。橡胶水封的物理力学性能见表 1-18。

表 1-17　X70 与 07MnMoVR 力学性能对比

牌号	钢板厚度(mm)	拉伸试验(横向)			弯曲试验	夏比 V 型冲击试验(纵向)	
		屈服强度 R_{eL}(MPa)	抗拉强度 R_m(MPa)	断后伸长率 A(%)	180°,d=弯心直径,a=试样厚度	温度(℃)	冲击功吸收能量 KV_2(J)
X70M	≤25	≥485	570~760	≥16	$d=2a$	-20	≥150
07MnMoVR	10~60	≥490	610~730	≥17	$d=3a$	-20	≥80

表 1-18　橡胶水封的物理力学性能

序号	性能		指标			
			Ⅰ类(以天然橡胶为基体)			Ⅱ类(以合成橡胶为基体)
			7774	6674	6474	6574
1	密度(g/cm^3)		1.2~1.5	1.2~1.5	1.2~1.5	1.2~1.5
2	A 型邵氏硬度		70±5	60±5	60±5	60±5
3	拉伸强度(N/mm^2)		≥22	≥18	≥13	≥14
4	拉断伸长率(%)		≥400	≥450	≥450	≥400
5	压缩永久变形(B 型试样,70 ℃×22 h,%)		≤40	≤40	≤40	≤40
6	橡塑复合水封的黏合强度(试样宽度 25 mm,kN/m)		≥10	≥10	≥10	≥10
7	压缩模量(N/mm^2)	20%	5.6~8.0	5.5~6.0	5.5~6.0	5.5~6.0
		30%	5.8~8.0	5.6~6.0	5.6~6.0	5.6~6.0
		40%	6.0~9.0	6.2~6.8	6.2~6.8	6.2~6.8
8	适用范围		高水头	中低水头	中低水头	海水
9	在-40~+40 ℃温度下工作		不发生冻裂或硬化			

压力钢管套筒式伸缩节止水材料可采用油浸麻、橡胶、石棉、聚四氟乙烯等,高水头伸缩节止水材料应做专门研究。法兰及进人孔常用止水材料可采用橡胶、聚四氟乙烯、石棉、铅等。

(二)自润滑材料

轴承可采用高承载、低摩阻、长寿命的增强聚四氟乙烯材料、钢基铜塑复合材料、铜合金镶嵌固体润滑剂材料、工程塑料合金材料等。支承滑块可采用高承载、低摩阻、长寿命的铜基镶嵌固体润滑材料、工程塑料合金材料等。

1. 增强聚四氟乙烯材料

增强聚四氟乙烯材料滑块表面粗糙度 Ra 不应大于 3.2 μm,滑块的宽度尺寸宜大于夹槽宽度的 1%。增强聚四氟乙烯材料的物理力学性能见表 1-19。

表 1-19　增强聚四氟乙烯材料的物理力学性能

序号	性能	指标
1	密度(g/cm^3)	1.2～1.5
2	抗压强度(N/mm^2)	120～180
3	缺口冲击强度(kJ/mm^2)	>0.7
4	球压痕硬度(N/mm^2)	≥100
5	容许线压强(kN/cm)	≤80
6	线膨胀系数(K^{-1})	≤7.0×10^{-5}
7	吸水率(%)	≤0.6
8	热变形温度(℃)	185

2. 钢基铜塑复合材料

钢基铜塑复合材料表层应均匀一致,无未熔化的塑料,无裂纹等缺陷。钢基铜塑复合材料的物理力学性能见表 1-20。

表 1-20　钢基铜塑复合材料的物理力学性能

序号	性能	复合材料		适用部位
		铜球/聚甲醛	铜螺旋/聚甲醛	
1	复合层厚度(mm)	1.2～1.5	≥3.0	
2	抗压强度(N/mm^2)	≥250	≥160	滚轮
3	容许线压强(kN/cm)	60	80	滑块
4	线膨胀系数(K^{-1})	2.3×10^{-5}	2.3×10^{-5}	
5	工作温度(℃)	-40～+100	-40～+100	

3. 铜合金镶嵌固体润滑剂材料

固体润滑剂化学成分应符合图样规定,表面颜色一致,无缺陷、无剥落、无裂纹,镶嵌牢固,不得松动。铜合金材料的物理力学性能见表 1-21。

表 1-21　铜合金材料的物理力学性能

序号	性能	指标	适用部位
1	抗拉强度(N/mm^2)	≥740	
2	断后伸长率(%)	≥10	
3	布氏硬度(HBW)	≥210	

4. 工程塑料合金材料

工程塑料合金材料表面粗糙度 Ra 不应大于 3.2 μm,滑块宽度尺寸宜大于夹槽宽度的 1%。工程塑料合金材料的物理力学性能见表 1-22。

表 1-22　工程塑料合金材料的物理力学性能

序号	性能	指标	适用部位
1	密度(g/cm^3)	1.1~1.3	滚轮
2	抗压强度(N/mm^2)	90~160	
3	D 型邵氏硬度	>66	
4	容许线压强(kN/cm)	<83	滑块
5	吸水率(%)	≤0.6	
6	热变形温度(℃)	186	

(三)压力钢管外包软垫层材料

压力钢管外包软垫层材料可选用聚氨酯软木、聚苯乙烯泡沫板、聚乙烯塑料板等,软垫层材料稳定变形模量的适用范围为 0.5~5.0 N/mm,厚度常用范围为 4~50 mm。软垫层材料应具有材料稳定性、设计要求的物理力学特性、耐久性、防腐性、可粘贴性以及经济性等。垫层管的软垫层材料的弹性模量和厚度应经过计算确定,必要时可进行试验研究。当压力钢管用于输送生活饮用水时,与水直接接触的管材、管件的防腐涂料应符合饮用水卫生安全要求。

第四节　技术标准

一、闸门技术标准

水利水电工程和水运工程钢闸门设计、制造、安装常用的主要技术标准见表 1-23。

表 1-23　闸门主要技术标准

序号	标准号	标准名称
1	GB/T 14173—2008	水利水电工程钢闸门制造、安装及验收规范
2	SL 36—2016	水工金属结构焊接通用技术条件
3	SL 37—1991	偏心铰弧形闸门技术条件
4	SL/T 57—1993	平面链轮闸门技术条件
5	SL 74—2019	水利水电工程钢闸门设计规范
6	SL 101—2014	水工钢闸门和启闭机安全检测技术规程
7	SL 105—2007	水工金属结构防腐蚀规范
8	SL/T 722—2020	水工钢闸门和启闭机安全运行规程
9	SL 753—2017	水力自控翻板闸门技术规范
10	SL/T 780—2020	水利水电工程金属结构制作与安装安全技术规程
11	DL/T 5358—2006	水电水利工程金属结构设备防腐蚀技术规程

续表 1-23

序号	标准号	标准名称
12	DL/T 5372—2017	水电水利工程金属结构与机电设备安装安全技术规程
13	NB/T 10609—2021	水电工程拦漂排设计规范
14	NB/T 10791—2021	水电工程金属结构设备更新改造技术导则
15	NB/T 10859—2021	水电工程金属结构设备状态在线监测系统技术条件
16	NB/T 35045—2014	水电工程钢闸门制造安装及验收规范
17	NB/T 35055—2015	水电工程钢闸门设计规范
18	NB/T 35086—2016	水电工程闸门止水装置设计规范
19	JTJ 308—2003	船闸闸阀门设计规范
20	JTS 218—2014	船闸工程施工规范
21	T/CHES 24—2019	气动盾形闸门系统设计规范
22	T/CHES 38—2020	液压闸门系统制造安装及验收规范
23	T/CHES 48—2020	液压升降坝设计规范
24	T/CHES 25—2019	组合式金属防洪挡板技术规范

二、阀门技术标准

水利水电工程阀门设计、制造、安装常用的主要技术标准见表 1-24。

表 1-24 阀门主要技术标准

序号	标准号	标准名称
1	GB/T 12224—2015	钢制阀门　一般要求
2	GB/T 13927—2018	工业阀门　压力试验
3	GB/T 14478—2012	大中型水轮机进水阀门基本技术条件
4	GB/T 15468—2006	水轮机基本技术条件
5	GB/T 24923—2010	普通型阀门电动装置技术条件
6	GB/T 26480—2011	阀门的检验和试验
7	SL 498—2010	锥形阀参数、型式与技术条件
8	NB/T 10511—2021	水电工程泄水阀技术条件
9	JB/T 8527—2015	金属密封蝶阀
10	JB/T 8531—2013	阀门手动装置技术条件
11	JB/T 9248—2015	电磁流量计

三、启闭机技术标准

水利水电工程启闭机设计、制造、安装常用的主要技术标准见表 1-25。

表1-25　启闭机主要技术标准

序号	标准号	标准名称
1	GB/T 3766—2015	液压传动系统及其元件的通用规则和安全要求
2	GB 3811—2008	起重机设计规范
3	GB/T 14406—2011	通用门式启闭机技术条件
4	SL 41—2018	水利水电工程启闭机设计规范
5	SL 101—2014	水工钢闸门和启闭机安全检测技术规程
6	SL 105—2007	水工金属结构防腐蚀规范
7	SL 381—2021	水利水电工程启闭机制造安装及验收规范
8	SL 491—2010	螺杆式启闭机系列参数
9	SL 507—2010	卷扬式启闭机系列参数
10	SL 722—2020	水工钢闸门和启闭机安全运行规程
11	SL/T 780—2020	水利水电工程金属结构制作与安装安全技术规程
12	DL/T 5167—2002	水电水利工程启闭机设计规范
13	DL/T 5358—2006	水电水利工程金属结构设备防腐蚀技术规程
14	DL/T 5372—2017	水电水利工程金属结构与机电设备安装安全技术规程
15	NB/T 10341. 1—2019	水电工程启闭机设计规范 第1部分:固定卷扬式启闭机设计规范
16	NB/T 10341. 2—2019	水电工程启闭机设计规范 第2部分:移动式启闭机设计规范
17	NB/T 10341. 3—2019	水电工程启闭机设计规范 第3部分:螺杆式启闭机设计规范
18	NB/T 10500—2021	QP型卷扬式启闭机系列参数
19	NB/T 10501—2021	QPKY型液压启闭机系列参数
20	NB/T 10502—2021	QPPYⅠ、Ⅱ型液压启闭机系列参数
21	NB/T 10503—2021	双吊点弧形闸门后拉式液压启闭机系列参数
22	NB/T 10791—2021	水电工程金属结构设备更新改造导则
23	NB/T 35017—2013	陶瓷涂层活塞杆技术条件
24	NB/T 35018—2013	QPG型卷扬式高扬程启闭机系列参数
25	NB/T 35019—2013	卧式液压启闭机(液压缸)系列参数
26	NB/T 35020—2013	水电水利工程液压启闭机设计规范
27	NB/T 35036—2014	水电工程固定卷扬式启闭机通用技术条件
28	NB/T 35051—2015	水电工程启闭机制造安装及验收规范
29	NB/T 35087—2016	水电工程钢闸门液压自动挂脱梁系列参数
30	JTJ 309—2005	船闸启闭机设计规范
31	JTS 218—2014	船闸工程施工规范
32	T/CWEA 17—2021	水利水电工程食品级润滑脂应用导则

四、清污机技术标准

水利水电工程清污机设计、制造、安装常用的主要技术标准见表 1-26。

表 1-26　清污机主要技术标准

序号	标准号	标准名称
1	GB 3811—2008	起重机设计规范
2	GB/T 14406—2011	通用门式启闭机技术条件
3	SL 41—2018	水利水电工程启闭机设计规范
4	SL 105—2007	水工金属结构防腐蚀规范
5	SL 381—2007	水利水电工程启闭机制造安装及验收规范
6	SL 382—2007	水利水电工程清污机型式基本参数技术条件
7	SL/T 780—2020	水利水电工程金属结构制作与安装安全技术规程
8	DL/T 5358—2006	水电水利工程金属结构设备防腐蚀技术规程
9	DL/T 5372—2017	水电水利工程金属结构与机电设备安装安全技术规程
10	NB/T 10859—2021	水电工程金属结构设备状态在线监测系统技术条件
11	NB/T 35051—2015	水电工程启闭机制造安装及验收规范
12	T/CWEA 17—2021	水利水电工程食品级润滑脂应用导则
13	T/CWEC 29—2021	水利水电工程清污机制造安装及验收规范

五、压力钢管技术标准

水利水电工程压力钢管设计、制造、安装常用的主要技术标准见表 1-27。

表 1-27　压力钢管主要技术标准

序号	标准号	标准名称
1	GB/T 12522—2009	不锈钢波形膨胀节
2	GB/T 12777—2019	金属波纹管膨胀节通用技术条件
3	GB 16749—2018	压力容器波形膨胀节
4	GB/T 18593—2010	熔融结合环氧粉末涂料的防腐蚀涂装
5	GB/T 21447—2008	钢质管道外腐蚀控制规范
6	GB/T 21448—2008	埋地钢质管道阴极保护技术规范
7	GB/T 23257—2017	埋地钢质管道聚乙烯防腐层
8	GB/T 28897—2012	钢塑复合管
9	GB/T 35990—2018	压力管道用金属波纹管膨胀节
10	GB 50268—2008	给水排水管道工程施工及验收规范
11	GB 50332—2002	给水排水工程管道结构设计规范

续表 1-27

序号	标准号	标准名称
12	GB 50727—2011	工业设备及管道防腐蚀工程施工质量验收规范
13	GB 50766—2012	水电水利工程压力钢管制造安装及验收规范
14	SL 105—2007	水工金属结构防腐蚀规范
15	SL/T 281—2020	水利水电工程压力钢管设计规范
16	SL 432—2008	水利工程压力钢管制造安装及验收规范
17	DL/T 5017—2007	水电水利工程压力钢管制造安装及验收规范
18	DL/T 5358—2006	水电水利工程金属结构设备防腐蚀技术规程
19	DL/T 5751—2017	压力钢管波纹管伸缩节制造安装验收规范
20	NB/T 10349—2019	压力钢管安全检测技术规程
21	NB/T 10791—2021	水电工程金属结构设备更新改造导则
22	NB/T 10859—2021	水电工程金属结构设备状态在线监测系统技术条件
23	NB/T 35056—2015	水电站压力钢管设计规范
24	SY/T 0315—2013	钢质管道熔结环氧粉末外涂层技术规范
25	SY/T 0442—2018	钢质管道熔结环氧粉末内防腐层技术标准
26	SY/T 5037—2012	普通流体输送管道用埋弧焊钢管
27	SY/T 5038—2012	普通流体输送管道用直缝高频焊钢管
28	CECS 141:2002	给水排水工程埋地钢管管道结构设计规程
29	CECS 193:2005	城镇供水长距离输水管(渠)道工程技术规程

六、强制性条文

(一)制定过程

《水利工程建设标准强制性条文》的发布与实施是水利部贯彻落实国务院《建设工程质量管理条例》的重要举措,是水利工程建设全过程中的强制性技术规定,是参与水利工程建设活动各方必须执行的强制性技术要求,也是对水利工程建设实施政府监督的技术依据。强制性条文的内容,是直接涉及人的生命财产安全、人身健康、水利工程安全、环境保护、能源和资源节约及其他公众利益,且必须执行的技术条款。

为适时推进水利技术标准制修订工作,水利部于 2012 年印发《水利工程建设标准强制性条文管理办法(试行)》(水国科〔2012〕546 号),对强制性条文的制定、实施和监督检查做出了具体规定,制定强制性条文的工作机制由从批准颁布的现行标准中摘录、集中审查、汇编发布的工作方式,调整为在水利工程建设标准制定与修订的送审、报批阶段,明确规定对强制性条文进行审查、审定的要求,并要求在出版发行的标准文本中用黑体字标识。将强制性条文审查、审定的关口前移,进一步规范、完善了强制性条文修订机制,对水利工程建设标准强制性条文实施和监督检查更具指导意义。强制性条文自 2012 年实施以来,对保障水利工程建设质量发挥了重要作用,也进一步促进了水利标准化工作改革。

为了深入贯彻落实水利部“水利工程补短板,水利行业强监管”的水利改革发展总基调,实施强制性条文的监督检查,水利部水利水电规划设计总院组织相关单位编写了 2020 年版《水利工程建设标准强制性条文》,对包括水工、金属结构、机电等专业在内的强制性条文做出了明确规定。因压力钢管设计规范已修订为《水利水电工程压力钢管设计规范》(SL/T 281—2020),故压力钢管的强制性条文不再做规定。

2022 年,水利部水利水电规划设计总院编制完成全文强制性标准《水利水电工程设计通用规范》,该规范即将发布实施,将替代现行水利工程建设标准强制性条文中有关工程勘测设计的强制性条文内容。与 2020 年版《水利工程建设标准强制性条文》相比,《水利水电工程设计通用规范》中的强制性条文数量有所减少。

(二)《水利工程建设标准强制性条文》(2020 版)

1.《小型水力发电站设计规范》(GB 50071—2014)

涉及金属结构专业的强制性条文有 2 条:

(1)焊接成型的钢管应进行焊缝探伤检查和水压试验。试验压力值不应小于 1.25 倍正常工作情况最高内水压力,也不得小于特殊工况的最高内水压力。

(2)潜孔式闸门门后不能充分通气时,应在紧靠闸门下游孔口的顶部设置通气孔,其顶端应与启闭机室分开,并高出校核洪水位,孔口应设置防护设施。

2.《水利水电工程钢闸门设计规范》(SL 74—2019)

涉及金属结构专业的强制性条文有 2 条:

(1)具有防洪功能的泄水和水闸枢纽工作闸门的启闭机必须设置备用电源,必要时设置失电应急液控启闭装置。

(2)当潜孔式闸门门后不能充分通气时,必须在紧靠闸门下游孔口顶部设置通气孔,通气孔出口应高于可能发生的最高水位,其上端应与启闭机室分开,并应有防护设施。

3.《水利水电工程启闭机设计规范》(SL 41—2018)

涉及金属结构专业的强制性条文有 3 条:

(1)启闭机选型应根据水利水电工程布置、门型、孔数、操作运行和时间要求等,经全面的技术经济论证后确定,启闭机选择应遵循下列规定:具有防洪、排涝功能的工作闸门,应选用固定式启闭机,一门一机布置。

(2)液压启闭机必须设置行程限制器,工作原理应不同于行程检测装置,严禁采用溢流阀代替行程限制器。

(3)有泄洪要求的闸门启闭机应由双重电源供电,对重要的泄洪闸门启闭机还应设置能自动快速启动的柴油发电机组或其他应急电源。

4.《升船机设计规范》(GB 51177—2016)

涉及金属结构专业的强制性条文有 3 条:

(1)垂直升船机提升钢丝绳的安全系数按整绳最小破断拉力和额定荷载计算不得小于 8.0,平衡钢丝绳的安全系数按静荷载计算不得小于 7.0,钢丝强度等级不应大于 1 960 MPa。

(2)在锁定状态下安全机构螺杆与螺母柱的螺纹副必须可靠自锁。

(3)顶紧装置应符合下列规定:顶紧装置应采用机械式自锁机械,不得采用液压油缸直接顶紧方案。顶紧机构及其液压控制回路必须设置自锁失效安全保护装置。

5. 涉及金属结构专业的强制性条文

涉及金属结构专业的强制性条文汇总见表1-28。

表1-28 涉及金属结构专业的强制性条文汇总

序号	标准名称	标准号	条文号	实施日期
1	小型水力发电站设计规范	GB 50071—2014	5.5.53、8.1.4	2015年8月1日
2	水利水电工程钢闸门设计规范	SL 74—2019	3.1.4、3.1.10	2020年3月19日
3	水利水电工程启闭机设计规范	SL 41—2018	3.1.7、7.1.16、9.2.2	2019年1月23日
4	升船机设计规范	GB 51177—2016	4.3.14、6.5.16、6.7.5	2017年4月1日

第五节 各阶段设计内容和深度

一、项目招标前各阶段设计内容和深度

(一)水利工程项目招标前各阶段设计内容和深度

水利工程项目招标前各阶段分为项目建议书阶段、可行性研究阶段、初步设计阶段。

1. 项目建议书阶段设计内容和深度

项目建议书阶段金属结构专业设计深度按照《水利水电工程项目建议书编制规程》(SL/T 617—2020)要求,应初步选定各类水工建筑物的闸门、拦污栅、阀和启闭机等金属结构设备的型式、数量、主要技术参数及布置;初步选定通航、过鱼等建筑物金属结构及启闭设备的型式、数量、主要参数和布置;拟定防止腐蚀、冰冻、淤堵、空蚀、磨损、振动等问题的设计原则;估算各项金属结构设备的工程量和设备汇总表;初步选定压力管道布置、阀门型式,估算工程量。

2. 可行性研究阶段设计内容和深度

可行性研究阶段金属结构专业设计深度按照《水利水电工程可行性研究报告编制规程》(SL/T 618—2021)要求,应简述金属结构项目建议书阶段审查、审批相关意见,设计所依据的基本设计资料、文件和主要技术标准;基本选定各类水工建筑物的闸门、拦污栅、阀、拦(清)污及启闭设备的布置、型式、数量和主要技术参数;基本选定通航、过鱼等建筑物金属结构设备的布置、型式、数量和主要技术参数;基本确定操作运行原则和设备制造、运输、安装、检修条件;初步选定防止腐蚀、冰冻、淤堵、空蚀、磨损、振动等措施和设计方案;提出金属结构工程量汇总表;宜附金属结构设备总布置图、特殊重要闸门门叶及门槽总图。

基本选定压力管道的布置、型式和主要尺寸、断面尺寸等,提出工程量汇总表;对有压输水系统,基本选定沿线设置的各类阀门、流量计及其他管道附件的型式、数量、主要技术

参数和布置。

3. 初步设计阶段设计内容和深度

初步设计阶段金属结构专业设计深度按照《水利水电工程初步设计报告编制规程》(SL/T 619—2021)要求。

泄水建筑物的闸门(阀)及启闭设备应选定闸(阀)门的布置方案、型式、数量和主要技术参数,提出制造、运输、安装、检修条件,说明操作运行方式,基本选定金属结构设备防止腐蚀、冰冻、淤堵、空蚀、磨损、振动等措施和设计方案。论述正常及事故情况下运行的可靠性;选定启闭设备布置、型式、容量、数量和主要技术参数;选定闸门和启闭设备等检修场所及起吊设备。

引水建筑物的闸门(阀)及启闭设备应选定闸(阀)门、拦污栅及拦(清)污设备、启闭设备的布置方案、型式、容量、数量和主要技术参数;基本选定防止腐蚀、冰冻、淤堵、磨损等的设计方案和措施,提出制造安装和维护检修条件,充水平压及通气措施、操作方式和拦污栅的排污、清污措施。

尾水建筑物的闸门及启闭设备应选定水电厂(泵站)尾水(出口)闸门及启闭机的布置方案、型式、容量、数量和主要技术参数;基本选定防止腐蚀、淤堵等措施,提出操作运行方式、充水平压及通风措施、检修条件和贮存场所。

通航、过鱼建筑物的金属结构设备应选定船闸、升船机、升鱼机等金属结构设备的布置方案、结构型式和主要技术参数;选定过坝建筑物金属结构设备的检修场所及起吊设备。

施工导流建筑物的闸门和启闭机应选定导流、封孔所用闸门和启闭机的布置方案、型式、容量、数量和主要技术参数;说明操作运用条件、下闸截流水位和流量条件。

对各部位提出闸门结构主要受力构件的应力分析成果,选定启闭设备容量;确定液压启闭机的泵站布置方案和主要元件的选用原则;对于技术复杂和采用新型式、新技术的单项金属结构设备及其关键技术,应进行专题论证,并提出试验成果和分析结论;提出金属结构工程量汇总表;宜附各部位工程闸门及启闭机总布置图、主要闸门及门槽总图、过坝设施金属结构布置图及主要设备的总图。

压力管道应选定压力管道的布置、型式、高程、断面尺寸、长度以及材质等,说明压力输水管道的控制运用条件及水力过渡过程计算条件、方法和成果;提出压力管道工程量和布置图。

(二)水电工程项目招标前各阶段设计内容和深度

水电工程项目招标前各阶段分为预可行性研究阶段、可行性研究阶段。

1. 预可行性研究阶段设计内容和深度

预可行性研究阶段金属结构专业设计深度按照《水电工程预可行性研究阶段编制规程》(DL/T 5206—2005)要求,应初拟导流、发电、泄洪、排沙、放空、灌溉等水工建筑物的闸门、拦污栅、阀及启闭机等金属结构设备的型式、参数、尺寸、布置方案及运行方式;初拟其他水工建筑物(如通航、拦污、排污等)金属结构设备的规模、型式、主要参数和布置方案;提出金属结构设备特性表;基本选定压力管道的布置、型式、高程、断面尺寸。

2. 可行性研究阶段设计内容和深度

可行性研究阶段金属结构专业设计深度按照《水电工程可行性研究报告编制规程》(DL/T 5020—2007)要求。

泄水建筑物的闸门(阀)及启闭设备应选定闸门(阀)的结构型式、数量、孔口尺寸、设计水头等主要参数;确定闸门(阀)、启闭机的布置方案;说明闸门(阀)操作运行方式、充水平压方式、通气措施;制造、运输、安装、检修及存放条件,提出防止冰冻、淤堵、空蚀、磨损、振动等的措施;选定启闭机型式、容量、扬程、数量等主要参数,说明操作运行条件,提出启闭机的动力保证措施和安全保护措施。选定启闭机检修场所的布置方案及其主要设备的配置。

引水建筑物的闸门(阀)及启闭设备应选定闸门(阀)、拦污栅结构型式、数量、孔口尺寸、设计水头等主要参数;确定闸门(阀)、拦污栅、启闭机的布置方案;说明闸门操作运行方式、充水平压方式、通气措施;制造、运输、安装、检修及存放条件,提出防止冰冻、淤堵、磨损、振动等的措施;对电站进水口的污物情况做初步分析,并选定拦污、清污方式;选定启闭机型式、容量、扬程、数量等主要参数,说明操作运行条件,提出启闭机的动力保证措施和安全保护措施。选定启闭机检修场所的布置方案及其主要设备的配置。

尾水建筑物的闸门及启闭设备应选定水电站尾水(出口)闸门、拦污栅结构型式、数量、孔口尺寸、设计水头等主要参数;确定闸门、拦污栅、启闭机的布置方案;说明闸门操作运行方式、充水平压方式、通气措施;制造、运输、安装、检修及存放条件,提出防止淤堵、磨损、振动等的措施;选定启闭机型式、容量、扬程、数量等主要参数,说明操作运行条件,提出启闭机的动力保证措施和安全保护措施。选定启闭机检修场所的布置方案及其主要设备的配置。

通航及其他过坝建筑物的金属结构设备应经方案比较和技术经济分析论证,选定船闸、升船机及其他过坝设施的金属结构设备的布置方案、结构型式、主要尺寸等技术参数;说明有关设备制造、运输、安装条件、操作方式以及运行的可靠性、运转周期和运转效能;选定过坝建筑物金属结构设备等的检修场所及其起吊设备的配置。

施工导流建筑物的闸门和启闭机应选定导流、封孔所用闸门的结构型式、数量、孔口尺寸、各工况设计水头等主要参数;确定闸门、启闭机的布置方案;选定启闭机型式、容量、扬程、数量等主要参数,说明操作运行条件,提出启闭机的动力保证措施和安全保护措施;说明下闸封堵程序、操作运用条件、下闸截流水位流量条件、下闸后最高挡水水位、截流及封堵的可靠性及设备回收或重复利用的可能性。

其他水工建筑物的金属结构设备应选定其他水工建筑物金属结构设备的布置方案、型式、容量、数量、主要尺寸及参数;说明操作运行方式、制造、运输、安装检修等条件;对于技术复杂或采用新门(机)型、新技术的金属结构设备,其关键技术和设备应提供试验成果及分析论证结论,根据需要,提出专题报告。

对各部位提出金属结构设备的防腐蚀方案;提出金属结构设备的工程量和设备汇总表;提出各部位工程闸门(阀)、拦污栅及启闭机布置图;提出过坝设施金属结构布置图。

压力管道应选定压力管道(包括岔管、旁通管、镇墩、支墩等)的布置、型式、断面尺寸、长度等,说明压力管道稳定和结构计算的条件、荷载及其组合、计算方法和计算成果,说明衬砌支护型式选择，提出采用钢材、混凝土衬砌的要求及结构尺寸；对大型、复杂的岔管应进行专门的应力分析和结构设计；提出压力管道工程量和布置图。

二、招标阶段设计内容

（一）设备招标方式

建设工程设备招标方式通常包括公开招标、邀请招标和议标等。邀请招标是国际上政府采购通常采用的方式。根据《中华人民共和国招标投标法》规定，在中华人民共和国境内进行政府投资的工程建设项目的重要设备、材料等货物的采购，单项合同估算价在100万元人民币以上的，必须进行招标。民营企业投资的项目多采用邀请招标或议标等招标方式。

水利水电工程招标文件编制按《水利水电工程招标文件编制规程》（SL 481—2011）规定。金属结构设备采购通常按设备类型单独采购招标，中标单位负责设备的制造、防腐、运输、现场指导安装和技术培训，设备到工地后移交给安装单位。设备安装和土建工程通常合在一起招标，由安装单位负责设备的现场安装和调试，便于协调现场安装与土建施工的交叉作业，有利于保证安装质量和进度，但对设备交接后出现的质量问题往往难以界定责任方。

有些工程将设备制造和安装合并在一起招标，这样便于明确设备的质量责任方，避免制造与安装推诿扯皮，保证设备质量，但承包人往往难以协调现场安装与土建施工的交叉作业，容易影响安装进度。

中小型工程金属结构设备采购往往将不同类型设备打包招标，或与土建打捆招标，以减少招标人后期的协调工作。中标单位对自身不具备生产能力的设备采取分包外协，这种招标方式便于业主管理，但分包方常因分包价格问题影响到设备采购质量。

（二）招标重点内容

1. 招标范围

金属结构通常作为设备采购招标，其安装含在土建施工标中。对于特殊设备，如三角闸门，由于安装与制造关系密切，通常将制造、安装合并在一起招标。对于大中型工程，当对金属结构设备要求第三方检测和在线监测时，第三方检测和在线监测的采购可包括在制造标中，也可由建设单位单独招标采购。

2. 招标基本要求

招标技术文件中应明确设备的工程量清单、总体布置和主要技术参数、技术标准、通用技术要求、专用技术要求、招标图纸等，还应明确设备分节分块的最大运输单元尺寸、最重运输单元重量以及运输方式。计价方式有单价承包和总价承包两种，闸门、压力钢管通常采用单价承包，以t为单位计价；阀、启闭机、清污机通常采用总价承包，以单台（套）为单位计价。

3. 特殊材料和外购件

对于特殊材料和主要外购件应在招标文件中明确分项工程量清单和品牌档次，提出技术指标，以便于投标报价。闸门使用的特殊材料和外购件有铸钢、不锈钢、滑块、轴承、球瓦、橡胶、油漆等；启闭机、清污机使用的特殊材料和外购件有电动机、减速器、制动器、开度荷重传感器、夹轨器、油泵电机组、阀件、密封件、行程检测装置、轴承、PLC、变频器、软启动器等;压力钢管使用的特殊材料和外购件有阀、流量计、伸缩节、弹性垫层、支座、油漆等。

4. 闸门招标技术要求重点内容

闸门招标技术文件中应明确门叶和埋件的分节位置、节间坡口型式和拼接焊缝要求;明确箱型梁密封腔的防腐要求;明确最后一道现场面漆的供货方;明确一期预埋件的供货方。对于平面提升闸门,应提出静平衡要求和配重块数量;对于人字闸门,应提出环氧树脂的供货方;对于浮式闸门和拦漂排,应提出气密性试验要求;对于平压开启的闸门,若需要设水位计,应明确水位计的供货方以及水位计与启闭机的联动要求。

5. 启闭机、清污机招标技术要求重点内容

启闭机、清污机招标技术文件中应明确箱型梁密封腔的防腐要求;明确最后一道现场面漆的供货方;明确一期预埋件的供货方。应明确减速机、钢丝绳、油缸和液压泵站安装调试用油的供货方;明确自动挂脱梁、现地电气控制和液压泵站的供货方;明确远控接口方式和供货方。为与水工、机电专业配合,应提出启闭机最大静轮压和最大动轮压分布情况、供电方式以及门机荷载试验要求。若采用电缆卷筒供电,应明确电源箱供电点位置;若采用滑线供电,应合理布置滑线沟。

6. 压力钢管招标技术要求重点内容

压力钢管招标技术文件中应明确钢管制造成型方式、明管支座和伸缩节型式、垫层管型式、岔管型式;明确钢板厚度偏差要求;明确一期预埋件的供货方;明确钢管与其他材料管、阀、流量计等附属设备的连接型式、远控接口方式和供货方;明确管外排水方式和灌浆方式;明确厂内和现场水压试验要求以及试验用闷头的供货方。

三、施工图阶段设计内容

(一)施工图纸要求

施工图设计必须以批复的初步设计文件为依据,采用现行有效的规范、标准,其内容和深度应满足编制施工图预算、设备和材料采购、施工和安装的要求,所使用的基础资料应齐全、翔实、可靠,所使用的单位应为国家法定计量单位。施工图设计应积极采用可靠、安全、环保、节能的新工艺、新材料、新设备、新技术,设计成果应全面、详细,能满足设备正常使用要求,尽量减少设计变更。

施工图设计文件应包括设计说明,闸门、启闭机、清污机、压力钢管的总布置图、主要部件装配图、节点大样图、主要结构图、门槽埋件图、锁定装置图等。

设计说明中应主要描述金属结构设备的布置、型式、数量、主要设计参数、工作条件、运行方式、供电方式、结构型式和布置;描述设备主要尺寸、材料种类和质量要求,设计荷载、运转件及附属设施的型式和布置;描述防止冰冻、淤堵、空蚀、磨损、振动和腐蚀等措施及制造、运输、安装要求;描述闸门、启闭机、清污机、压力钢管与水工建筑物的关联尺寸,启闭机、清污机与电气远控的接口要求、试运转和维护要求、施工安全要求以及注意事项等。

设备总布置图中应包括金属结构平面图、立面图和主要剖面图,设备和水工建筑物的

各部位高程、特征水位、定位尺寸或坐标,闸门、启闭机、压力钢管与水工建筑物的关联尺寸、主要技术参数表、主要材料及工程量汇总表等。

(二)设计交底与图纸会审

1. 目的和意义

施工图纸是制造安装单位和监理单位开展工作最直接的依据,工程设计单位提交施工图,待工程参建各方消化后需进行设计交底及图纸会审。为了使参与工程建设的各方了解工程设计的主导思想和要求、采用的设计规范、主要设备设计,对主要材料、构配件和设备的要求,所采用的新工艺、新材料、新设备、新技术的要求以及制造、安装中应特别注意的事项,掌握工程关键部分的技术要求,保证工程质量,工程设计单位应依据国家设计技术管理的有关规定,对提交的施工图纸,进行系统的设计技术交底和安全交底。同时,减少图纸中的差错、遗漏、矛盾,将图纸中的质量隐患与问题消灭在施工之前,使设计图纸更符合施工现场的具体要求,避免返工浪费,在施工图设计交底的同时,监理、工程设计、业主、制造安装单位及其他有关单位需对设计图纸在自审的基础上进行会审。现阶段大多对制造、安装进行监理,设计监理很少,图纸中差错难免存在,因此设计交底与图纸会审更显必要。设计交底与图纸会审是保证工程质量的前提,也是保证工程顺利施工的重要环节,监理和各有关单位应当予以充分重视。

2. 遵循的原则

工程设计单位应提交完整的施工图纸,各专业相互关联的图纸应提供齐全、完整;对施工单位急需的重要分部分项专业图纸也可提前交底与会审,但在所有成套图纸到齐后需再统一进行交底与会审。现在很多工程在施工图纸还不齐全的情况下已开工,以致后到的图纸未进行会审就直接用于施工,这些现象是不正常的。图纸会审不可遗漏,即使施工过程中另补的新图也应进行设计交底和图纸会审。

在设计交底与图纸会审之前,业主、监理及制造安装单位和其他有关单位应事先指定主管该项目的有关技术人员看图自审,初步审查本专业的图纸,进行必要的审核和计算工作,各专业图纸之间应认真核对。设计交底与图纸会审时,工程设计单位应派负责该项目对口专业的主要设计人员出席。进行设计交底与图纸会审的工程图纸,应经建设单位确认,未经确认不得交付施工。凡直接涉及设备制造厂家的工程项目及施工图,应由总包单位邀请制造厂家代表到会,并请业主、监理与工程设计单位的代表一起进行设计交底与图纸会审。

3. 工作程序

设计交底与图纸会审在项目开工之前进行,开会时间由监理人确定并发通知。参会人员应包括监理、业主、工程设计、制造安装等单位的有关人员。会议按《建设工程监理规范》要求组织,一般情况下会议由总监理工程师主持。会议首先由工程设计单位介绍设计意图、结构设计特点、设备布置、主要参数、技术要求、施工注意事项等,各有关单位对图纸中存在的问题进行提问,工程设计单位对各方提出的问题进行答疑,各单位针对问题进行研究与协调,制定解决办法,会议最后由监理人汇总意见,并起草会议纪要。总监理工程师应对设计交底会议纪要进行签认,并提交业主、工程设计和制造安装单位会签。

4. 工作重点

设计交底使用的设计说明和图纸是否经过设计单位各级人员签署,内容是否齐全,坐标、标高、尺寸等交叉连接是否与水工图纸相符,图纸内容和表达深度是否满足施工需要,施工中所列各种标准图册是否已经具备,施工图与设备、特殊材料的技术要求是否一致;主要材料来源有无保证,能否代换,新技术、新材料的应用是否落实。

设计说明是否详细,与规范、规程是否一致,设计是否满足制作安装、运行和检修需要,施工安全、环境卫生有无保证,是否存在不能施工或不便施工的技术问题,或导致质量、安全及工程费用增加等问题,安全设计是否满足有关规程、规范要求。

设计图纸之间有无相互矛盾,各专业之间、各视图之间、总图与分图之间有无矛盾,预埋件、预留孔洞等设置是否正确,各类管沟、供电、机架梁等与相关专业间是否协调统一。

5. 纪要与实施

设计交底由监理发送业主和制造安装单位,抄送有关单位,并予以存档。会议纪要即被视为设计文件的组成部分,施工过程中应严格执行,当有不同意见通过协商仍不能取得一致时,应报请业主单位定夺。

对图纸会审会议上决定应进行设计修改的,由原设计单位按设计变更管理程序提出设计修改,一般性设计变更经监理工程师和业主单位审定后,交施工单位执行;重大设计变更报业主单位及上级主管部门与设计单位共同研究解决。

(三)出厂验收

金属结构设备制造承包人在预计出厂验收时间前的一定时间内,向监理人递交出厂验收大纲,并书面预告出厂验收的预计时间,监理人对出厂验收大纲审查并确认后,报业主组织审批;并将承包人的书面预告传给业主。出厂验收大纲的内容至少应包括货物概况、主要技术参数、供货范围、检验依据、检测项目及允差、实测值、检验方法及工具仪器、主要测量尺寸示意图、安装说明书、出厂编号说明、设备包装运输方案、竣工资料编制说明及必要的列表及说明等。业主在收到承包人的出厂验收大纲后的一定时间内,将对出厂验收大纲的审查意见书面通知监理人和承包人。

设备全部制造、组装完毕后,承包人应按批准的出厂验收大纲中所列的检测项目及允差进行设备检测并准备好所需的各类文件及竣工资料,在自检合格和检测结果经监理人认可的基础上,通过监理人向业主递交经监理人签字确认的附有设备制造终检记录的出厂验收申请。业主在收到承包人出厂验收申请后的一定时间内,将出厂验收的日期和验收组成员名单通知监理人及承包人。

在业主组织的验收人员到厂前,承包人应按技术条款的规定,将设备组装、调整到符合合同规定的验收状态,并支承在有足够刚度及高度的支墩上,以供验收人员目睹承包人实测各主要技术数据。与此同时,承包人应将设备出厂竣工资料整理成卷一并待验。业主有权要求对竣工资料进行一项或数项复验,承包人应按业主要求进行复验,业主应为验收小组进行复验提供必要的条件和工具。

为了便于在安装和检修中迅速辨认零部件的装配关系和位置,在设备的零部件上应该有不易磨失的安装标记。标记应打在明显易见的非工作表面上,对全部加工的零部件,除本条款有特殊规定外,均应打在不与其他零部件接触而易见的表面上。在不加工的粗糙表面做标记的部位应铲平或磨光，并用白漆做边框，在不加工的光滑表面或加工的非工作表面做标记时只用白漆做边框。在满足本标记规定的前提下，承包人可以根据工厂标准提供相应的标记规范，但应加以说明并经业主批准。

承包人对验收检查发现的制造质量缺陷，应采取措施使其达到合格，并经监理人审签后货物方可包装；否则，监理人有权拒绝签证，由此引起延误交货期的责任由承包人承担。由于承包人的原因致使验收不能按期进行，或由于制造的质量缺陷问题验收不合格，致使不能签证而延误交货期，其责任由承包人负责。参加出厂检验的业主不予会签任何质量检验证书。业主参加质量检验既不解除承包人应承担的任何责任，也不能代替合同设备的工地验收。

设备经出厂验收合格，其包装状况、发货清单及出厂资料等，应符合合同条款的规定，并经监理人签署出厂验收证书后，货物方可发运。出厂验收资料应包括：安装注意事项及安全操作手册，产品总图及各零部件总图、易损件图及安装图，设备制造、安装实施进度及措施的记录，所有材料的材质证明及承包人补充做的检验记录和报告，焊缝质量检查记录及无损探伤报告，铸、锻件的探伤检验报告，主要零件的热处理试验报告，重大缺陷处理记录及有关会议纪要，外购件合格证，制造过程和组装状态的调试检测记录和报告，厂内试验报告，防腐记录及其质量检验报告，设计修改通知单和设计工作联系单，工程量清单和装箱单等。

（四）现场安装验收

金属结构设备安装承包人完成设备安装后，应由监理人会同承包人和供货商代表，共同进行现场安装验收。

埋件安装前，应对安装基准线和基准点进行复核检查，检查合格后，才能进行安装。埋件安装完成后，应在混凝土浇筑前，对埋件的安装位置和尺寸进行测量检查，经监理人确认合格后，才能进行混凝土浇筑。混凝土浇筑后，应对埋件的安装位置和尺寸进行复测检查，若经检查发现埋件的安装质量不合格，应按监理人的指示进行处理。

闸门、启闭机、清污机、压力钢管安装前，应对安装基准线、基准点和埋件进行复核检查，检查合格后，才能进行安装。在制造厂人员指导下进行设备的安装和调试下进行，由安装承包人会同监理人对安装外形和尺寸、安装焊接、表面涂装、安装偏差以及试验成果等进行检查和记录。若经检查发现埋件的安装质量不合格，应按监理人的指示进行处理。设备安装完成后，应由监理人组织进行各项设备的检查和验收。承包人应向监理人提交安装质量检查记录、试验、调试和试运转记录。

第二章　金属结构设备选型与布置

第一节　闸门选型与布置

一、设计资料和参数系列

（一）设计资料

闸门设计基本资料主要包括以下内容：

（1）工程开发任务和水工建筑物的基本情况，包括水工建筑物的规模、等别级别、建筑物型式、总体布置、运行特性等。

（2）水文泥沙情况，包括暴雨、径流、水位、泥沙含量、水中漂浮物和水生物的生长情况等。

（3）气象和地震情况，包括温度、风力、结冰、波浪、涌潮强度、地震烈度等。

（4）过坝要求，包括过坝的船只、冰凌、漂木、竹筏、水面污物的规格、货运量等。

（5）闸门基本情况，包括孔口位置、数量、尺寸、运行、检修条件、操作要求、局部开启要求、泄水、排漂、排污等运行要求、外电供电方式以及电气控制方式等。

（6）上下游水位情况，包括各种挡水工况、运行工况可能出现的水位组合。

（7）设备制造安装条件，包括原材料供应、制造设备、运输条件、现场安装条件等。

（二）基本参数系列

1. 孔口尺寸系列

闸门孔口尺寸在满足使用要求的基础上需结合土建结构型式、消能防冲要求以及材料的供应和制造、运输、安装条件综合考虑。根据工业生产标准化、系列化的要求，闸门孔口尺寸优先选用《水利水电工程钢闸门设计规范》（SL 74—2019）中推荐的孔口尺寸系列，并尽量避免选取宽高比失衡的孔口尺寸。

露顶式闸门和潜孔式闸门的孔口宽度和高度在 5 m 以内的宜按 0.5 m 递增，5 m 以上的宜按 1.0 m 递增；除尾水闸门外，其他闸门的孔口宽度和高度在 8 m 以内的宜按 0.5 m 递增，8 m 以上的宜按 1.0 m 递增。水轮发电机组流道和泵站流道对孔口尺寸要求严格，通常难以按孔口尺寸系列选取，此时闸门的宽度和高度可按 0.1 m 递增。

2. 设计水头系列

闸门设计水头优先选用《水利水电工程钢闸门设计规范》（SL 74—2019）中推荐的设计水头系列。设计水头为 10~20 m 时，宜按 0.5 m 递增；设计水头为 20~50 m 时，宜按 1.0 m 递增；设计水头大于 50 m 时，宜按 2.0 m 递增。

二、基本要求

闸门的选型和布置不仅直接关系到相关建筑物的布置和工程量，也影响到整个工程的投资和施工进度。闸门的选型和布置应从全局考虑、统筹兼顾，正确处理闸门与泄水建筑物、引水输水建筑物的关系，以满足工程的各种使用需求。大中型工程需要对闸门进行多种门型和布置比选，从而确定最优设计方案。

闸门的选型和布置主要是确定闸门的设置位置、孔口尺寸、型式、数量、运行方式及检修条件等，应结合水工建筑物的总体布置、配套的启闭机型式和布置、辅助配套设施的布置进行技术经济比较，同时应积极慎重地采用新工艺、新材料、新设备、新技术，同时应兼顾制造、安装、运输、维护要求，努力做到安全可靠、技术先进、经济合理、节能环保，对重大技术难题尚应使用科研试验和仿真分析等辅助手段加以论证。

（一）闸门设置位置要求

闸门应布置在水流较平顺部位，流态良好。门前不宜出现横向流、漩涡和折冲水流，门后不宜出现淹没出流和回流。对重要的闸门或水流条件复杂的闸门，应对可能产生的空蚀、振动、磨损等做专门研究，从门槽体型、闸门底缘型式、止水型式、胸墙型式和相关尺寸、操作方式、通气孔设计等方面采取有效措施，以避免或减轻闸门运行不利影响，必要时应通过模型试验和仿真分析加以验证。

闸门设置位置不合适，会引起水流条件不好，对闸门运行会带来许多不利影响，使闸门不能正常工作，有的甚至导致失事。据调查，湖北富水电站溢洪道 12 m×9 m 弧形闸门在部分开启运行时，由于横向流的作用而产生的振动是导致该门支臂失稳破坏的原因之一。进口漩涡带进大量空气也易引起闸门振动和门槽空蚀。出口回流和淹没出流同样易引起闸门振动，如河南三义寨闸 12 m×7 m 弧形闸门和江苏樟山闸 10 m×7.5 m 弧形闸门的剧烈振动，就是由淹没出流流态、门后强紊动水流和水跃冲击闸门等原因造成的。此外，由于地形关系也能产生折冲水流，如广东鹤地水库溢洪道 10 m×4.5 m 弧形闸门，由于胸墙折冲水流和其他因素导致闸门失事。闸门设计应首先在布置上避免这些流态对闸门运行中的不利影响，当不能避免时，要采取各种具体措施，以减免其有害影响，如进口漩涡只在某一水位时才出现，可考虑在此水位不做局部开启运行；当有横向流时，闸门不应做局部开启运行或避免某些开度；门后淹没出流要加强通气设施等。

闸门工作时门槽底部和闸门顶部不应同时过水，同时过水会形成复杂的紊流，是一种十分不利的流态，易使闸门产生振动和门槽空蚀，如岳城水库、皎口水库和磨子潭水库等，由于双层同时过水引起门槽空蚀，就是明显的例证。下卧式闸门由于运行水头不高，对于部分闸门在开启过程中存在门顶、门底短暂同时过水的情况，这是此类闸门运行情况决定的，可不受此条限制，此类闸门从工程实际运行情况来看反而能够利用水流对闸门底部的淤积起到冲刷作用。

（二）孔口要求

闸门孔口尺寸应满足过流能力或排漂、排沙、通航、过鱼要求，还应考虑水工建筑物的结构布置和设计，闸门自身的结构、材料、制造安装技术、启闭设备布置和能力等因素。孔口尺寸和设计水头宜按系列参数选用，闸门规格尽量做到标准化，以利于制造、安装、运行和维护。通常情况下，高水头闸门一般选用宽高比小的孔口，可以在相同孔口面积情况下增加过流能力；低水头闸门一般选用宽高比大的孔口，便于布置双吊点，同时可以减小闸门全开时的外露高度，对设备运行和景观布置有利。

当工程布置选用平面闸门或翻板闸门时,应充分重视门槽水力学问题,尽量避免出现不利的水流条件。由于平面闸门和翻板闸门的门体为板式活动结构,受支承装置约束不强,易在动水中产生流固耦合振动,因此闸门不宜选用大孔口尺寸和高运行水头,特别是对于翻板闸门,运行水头一般不超过 6 m,以增加闸门运行可靠性。

(三)闸门型式

闸门型式选择应根据水工建筑物布置对闸门的运行要求、闸门在水工建筑物中的位置、孔口尺寸、上下游水位、操作水头、门后水流流态、泥沙、漂浮物、冰冻情况、材料供应、制造、运输、安装、维修等条件进行多种门型比选,同时应综合考虑启闭机型式、启闭力、挂脱钩方式、运行和维护费用等,选择合适的闸门型式。

泄水建筑物和引水建筑物的工作闸门绝大多数选用平面闸门和弧形闸门,通航建筑物的工作闸门一般选用人字闸门或三角闸门。城市景观工程中的闸门受景观布置要求,孔口宽度通常很大,但挡水水头不高,闸门型式多种多样,门型在不断创新。当操作水头较大时,考虑到水流条件,以选弧形闸门为宜;若下游水位较高,设弧形闸门则可能由于支铰长期泡水而影响运行和使用寿命,这种情况下选用平面闸门反而有利。排沙、排推移质时宜选用弧形闸门,排水面漂浮物时可考虑选用下沉式闸门或舌瓣式闸门。近年来,由于环境保护的要求,拦截的漂浮物应创造条件就地处理。沉浮物包括沉木、半沉木及漂浮物,林区尤应注意沉木、半沉木对闸门运行的影响,如湖南岑天河电站上平下弧的双扉闸门由于卡住半沉木使启门力超载,下层弧形闸门吊点拉脱,造成闸门失事。

闸门型式多种多样,常用闸门的优缺点和适用范围见表 2-1,常见闸门布置类型见图 2-1~图 2-4。

(四)制造、安装、运输、运行维护要求

闸门设计应便于制造、安装、运输和运行维护,零部件应尽量选用标准化、定型化产品。大尺寸闸门根据制造、运输条件考虑合理分节,分节高度不宜超过 3.5 m,不应大于 4 m,并应尽量减少分节数量和现场安装焊缝数量。大部分闸门均可分节运输到现场拼装成整扇,但闸门阀、反弧形闸门、浮坞式闸门由于对制造质量要求高,通常要求整扇制作、整体运输,公路运输尺寸受限时需采用水路运输。闸门阀见图 2-5,反弧形闸门见图 2-6,浮坞式闸门见图 2-7。深孔闸门为提高止水效果,止水橡胶宜整体硫化成型,整套运输,现场整体安装,不需粘接接头。

闸门制造分块重量应考虑运输条件和现场安装起吊能力,应尽量利用现场施工机械,避免增加较大的安装成本。闸门维护应考虑到安装、检修和运行时期工作人员的通行安全与便利,在供水、排水、通风、防潮、走梯栏杆、孔口盖板、交通道路等诸多位置应采取相应安全防护措施。

三、选型、布置方法

(一)门槽布置

平面提升闸门承受的水平荷载通过主支承传递到门槽埋件,最终传递给门槽二期混凝土。大型闸门的总水压力可达几千吨,闸门支承中心到混凝土边墙的距离应与闸门的总水压力相匹配,避免门槽二期混凝土受到剪切破坏。

表 2-1 常用闸门的优缺点和适用范围

闸门型式	优点	缺点	适用范围
平面提升闸门	(1)结构简单,受力明确。 (2)设计、制造、安装简单,检修方便。 (3)布置灵活,操作方便,用作多孔检修闸门时具有互换性。 (4)门体顺水流方向尺寸小,闸墩较短,土建投资较小	(1)设有矩形门槽,水流条件较差。 (2)门槽埋件量较大。 (3)闸墩较厚,设永久启闭设备时需设高排架	(1)应用最广泛,适用于绝大多数孔口。 (2)不宜用于设计水头超过30 m的工作闸门。 (3)不宜用于通航孔工作闸门。 (4)适用各种型式启闭机
弧形闸门	(1)结构受力条件好。 (2)无门槽,水流条件好,闸墩较薄。 (3)埋件量较小。 (4)坝面景观好	(1)结构较复杂,制造、安装要求较高,检修较不方便。 (2)所需闸墩较长,门体占据闸室空间大	(1)应用广泛,特别适用于大面积、高水头孔口的工作闸门。 (2)不宜用于下游水位较高的工作闸门。 (3)所需启闭力较小,常配合液压启闭机使用
人字闸门	(1)结构受力条件好。 (2)通航净空不受限制。 (3)所需启闭力较小	(1)结构复杂,制造、安装要求高,检修不方便。 (2)不能在动水中操作运行。 (3)门体抗扭刚度小,易产生扭曲变形,易漏水。 (4)所需闸室较长,门体占据闸室空间大	(1)广泛适用于单向水级船闸的工作闸门,适用孔口宽度较大。 (2)只能用于表孔闸门。 (3)只能在静水中操作运行。 (4)常配合液压启闭机使用
各种型式翻板闸门	(1)布置形式灵活、多样。 (2)便于门顶排漂、排污。 (3)无门槽,闸墩较薄。 (4)所需启闭力较小	(1)结构较复杂,制造、安装要求较高,检修较不方便。 (2)局部开启时,水流条件差,容量发生撞击、振动等不利现象。 (3)多跨衔接时对启闭机同步性要求高	(1)适用于水头不超过8 m的城市景观工程。 (2)适用孔口宽度大。 (3)只能用于表孔闸门。 (4)水力自动翻板闸门不宜用于重要的防洪、排涝工程中

图 2-1　红花水电站泄水闸平面提升闸门

图 2-2　大隆水利枢纽弧形闸门

图 2-3　红花水电站下闸首人字闸门

图 2-4　广州马涌水闸翻板闸门

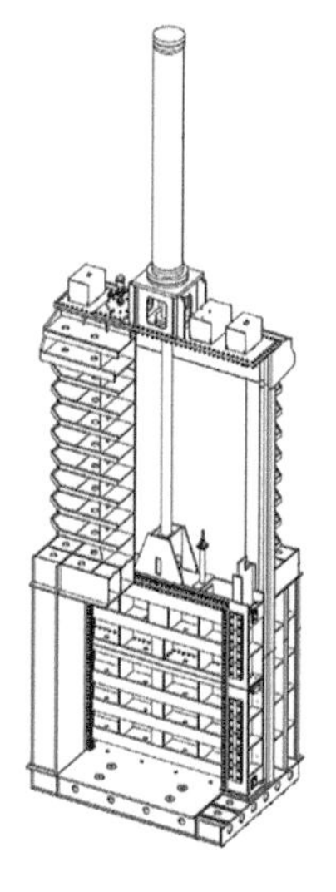

图 2-5　闸门阀

图 2-6　反弧形闸门

两道闸门槽之间或闸门槽与拦污栅槽之间的最小净距不宜小于 1.5 m。从受力角度上讲,净距太小时两道门槽之间的混凝土太单薄,难以承受闸门传来的水平荷载;净距太小时易产生绕流和漩涡,水力学条件差;同时,难以布置上部的启闭设备。门槽顶部板梁开口尺寸应满足闸门进出门槽要求,尤其是对于变截面闸门,应注意变截面对开口尺寸的要求。开口尺寸也不宜过大,容易造成安全风险。

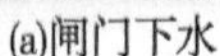
(a)闸门下水

(b)闸门运输

图 2-7　浮坞式闸门

泄水闸一般常采用平底宽顶堰、机翼堰、驼峰堰等型式，当采用曲线堰面时，工作闸门底缘宜布置在堰顶略偏下游处，以利于压低水舌，避免堰面产生负压。设置在倾斜堰面上的闸门，孔口段的底坎可呈倾斜布置，两侧门槽内的侧枕可呈水平布置。

（二）潜孔弧形闸门排气要求

在有较大风浪或涌潮的枢纽工程泄洪闸、水闸及挡潮闸中，当工作闸门采用潜孔弧形闸门且水位会出现低于门楣情况时，应在胸墙段设排气孔。根据国内调查，广东鹤地水库溢洪道弧形闸门、浙江马山闸弧形闸门、河南白龟山水库弧形闸门、江苏三河闸弧形闸门，都处于沿库、沿海、沿湖有较大风浪和涌潮地区，由于布置上的缺陷，前两者在上游水位略低于前胸墙时，胸墙底部和弧形闸门露出水面以上部分形成一个封闭的空腔，在较大风浪和涌潮作用下，空气被压缩，形成巨大的气囊冲击压力，以致造成闸门支臂失稳破坏。鹤地水库弧形闸门在风浪作用下形成封顶，造成气囊冲击力，致使上支臂失事。而后两个工程在布置上通过在胸墙中开洞、拆除弧形闸门顶止水等措施，未形成较大的气浪冲击压力，闸门基本完好。因此，在胸墙段设排气孔对消除气囊冲击影响非常有效。水工布置应尽量避免胸墙底部和弧形闸门形成封闭的空腔，有条件时布置为表孔弧形闸门，运行相对可靠。针对气囊冲击压力，可采取在胸墙中开洞、预留调压沟或设防冲木，以减少气浪对闸门的冲击力。

（三）检修闸门数量

检修闸门或事故闸门设置数量应根据孔口数量、工程和设备的重要性、施工安装条件和工作闸门的使用状况、维修条件等因素确定。通常对于泄水和水闸系统的检修闸门，10 孔及以内的宜设置 1～2 扇；10 孔以上的每增加 10 孔宜增设 1 扇。对引水发电系统，3～6 台机组宜设置尾水检修闸门 2 套，进口检修闸门 1 套，6 台机组以上，每增加 4～6 台宜各增设 1 套。对于河床式水电站，当机组较多时，初期发电后仍有相当数量机组没有安装，围堰挡水标准达不到汛期机组安装挡水要求，此时进水口闸门和尾水闸门数量需满足机组安装挡水要求设置，通常每孔设 1 扇，设计水头按施工期水位确定。个别工程采用混凝土叠梁闸门作为机组安装期挡水闸门，虽然节省了初期投资，但后期水下起吊闸门非常费时费工，风险很大，且止水效果差，安装期间需不停抽水。电站进水口闸门或尾水闸门作为整扇操作的事故闸门使用时，后期可全部保留；作为检修闸门或分节操作的事故闸门使用时，可只保留部分，满足使用倒换的要求即可；不做永久保留的闸门可转移到其他工程上使用,或按临时闸门设计和报废。

(四)闸门超高

对于水闸露顶式闸门顶高的确定,设计上一般有三种意见:第一种意见是在设计洪水位或校核洪水位以上加波浪计算高度,但不加安全超高,即闸门顶高与波浪计算标高相平;第二种意见是在设计洪水位或校核洪水位以上加安全超高,但不加波浪计算高度,即允许在大风浪条件下波浪部分溅过闸门顶部;第三种意见是在可能出现的最高挡水位以上适当加一些安全超高,同样允许波浪部分溅过闸门顶部。按照第一、第二种意见,闸门顶部均比闸顶高程低得有限;而按照第三种意见,当水库或水闸上游无防洪要求时,最高挡水位通常为正常蓄水位,最高挡水位比设计洪水位或校核洪水位低得较多,此时闸门顶高有可能比闸顶高程低得较多。当水库或水闸具有防洪要求时,最高挡水位可能为设计洪水位或校核洪水位,闸门顶高在最高挡水位上适当加一点安全超高即可。根据对国内工程中闸门安全超高的统计,结合泄洪、冲沙等工作闸门在最高挡水位以上时,闸门已开启泄水的实际运行情况,露顶式闸门顶部在可能出现的最高挡水位以上选取0.3~0.5 m的安全超高是切合实际的。

但对于挡潮闸来说,其功能是在台风暴潮时关闭挡水,防止潮水涌入围内。台风暴潮时的浪高很大,此时门顶安全超高0.3~0.5 m往往不够,应根据浪高和围内容积,综合考虑门顶超高。当堤围内受保护面积较大,门顶跃浪不足以对围内产生危害时,可适当减小门顶超高;当堤围内受保护面积小,门顶跃浪已对围内产生内涝时,应加大门顶超高,否则需增设排涝泵,引起较大的投资,并增加运营成本。

(五)闸门防冰冻

北方冬季河道会结冰,在与闸门接触的冰层附近,闸门会加速锈蚀,且在水结冰过程中由于体积膨大产生的冰压力会使闸门产生变形损坏,因此设计规范明确规定闸门设计时不允许承受冰的静压力。

据调查,为防止冰静压力,在闸门前形成不冻带是对闸门比较有效的。防止冰静压力的常用措施为在门前采用压力水射流法、压力空气吹泡法,用压缩空气机或用潜水泵作为动力,如官厅、参窝、上马岭、红山、红石、大顶子山、小山等水库。也有在门体上设置发热电缆使库区冰盖与门叶间形成不冻缝隙或在门前设隔冰设施防止冰静压力作用的方法,也有用机械或人工开凿冰的,使闸门与冰层隔开,在门前形成不冻带。牡丹江莲花电站溢洪道工作闸门防冰采用在门前设压力空气吹泡防冰冻,效果良好。莲花电站溢洪道工作闸门压力空气吹泡装置见图2-8。

闸门与门槽的冻结,往往由闸门漏水引起,因此闸门止水应严密。闸门操作前应使闸门与门槽不致冻结。一般采用保温室使之不冻或采用埋件内热油循环、蒸汽、电热等办法解冻。如丰满永庆反调节水库弧形闸门采用埋件内热油循环的方法解决冬季启闭运行的问题,效果良好。

(六)排漂方式

目前国内水电站对水库污物的排放主要是通过泄水建筑物的闸门控制,用于排漂的闸门在布置上通常采用两种方式:第一种是利用工作闸门排漂,适用于污物较多河流。当工作闸门为弧形闸门或平面闸门时,通常在工作闸门上部设舌瓣门,舌瓣门和主门共同挡

图 2-8　莲花电站溢洪道工作闸门压力空气吹泡装置

水，当需要排漂时，舌瓣门根据需要可全开或局部开启、调整开度排漂，如广东北江蒙里水电站泄水闸露顶式弧形工作闸门共 13 扇，其中 7 孔主门中部开设宽 9 m、高 2.35 m 的舌瓣门，主门舌瓣门均由液压启闭机操作，蒙里水电站排漂弧形闸门见图 2-9。类似的还有北江孟洲坝水电站。广州李溪拦河闸平面工作闸门共 4 扇，每扇主门中部开设宽 5 m、高 0.815 m 的舌瓣门，主门和舌瓣门均由液压启闭机操作，李溪拦河闸排漂平面闸门见图 2-10。

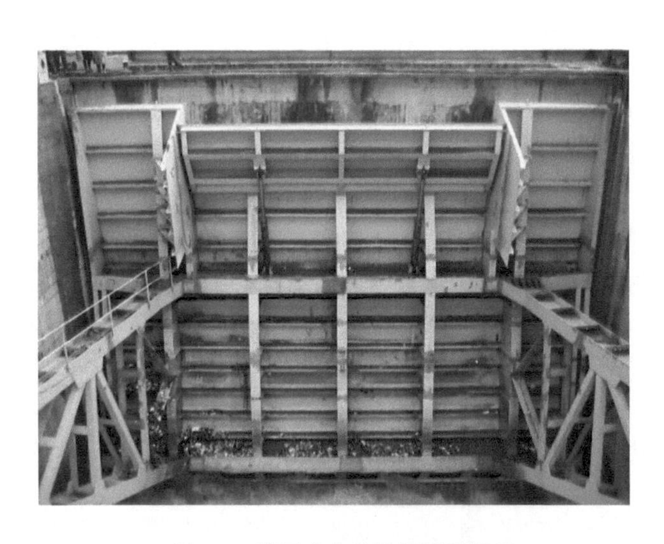

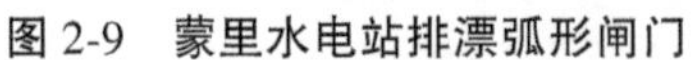

图 2-9　蒙里水电站排漂弧形闸门

图 2-10　李溪拦河闸排漂平面闸门

第二种是利用检修闸门排漂，适用于污物较少河流。检修闸门一般为平面闸门，可设置为叠梁，根据库位变幅和排漂要求调整上部叠梁高度，排漂时提起顶节或多节叠梁排漂；也可在上部叠梁中设插板门排漂。如广东梅江丹竹水电站、篷辣滩水电站采用提起顶节叠梁方式排漂；云南红河马堵山水电站溢流坝 4 孔共用 1 扇带有排漂小门的检修闸门排漂，主门中部开设宽 8.66 m、高 3 m 的排漂小门，主门和排漂小门均由坝顶门机操作。马堵山水电站排漂检修闸门见图 2-11。

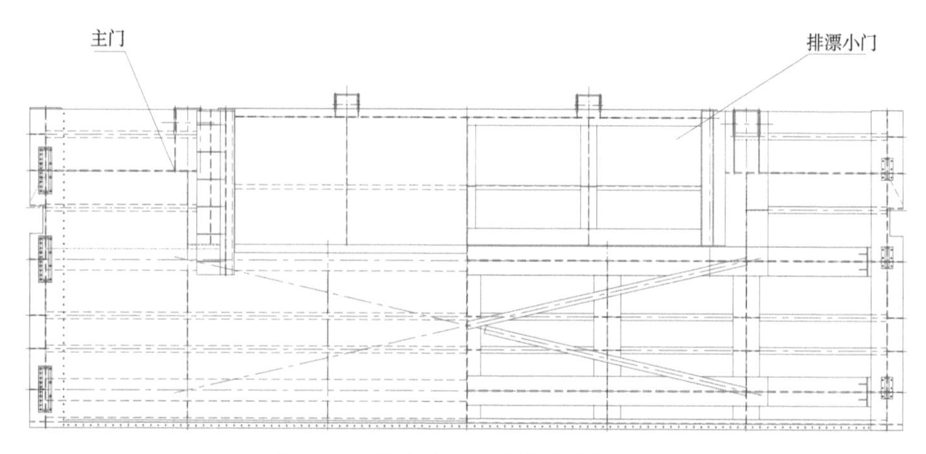

图 2-11　马堵山水电站排漂检修闸门

(七)通气孔设置

当潜孔式闸门门后不能充分通气时,必须在紧靠闸门下游孔口顶部设置通气孔,防止闸门发生气蚀、振动,并可减轻启门力。通气孔出口应高于可能发生的最高水位,其上端应与启闭机室分开,并应有防护设施,以保证人员安全,防止杂物靠近通气孔。岗南、大伙房、镜泊湖等水库由于通气孔与机房联在一起,以致发生安全事故。在寒冷地区的通气孔应设防冰冻措施,以防通气孔因冰冻而堵塞失去通气功能。

对潜孔式闸门,当采用上游止水时,门后自然形成通气空间,不需另设通气设施。当采用下游止水时,因后胸墙影响,需设通气竖井,或在紧靠闸门下游的流道顶部设置通气孔,确保门后在任何流态下均能有效通气。通气孔一般对称设 2 个,其面积不小于闸门充水阀面积或节间充水面积。通气管排气口有条件者,最好做到沿孔口宽度方向均匀通气,这种布置通气效果更好,船闸输水廊道工作闸门通常采用这种通气孔布置。

(八)平压方式

平压设施的型式和规格根据闸门止水布置、漏水量、设计水头及充水时间等因素确定。下游止水的检修闸门平压设施有很多种,最常用的是在门体上设置平盖式充水阀,平盖式充水阀见图 2-12。上游止水的检修闸门平压设施可在充水管上设闸阀式充水阀,闸阀式充水阀见图 2-13。过去有很多工程在闸室侧面设独立的旁通系统和旁通阀,因旁通系统要求空间较大,不便于水工布置且设施复杂,近年来已很少选用旁通系统作为平压设施。

当表孔检修闸门在低水位时无取水条件或潜孔检修闸门对流道充水时间有快速要求时,也可采用节间充水或小开度提门充水方式,但小开度提门充水所需的启门力较大。根据国内 10 余座利用节间充水平压闸门的调查,对于小于 30 m 水头的闸门,采用节间充水对增大充水流量,减少充水时间,降低水位差,具有明显效果。其中,黑龙江莲花水电站进水口 6 m×14 m−62 m 检修闸门投入运行十多年来,经常运用水头为 58~59 m,实际节间充水处水头为 48~49 m,是高水头下实现节间充水比较成功的例子。由于检修闸门节间充水不能中途停止充水、节间充水量大且难以控制等缺点,对一些有特殊要求的工程要慎用,如抽水蓄能电站的上库进、出水口事故闸门,下库进、出水口检修闸门等宜采用充水阀

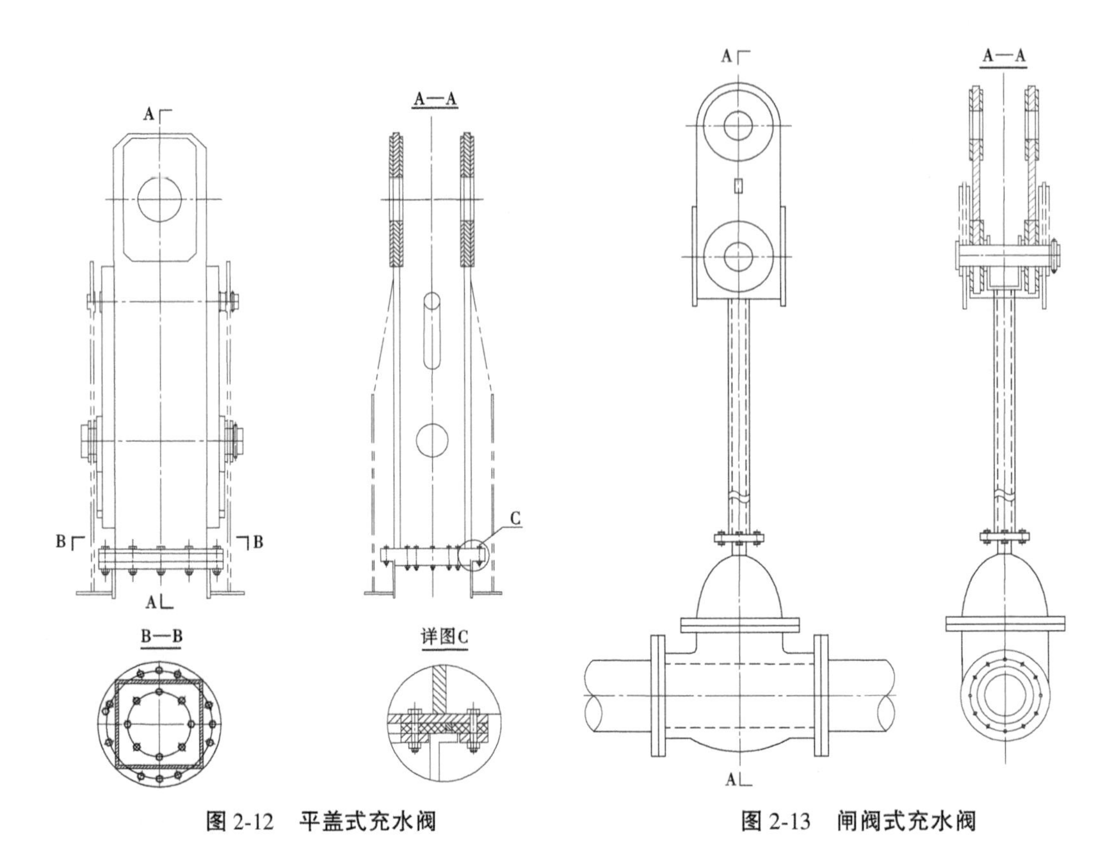

图 2-12　平盖式充水阀　　　图 2-13　闸阀式充水阀

平压。

(九)检修平台

对于露顶式平面提升闸门和弧形闸门,当闸门不能门底提升到闸墩顶部时,宜在适当高程处设置检修平台,便于闸门止水等易损件更换,检修平台高程应高于检修时的水位、低于闸门全开时的门底高程。对于潜孔式弧形闸门,宜在其胸墙和侧轨的适当高程以上,设置不宜小于 800 mm 宽的检修平台,检修平台高程应低于闸门全开时的门底高程,并与外部设有台阶连通。弧形闸门在支铰处以及液压启闭机在上支承处均宜设检修平台,满足日常检修要求,弧形闸门检修平台见图 2-14、图 2-15。

四、泄水系统闸门选型、布置

(一)工作闸门和启闭机型式选择

泄水和水闸系统中的泄洪规模要求较大,所需工作闸门孔数通常较多,工作闸门通常选择平面闸门和弧形闸门,并配套固定式启闭机。平面闸门一般选用固定卷扬机或液压启闭机,弧形闸门一般选用液压启闭机,小型工程也可选用螺杆式启闭机。规范要求一门一机布置主要是考虑到在实际运行调度中,可以满足泄洪对时间的紧迫性要求,并可减小对下游的冲刷影响。当泄洪对时间无紧迫性要求时,经充分论证,也可采用移动式启闭机操作多扇工作闸门的方式。

平原地区大江、大河上的水利枢纽、航电枢纽的溢流坝或泄水闸具有泄洪孔口多、泄

图 2-14　潜孔式弧形闸门检修平台

图 2-15　露顶式弧形闸门检修平台

量大等特点,金属结构设备占整个工程的投资比例较其他类型的电站要大许多,工作闸门门型的选择往往直接影响到工程的总投资。当永久缝设在闸墩中间时,一般宜选用弧形工作闸门;当永久缝设在闸室底板时,一般宜选用平面工作闸门。为了节省工程量,泄水建筑物的孔口宽度趋于越来越大,有些工程泄水孔口最大宽度已达 20 m 以上,如湖南大源渡航电枢纽、江西石虎塘航电枢纽、广西老口水利枢纽等。

对于大跨度孔口且有局部开启要求的工作闸门,从水力学角度来看,弧形闸门无疑是最优门型。很多工程泄水建筑物工作闸门采用液压启闭机操作的大跨度表孔弧形闸门运行良好,已具有成熟的技术和经验。对于汛期下游水位一般较高的工程,弧形闸门支铰如果按规范要求布置在不受水流及漂浮物冲击的高程上,则必将加大支臂长度,引起闸室加长,对闸门和闸墩的工程量增加较多,对支臂的动力稳定性也有影响,有些工程采取折中办法,即将支铰布置在 10~20 年一遇洪水位以上,使支铰在小洪水时不受直接冲击;大洪水时由于上下游水位差很小,过闸流速慢,支铰虽然泡水但受水流直接冲击力不大,基本能满足安全运行要求。

若选用大跨度露顶式平面工作闸门,从整个泄水建筑物工程量来说是最省的,但局部开启运行时水力学条件较差,对开度等运行要求严格,同时闸门槽需设在闸墩水流平顺部位,并选用合理的门槽型式和支承型式。对于大跨度平面工作闸门在运行中可能产生的空蚀、振动、磨损和启闭力等问题,应做专门研究,若水流条件复杂,应专门进行模型试验研究。实际工程中的泄水工作闸门选用平面提升闸门时的孔口最大宽度一般不大于 14 m。

(二)多孔调度运行要求

泄水和水闸系统一般泄水孔口较多,需编制专门的闸门调度运行和操作规程。通常要求两两对称同时均匀开启,待全部闸门达到同一开度后,再进入下一开度,直至所有闸门全部开启。闸门开启过程中水流紊乱,复杂的水流条件极易使闸门产生流激振动,运行中应特别注意避免。当发现闸门处于某一开度出现强烈振动时,应迅速开启闸门跳过这一开度,不得在此开度做停留。广西柳江红花水电站泄水闸表孔平面工作闸门尺寸为 16 m×18 m−18 m,运行过程中在 0.1 开度附近停留控泄,闸门出现强烈振动,部分主轮关节轴承受到严重损坏。

(三)工作闸门布置

工作闸门位置可设置在流道出口、中部或进口。泄水孔工作闸门宜设置于出口,门后宜保持明流,流态好,工作可靠。采用泄洪洞方案时,若放在出口受地质条件所限,则可以布置在中部或进口处,但门后应为明流,否则在闸门开启过程中必然形成明满流过渡的不良流态。在中部或进口处设弧形闸门时需设较大的闸室,不利于水工布置,选用平面闸门则可简化布置。对于有弯道的泄水洞,除要满足上述要求外,工作闸门尚应布置在弯道的下游水流稳定的直段上,避免弯道转弯处产生环流流态影响闸门及门槽段的运行安全。

泄水孔工作闸门门前压力段宜保持有一定的收缩,这对减免空蚀,改进运用条件是很重要的,一般可选用压缩比 1.5∶1。据国内调查,大部分合乎此比值。流态好些的,如梅山、佛子岭、龚嘴、丹江口和云峰水加等;反之,如磨子潭水库则较差。因压缩比太大不经济,太小则不安全,合适的压缩比宜通过水工模型试验来确定。

(四)排沙洞闸门布置

排沙洞一般设检修闸门、事故闸门和工作闸门,工作闸门不应用来直接挡沙,宜用进口的检修闸门或事故闸门挡沙,防止闸门长期关闭造成排沙洞洞身被泥沙淤堵。检修闸门或事故闸门应采用上游面板和上游止水,防止门槽、梁格和启闭机吊头淤沙,导致提门困难。必要时,作为开门时的后备措施,可设置排沙阀和高压水枪,防止泥沙淤积过高。

门槽和水道边界应光滑平整,并选用合适的抗磨材料加以防护。据调查,泥沙对边墙磨损很厉害,特别是对边界有突变的地方,如三门峡水电站。抗磨材料目前处于试验研究中,一般用钢板、环氧砂浆等均可,例如小浪底排沙洞进口段流道上均设有环氧砂浆保护。

(五)检修闸门布置

为满足工作闸门及其门槽运行检修的要求,根据国内运行实践经验,在泄水建筑物工作闸门的上游一般设置检修闸门。当枯水期下游水位较高时,宜设下游检修闸门。如江苏三河闸,湖南双牌原来都没有设检修闸门,给以后维修造成很大不便,三河闸已增设浮式叠梁门解决。国内低水头闸门绝大多数没有设上游事故闸门,但对于某些重要工程或泄水建筑物兼有过木要求时,为保证泄洪顺利、防止流木卡阻,必要时可设置上游事故闸门。如广东北江飞来峡水利枢纽为Ⅰ等大(1)型工程,泄水闸 15 孔潜孔弧形闸门设 2 扇事故闸门。

当水库水位每年有足够的连续时间低于闸门底槛,并能满足检修要求时,可不设检修闸门。有些工程每年有一定的时间水位低于底槛,但由于该时段气候寒冷等不适宜检修维护工作顺利进行时,也可考虑设检修闸门。有些工程水库低水位高于闸门底槛仅为 1~2 m,若设检修闸门会引起闸墩增长,工程造价增加较多,也可不设检修闸门,需要检修时使用临时围堰封堵检修。

检修闸门的型式通常为平面滑动闸门。对于中小型工程也可采用平面叠梁闸门或浮式叠梁闸门,宜设移动式启闭机,小型工程也可由临时设备操作。

(六)高压弧形闸门止水型式

闸门孔口尺寸和设计水头的大幅度提高,闸门的变形问题将最终影响到水封型式和封水效果,高压闸门结构型式对水封型式及其材质提出了更高的要求。工作闸门的最高挡水水头已达 160 m(小湾),实际工作中曾设想将闸门的最高挡水水头提高到 200 m,但受水封型式及其材质制约,无相关科研试验做支撑,不过这将成为未来的发展趋势。根据三峡、小浪底等工程的实践,目前国内普遍认为,常规止水适用的最高水头不超过 85 m,

水头超过85 m的特高水头弧形闸门应选用为压紧式及充压式止水,并设置辅助止水,其突扩突跌门槽体型及尺寸应通过水力学模型试验确定。对于经常局部开启操作的高水头弧形闸门和水头超过120 m的高水头弧形闸门,宜选用压紧式止水。

充压式止水则具有操作简单方便、造价低廉的优点。充压式止水从20世纪50年代在美国应用,后来苏联也开始应用。我国从20世纪80年代开始在漫湾、天生桥一级、东风、宝珠寺、小湾等工程中应用,小湾放空底孔工作弧形闸门设计水头达到了160 m。充压式止水需设置复杂的管路,水质达标时可直接从库区引水。

压紧式止水具有安全可靠性好、便于布置突扩和突跌等优点,缺点是造价高。压紧式止水从20世纪50年代在日本得到应用,后来苏联、巴基斯坦也开始应用,如塔吉克斯坦的NUREK水电站的泄洪底孔排沙洞弧形工作闸门孔口宽5 m,高6 m,设计水头120 m,是最早采用的压紧式止水的高水头弧形闸门。NUREK坝泄洪底孔排沙洞弧形闸门压紧式止水见图2-16。我国从20世纪80年代开始在龙羊峡、东江二级、小浪底等工程中应用。其中,小浪底1号排沙洞工作弧形闸门设计水头达到了140 m。

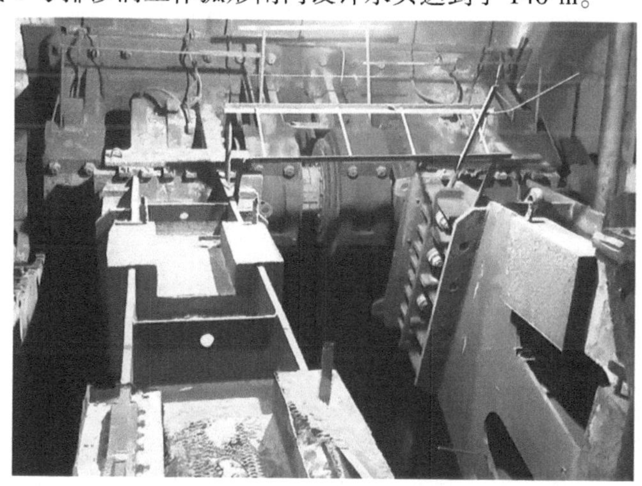

图2-16　NUREK坝泄洪底孔排沙洞弧形闸门压紧式止水

(七)泄水阀型式

当泄水建筑物出口孔口不大、布置闸门困难时,可选用泄水阀。对于低水头工程可采用闸阀作为泄水阀,高水头工程可采用锥形阀、球阀、活塞阀作为泄水阀。锥形阀的特点是泄流能力高,阀体受力均匀,启闭力较小,泄流后的消能防冲设施可以大大简化,能节省不少投资,但应考虑喷射水雾对附近建筑物的影响和对下游河道的冲刷。泄水阀前管段布置应平顺,阀前宜设镇墩以减少放空时对阀的振动。百色水利枢纽底孔放空阀采用锥形阀,见图2-17。

五、引水发电及供水系统闸门选型、布置

(一)闸门布置

坝后式电站当机组或钢管要求闸门做事故保护时,进水口应设置快速闸门和检修闸门,快速闸门也可用蝶阀或球阀代替。但也有一些电站如湖南柘溪水电站、湖南双牌水电

图 2-17 百色水利枢纽底孔放空锥形阀

站、云南马堵山水电站等,只设快速闸门,未设检修闸门。因在机组正常发电时,快速闸门吊在孔口,时时处于戒备状态,不能维修;当机组检修时,又要用快速闸门挡水,也不能检修,只有停机时才有检修条件。不设检修闸门对运行检修非常不便。

引水式电站采用明管引水时,应在明管前设置快速闸门,在长引水道进口处设置事故闸门或检修闸门;采用地下埋管引水且水轮机前不设进水阀时,应在地下埋管前或水轮机前设置快速闸门,在长引水道进口处设置事故闸门或检修闸门;其他情况仅需在长引水道进口处设置事故闸门。当引水洞较长时,设事故闸门较为有利,比较灵活可靠,当引水洞出现事故时,事故闸门可动水关闭,安全可靠。快速闸门也可用蝶阀或球阀代替,其优点是造价低廉,保护可靠,尤其适用于一管分叉安装在每一台机组前以及抽水蓄能电站等不便于布置快速闸门的情况。

河床式电站大多数为低水头大流量转桨式机组,当机组有可靠防飞逸装置时,进水口可不必设快速闸门,宜设置事故闸门和检修闸门,如浙江的富春江电站、广西西津电站、湖北葛洲坝水利枢纽都是如此。当事故闸门具备检修条件时,也可不设置检修闸门。

灯泡贯流式机组一般带有可靠的防飞逸保护装置,可不设快速闸门,仅将进口闸门或尾水闸门设为事故闸门,在机组发生事故时动水切断水流,保护厂房和机组安全。对于特大型机组,必要时也可设快速闸门以利于安全。贯流式机组电站进水口应设置拦污栅、检修闸门或事故闸门,尾水出口应设置事故闸门或检修闸门,污物较多时应设清污机。当漂浮物较多时,可设浮式拦漂排,以减轻拦污栅和清污机拦污和清污的压力。

在水工建筑物布置具备条件时,电站进口闸门尽可能与泄水闸、船闸共用坝顶移动式启闭机,并结合拦污栅清污方式统一布置,充分提高机械设备的使用率。尾水闸门启闭机当孔数在 4 孔以上时可选用移动式启闭机,少于 4 孔时可选用固定式启闭机。

(二)贯流式电站闸门

1. 进出口闸门布置

灯泡贯流式水电站设计水头低,单机引用流量大,流道尺寸大,而造成进口和尾水闸门孔口尺寸大。机组对水头损失非常敏感,门、栅槽引起的水头损失占运行水头较大,宜尽量减少门、栅槽数量,门槽宜选用较优宽深比。水库无调节库容,上下游水位变幅大,必须慎重选择闸门的设计水头,确保安全、经济。机组突然甩负荷时,导叶快速关闭,将产生水锤引起上游水位升高,水面产生很大波动,可能会造成闸门漫顶和振动。如早期的湖南马迹塘电站1#机组在甩负荷过程中,进水口涌浪高达1.1 m,引起船闸人字闸门漫顶,并产生强烈振动。

贯流式电站的进水口流道短,进口闸门距机组很近,通常仅有几米,进口若设置事故闸门,则在动水闭门过程中所形成的射流直接冲击灯泡体,易引起机组振动,流道内产生的涡流易产生空蚀,造成导叶损坏。而将事故闸门设置在尾水道出口,闸门关闭过程中对机组的水力作用较为稳定,可消除这种恶劣水力条件对机组的不利影响,尤其是要求电站作为泄洪通道和控制下游航运水位变幅时,必须将尾水闸门设置成事故闸门,通过局部开启满足上述使用要求。通常尾水闸门尺寸要小于进口闸门,将事故闸门设置在尾水道出口还可以节约一定的投资。国内工程通常是进水口设置检修闸门,尾水道出口设置事故闸门。小型工程根据要求,也可将进口闸门和尾水闸门都设为检修闸门。

2. 尾水闸门型式

灯泡贯流式水电站在尾水道出口设何种闸门至今仍是国内外争论的问题,主要取决于机组防飞逸措施的可靠程度、对机组性能的信认程度和航运对水位变幅控制的要求。当机组防飞逸措施比较可靠时,可只设检修闸门。国内已建电站尾水的闭门水头取值相差很大,如早期的湖南马迹塘电站安装奥地利进口的机组,采取水力矩自关闭和10 t重锤关闭防飞逸措施,简单可靠,尾水按检修闸门设计,但考虑了0.5 m的闭门水头,相当于两片导叶卡阻不能关闭形成的水头差。对机组性能的信认程度和对机组运行安全度要求不同,对闸门工作性质的要求也不同。如广西马骝滩电站安装三台国产单机容量15 MW灯泡机组,是我国首台自行设计、制造、安装的单机容量最大的灯泡贯流式机组,采取过流限制器、导叶自关闭和重锤关闭三种防飞逸措施。考虑国产机组的安全性,尾水闸门仍按事故闸门考虑,采用最大发电水头作为闭门水头。再如广东白垢电站安装两台国产灯泡机组,也我国自行设计制造的首台装机容量达10 MW的大型灯泡贯流发电机组,装有配压阀。由于是首次安装研制,在进口设置快速闸门作为机组的主过流保护,尾水设置检修闸门。

在国外,灯泡贯流式水电站常采用机组和尾水事故(快速)闸门联合运行方式,以满足机组突然停机时稳定航运水位和洪水期辅助泄洪的要求。法国主张设置尾水快速闸门,他们对世界各地贯流式电站调查研究指出,因导叶不能关闭而无法切断水流引起机组发生事故的原因是多方面的,经常是机构失灵引起的。而目前还无法完全防止这种事故,从而强调设置快速闸门。而俄罗斯则不主张设置快速闸门,认为机组防飞逸措施可靠,机组可在一定时间内的飞逸转速下安全运行,如苏联卡涅夫水电站、谢克斯宁水电站、萨拉托夫水电站均在进口设置事故闸门。

分析贯流式电站运行水头组合情况可知,尾水事故闸门在最大发电水头时动水闭门的工况还是有的,特别是尾水快速闸门和机组联合运行时的概率就更大些。灯泡式机组的最大发电水头一般只有几米,按最大发电水头作为闭门水头增加的投资不多,但却大大提高了机组的运行可靠性。目前,国内外尾水闸门多采用机组最大发电水头来计算闭门力。

3. 尾水闸门设计要点

1)止水型式

贯流式电站尾水闸门作为事故闸门运用时,动水闭门时压力方向指向下游,挡水检修时压力方向指向上游，闸门出现双向承压的工况。为避免闭门过程中漏水引起闸门振动和达到挡水时止水严密的目的，闸门一般设置为双向止水，如广东飞来峡水利枢纽、江西石虎塘航电枢纽、江西新干航电枢纽、重庆潼南航电枢纽；但考虑到动水闭门概率较小且闭门时间短，经充分论证后也可设为单向止水，如广西红花水电站、广东蓬辣滩水电站。

2）支承型式

从尾水事故闸门承受双向水头工况来看，闸门的支承设置也与常规闸门有所不同，闸门在挡修时上游支承承受静水压力，同时考虑闸门设有平压装置，因此上游支承通常采用滑块型式；而下游支承承受动水闭门的动荷载，支承阻力直接影响到闭门力的大小。尾水闸门不宜利用水柱闭门，应尽量减小闭门阻力，能在动水中靠自重闭门，因此下游支承一般采用滚动支承或低摩阻的复合材料滑块，以适应这种特殊的使用要求。尾水闸门作为检修使用时易受泥沙淤积，启闭机容量应考虑一定的裕量。

（三）分层取水叠梁闸门布置

取水工程要求一定的取水深度，通常设置分层取水口，采用叠梁闸门或在不同高程设置闸门进行控制。当采用叠梁闸门时，上游侧宜设置通高拦污栅，下游侧应布置事故闸门。由于分层取水闸门下层闸门长期挡水，闸门面板宜布置在上游侧避免梁格内易积聚污物。取表层水的叠梁闸门应按动水启闭设计。但在实际运行中，由于大中型水库水位变化较慢，分层取水闸门也可以选择停机时段静水启闭。分层取水进水口在发电机组事故甩负荷时，叠梁闸门应考虑机组事故甩负荷时可能产生的水锤对取水闸门的冲击作用。叠梁闸门通常按承受最大水压力的那节设计，叠梁高度与分层取水深度相匹配，各节叠梁结构宜相同，以便于互换使用。当叠梁闸门很高时这样设计就显得很不经济。叠梁闸门分层取水布置见图 2-18。

当采用不同高程设置闸门时，上游侧可设置通高拦污栅或与闸门相对应的拦污栅，闸门面板宜布置在上游侧避免梁格内易积聚污物，闸门应按动水启闭设计。不同高程设置闸门操作简单，每个闸门控制一定范围内的水位变化，适用于分层取水要求不是很高的工程，不同高程设置闸门分层取水布置见图 2-19。

六、水闸、泵站系统闸门选型、布置

（一）闸门型式

水闸、泵站系统的工作闸门型式应根据工程特点灵活选用，采用平面闸门、弧形闸门、拱形闸门、翻板式闸门、升卧式闸门、双扉闸门及其他型式的闸（阀）门等。需用闸门控制泄水的水闸宜采用弧形闸门，当弧形闸门支铰布置困难时，宜采用平面闸门。有排冰、过木等要求的水闸，宜采用舌瓣闸门、下沉式闸门等。采用分离式底板时，宜采用平面闸门。若采用弧形闸门，应考虑孔口两侧不均匀沉陷对闸门的影响。

平原地区有双向通航或抗震要求的水闸，水工结构布置不宜设高排架，此时宜采用升卧式或双扉式闸门。在一些平原水闸采用升卧式闸门较为普遍。升卧式闸门设计要注意选用合适的起弧高度和弧轨半径及中心角，以保持闸门启闭自如。此外，还需有可靠的锁定装置，以便全开状态固定闸门。升卧式闸门也存在着一些不足，如在开启过程中底缘流态不太好、侧止水磨损过大、需采用悬臂式滚轮结构等。

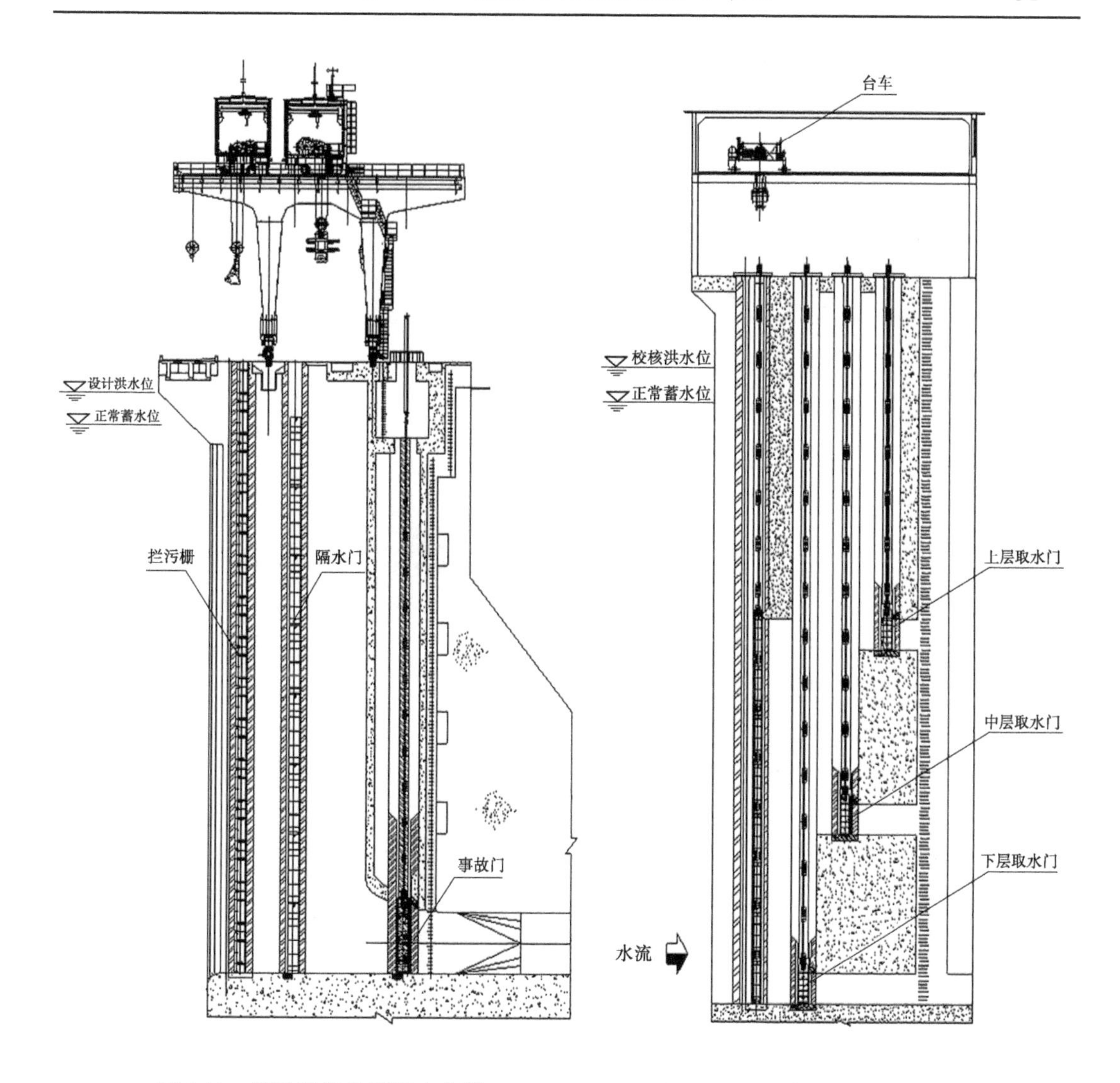

图 2-18　叠梁闸门分层取水布置　　图 2-19　不同高程设置闸门分层取水布置

近年来翻板闸门得到了较快发展，不仅在城市生态工程、市政工程上大量应用，而且在一些中、大型工程上也有应用，特别适合用在水位变化频率比较快的山区河道上。目前，翻板闸门的宽度可以从几十米到百米以上，而运用水头一般不超过 10 m。翻板闸门启闭的动力有水力、气动、机械等多种形式，对防洪排涝及有控泄要求的工程不宜采用水力操作闸门。泄水时门叶处于流水之中的翻板闸门容易发生磨损、撞击、振动、污物缠绕等不良现象，限制了翻板闸门的推广应用。

(二)泵站闸门布置

泵站金属结构设计的关键在于选择合理的断流装置。当要求在几秒到十几秒的极短时间内断流时常选用拍门，拍门安装于泵站出口，带有缓冲装置；当要求在 2 min 内断流时，也可采用平面快速工作闸门，以保证水泵运用安全。在出口末端，尚要设一道事故闸门或检修闸门以便拍门或快速闸门的拆修和保养。

泵站进水口的常见布置是在进水间设检修闸门和拦污栅，见图 2-20。但有相当多的泵站，由于河渠或内湖污物来量较多，栅面发生严重堵塞，影响泵站的正常运行，甚至被迫停机，因此在泵站前设有前池或调节池，将检修闸门和拦污栅设在前池或调节池进口处，见图 2-21。当泵组有单独检修要求时，尚需在进水间设一道检修闸门。

图 2-20　新干航电枢纽泵站进水间检修闸门

图 2-21　八字嘴航电枢纽泵站前池拦污栅和检修闸门

(三)挡潮闸闸门布置

我国沿海地区，如浙江、广东、福建、山东、河北等省均兴建了若干挡潮闸。经调查认为：挡潮闸的闸门门型大都是平面闸门，少数是弧形闸门，一般均要求在潮水涌现前若干孔闸门能同时迅速关闭。挡潮闸工作闸门的特点是闸门面板多布置在迎海水面挡沙，止水采用双向止水即双音符形止水，并且要求止水严密，以防止海水和泥沙灌入。海水盐碱重，对农作物有害，平时应防止淡水大量流失，故闸门止水设计极为重要。但浙江省沿海工程，如绍兴曹娥江大闸、温州戌浦江大闸，其挡潮闸工作闸门面板布置在内河侧，由于潮差大、自冲淤效果好，经过多年运行效果良好。

七、导流洞闸门布置

(一)封堵闸门布置

施工导流洞封堵闸门应布置在洞口处，以便后期封堵。在工程建设实际进行过程中，导流下闸时间存在着一定的不确定性，封堵闸门下闸水位及挡水水位等可能会高于原设计，存在风险。近年来，个别工程还因补气孔未及时封堵、闸门胸墙过薄等原因发生事故，如东北双沟水库施工期生态水供水系统布置于导流洞内，封堵闸门下闸后从布置于门后的竖井进水，发生较严重的气爆事故。新疆某水库导流闸门设计水头由 78 m 提高至 108 m，胸墙高度施工时减小，产生水力劈裂，胸墙被压垮。因此，安装平台高程及挡水水位等需要根据施工期和初期发电的各种运行工况和水位、对外交通、安装条件以及闸门和启闭机回收的可能性，尽量分析各种可能出现的工况，按最不利条件进行设计。

(二)封堵闸门门槽保护

导流洞闸门门槽段，通常经历施工期多个汛期，孔口高程低，常年通过泥沙及推移质，对门槽的要求比较高，应确保导流孔门槽段有良好的水力学条件，避免可能产生的磨蚀破坏。下闸后发现底槛及门槽下游遭磨蚀或局部破坏甚至发生事故的事例有不少，如碧口水电站导流洞改为“龙抬头”式永久泄洪洞后，发生严重的气蚀破坏；刘家峡水库导流闸门底槛破坏，无法封堵，引发洪灾，最后采用2 000 t混凝土块封堵。因此，工程上采取底槛设置钢衬、提高门槽抗压强度、适当提高启闭机容量，必要时设置护槽装置等均是有效的措施。对水头$H \geq 30$ m或流速$v \geq 20$ m/s的门槽宜采用Ⅱ型减少空蚀，并宜设钢衬或钢护槽。钢护槽是门槽过水时段的临时保护装置，下闸前先提出钢护槽，再下放封堵闸门。有的工程设置了和闸门尺寸相同的试槽架，下闸前先操作试槽架正常下放后再下放封堵闸门。

近年来，随着大型水电工程的兴建，导流洞闸门和启闭机规模越来越大，部分工程为了追求经济效益，要求提前下闸或增加施工期泄放生态水要求。无论情况如何变化，由于导流闸门和启闭机没有保护措施，采用一次下闸、封堵可靠的原则不能变，但需准备好下闸不成功再次提闸的应急措施。

（三）封堵闸门运行条件

导流洞封堵闸门下闸蓄水后，应在短时间内对闸门止水情况进行检查，对工程各系统是否达到设计要求进行及时评估，一旦出现异常情况应立即停止蓄水，此时封堵闸门应具备在一定水头下动水启门的能力。对于平原地带，封堵闸门动水启门水位可取不低于下闸后24 h的水位；对于V形河谷地带、库水位上升特别快的特殊情况，导流闸门动水启门水位可取不低于下闸后2 h的水位，且不低于闸门顶止水高程，以便能够有足够的时间来确定是否需要二次下闸。导流洞封堵闸门挡水水位应根据封堵期间的最高水位确定，当无法确定时，可保守取为泄水表孔堰顶高程或正常蓄水位。

（四）封堵闸门放水功能

导流洞封堵闸门正常设计不允许在封堵期下游供水或下放生态水。但当工程确有需要时，经充分论证也可以通过埋设管路，通过阀门控制的办法来解决下放生态水问题，如湖南马鹿塘水电站二期工程，施工期向下游供水最小流量为23.6 m^3/s，导流洞下闸后，将导流洞施工支洞改造后通过3个蝶阀经导流洞后段向下游供水；又如大隆水利枢纽导流洞封堵闸门需下放生态水，在封堵闸门上安装2个闸阀，下闸后由人工在操作平台上操作阀杆控制闸阀开度，见图2-22。

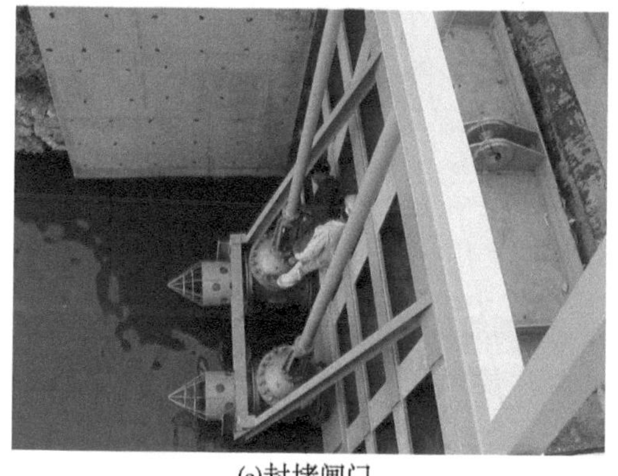

(a)封堵闸门

(b)放水阀安装操作杆

图2-22　大隆水利枢纽导流洞封堵闸门安装生态放水闸阀

当供水量较大，水头不高时，可以将导流闸门设计成工作闸门。尼尔基水利枢纽工程导流闸门按工作闸门设计，可以在施工期动水启闭，满足向下游供水的任务。当水头较高时，宜在导流洞出口处增设一道工作闸门来满足向下游供水或库水位调节的任务。

八、船闸闸门选型、布置

（一）闸首工作闸门型式、布置

船闸闸首工作闸门常采用的型式有人字闸门、三角闸门、提升式、下卧式或横拉式平面闸门。船闸承受单向水头、静水启闭、中高水头的工作闸门宜选用人字闸门，人字闸门因布置合理、受力明确、运转灵活、过闸水流平稳而得到最为广泛应用，如三峡水利枢纽、大藤峡水利枢纽、飞来峡水利枢纽等。承受双向水头、静水启闭或局部开启输水的工作闸门宜选用三角闸门，如引江济淮纵阳船闸、派河口船闸、江西双港航电枢纽船闸等；运行不频繁、承受单向或双向水头、静水启闭的工作闸门也可选用横拉式或提升横拉式平面闸门；小型船闸的工作闸门可选用提升式或下卧式平面闸门。船闸各种类型工作闸门见图 2-23。

(a)飞来峡水利枢纽人字闸门

(b)江西双港航电枢纽三闸门

(c)广州雁洲水闸提升横拉式平面闸门

(d)广州黄浦涌船闸下卧式平面闸门

图 2-23　船闸各种类型工作闸门

水利行业通常将上闸首工作闸门用于正常通航，将上闸首检修闸门兼顾挡洪，洪水期关闭上下闸首检修闸门，船闸不过水，人字闸门无挡洪要求。水运行业往往将上闸首工作闸门用于正常通航和挡洪，将上闸首检修闸门仅做检修使用。综合以上，当水库最高水位高于正常通航水位较多时，宜将上闸首工作闸门适当加高至可挡 5～20 年一遇中小洪水，防洪检修闸门用来挡 20 年一遇以上大洪水，这样在工作闸门投资增加不多的情况下，不需频繁使用防洪检修闸门，是目前设计中较多采用的一种有效折中方法。

在人字闸门或三角闸门全关前，通常设有等待位和关终位。等待位设在两片门叶全关前的某个位置，液压启闭机的双缸到达等待位的同步误差宜控制在不大于 10 mm。待两片门叶均到达等待位后继续运行，在接近关终位顺利进入导卡，并准确地在关终位置上停止。此时两片门叶斜接柱间宜留有 10~15 mm 间隙，然后在充泄水过程中形成的水头差作用下实现左右两片门叶全关合拢。人字闸门设计和运行应注意避免廊道充水引起闸室超灌。

（二）闸首检修闸门型式和布置

在单级船闸的上下闸首和连续多级船闸的首末级闸首均需设置检修闸门，以便进行工作闸门、闸室结构和输水系统的检修。船闸的上闸首是否设置事故闸门国内并没有严格规定，可根据船闸的规模和重要性、事故的危害程度等因素论证确定。当工作闸门失事可能引起严重后果时，单级和多级船闸的首级船闸上闸首应设置事故闸门，以提高船闸运行的安全可靠性。万安单级船闸、葛洲坝 1~3 号船闸、三峡五级船闸的第一闸首均设置了事故闸门，而飞来峡水利枢纽单级船闸、水口水利枢纽连续三级船闸的第一闸首只设置了检修闸门。

检修闸门可根据闸首的布置及检修闸门的布置、存放、启吊和运转等条件选用平面提升闸门、叠梁闸门或浮坞式闸门等。选用平面提升闸门或叠梁闸门时应考虑存放位置，宜将闸门存放在闸首一侧门库内，或转运至坝顶存放。浮坞式闸门可减小启闭设备容量但其造价比较高，宜考虑与泄水闸检修共用。浮坞式闸门应设置安全停泊位置，并配拖船将浮式闸门拖运就位。当通航水位变化很大时，也可采用上层事故闸门或检修闸门加下部挡水叠梁闸门的组合门型，效果比较好。万安、葛洲坝、三峡、大藤峡的船闸就是采用了这种组合门型。

（三）输水工作阀门型式和布置

船闸输水系统工作阀门，当船闸水头小于 10 m 时宜选用升降式平面闸（阀）门；当船闸水头 10~20 m 时宜选用升降式平面阀门或反向弧形阀门；当船闸水头大于 20 m 时宜选用反向弧形阀门，反向弧形阀门宜整体制作和运输，以保证质量。对于高水头工作阀门，宜进行流激振动模型试验、减压模型试验和门楣通气切片试验等专门研究。对于小型船闸，可选用闸阀或蝶阀作为工作阀门，前后接输水钢管，如广州石榴岗船闸。为简化阀门和启闭机布置，也可将检修阀门与工作阀门设计成相同型式，互为备用，如重庆利泽航运枢纽船闸。

（四）输水检修阀门型式和布置

船闸输水方式一般分为长廊道输水和短廊道输水两种，长廊道输水是将充水廊道进口布置在上闸首检修闸门上游，将泄水廊道出口布置在下闸首检修闸门下游，每个输水廊道工作闸门前或后都设有检修闸门。而短廊道输水是将充水廊道进口、泄水廊道出口布置在上下闸首检修闸门中间，输水廊道工作闸门前后可不设检修闸门。大中型船闸为方便廊道检修，采用长廊道输水，并在左右两个闸墙内对称设置，每个输水廊道工作闸门前后都设有检修闸门，当单边廊道检修时，另一边廊道可正常输水，不影响通航，廊道检修不需抽干整个闸室。小型船闸为节约投资，采用短廊道输水，可在左右两个闸墙内对称布置，也可单边设置，廊道检修需停航抽干整个闸室进行。

(五)闸门联合工作流程

船舶进出船闸时,船闸各部位的金属结构设备需经过一系列流水操作,应制定完整、有效的操作流程。以船舶上行作为初始状态,此时上闸首人字闸门、充水廊道工作阀门处于全关状态;下闸首人字闸门处于全开状态,泄水廊道工作阀门处于全开状态。

船舶上行流程:船舶由下游引航道进闸,同时关闭泄水廊道工作阀门→船舶进闸完成后关闭下闸首人字闸门→开启充水廊道工作阀门→闸室与上游平压后开启上闸首人字闸门→船舶出闸。

船舶下行流程:船舶由上游引航道进闸,同时关闭充水廊道工作阀门→船舶进闸完成后关闭上闸首人字闸门→开启泄水廊道工作阀门→闸室与下游平压后开启下闸首人字闸门→船舶出闸。

九、翻板闸门选型、布置

翻板闸门结构上是一种转动式平面闸门,早期是以水力自控形式出现的,因其具有不设启闭设备、根据特定水位实现自动开启和自动关闭,以及门体大多采用钢筋混凝土,节省钢材等优点,尤其适用于来水较猛的山区河道,以适应河水暴涨暴落的特点。但由于门体采用脆性材料或者存在制造缺陷,在翻转运行过程中易发生门体振动、撞击支墩或受漂浮物撞击,从而导致门体受损、漏水,导致闸门不能自动翻转,失去原有功能,且闸门运行不灵敏,无法人为控制调节下泄流量。为克服这些缺点,近 20 年来已逐渐采用钢结构门体取代钢筋混凝土门体,固定支铰取代活动支铰,并增加液压启闭机作为辅助控制装置等多种方式,以提高翻板闸门的运行可靠性和调度灵活性。

近年来,由于中小型城市水利工程对周边景观要求高,水闸常采用液压翻板闸门,闸门隐藏在闸室内,闸墩顶部无突出建筑物,当水闸与公路桥合建时,更加便于通过闸桥上部景观处理弱化水利设施,以实现与周围景观的有机融合。

液压翻板闸门分为上翻式、下卧式,钢坝闸和液压升降坝则是结合了闸和坝的功能,属于特殊的下卧式闸门。翻板闸门一般不用在大江大河泄水闸上,主要是考虑到泄流量大、调度运行频繁复杂、运行可靠性和维护便利性差。现对主要几种型式翻板闸门分述如下。

(一)水力翻板闸门

水力翻板闸门可完全靠水力自控,也可借助液控装置辅助控制,国内最高翻板闸门高度已达 7 m,如嘉陵江沙溪航电枢纽。翻板闸门一般用于水头不高的工程或景观工程,较少用于大江大河中的防洪和水电工程,主要是考虑闸门运行的安全性。即将开工建设的牡丹江鑫发电站泄水闸的闸门孔挡水高度 8.5 m,使用液压辅控钢筋混凝土翻板闸门,将再次刷新翻板闸门高度。闸门跨度可达百米,实际运用中一般分跨,单跨控制在 30~60 m,主要是考虑闸门分区运行和检修条件。水力自控翻板闸门见图 2-24、液压辅控翻板闸门见图 2-25。

翻板闸门具有以下优点:闸门原理独特、结构简单,制作安装简便,运行管理方便;没有门槽,埋件少,闸墩厚度较薄;液压启闭机容量小、行程短,可有效减缓闸门振动;不需设启闭机排架和工作桥,坝面简洁美观;不需设上下游检修闸门,工期短、投资小。采用钢筋

(a)关门状态

(b)开门状态

图 2-24　水力自控翻板闸门

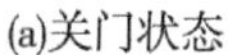

(a)关门状态

(b)开门状态

图 2-25　液压辅控翻板闸门

混凝土制作的翻板闸门投资可较常规提升闸门节约 30%～50%。

早期完全依靠水力自控的翻板闸门由于运行不灵敏、问题多，不能适应复杂的调度要求，目前绝大多数已改建或增加液压启闭机形成液压辅控翻板闸门。《水力自控翻板闸门技术规范》(SL 753—2017)规定了翻板闸门的使用条件：翻板闸门适用于门高 5 m 及以下的工程，门高超过 5 m 或特殊用途时，应进行专门技术论证和模型试验研究。在平原河道和受下游水位顶托的河段设置翻板闸门时，应进行水工模型试验论证；对于有防洪排涝及控泄要求的工程，不宜采用翻板闸门。布置在水流流态复杂河段的翻板闸门或最大泄流量超过 1 000 m^3/s 的翻板闸门工程应经水工模型试验验证。

翻板闸门由于自身结构和运行条件限制，在国内有多起在运行中出现故障和事故的工程案例，在设计、制造和运行中应高度重视以下问题：泄洪期间闸门全开处于水下，不能用于局部开启调流，且门顶、门底同时过水，水流条件复杂，门后由水舌带走空气易形成负压，且门体稳定性差，容易产生疲劳破坏；钢筋混凝土门板易受漂浮物(尤其是北方冰凌)撞击损坏，检修频率高；洪水期漂浮物容易卡阻门体，影响闸门泄洪，并引起漏水；洪水期间液压启闭机淹没水下易产生故障，闸门检修和更换止水困难；不具备设检修闸门条件，构筑临时围堰也困难，检修时只能弃水降低水位，易造成“一处坏，全线停”的局面，对运行和发电效益影响大；门体高度超过 5 m 时，安装困难，运行风险大，单价增加较多，需进行相关试验研究，突破规范使用高度范围时可能会审批困难。

(二) 上翻式翻板闸门

液压上翻式翻板闸门通过液压启闭机驱动闸门绕顶部铰轴旋转，最大开度可至水平泄水，适用于经常泄水、运行频繁的景观工程，工程投资适中。上翻式翻板闸门与启闭机有多种布置方式，顶推上翻式翻板闸门见图 2-26，提拉上翻式翻板闸门见图 2-27。液压上翻式闸门的优点是闸门和启闭机藏于闸室内，不设高排架，景观较好；闸门底部泄水，全开泄流条件较好；对淤积不敏感，闸门和启闭机便于检修维护。缺点是闸孔不能通航；不能局部开启运行；闸门和启闭机布置较困难，可能导致闸墩加长；工程投资较大。

图 2-26　广州官洲水闸顶推上翻式翻板闸门

图 2-27　广州蕉东水闸提拉上翻式翻板闸门

(三) 下卧式翻板闸门

液压下卧式翻板闸门由底部支铰支承，闸门由液压油缸驱动绕底部铰轴旋转，全开时门板平卧在闸底板上。闸门型式可选用平面闸门或弧形闸门，液压缸可直接与闸门连接，见图 2-28，也可通过支臂与闸门连接，见图 2-29、图 2-30。近来来出现的双向旋转下卧闸门是在常规下卧式翻板闸门的基础上，通过切换吊点实现上翻，便于闸门检修。

不设闸墩、多跨连续的下卧式液压翻板钢闸门也称液压升降坝或合页坝，适用于挡水水头不高、运行不频繁、下游水位低的景观工程，投资大。国内液压升降坝最大挡水高度 6 m，闸门由液压启闭机驱动绕底部铰轴旋转，全开时门板平卧在闸底板上。该门型的优点是：不设高排架，景观较好；闸门宽度可不受孔口限制；门顶泄水可形成人工瀑布。缺点是：闸门需全跨同时启闭，大开度顶部泄水时，振动严重，运行风险大；液压启闭机闸室底部易受淤积影响，跨度大时闸门和启闭机不便于检修，维护困难。水头较高的液压升降坝在全开状态设有锁定支撑杆，使得液压启闭机不需长期带载运行。液压升降坝见图 2-31。

(a)开启状态

(b)挡潮状态

图 2-28　广州马涌东出口水闸(B=8.5 m)下卧式翻板闸门

图 2-29　广州石榴岗船闸(B=12 m)带支臂下卧式翻板闸门

图 2-30　上海新石洞水闸(B=20 m)双向旋转下卧式翻板闸门

图 2-31　液压升降坝

钢坝闸是由设在闸墩内的液压油缸驱动底轴带动闸门旋转,闸门全开时门板平卧在闸底板上,适用于挡水水头不高、运行不频繁、下游水位低的景观工程,工程投资相比其他类型翻板闸门要大。钢坝闸由设在闸墩内的液压启闭机驱动拐臂操作，国内钢坝闸最大挡水高度9.766 m。底轴通长布置，支承在若干轴承上，轴承由最初的关节轴承逐渐演变为轴套、半轴承座型式。钢坝闸运行效果、优缺点与下卧式翻板闸门类似，但其最大的缺点是底轴穿墙止水采用膨胀橡胶、石棉等材料，容易漏水到闸墩中的启闭机房内。钢坝闸见图 2-32。

图 2-32　钢坝闸

（四）升卧式闸门

升卧式闸门是一种门体沿着弧形轨道运动的平面闸门，在关闭状态闸门直立挡水，启门时闸门沿轨道直升一段后，再边上升边向上游或下游转动，直至全开时闸门水平或略倾斜卧于孔口上方。升卧式闸门结合了提升式闸门和上翻式闸门优点，可有效降低启闭机机架桥高度，提高了水工建筑物的抗震能力，节省土建工程量和工程投资，整体景观更加协调美观。但其缺点是闸门不能全部出槽，检修不太方便；当面板布置在上游时，启闭机钢丝绳长期泡水易生锈。升卧式闸门见图 2-33。

(a)开门状态

(b)关门状态

图 2-33　升卧式闸门

升卧式闸门应设计成 4 个主轮，闸门重心宜尽量靠近下主轮，便于闸门运行和靠自重下落。升卧式闸门应精心设计门槽形状，并严格控制好制造安装质量，避免闸门在升卧过程中出现卡阻，在闸墩上部宜设置检修平台。升卧式闸门可设计成双向挡水，适合用在双向挡水的河道中。升卧式闸门用在通航孔时,在布置时应保证闸门全开时的门底高程能满足通航净空要求。升卧式闸门的启闭机通常采用固定卷扬式启闭机,近年来有些工程采用摇摆式液压启闭机,以适应闸门在启闭过程中存在一定的摆幅度。当液压启闭机行程较长时,需要较高的启闭机室。

十、拦污设施选型、布置

在水电站、泵站、船闸输水廊道和输水工程管道的进水口,通常设有拦污栅,以拦截水中污物,避免进入流道。在污物较少的地区,可设置一道拦污栅,在污物较多的地区,应根据水工整体模型试验观测进水口水流条件,找出污物与流态的运动规律,综合考虑防止污物堵塞拦污栅的措施,必要时在进水口设置两道拦污栅或在栅前再设一道拦漂排。

栅前污物通常采取拦、排、清相结合的综合治理措施,并设置相应的设施。“拦”是在进水口前沿设拦漂排或拦漂网,在流道口设拦污栅,进水口区域水流表层的大量漂浮污物先被拦漂排拦截并被引导到排漂孔前,部分钻过拦漂排的漂浮污物和悬浮污物再被进水口的拦污栅拦截;“排”是利用枢纽泄水建筑物的作用,将引导到排漂孔前的污物通过舌瓣门或门顶溢流排至下游,以减轻拦漂排和拦污栅前的污物压力;“清”则是利用机械或人工的方法清理污物。污物的打捞和处理过程应符合环保要求。

(一)拦污栅选型、布置

拦污栅是取水输水建筑物中的重要设备,其合理的布置对建筑物、电站、泵站设备和拦污栅自身的安全运行非常重要。拦污栅的布置应根据建筑物的重要性、河流污物的种类和性质、引水方式、要保护的设备型式和要求及清污方式等综合确定,通常应尽可能利用水流流向和地形条件,力求过栅水流平顺、水头损失小,避免栅体产生不利的振动,并应便于清污、运污、安装、检修和更换。

拦污栅的布置应考虑以下因素:当地水文条件、气象条件、库水位及水位变幅,取水建筑物型式、建筑物的布置和尺寸,取水方式及取水流量、允许过栅流速,水中污物的性质、大小及数量,机组、闸门、阀的类型及允许过污物的尺寸,清污及运污方式、启闭方式,制造、安装及运输条件。

拦污栅在平面上的布置形状有直线、折线、曲线、多边形等形式。当进水口过流面积足够大时,通常采用直线布置,且便于布置清污机;当进水口面积不够大时,可采用折线、曲线布置;当进水口为介入水库中的独立塔式进水口时,可采用沿塔身360°的多边形布置。拦污栅在平面上的布置形状有垂直式和倾斜式两种。对于高度不太大的浅式进水口的拦污栅,一般倾斜70°~80°布置,这样可以增大过水断面,减小过栅流速,便于分跨清污,缩短进水口建筑物长度,减少工程投资。随着液压清污耙斗技术的日趋成熟,近年来浅式进水口布置垂直式拦污栅的工程也较多,需在拦污栅槽设耙斗导槽进行全跨清污,可大大减小进水口建筑物的长度。深式进水口的拦污栅通常垂直设置,由于受冰冻和污物堵塞的概率要小得多,一般不要求机械清污,但应考虑沉积物淤积的影响。拦污栅通常设为活动式,便于出现故障可提出孔口进行检修或更换。对于水头低或污物少的小型工程,也可用地脚螺栓将栅体固定在预埋的边框上形成固定式,但固定式拦污栅清污和检修困难,出现事故不易处理。

拦污栅为一槽一栅设置，并与进水口闸门分开布置，孔口较宽的可以在栅槽中间设中隔墩以减小拦污栅跨度。采用机械清污时，拦污栅可只设1道。采用提栅人工清污时，在污物较多而又不便于设置机械清污的进水口，拦污栅可设2道，第一道为工作栅，第二道为备用栅。小型电站或泵站有时为了缩短进水口长度，布置紧凑，节省投资，常采用将拦污栅与检修闸门共槽布置，在正常运行时槽内放置拦污栅，需要检修时提起拦污栅，放入检修闸门。虽然省了1道闸槽，但操作非常不便，检修闸门需要额外加大，并需设门库存放检修闸门。当泵站来污量较多时，除在进水间设拦污栅外，还可在引渠或前池进口处增设1道拦污栅，并配清污设施。

拦污栅孔口尺寸和过栅流速的确定应计入污物堵塞使进水流道过水面积减小的因素，水电站、泵站进水口拦污栅的允许净过栅流速：当采用人工清污时，宜取0.6~0.8 m/s；当采用机械清污或提栅清污时，可取0.6~1.0 m/s；当不考虑清污时，可取0.5 m/s。过高的过栅流速和恶劣的水流条件易诱发拦污栅振动，设计中应予以避免；当无法避免时，应增强拦污栅抗震性能。对于高水头坝后式电站，拦污栅一般布置在水下较深处，过栅水头损失在发电总水头中所占比例较小，因而可适当选用较高的过栅流速。

对于污物严重的大中型水电站，当电站进水口孔口较多时，为了进一步改善机组的取水条件，电站进水口宜采用分段连通式布置，使水流在拦污栅前后相通，形成通仓式取水。当某一孔拦污栅被堵塞时，其他孔可以向该孔补水，从而保证机组正常发电。如刘家峡、碧口、大源渡、岩滩等电站，设前后两道栅槽和通仓内取水，相对加大了过栅面积，部分堵塞对机组出力也不会有大影响，在污物较多的低水头电站中，更是一个值得推荐的布置形式。为改善与泄水闸相邻的边孔取水不足、机组不能满发的问题，在电站和泄水闸连接的边墩导墙内设置拦污栅，用来为边孔机组补水，虽然可改善边孔机组的取水条件，但导致了流态复杂，有待根据运行情况做进一步研究，如新干航电枢纽、土谷塘航电枢纽均设有导墙拦污栅。导墙拦污栅见图2-34。

拦污栅的栅条间距过大时过栅污物多，对机组运行不利；过小则增大过栅水头损失且易发生堵塞。因此，应根据水轮机型式、转轮直径和污物性状、数量等综合选择栅条间距最大允许值。对于轴流式机组和贯流式机组，栅条间距可取转轮直径的1/20；对于混流式机组，栅条间距可取转轮直径的1/30；对于冲击式机组，栅条间距根据喷嘴出口尺寸确定，一般取20~65 mm。通常来说，拦污栅间距取值范围在50~200 mm。引水发电系统的拦污栅宜采用2~4 m水位差设计，对于大中型河床式电站的拦污栅，一般取较大的水位差设计；泵站的拦污栅可采用1~2 m水位差设计。当设有可靠的清污设备时，可适当减小水位差取值。

当地形允许且投资增加不多时，可将进口拦污栅前移至进水口前缘拦沙坎附近，在电站进水口形成前池通仓式取水，以增大过水断面，减小过栅流速。拦污栅可设计为墩头通长反钩式，不设栅槽，进一步改善流态，减小水头损失，且便于清污机进行清污和检修。拦污栅见图2-35、图2-36。

（二）拦漂排选型、布置

1. 拦漂排布置

拦漂排布置应综合考虑枢纽建筑物的布置及运行要求、拦漂排周边建筑物的布置，水

图 2-34　新干航电枢纽导墙拦污栅

(a)上游全貌

(b)下游全貌

图 2-35　界牌航电枢纽电站进口拦污栅

(a)迎水面全貌

(b)工作平台全貌

图 2-36　清远水利枢纽电站进口拦污栅

库特征水位、调节性能和水位变幅，水中漂浮物的性质、大小及数量，埋件锚固结构部位的地形地质条件，拦漂排的轴线长度、水流条件、风速、漂浮物性质和水质等方面的情况，工程区地震资料，拦漂排的制造、运输、安装、运行维护等方面的条件以及其他特殊工况的要求。

拦漂排轴线位置应选择在水流流态稳定的水库区域，宜避免泄洪影响区，轴线应选择在清漂平台、库区船只停靠设施的下游。拦漂排轴线布置型式可采用局部拦漂和全河道拦漂。局部拦漂排常布置在电站进水口前缘，轴线位置处流速小，汛期漂浮物相对少，设备荷载小，运行简单。而采用全河道拦漂排，则轴线长度大，轴线位置处流速受泄洪影响大，特别是对于一些径流式电站，设备运行条件更为复杂，但对于水库封闭管理，对河道下游环境改善是有益的。轴线位置处的断面最大平均流速不宜大于 2 m/s。当流速大于 2 m/s 时，应进行专门研究。

拦漂排轴线不宜布置在电站拦沙坎上方，尤其是对于灯泡贯流式电站来说，进水口水深不大，拦沙坎处过水断面小，水流流速快且流态紊乱，当排前污物淤塞过多时，若不及时清走将有可能带动排身整体翻转，严重时会断排。国内已发生多起拦漂排翻转事件。拦漂排轴线与坝前主流方向的夹角不宜过大，一般不超过 30°，这样拦漂排除具有正常拦污功能外，还可以引导漂浮污物由泄水闸向下游排放，使排前污物不至于淤塞过多而发生超强度破坏。当拦漂排轴线长度大于 300 m 时，宜设中锚墩，将拦漂排分为两跨布置，下跨拦漂排轴线与坝前主流方向的夹角应尽量小，如江西新干航电枢纽拦漂排上跨长度 158 m，排轴线与坝前主流方向的夹角为 49°；排轴线与下跨长度 255 m，排轴线与坝前主流方向的夹角为 17°。

拦漂排的矢高应根据拦漂排的布置位置、受力条件、轴线长度、端部型式、运行条件等综合考虑。拦漂排在设计水位时，其矢高与轴线长度的比值可取 1/12～1/8。对于固定式拦漂排，为适应水位变幅要求，矢高通常取大值；对于自浮式拦漂排和提升式拦漂排，因为端部具有随水位变化上下升降的功能，矢高通常取小值；对于布置在进水口处的拦漂排，其矢高还需结合与建筑物的位置关系进行确定。当拦漂排跨度很大时，应在排身的中间靠下游部位设安全牵引装置，以减小泄洪时高速紊乱的水流对拦漂排产生反向吸力而造成的附加影响。有的电站把厂房靠泄水闸侧的边墩向库区延伸，拦漂排下游锚头设在边墩头部，这样拦漂排轴线可以缩短，更主要的是避开了泄洪时的高速水流区，有效改善了拦漂排的受力条件。有的将拦漂排下锚头拉到泄水闸孔口，以增强拦污效果，泄洪时，再将下锚头拉回到厂房边墩上。大型拦漂排的结构和水力学问题应做专题研究。

当洪水期泄洪需要解排或停机期间需要检修时，拦漂排应设置正常的解排装置，正常解排装置的结构应便于装卸，有条件时可与自溃解排装置结合考虑。高寒地区河床解冻期存在大量浮冰处的拦漂排应在河床封冻期前实施正常解排。

2. 拦漂排选型和设计

拦漂排两端锚固型式有固定式、自浮式和机械提升式三种，固定式拦漂排两端设在固定锚墩上，自浮式和机械提升式两端需设滑槽以适应浮体自由升降。对于水库水位变化频率高、变幅小于 5 m 的工程或因摩擦力大而难以实现自浮时，优先选用固定式，可避免滑槽式的运行损坏和运行管理维护，锚固点宜布置在拦漂排设计水位以上 0.5～1.0 m 处。大型工程由于建设期较长、分期发电、库区水位变幅较大等缘故，以往工程中也有在不同高程上设置锚固点来适应不同运行水位的拦漂排。如 XW 水电站临时拦漂排，两端各设置了两个锚固点；PBG 水电站永久拦漂排两端沿高程每 5 m 设置一个锚固点；XLD

水电站永久拦漂排沿高程每 20 m 设置一个锚固点。此类布置型式在实际运行中不便于操作,自适应能力差,且其本质上属于固定式拦漂排。对于水位变化频率低、变幅大的工程,优先选用自浮式;当因摩擦力大、难以实现自浮时,可选用机械提升式。自浮式拦漂排或提升式拦漂排最高运行水位一般取水库正常蓄水位和校核洪水位的较大值,用于解决拦漂排埋件锚固结构的洪水标准问题,避免端部结构脱离滑槽。提升设备常采用固定卷扬机,水位变幅不大时,也可采用液压启闭机。提升设备应具有根据水位变化自动调整浮体端部位置的功能,通常设有水位计实现联动。当水位变幅不太大、上游地形难以布置滑槽时,可选用上游固定、下游自浮式或提升式。此时,拦漂排上游端固定在库区边坡锚墩上,不会存在较大的拦漂缺口,下游滑槽垂直设在水工建筑物上,减小拦漂缺口。

自浮式和机械提升式的滑槽底高程和顶高程的设置应满足拦漂排工作水位变幅要求,通常滑槽底高程低于拦漂排的最低工作水位 1~2 m,顶部高程高于拦漂排的最高工作水位 0.5~1.0 m。设有滑槽的拦漂排,两端的地形坡度不宜太缓,以避免矢高变化太大引起端部承载过大。从拦漂排端部受力角度,以及端部结构在滑槽内升降顺利等方面考虑,滑槽宜采用垂直布置,但有时受制于两端的地形条件,垂直布置困难较大或技术经济性差时,滑槽也允许采用倾斜布置,但倾角不便过小,倾角过小会导致端部大浮箱结构复杂、尺寸大、设计制造安装的难度高,根据以往工程经验,斜角不宜小于 70°。如 CHB 水电站进水口拦漂排左岸滑槽倾斜角度 69.88°,端部大浮箱已经遇到了相当大的设计制造安装难度。

为增强拦漂效果,拦漂排浮体下部宜设挂栅,漂浮物数量较多的河流,水下拦漂深度可以大一些,以达到较好的拦漂效果;水下拦漂深度越深,阻水面积越大,拦漂排的张力荷载就越大;及时清漂可以大大降低水下拦漂排结构的阻水面积,减小拦漂排的张力荷载。综合考虑上述因素,拦漂深度一般不小于 1 m。挂栅是拦住水下一定深度的悬浮污物的构件,栅条间距过密,容易增大过栅水头损失,栅条间距过疏则会降低拦污效果。挂栅栅条间距可取比进水口拦污栅栅距大些,但最大不宜大于 300 mm。

拦漂排浮体材质有木排、竹排、塑料排、混凝土排、钢排等;排的连接型式有钢丝绳连接、索链连接、钢制拉杆连接。工程上以钢排居多,当河道污物不多时,也可选用其他材质。浮体结构型式主要有箱型和圆筒型两种,上设人行桥,下设挂栅。大型拦漂排采用钢板焊接而成的大尺寸箱体,方能满足浮箱的抗倾覆性要求。中小型拦漂排常采用筒体,为增加圆筒稳定性,可设前后双圆筒,通过桥面和连接杆连接。浮体的密封应可靠,宜在浮体内填充聚氨酯等吸水率低的轻质材料,避免浮体沉没。浮体与浮体之间以及浮体与上锚头、下锚头之间通常用拉杆或钢丝绳连接。

拦漂排排身结构设计要综合考虑强度、刚度、稳定性和平衡性,力求做到安全、经济、有效。排身断面型式和干弦值的选取直接关系到排身的平衡问题。排身干弦值越大,重心越高,排身越容易随水流波动而失稳,严重时可造成排身翻转,恶化拦漂排的受力条件,加剧了疲劳破坏,容易导致断排;干弦值太小,污物易从排上翻过,影响拦污效果。根据已建工程经验,干弦值一般控制在 0.2~0.4 m。拦漂排的清漂方式应根据运行条件选取,宜采用清漂船、清漂机器人、人工清漂等方式,并考虑弃漂平台和运输通道等配套设施,便于运行管理。拦漂排工程实例见表 2-2 和图 2-37~图 2-52。

表 2-2 国内拦漂排工程实例

序号	工程名称	位置	范围	类型	锚固型式	轴线长度/m	矢高/m	工作水位/m
1	JPYJ 水电站	坝前	全河道	提升式	独立布置	410~511.4	148~45	82.6
2	ET 水电站	坝前	全河道	固定式	独立布置	660	170	45
3	GD 水电站	坝前	全河道	固定式	独立布置	474	28	13.5
4	TZL 水电站	坝前	全河道	固定式	独立布置	226.4	45	5
5	CHB 水电站	进水口	局部	自浮式	左岸独立布置，右岸进水塔	201.2~207.1	19	44.6
6	NZD 水电站	进水口	局部	自浮式	独立布置	334.834	7	55.7
7	JH 水电站	进水口	局部	自浮式	一端独立布置，一端进水塔	348.9	5	19
8	GuoD 水电站	进水口	局部	自浮式	左岸独立布置，右岸泄洪闸导墙	171.22	20	5
9	LY 水电站	进水口	局部	自浮式	左岸独立布置，右岸泄洪闸导墙	500	10	18.21
10	JAQ 水电站	进水口	全河道	自浮式	独立布置	476	7	13.5
11	AH 水电站	进水口	局部	自浮式	一端独立布置，一端进水塔	350	7.5	15.5
12	GYY 水电站	进水口	局部	自浮式	一端独立布置，一端进水塔	439.835	9	15.37
13	YP 水电站	进水口	局部	固定式	一端独立布置，一端进水塔	310	31	3.5
14	ZTB 水电站	坝前	全河道	自浮式	独立布置	155.66	30	6

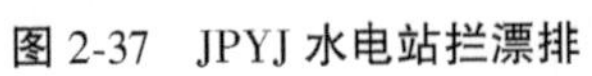
图 2-37 JPYJ 水电站拦漂排

图 2-38 GD 水电站拦漂排

图 2-39　CHB 水电站拦漂排

图 2-40　NZD 水电站拦漂排

图 2-41　飞来峡水利枢纽拦漂排

图 2-42　黄田水电站拦漂排

图 2-43　葛洲坝水利枢纽塑料拦漂排

图 2-44　景洪电站浮箱式拦漂排

图 2-45　飞来峡水利枢纽拦漂排卷扬机提升式锚头

图 2-46　新干航电枢纽拦漂排自浮式锚头

图 2-47　丙村水电站拦漂排牵引装置

图 2-48　新干航电枢纽拦漂排加隔墙

图 2-49　蓬辣滩水电站拦漂排锚头灵活布置

图 2-50　大华侨电站浮箱式拦漂排

图 2-51　梅江丹竹电站双浮筒式拦漂排

图 2-52　新干航电枢纽拦漂排

第二节　启闭机选型与布置

一、设计资料

启闭机设计基本资料主要包括以下内容：

(1)水工建筑物的基本情况，包括建筑物型式、建筑物的布置和尺寸、轨道梁、管沟等。

(2)闸门基本情况,包括孔口位置、数量、尺寸、门槽和栅槽、运行条件等。

(3)气象和地震情况,包括温度、风力、地震烈度等。

(4)启闭机的运行情况,包括启闭力、持住力、扬程和行程、启闭和行走速度、运行方式、闸门和拦污栅操作方式、启闭机与闸门连接的有关尺寸和要求等。

(5)供电和控制方式,包括电缆卷筒、滑触线等外电供电方式、现地手动控制、现地自动控制、远方集中控制等电气控制方式、与上位机接口等。

(6)设备制造安装条件,包括原材料供应、制造设备、运输条件、现场安装条件等。

二、启闭机型式、布置

水利水电工程中常用的启闭机型式有固定卷扬式启闭机、移动式启闭机、液压启闭机和螺杆式启闭机。除上述类型的启闭机外,还有链式启闭机和连杆式启闭机等,其中链式启闭机采用片式链条,早期主要用于露顶式工作闸门上。为防止链条在启门过程中与水接触,需设置收链装置。链式启闭机因机构复杂,自重大,未能推广使用。连杆式启闭机主要用于启闭人字闸门,采用连杆机构传动,布置方式复杂,需要较大的安装位置,近年来逐渐被卧式液压启闭机所取代。

(一)固定卷扬式启闭机

固定卷扬式启闭机的工作原理是通过齿轮传动系统使卷筒缠绕以收放钢索,从而带动闸门升降,也称钢丝绳固定式卷扬机。固定卷扬式启闭机构造较简单,易于制造,维护检修方便,广泛应用于各种类型闸门的启闭。卷扬式启闭机分为单吊点和双吊点两种。双吊点卷扬式启闭机是通过连接轴将两个单吊点的启闭机连接在一起同步运行,通常容量2×400 kN以上的采用两边分别驱动,2×400 kN及以下的采用单边集中驱动。国内已有QP、QPK、QPG等系列化产品。固定卷扬式启闭机见图2-53。

固定卷扬式启闭机由于在启闭力和扬程方面有宽广的适应范围,广泛用于靠自重、水柱或其他加重方式关闭孔口的闸门和要求在短时间内全部开启的闸门。固定卷扬式启闭机通常一门一机布置,安装在高出闸门槽顶部的闸墩上。另外,固定卷扬式启闭机还可增设飞摆调速器装置,增加闭门速度,用于启闭快速事故闸门。

固定卷扬式弧形闸门启闭机主要用于操作露顶式弧形闸门,主要有两种布置型式:一种布置型式是吊点设置在弧形闸门面板前,为了适应弧形闸门转动的需要,启闭机上一般不设滑轮装置,使用单根或多根钢丝绳自卷筒引出并直接连到弧形闸门面板外侧的吊耳轴上,钢丝绳外包住弧形闸门面板,这种布置使该类弧形闸门启闭机的起重容量受到较大的限制。固定卷扬式弧形闸门启闭机布置见图2-54。

另一种布置型式是将吊点设置在弧形闸门顶部或门叶背面中下部,采用平面闸门卷扬式启闭机直接启闭,或配转向滑轮组水平后拉式启闭,见图2-55、图2-56。20世纪六七十年代有很多这种工程。还有一种称为"盘香式启闭机"的型式,不设滑轮装置,用于启闭大型弧形闸门,目前基本已不采用。

(二)移动式启闭机

移动式启闭机沿专门铺设的轨道移动,并能逐次操作沿数排或数列布置的闸门的机

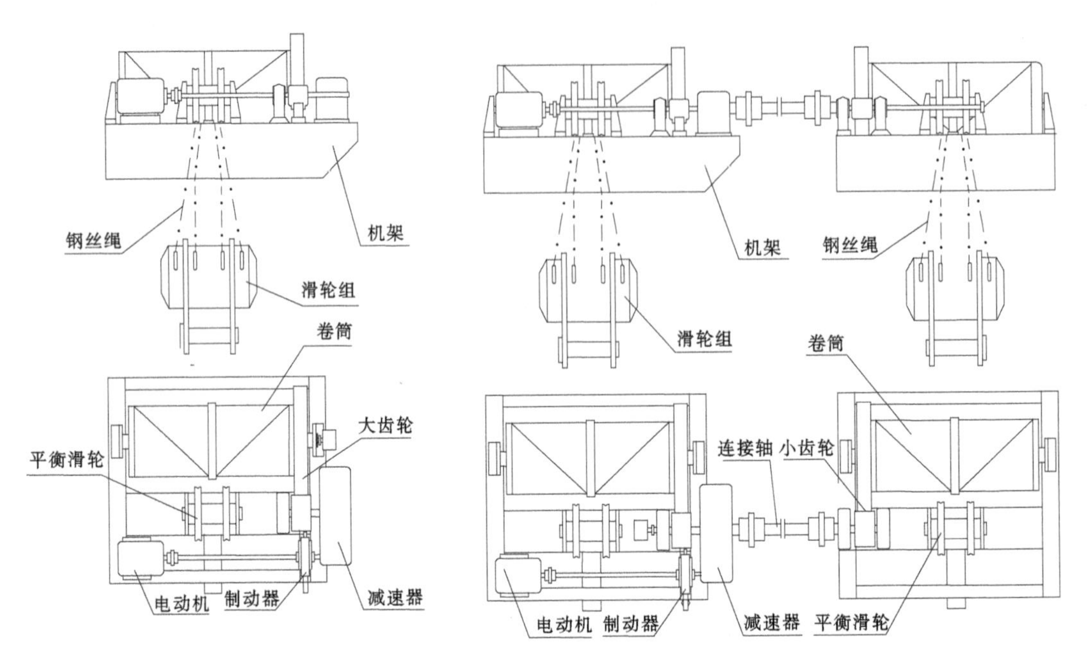

图 2-53　固定卷扬式启闭机

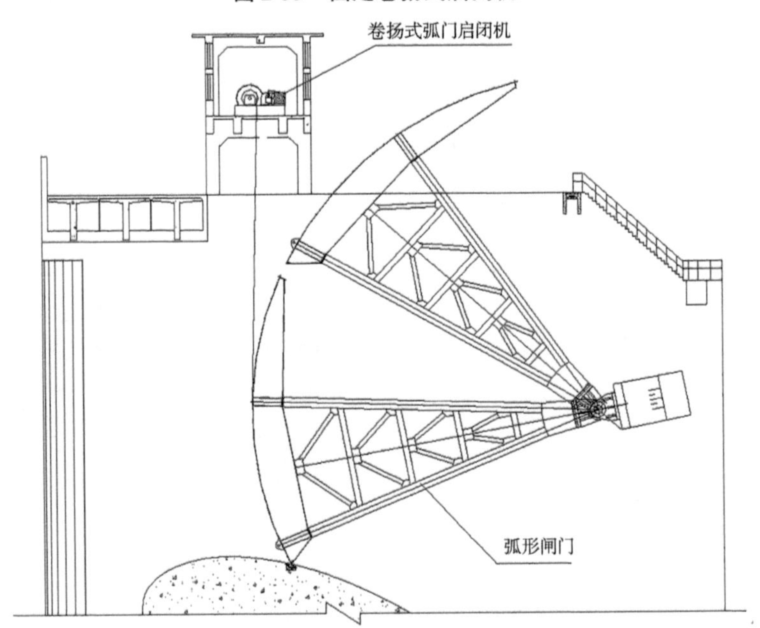

图 2-54　固定卷扬式弧形闸门启闭机布置

械设备,实行一机多门的操作方式,其起升机构多用卷扬式,还配置有水平移动的运行机构。小型工程也有使用悬挂在轨道下的移动式启闭机,如移动式直联启闭机、移动式电动葫芦等。移动式启闭机可按以下方法分类:

(1)按吊具移动的方向分为单向移动启闭机和双向移动启闭机。前者吊具仅沿坝面

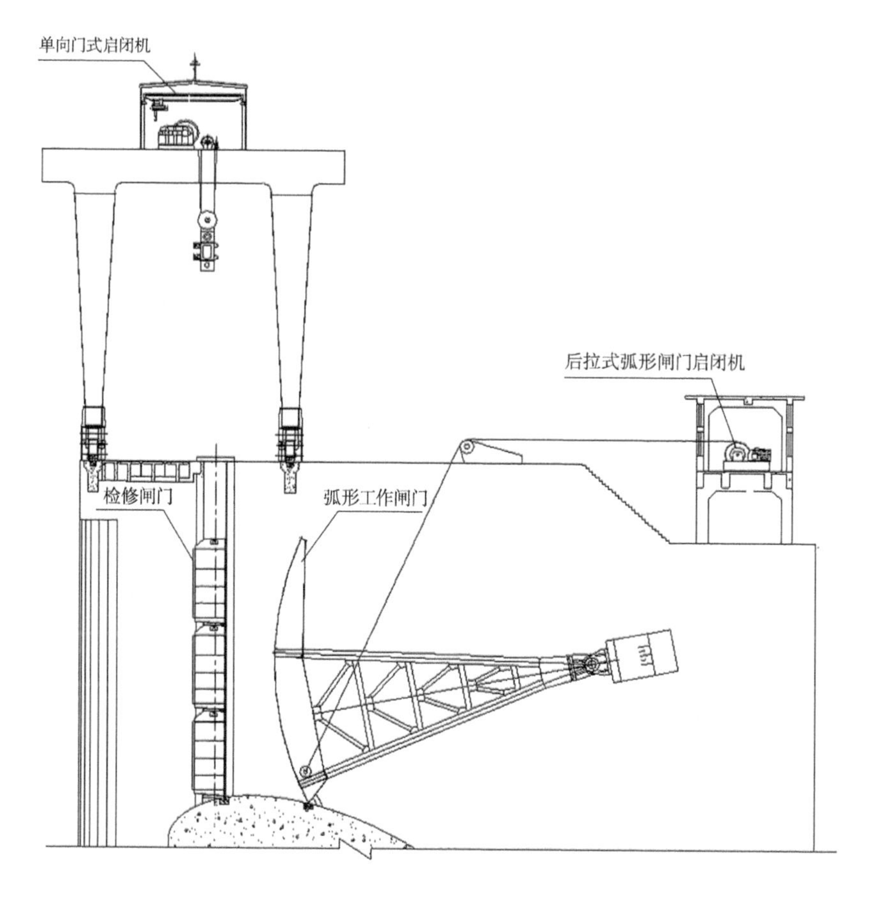

图 2-55　后拉式弧形闸门启闭机布置

(a)弧形闸门

(b)启闭机转向滑轮

图 2-56　三亚赤田水库后拉式弧形闸门启闭机

线左右移动，主提升机构直接紧固在台车架或门形构架的上平面上；后者沿坝轴线方向和上下游方向均可移动，主提升机构设置在台车或门形构架上平面的小车上，小车沿轨道行走的方向与台车或门形构架的移动方向垂直。

(2)按移动机架型式分为台车式启闭机和门式启闭机。前者主提升机构设置在底部装有行走车轮的台车架上,启闭机通常行走在闸门门槽顶部平面或平面以上的混凝土排架上;后者的主提升机构设置在装有行走车轮的门形构架上。移动式启闭机见图 2-57~图 2-60。门式启闭机门架腿上有时设回转吊或双小车,以便起吊其他设备,从而构成多用途门式启闭机。

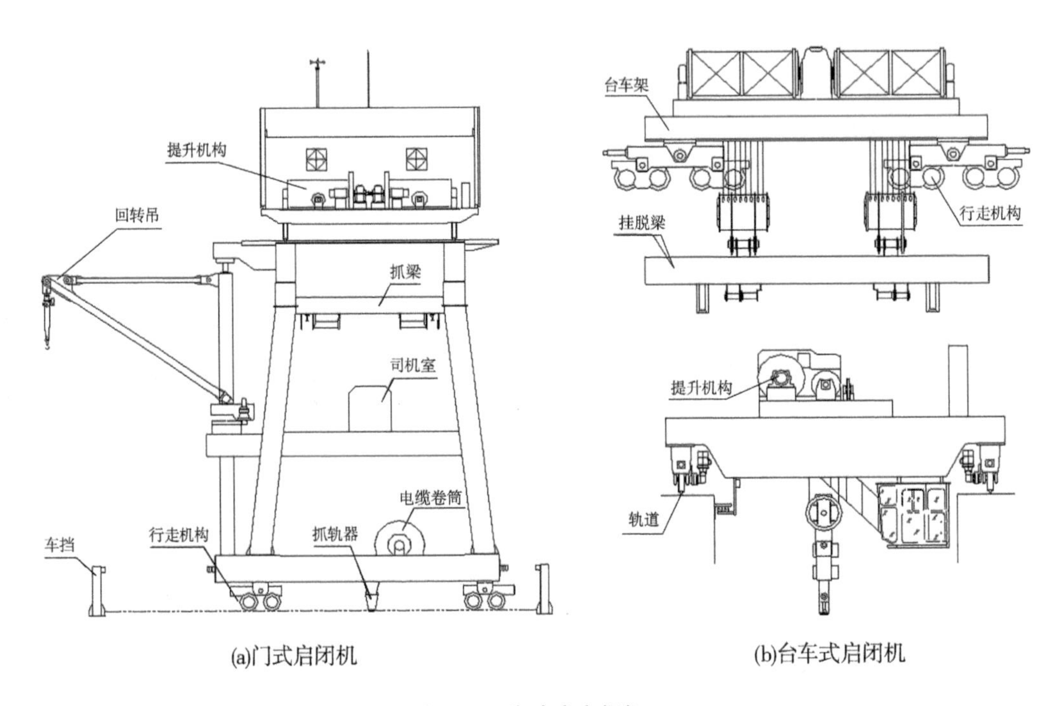

(a)门式启闭机　(b)台车式启闭机

图 2-57　移动式启闭机

(3)按大车行走轨迹分为直线行走移动式启闭机和曲线行走移动式启闭机。绝大多数工程都是采用直线行走移动式启闭机,对于拱坝、圆形进水塔或圆形检修井,闸门相应布置成曲线,移动式启闭机操作多扇闸门时需沿曲线轨道行走。曲线行走移动式启闭机见图 2-61、图 2-62。

(三)液压启闭机

液压启闭机利用活塞杆与闸门连接,以液体压力做动力推动活塞使闸门升降。液体一般用矿物油,故常称液压启闭机。液压启闭机一般由液压泵站、液压缸、管路、机架、埋件、液压油等组成。其中,液压泵站包括油箱、油泵电机组、液压阀组、压力表等。液压阀组包括节流阀、换向阀、溢流阀等阀组,其作用是对液压油的流量、方向、压力等方面各自起控制调节作用,以实现对液压系统的各种性能要求。液压阀组大多采用标准元件和插装技术,使得液压阀组具有结构紧凑、集成度高、维护方便等特点。对于双吊点液压启闭机,应配置先进的开度检测装置,液压阀组应具有自动纠偏功能,以保证两侧液压启闭机双缸运行同步。液压启闭机启闭力可以很大,但受珩磨机、深孔镗床等加工设备限制,行程一般不超过 15 m。液压启闭机见图 2-63～图 2-65。

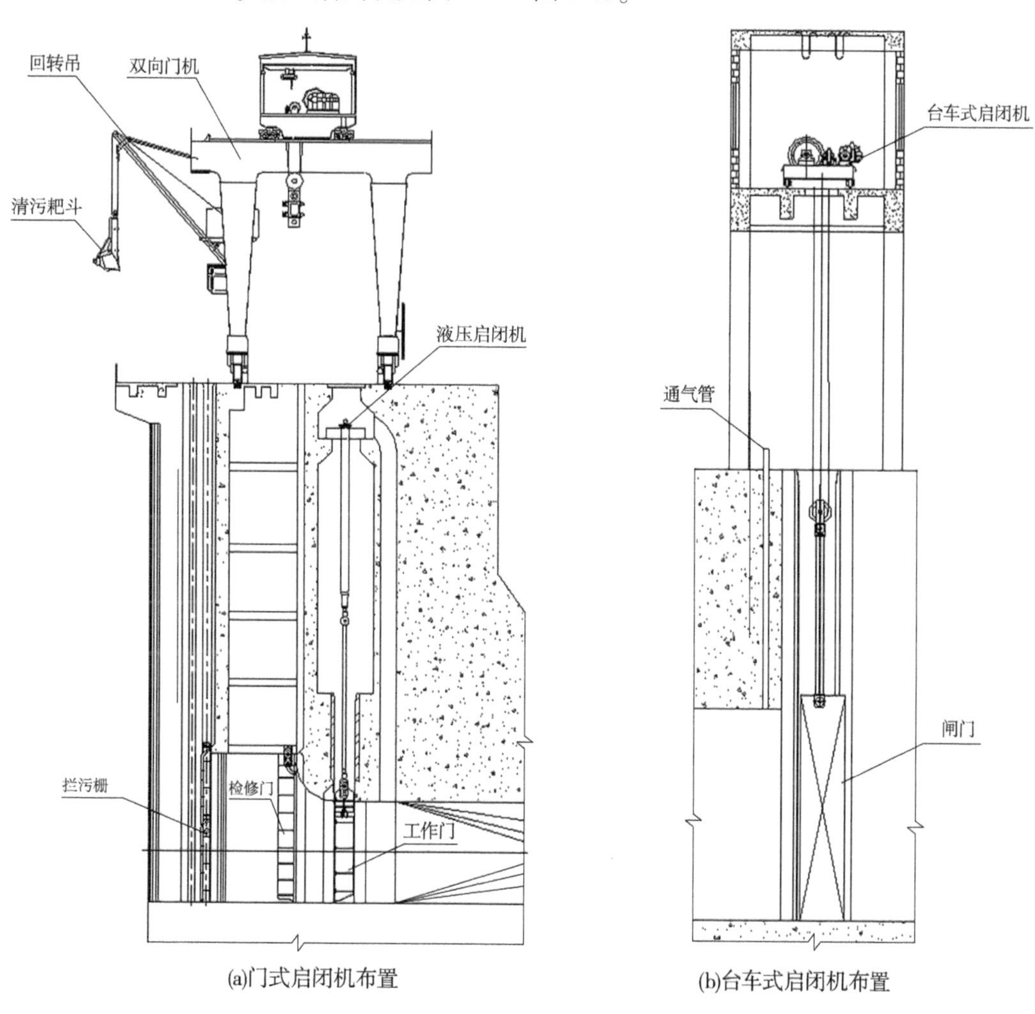

(a)门式启闭机布置

(b)台车式启闭机布置

图 2-58　移动式启闭机布置

图 2-59　葛洲坝水利枢纽大坝门机

图 2-60　贵州册亨水库台车

图 2-61　曲线行移动式启闭机

图 2-62　赞比亚下凯富峡水电站曲线行移动式启闭机($R16.3$ m)

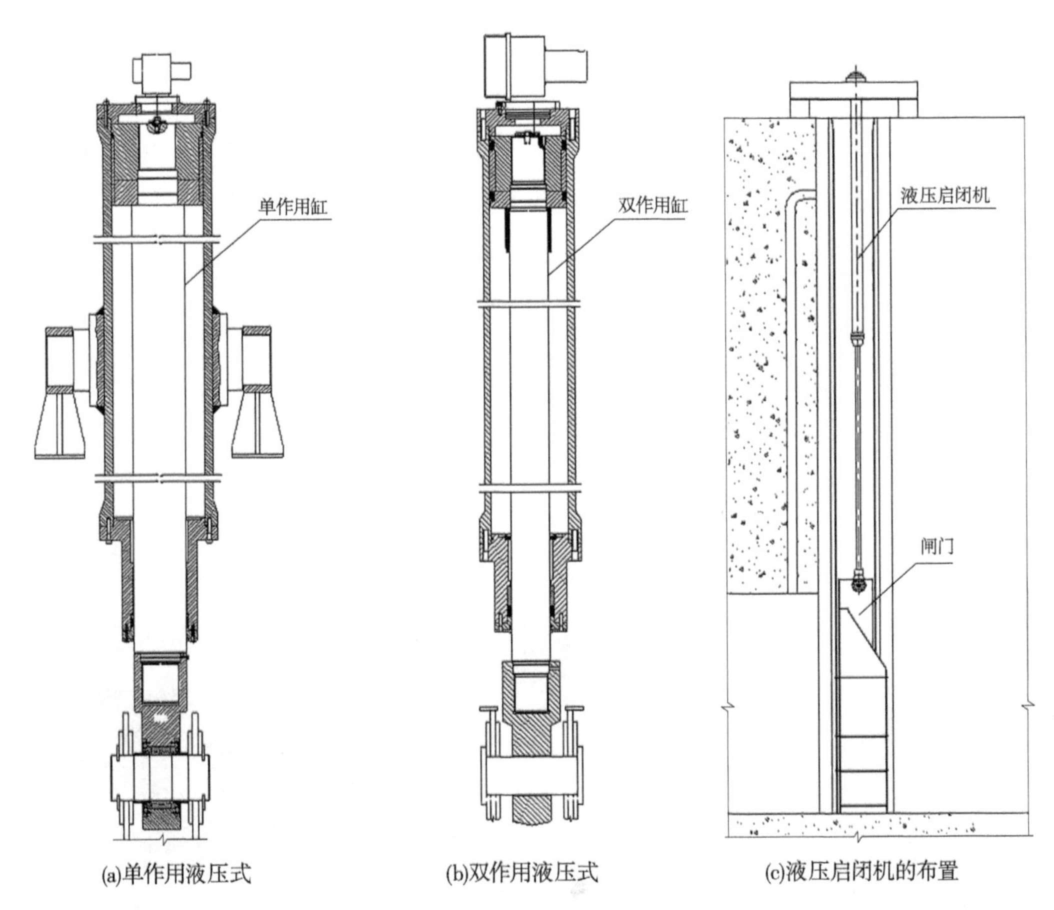

图 2-63　液压启闭机

液压启闭机机体结构简单、占地面积小、传动平稳、控制方便、制造精度高,广泛用于启闭各类型式的闸门。近年来,由于机械制造工艺水平和液压元件系列化、标准化水平的提高,采用液压启闭机的趋势在国内外都是明显的,所以液压启闭机的地位越来越高。目前国内液压启闭机已有 QPPY、QPKY、QHLY、QHSY、QRWY 等多种系列。QPPY 系列液压启闭机根据布置分为活塞式 QPPY Ⅰ型和柱塞式 QPPY Ⅱ型,QPPY Ⅰ型为单作用式或

图 2-64 石虎塘弧形闸门液压启闭机

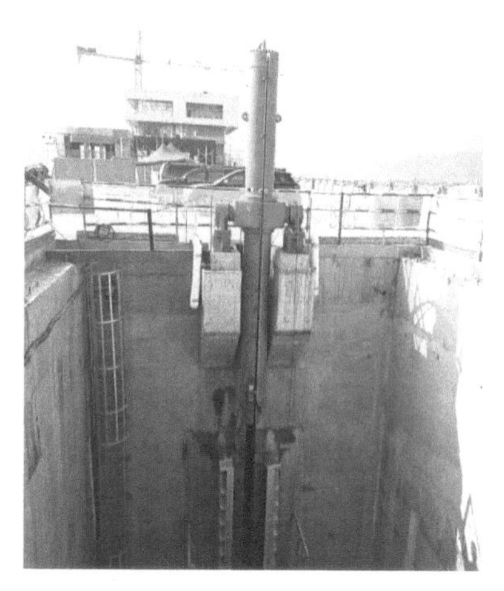

图 2-65 大藤峡反弧形闸门液压启闭机

双作用式，分别适用于启闭靠自重闭门和加压闭门的平面提升闸门，QPPYⅡ型为单作用式，适用于启闭顶升式闸门；QPKY 系列液压启闭机采用活塞式液压缸，为单作用式，适用于启闭平面快速提升闸门；QHLY 系列液压启闭机采用活塞式液压缸，其支承有端部支承和中间支承两种型式，为单作用式，依靠闸门自重关闭，适用于启闭露顶式弧形闸门，也可用于依靠闸门自重做动水关闭的低水头潜孔式弧形闸门；QHSY 系列液压启闭机采用活塞式液压缸，为双作用式，液压缸中部由摆动式铰轴支承，适用于启闭潜孔式弧形闸门。

液压启闭机按活塞杆受力状况分为单向作用式和双向作用式。闸门能依靠自重下降实现关闭时，可选用单向作用的液压启闭机；闸门依靠自重不能顺利下降，需在门体上部加压力才能关闭时，应选用双作用液压启闭机，双作用液压启闭机各部件受力状况、液压操作系统均较复杂，但布置较紧凑，可省去闸门下降所需的附加重量（如加重块），多用于操作潜孔平面闸门和潜孔弧形闸门。用于提供下压力并设连接吊杆操作潜孔弧形闸门时，应设置吊杆导轨、滑块及铰接吊杆与闸门连接。

顶升式液压启闭机的油缸结构为柱塞式，油缸安装在闸墩内的预埋钢筒中，闸门在顶部两侧各设置外伸式支承座，活塞杆直接顶起支承座而起升闸门，闭门则靠闸门自重。顶升式液压启闭机的优点是坝顶不设启闭排架，坝面整齐美观，油缸可适应洪水期短期泡水要求，配合开度仪可解决双缸同步问题；缺点是安装精度要求高，闸门全开时有时因活塞杆行程较长而需加大杆径、缸径，多数情况下闸门无法全部出槽检修，只得依靠其他起吊设备。

近年来，出现一种带滑轮组的顶升式液压启闭机，作为常规顶升式液压启闭机的改进型式，该型式结合了液压启闭机和卷扬式启闭机的特点，同常规的顶升式液压启闭机相比，在方案布置和工作原理上基本相同，所不同的是前者增加了滑轮组，钢丝绳绕过活塞杆顶部的动滑轮或动滑轮组与闸门连接，以减小液压启闭机行程，通过动滑轮组变换倍率来实现行程和容量的转换，其容量是常规顶升式液压启闭机的 2 倍、4 倍或更多，但行程仅为 1/2、1/4 或更小。通过调整动滑轮数量来确定单根钢丝绳受力，可以较好地解决大容量、长行程活塞杆的受压稳定性问题，是城市景观工程常用的一种布置方式。顶升式液压启闭机布置见图 2-66～图 2-69。

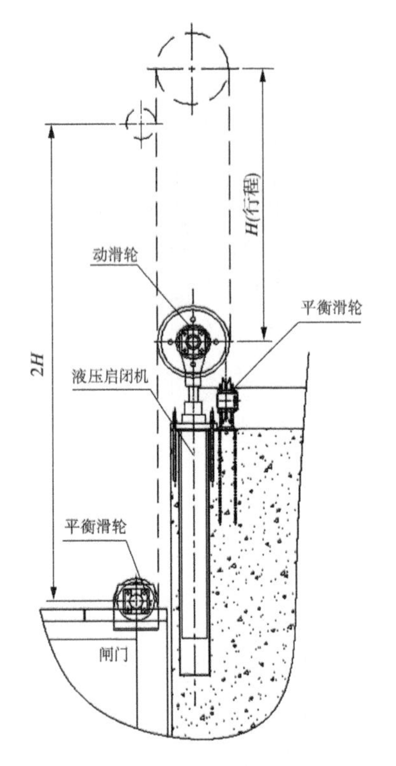

图 2-66　带滑轮组的顶升式液压启闭机布置

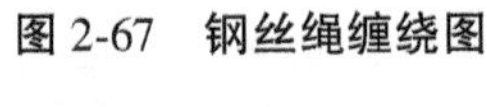

图 2-67　钢丝绳缠绕图

图 2-68　广州人和闸($B=12$ m)带滑轮组液压顶升门

图 2-69　广州石榴岗水闸($B=14$ m)液压顶升门

(四)螺杆式启闭机

螺杆式启闭机由起重螺杆、承重螺母、传动机构、机构、安全保护装置及电气控制设备等组成,起重螺杆下部与闸门吊耳连接,上部支承在承重螺母内,承重螺母固定在传动机构的伞齿轮或蜗轮上。接通电源或用人力手摇柄提供动力后,伞齿轮或蜗轮驱动承重螺母转动,从而带动起重螺杆升降以启闭闸门。螺杆式启闭机见图 2-70。

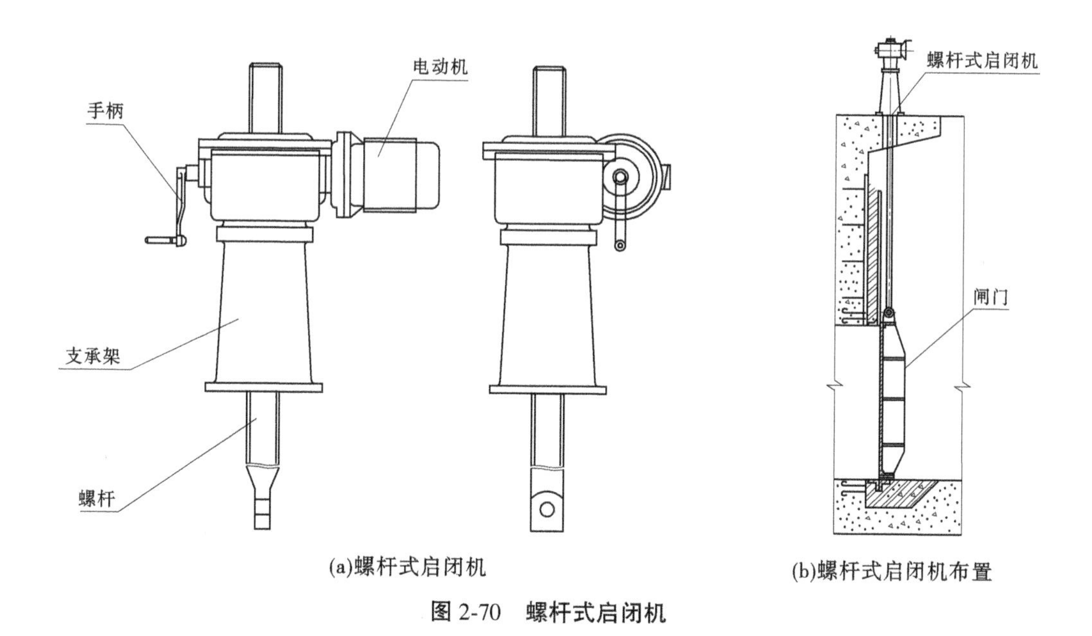

(a)螺杆式启闭机　　(b)螺杆式启闭机布置

图 2-70　螺杆式启闭机

螺杆式启闭机的优点是结构简单、坚固耐用、造价低廉,适用于需要下压力关闭的小型平面闸门和弧形闸门,其启闭力一般在 200 kN 以下,一般用手摇或手、电两用操作。500 kN 和 750 kN 大容量的螺杆式启闭机目前国内已有应用,主要用于操作潜孔平面闸门和潜孔弧形闸门。用于操作潜孔弧形闸门时,螺杆中部由摆动式铰轴支承,当需提供下压力并设连接吊杆时,应设置吊杆导轨、滑块及铰接吊杆与闸门连接。

螺杆式启闭机的缺点是传动效率较低,启闭力和行程不能太大,运动速度慢,螺杆外露长,影响美观。在使用中,螺杆式启闭机常因超载而使螺杆弯曲,所以电动螺杆式启闭机应设行程限位开关,手动螺杆式启闭机应设安全联轴节。

为减小螺杆式启闭机在闸门全开时螺杆的外露长度,近年来出现了暗杆结构的螺杆式启闭机,其工作原理是承重螺母固定在闸门主梁上,起重螺杆下部支承在承重螺母内,上部固定在传动机构的伞齿轮或蜗轮上。伞齿轮或蜗轮驱动起重螺杆转动,从而带动承重螺母升降。采用螺旋伞齿轮可提高启闭机传动效率,同时有效减小机房高度。

(五)启闭机对比分析

常用启闭机的优缺点和适用范围见表 2-3。

三、启闭机选型

(一)工作级别

水利水电工程启闭机的工作对象明确,使用条件相对稳定。一般水电站启闭机每年使用时间较少,水利工程的启闭机使用时间要稍多,但与起重机相比,总体来说利用率相对较低。机构的设计寿命较多的属于轻级,仅极少数属于重级,故启闭机工作级别按设计规范分为 Q_1-轻、Q_2-轻、Q_3-中和 Q_4-重四个级别,基本上涵盖了启闭机的常见工况。其中,Q_1-轻相当于起重机工作级别的 M1～M3,Q_2-轻相当于 M4,Q_3-中相当于 M5,Q_4-重相当于 M6。启闭机由于利用率较低,结构一般不考虑疲劳强度,机构的工作级别也就是

表 2-3　常用启闭机的优缺点和适用范围

闸门型式	优点	缺点	适用范围
固定卷扬式启闭机	(1)结构简单,安装方便。 (2)设计、制造、安装简单。 (3)检修方便	(1)需要设高排架,景观差。 (2)闸墩较长,增加土建尺寸	适用于各种类型闸门
移动式启闭机	(1)结构简单,使用灵活。 (2)设计、制造、安装简单。 (3)检修方便	(1)安装较复杂。 (2)需设行走轨道。 (3)易受和水工建筑物干扰	适用于多孔共用的平面闸门
液压启闭机	(1)结构简单,安装方便。 (2)传动平稳、控制可靠、双吊点同步性好、可提供下压力。 (3)占地面积小,景观好	(1)设计、制造复杂。 (2)检修不方便。 (3)行程受限制。 (4)造价较高	适用于各种类型闸门
螺杆式启闭机	(1)结构简单。 (2)造价低。 (3)可提供下压力	(1)传动效率较低。 (2)启闭速度慢	适用于小型平面闸门和弧形闸门

启闭机的工作级别。当有多个机构时,各机构的工作级别可以不同,其主起升机构的工作级别就是启闭机的整机工作级别。除液压启闭机外,启闭机机构的工作级别应根据机构的利用等级、荷载状态和工作级别分别按表 2-4、表 2-5 和表 2-6 确定。针对确定的闸门类型,启闭机可根据扬程和每次工作时间,对工作级别进行简化快速选择,见表 2-7。

表 2-4　启闭机机构的利用等级

利用等级	设计总工作小时(h)	说明
T_1	800	轻闲使用
T_2	1 600	
T_3	3 200	中等程度使用
T_4	6 300	经常使用

表 2-5　启闭机机构的荷载状态

荷载状态	说明
L_1	很少起吊最大工作荷载,一般起吊轻荷载
L_2	有时起吊最大工作荷载,一般起吊中等荷载
L_3	经常起吊最大工作荷载,一般起吊较重荷载

表 2-6　启闭机机构的工作级别

荷载状态	利用等级			
	T_1	T_2	T_3	T_4
L_1	Q_1-轻	Q_1-轻	Q_1-轻	Q_2-轻
L_2	Q_1-轻	Q_1-轻	Q_2-轻	Q_3-中
L_3	Q_1-轻	Q_2-轻	Q_3-中	Q_4-重

表 2-7　启闭机工作级别选择

启闭不同型式闸门	扬程(m)	工作级别
检修闸门	<40	Q_1
	≥40	$Q_1 \sim Q_2$
事故闸门	<40	Q_2
	≥40	$Q_2 \sim Q_3$
工作闸门	<40	$Q_2 \sim Q_3$
	≥40	$Q_3 \sim Q_4$

(二)基本参数

启闭机的服务对象明确,启闭力、扬程、速度、跨度等基本参数变化不大,有必要逐步达到标准化、系列化,尽量选择设计规范给出的基本参数。目前,水利标准和能源标准对启闭机的基本参数都给出了标准系列建议值,两者相差不大。固定卷扬式启闭机和移动式启闭机的启门力为 6.3~16 000 kN,扬程为 1~150 m,启闭速度为 0.2~40 m/min,移动式启闭机大车轨距为 2.5~24 m,小车行走速度为 5~10 m/min,大车行走速度为 10~32 m/min,采用变频调速时调速比可取 1:10,带有清污功能时的调速比可取 1:20,回转机构回转速度为 0.3~0.5 r/min。液压启闭机的启门力为 63~12 500 kN,闭门力为 100~4 000 kN,持住力为 63~8 000 kN,行程为 6~20 m,启闭速度为 0.5~3 m/min。螺杆式启闭机的启门力为 6.3~800 kN,闭门力为 3.2~400 kN,行程为 1~6 m,启闭速度为 0.1~0.5 m/min。

(三)启闭机选型

启闭机选型应根据水利水电工程布置、门型、孔数、操作运行和时间、生态环境、景观要求等,经全面的技术经济论证后确定,同时要结合考虑运行和维护费用。启闭机通常按以下选型:

(1)泄水系统工作闸门、挡潮闸工作闸门和抽水蓄能机组尾水事故闸门的启闭机宜选用固定式启闭机。当闸门操作运行方式和启闭时间允许时,经论证可选用移动式启闭机。具有防洪、排涝功能的工作闸门,工作时具有一定的紧迫性,要求各孔闸门能在短时间内开启或关闭,以防发生危及工程及生命财产的安全事故,这类闸门应选用固定式启闭机,一门一机布置,通常选用固定卷扬式启闭机或液压启闭机。采用液压启闭机时,每套闸门配一套液压缸及控制阀组,设比例阀精确控制双缸同步性,所有液压缸及控制阀组根据需要设置一个或多个液压泵站。小型水利水电工程由于设计水头不高、启闭扬程较低，闭门时具有一定的下压力，制造技术较简单，造价低，可选用螺杆式启闭机。

(2)电站进水口、调压井和泵站出水口快速闸门启闭机，应根据工程布置、闸门的启闭荷载、扬程等进行技术经济比较，选用液压式或固定卷扬式快速闸门启闭机。快速闸门启闭机在中华人民共和国成立初期以卷扬式用得居多，随着国内液压技术的发展，液压启闭机的性能不断得到提高，制造成本逐渐降低，带有下压力的液压启闭机应用逐渐增多，目前快速闸门绝大多数选用液压启闭机，其快速关闭的控制电源一般取自电厂备用电源并随之自动投入，以便快速关闭闸门，保护机组安全。每套闸门配一套液压缸及控制阀组，所有液压缸及控制阀组根据需要设置一个或多个液压泵站。

(3)通航建筑物闸首的每套工作闸门和输水工作阀门应各自设置启闭机。对闸首人字闸门、三角闸门、下卧式闸门通常选用液压启闭机。为满足闸门均匀运行，液压启闭机要通过变速方式才能改善其运行特性，并设比例泵精确控制双缸同步性。对闸首平面提升闸门、横拉闸门、提升横拉闸门一般选用卷扬式启闭机。当闸首布置方案为左右对称或通航闸门采用双缸液压启闭机时，宜在每个闸首左右侧各设置一个液压泵站。当闸首工作闸门和输水工作阀门都选用液压启闭机时，由于工作闸门和工作阀门不同时工作，一般在闸首两侧各设置一个液压泵站，共同为闸、阀门的液压缸提供动力油源，并以其中一侧作为主控制。

输水廊道工作阀门当采用反向弧形阀门时，通常选用液压启闭机；当采用升降式平面阀门时，可选用液压启闭机或固定卷扬式启闭机。对于需提供下压力的输水廊道工作阀门，宜选用双作用的液压启闭机。当阀门与液压启闭机之间距离大时，中间应设连接吊杆，并在门槽内埋设复杂的吊杆导向装置，见图 2-71、图 2-72。

(4)操作多孔泄水系统事故闸门、检修闸门和多机组电站进水口及尾水管事故闸门、检修闸门的启闭机，宜选用移动式启闭机。操作需要分节装拆的闸门，分节启闭的叠梁闸门或多孔口共用的事故、检修闸门，宜选用移动式启闭机。在工程总体布置条件允许的情况下，泄水系统、电站系统、船闸系统检修闸门宜共用移动式启闭机。移动式启闭机根据闸门布置和操作条件，宜配置自动挂脱梁，以便于运行操作。启闭机沿曲线轨道运行时，应采取可靠的防卡轨措施。

(5)操作机组进水口多孔拦污栅时，可在进水口门式启闭机的上游侧增设副起升机构或回转吊启吊，也可采用跨内主钩启吊。当水工建筑物布置分散，无法利用已有启闭机时，可单独为拦污栅设置移动式启闭机，并宜结合机械清污统筹设置。

(6)施工导流封堵闸门的启闭机宜选用固定卷扬式启闭机，启闭力应满足在一定水头下动水启门的富余量要求，为确保闸门下到底槛，完全封堵住导流孔，应配备扬程指示装置。由于这种启闭机属于临时性质，封孔后即拆卸搬走，所以可借用工程中合适的永久启闭设备，如云南红河南沙水电站；或采用施工用起重设备，如盐锅峡水电站；也可租借吊车或由其他工程上拆卸下来的合适的启闭设备。但对于某些大型工程的导流封堵闸门，由于启闭机容量较大或其他原因导致无法借用时，应单独设计和制造。

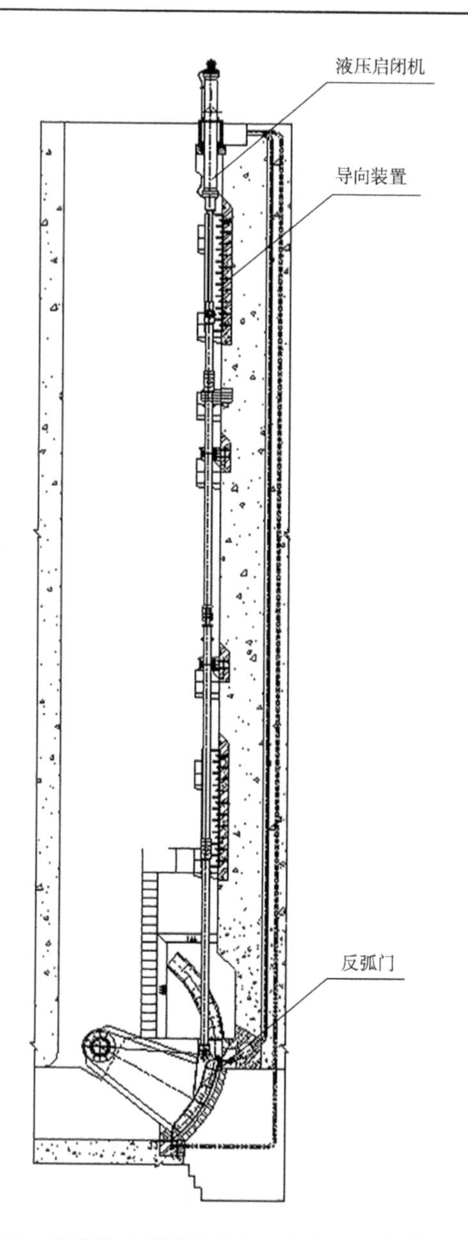

图 2-71　平塞航电反弧门液压启闭机和导向装置

图 2-72　大藤峡反弧门液压启闭机和导向装置

四、大跨度门机

(一)大跨度门机的应用

门式启闭机是移动式启闭机中最常用的一种机型,主要用于操作水电站多孔共用的闸门或需要移动存放的闸门。大江大河上水电站的泄水孔和机组台数多、闸孔尺寸大,启闭检修闸门所需的容量大,一般多选用门机操作,条件许可时,在布置上尽可能将电站进水口检修闸门、泄水闸检修闸门及船闸检修闸门协调布置,共用坝顶门机,以减少启闭机数量。早期电站由于多采用斜栅,单独设有斜面清污机,门机功能主要是操作闸门,功能较单一，轨距不会太大。近年来，随着直栅越来越广泛的应用，电站进水口门机增加了清污和提栅功能，不再设独立清污机，坝面布置简洁美观，虽然门机规模增大较多，但进水口长度可以减小。有的工程将厂房布置在门机跨内，厂房内可不设桥机或只设小容量桥机，机组安装和大件检修由进水口大门机完成。这种布置方式的门机轨距很大，通常可达 20 m 以上，门机活动范围很大，使用方便，其经济性需做综合比较。

（二）兼有清污要求的大跨度门机

对于兼有清污要求的大跨度门机，门机在进水口平台上的布置应结合拦污栅和检修闸门统一考虑，并充分考虑清污、卸污要求。这种布置通常在进水口设三道槽，顺水流方向分别为清污耙斗导槽、拦污栅槽、检修闸门槽。清污耙斗导槽紧挨拦污栅槽上游垂直布置。这种门机有两种布置方式：

（1）当运污通道布置在拦污栅槽与检修闸门槽之间时，门机采用常用的门式框架，启闭、清污、卸污等操作均在门机跨内完成，这种布置方式门机只设一个小车，清污耙斗、拦污栅抓梁和检修闸门抓梁共用小车内的一套主起升机构，主起升机构容量通常由检修闸门控制。门机布置见图 2-73、图 2-74。

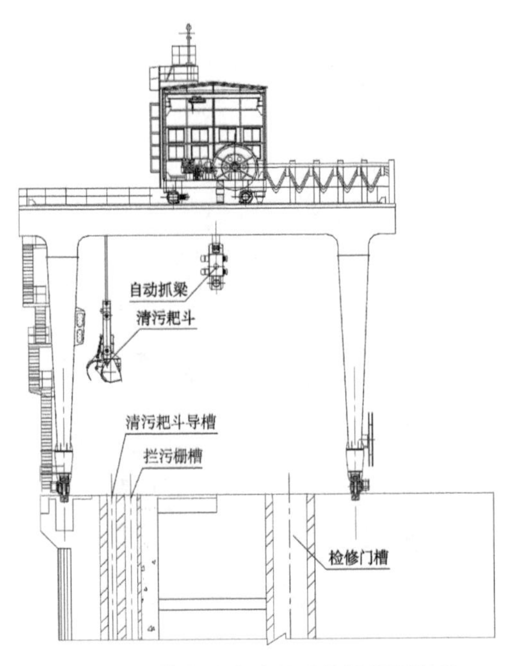

图 2-73　带有跨内清污功能的坝顶门机

图 2-74　西牛航电枢纽坝顶门机

（2）当运污通道共用上游侧的坝顶公路时，门机可向上游增加悬臂，清污耙斗导槽和拦污栅槽布置在门机跨外悬臂段，检修闸门槽布置在门机跨内。这种布置方式门机通常设两个小车，主小车设在跨内，用来操作检修闸门，副小车设在跨外悬臂段，用来操作和清理拦污栅，这种门机布置见图 2-75、图 2-76。当副小车容量较小时，可选用单梁小车或悬挂式小车。由于上游悬臂长度要考虑清污、卸污，悬臂较长，有些工程设上游回转吊代替悬臂段副小车，但清污工作时对位较为不便，这种门机布置见图 2-77、图 2-78。有的工程跨内设有清污耙斗清理栅前污物，上游跨外另设有多瓣清污抓斗清理栅外水域表面污物，见图 2-79、图 2-80。

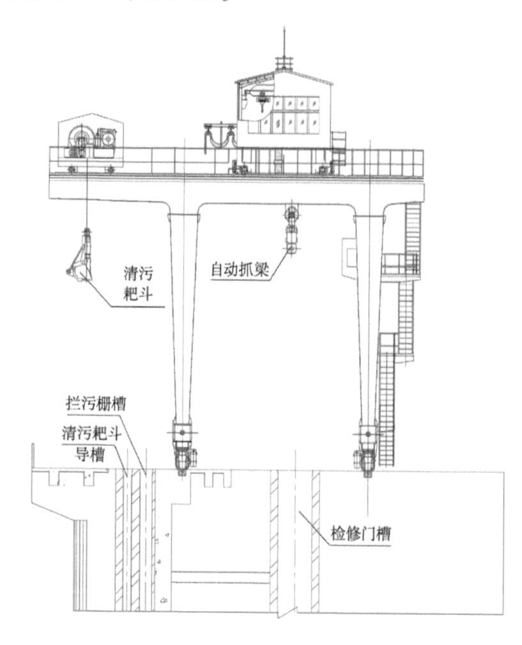

图 2-75　带有跨外清污功能的坝顶门机

图 2-76　长洲水利枢纽电站进水口门机

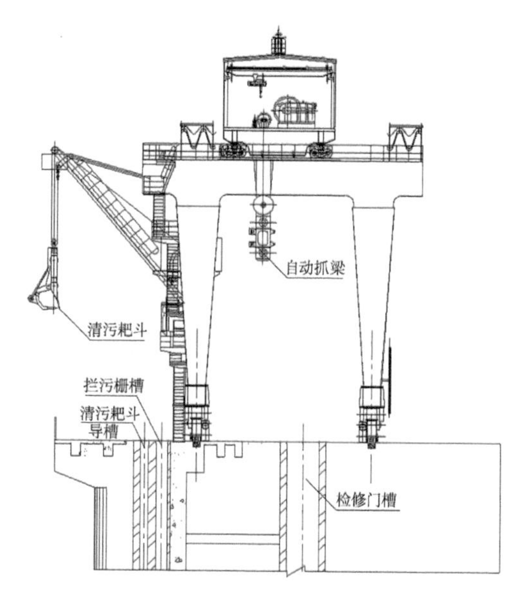

图 2-77　带有回转吊清污功能的坝顶门机

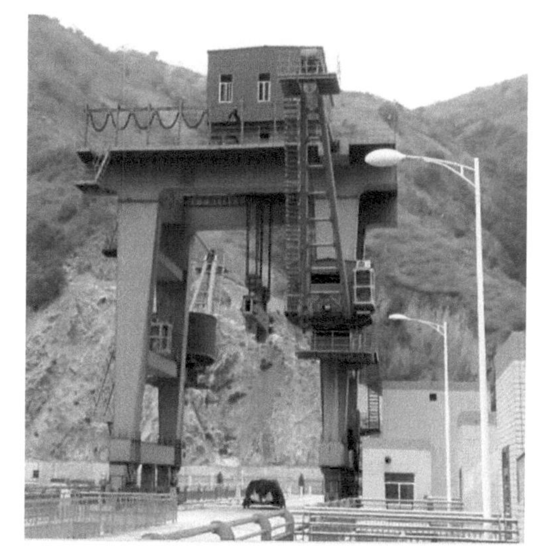

图 2-78　南沙水电站坝顶门机

(三)兼有提斜栅要求的大跨度门机

当进水口拦污栅倾斜布置时，有的工程利用坝顶门机清污，这种布置虽然节省了 1 台斜面清污机，但清污和提栅共用门机，操作起来十分不便。这种兼有提斜栅要求的大跨度门机，小车需采用斜拉型式，清污耙斗以倾斜的栅面作为支承导向，由于清污耙斗是倾斜

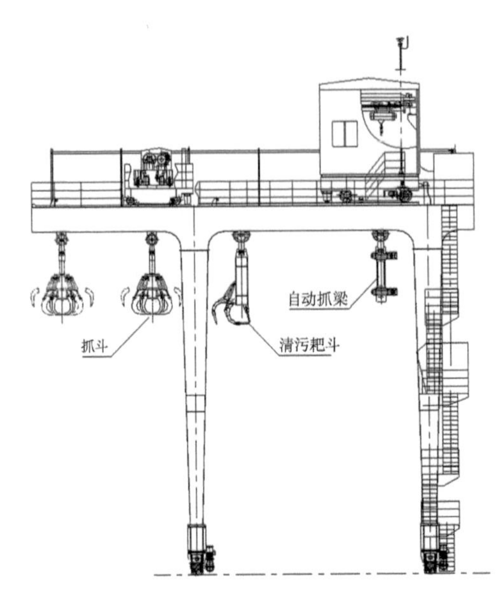

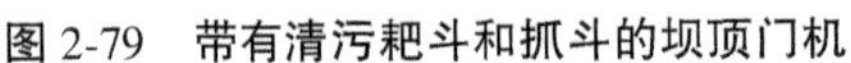

图 2-79 带有清污耙斗和抓斗的坝顶门机

图 2-80 界牌航电枢纽坝顶门机

下行，此时提升小车需向下游移动，以保证钢丝绳倾角与栅面倾角一致，避免钢丝绳与上游大梁等建筑物干扰。当门架较高时，清污小车工作位置可能会退到门架下悬臂段，需加大门架下悬臂段长度。当清污耙斗提出坝面时，小车需移动到耙斗正上方，满足出槽时的垂直起吊要求，避免拦污栅出槽时向后甩出，启闭拦污栅时亦如此。

小车斜拉时所受水平荷载很大，清污小车应具有足够的抗水平能力，以平衡清污耙斗工作时对小车产生的水平拖曳力。当此力超出车轮摩阻力时小车会被拉动，需在小车上增加较多夹轨器。为改善此种状态，有的工程在门架合适位置设钢丝绳转换滑轮，使得小车不受水平荷载，门架结构受力变得复杂。广西邕宁水利枢纽斜拉拦污栅时，将门架上的 3 台小车并车相连，增加摩阻力。带倾斜清污功能的门式清污机见图 2-81。

（四）兼有机组安装检修要求的大跨度门机

对于兼有机组安装检修要求的大跨度双向门机，门机轨距一般很大，门机跨过整个厂房，厂房屋盖相应设为活动式，可横向开启，门机主钩可直接伸入厂房内安装检修机组部件，厂房内只需设置小容量桥机，满足日常非大件检修要求。这种门机通常在靠公路侧设有悬臂，小车开至悬臂端可方便地将公路桥上的机组部件直接吊入厂房内进行机组安装和检修，减少机组部件的二次转运。条件许可时，可将门机运行范围贯穿至整个坝顶，解决泄水闸检修闸门的启闭和工作闸门启闭机的安装问题，加快施工进度，真正做到一机多用。这种布置型式便于机电及金属结构设备的安装检修，提高门机使用效率，且坝面布置整洁美观。其缺点是检修机组时需打开活动屋盖，雨天会造成厂房进水而无法操作。对这种布置型式的门机要结合坝面布置、机组安装和施工进度安排等诸多因素，综合比选确定。江西石虎塘航运枢纽工程坝顶门机采用了这种门机布置，见图 2-82、图 2-83。

图 2-81　邕宁水利枢纽兼有提斜栅要求的进水口门机

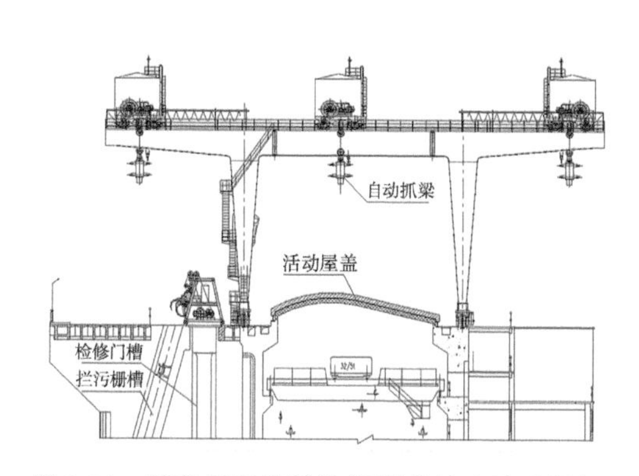

图 2-82　兼有机组安装检修要求的大跨度门机

图 2-83　石虎塘航电枢纽工程坝顶门机

(五)兼有船闸检修要求的大跨度门机

大中型船闸上下闸首检修闸门设永久启闭机时,通常分别选用台车或桥机,当闸顶高程满足通航净空时,上闸首检修闸门启闭机也可与坝顶门机共用,下闸首检修闸门另设独立的启闭机,输水廊道检修阀门亦另设固定卷扬式启闭机或移动式启闭机。当水工建筑物布置有条件时,可选用大跨度门机,将轨道设在闸墙顶部,顺水流方向全长铺设,此门机可操作除上闸首检修闸门外的船闸所有检修闸门,同时兼顾检修所有闸门和阀门液压启闭机,真正做到一机多用,船闸启闭设备布置整洁美观,但所需闸墙宽度较大。

对于宽度 23 m 及以下的闸室,可选用 L 形门机以降低启闭设备投资,下闸首检修闸门门库一般设置在门机轨道外侧,门架支腿为常规门架式,L 形门机布置见图 2-84。对于宽度 23 m 及以上的闸室,可选用 A 形门机,下闸首检修闸门门库一般设置在门机轨道内侧,此时门机轨道可达 43 m 以上,门架支腿宜设计成一端固定、一端简支的刚柔性结构,

A 形门机布置见图 2-85。无论是选用 L 形门机还是 A 形门机，都要结合船闸布置、安装运行条件和施工进度安排等诸多因素，进行综合比选确定，同时门机大车行走电机和电缆卷筒应高出下游校核洪水位以上，避免行走电机和电缆泡水，此时闸墙顶高程应满足此要求。

图 2-84　长洲水利枢纽船闸 L 形门机，跨度 28 m

图 2-85　邕宁水利枢纽船闸 A 形门机，跨度 43 m

第三节　清污机选型与布置

一、设计资料

清污机设计基本资料主要包括以下内容：

(1)水工建筑物的基本情况。包括取水建筑物型式、建筑物的布置和尺寸、轨道梁、管沟等。

(2)水中污物的类型、大小及数量。

(3)拦污栅基本情况，包括孔口位置、水深、数量、尺寸、栅槽、运行条件等。

(4)气象和地震情况，包括温度、风力、地震烈度等。

(5)清污机的运行情况，包括清污能力、扬程、升降和行走速度、运行方式、拦污栅操作方式、清污机与拦污栅连接的有关尺寸和要求、运污方式、是否有提栅要求等。

(6)供电和控制方式，包括电缆卷筒、滑触线等外电供电方式，以及现地手动控制、现地自动控制、远方集中控制等电气控制方式，与上位机接口等。

(7)设备制造安装条件，包括原材料供应、制造设备、运输条件、现场安装条件等。

二、清污方式

进水口设置拦污栅后，拦污栅前易被污物堵塞，增大了栅前荷载，增加了水头损失，严重影响建筑物和设备的运行安全。为防止污物堵塞拦污栅，一般需要考虑清污措施。对于污物水多的深式进水口，经认证后也可不设清污设施。

目前，国内水电站中所采用的主要有人工清污、提栅清污和机械清污三种，小型电站通常采用提栅清污或人工清污，大中型水电站基本都是采用机械清污或提栅清污。当进水口平台可布置清污机时，宜优先选用机械清污，清污机扬程应满足清污耙斗能够到达栅底要求。

(一)人工清污

小型电站拦污栅因栅前水深较浅,过栅流速较低,可由人工在坝面上使用齿耙将栅前污物捞起,或停机乘竹筏、木船到栅前进行清污。当电站水深大于5 m、污物数量较多、水面清污有困难时,需派潜水员潜入栅前清理污物。人工清污劳动强度大、效率低、工作条件差,工作人员存在一定安全风险,清理出来的污物十分有限,并且需要停机时间长,对于电站长期运行显得很不经济。目前,人工清污方式已较少使用,仅在少数已运行的小型电站中还有使用。

(二)提栅清污

当进水口未布置清污设备时,对于污物较多的电站,通常在进水口设置前后两道栅,前面一道作为工作栅,后面一道作为备用栅,设有提栅永久设备。在正常情况下用工作栅拦污,当工作栅需要清污时,先放下备用栅,再将工作栅提到坝面,用人工进行清理,而后再放下工作栅,提起备用栅,如此完成一个清污循环过程。在一般情况下,工作栅和备用栅结构相同,可互换使用,轮流工作。使用两道拦污栅可实现不停机轮流清污。对于污物较少的电站,也可在进水口只设一道栅,但提栅清污期间必须停机,且该孔易成为污物进入流道的通道,拦污效果较差。为增加提栅时携带的污物数量,通常在沿拦污栅高度方向设一至数道伸向上游的外悬长度200~400 mm的集污钩。提栅清污实为在坝面上人工清污,其缺点仍是人工劳动强度大、工作效率低、清出的污物量有限,且需设污物转运平台。

(三)机械清污

当栅前水深大于5 m,污物较多妨碍电站或泵站正常运行,人工清污有困难时,可考虑机械清污。机械清污是使用专用的永久清污机将栅前污物捞起,不需提栅即可循环完成全部清污作业,具有节省劳动力、效率高、改善工作环境等特点,具有强度大、效率高、节省人工等特点,可动水工作,适用于各种类型电站、泵站以及各类不同的污物,一般需配运污车将污物集中外运处理。机械清污主要使用清污机,也有使用压缩空气扰动水流清理的,但使用很少且效果不佳。清污机是集清污和卸污功能于一体的机械设备,常用的型式有斜面耙斗式清污机、门式清污机、悬挂式清污机、回转式清污机、一体化清污机器人等。

清污机通常配带清污耙斗或清污抓斗工作,清污耙斗是用来清理栅条上和栅条前的污物,对于斜栅可采用机械式清污耙斗或液压式清污耙斗,对于直栅宜采用液压式清污耙斗,耙斗可分多瓣,每瓣单独由液压缸操作。清污抓斗是用来抓取堆积在拦污栅前水域中的较大的树木、竹子及沉没杂物,抓斗分多瓣,每瓣单独由液压缸操作,其工作原理同抓斗式挖土机类同。液压式清污耙斗见图2-86,液压式清污抓斗见图2-87。随着水下清污技术的发展,目前机械清污的水下清污深度可达80 m,且工作安全可靠。以无锡俊达机电制造有限公司、郑州华林清污起重设备有限公司为代表生产的液压清污耙斗、抓斗和以曲阜恒威水工机械有限公司为代表生产的回转齿耙在水利水电工程中获得了广泛应用。

三、清污机型式

(一)斜面耙斗式清污机

斜面耙斗式清污机是一种传统的清污机械,使用较早,清污机设置在进水口平台顶部拦污栅的下游侧,适用于露顶式倾斜布置的拦污栅,其上游面倾角与拦污栅倾角相同。这

(a)清污耙斗

(b)耙斗抓污

图 2-86　液压式清污耙斗

(a)抓斗抓污

(b)抓斗卸污

图 2-87　液压式清污抓斗

种清污机通常具备提栅功能,需另设自动挂脱梁。清污机由起升机构、翻板机构、行走机构、机架和耙斗组成,起升机构为钢丝绳卷扬式,翻板机构由液压缸操作。行走机构可驱动整机沿垂直于水流方向的轨道行走,并可在不同孔口间实现自动就位和循环作业。机架有门式、三角式、台车式等多种,门式和三角式门架对清污机自身稳定有利,应尽量选用多孔口拦污栅。门架上游侧设有可伸缩的导向架,用于耙斗与栅叶对位。耙斗通常为齿耙式,由固定部分和活动部分组成,固定部分包括耙斗架和铲齿,拦污栅活动部分的耙齿间距与拦污栅栅条间距相配,耙齿插入栅条 10~30 mm,齿耙的开合可靠自重,也可单独设操作设备。靠自重加压的耙斗制造简单,开耙由起升机构专设的钢丝绳牵引,闭耙依靠耙斗自重沿斜面的分力,为了增大闭耙力,往往要增加耙斗自重。近年来,许多工程在耙斗上设置液压泵和油缸,可以获得较大的闭耙力,提高清污效率,但应保证液压系统水下工作的安全可靠性。斜面耙斗式清污机见图 2-88、图 2-89。

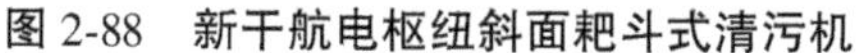

图 2-88　新干航电枢纽斜面耙斗式清污机

图 2-89　邕宁水利枢纽斜面耙斗式清污机

耙斗工作时,对清污机来说是偏心受力构件。受整机重量和轨距的限制,倾覆力矩不能过大,因此耙斗的宽度和容积不可能很大,耙斗宽度一般不超过 5 m,对宽度较小的拦污栅可全跨清污,对宽度较大的拦污栅可考虑分片多次清污。这种清污机工作效率高,尤其适用于孔数多、孔宽较大、污物多的工程。清理出来的污物通过翻板机构卸到跨内,由运污车外运处理。

(二)门式清污机

随着液压式耙斗越来越广泛的应用,垂直式拦污栅的清污问题得到了有效的解决。当河床式水电站过栅流速不大时,为减小进水口前沿水工建筑物长度,可将拦污栅布置成直立式。对大中型水电站多台机组的进水口,可单独设置门式清污机。当进水检修闸门的启闭设备选用门机时,拦污栅的清污和提栅可考虑共用门机,此时进水口门机应能双向行走,具有清污、提栅、提门等多种功能,清污和提栅可由双向门机的主小车、副小车或回转吊操作。这种清污机特别适用于污物多、体积大的电站工程,可对树木、竹竿、牲畜尸体等进行有效清理。

门式清污机清污靠液压式耙斗或液压式抓斗完成,耙斗结构同斜面清污机耙斗,但开合机构必须由液压油缸操作以抓紧污物。耙斗入槽需在拦污栅上游单独设导向槽,导向槽直通至底槛,因此直栅清污耙斗必须全跨清污。耙斗入槽时靠耙斗架两侧悬臂轮沿导向槽轨道入水,清污过程同斜面清污机。耙斗或抓斗抓取污物出槽至一定高度后,前后移动门机小车至运输车或皮带输送机上方,卸污后再返回待清理的孔口继续工作。直栅清污机由于采用全跨清污,耙斗宽度同拦污栅孔宽,现有工程最宽可达 12 m 以上。当耙斗宽度较大时,可将耙斗分片制作,每片宽度 3~4 m,每片由 1 根或 2 根液压油缸独立操作。当栅前污物太多时,可另配 1 套多瓣液压抓斗清理栅前水域表面污物,多瓣液压抓斗由双向门机的副起升或回转吊操作。门式清污机见图 2-90～图 2-93。

图 2-90 峡江水利枢纽门式清污机

图 2-91 西牛航电枢纽门式清污机

图 2-92 界牌航电枢纽门式清污机

图 2-93 刚果布利韦索水电站门式清污机

选用门式清污机在进水口布置上要处理好拦污栅、检修闸门和门机的位置关系，并应充分考虑好运污方式及运污通道。门式清污机清污效率较高，适用于孔数多、孔宽大、污物多的工程，近年来在工程中应用较多。对多台机组进水口，可设置 2 台门式清污机同时清污。当工程布置和投资许可时，门式清污机可通行全坝面，同时操作泄水闸检修闸门和船闸上闸首检修闸门，但需加长泄水闸闸墩长度。

（三）悬挂式清污机

悬挂式清污机是专门为解决拦污栅清污问题而设的一种简单设备，通常只用来清污。由于清污耙斗位于拦污栅上游侧，使用单向行走的悬挂式清污机提栅时，钢丝绳处于斜拉状态,需人工辅助挂钩,操作困难且不安全。若另设1台独立启闭机,清污机与启闭机间距很小,应避免运行干扰。若使用双向行走的清污机兼顾清污和提栅功能,清污机机构多、结构复杂,且投资较大,小型工程进水口很少设独立清污机。

悬挂式清污机是用特制的移动式卷扬机或电动葫芦操作清污耙斗或清污抓斗,对斜栅和直栅都适用。当采用斜栅布置时,清污耙斗以栅条作为导向;当采用直栅布置时,清污耙斗一般是全跨清污,需设耙斗导向槽或将栅条顶部制作成倾斜式作为耙斗入槽导向。当配液压抓斗时,可清除栅前水域中的污物。悬挂式清污机在进水口平台一侧要设卸污平台,污物清理出来后,清污机沿轨道行驶到卸污平台卸污。

以无锡俊达机电制造有限公司为代表的专业清污机制造商开发的全自动悬挂式清污机设有行程开关、多种传感器和PLC控制等装置,真正实现了全自动、无人值守功能。为适应行程开关安全设置要求,清污机轨道采用开口方钢内置行程开关,可精准定位各工作位置。这种清污机与耙斗式清污机工作原理相同,受清污机容量限制,清污耙斗的宽度和容量也不能太大,清污效率一般,尤其适用于孔宽小、污物较少的泵站工程和小型水电站工程。悬挂式清污机通常悬挂在混凝土梁或钢梁底部轨道上,也可悬挂在门机起升机构上。悬挂式清污机见图2-94。

(a)独立式

(b)门机悬挂式

图2-94　悬挂式清污机

(四)回转式清污机

回转式清污机是将清污机和拦污栅结合在一起的一种装置,可倾斜布置也可垂直布置,倾斜布置清污效果较好。回转式清污机分为回转耙式和回转栅式两种型式,以回转耙式最为常用,而回转栅式因结构自重大、传动装置庞大而较少采用。回转耙式清污机在顶部机架上设有链轮,在拦污栅两侧设有导向架和带滚轮的传动链条,在拦污栅底部设有导向轮,传动链条绕在链轮和导向轮上,可回转的齿耙或短片状栅条固定在链条上。回转耙式清污机的工作原理是电机驱动链轮带动链条和齿耙转动,齿耙将污物捞起在顶部卸到皮带机上运走。回转式清污机在顶部机架上设有刮污装置和转动轴,检修时可将机身绕转动轴整体翻转至水面以上进行。回转式清污机后一般设有皮带输送机以提高运污效率。

回转式清污机整体布置简洁美观、清污效率高、自动化程度高,对水草、浮萍、生活垃圾等体积较小的污物清理特别有效,适用于进水口水深较浅、污物多且体积小的泵站和污水厂。其缺点是齿耙较短,对体积较大的污物不能进行有效的清理,传动链容易受卡、掉链,设备造价较高。回转式清污机见图 2-95、图 2-96。

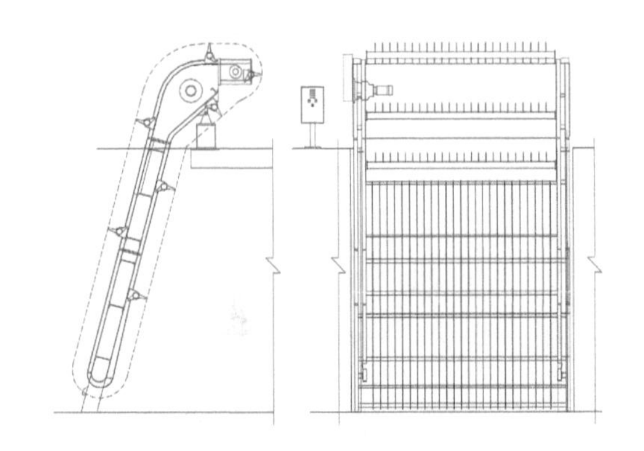

图 2-95　回转式清污机

图 2-96　大藤峡库区泵站进水口回转式清污机

(五)清漂船

由于拦漂排作为一个独立结构设在进水口前沿水域,没有条件布置专用清漂机,中小水电站拦漂排大多采用人工清污,需要停机进行,用人工集中将污物打捞起来外运处理,清污效率低。大型水电站专门配备有清漂船或清漂机器人,有效地实现了对排前和库区污物的清、运、卸相结合,集中进行打捞处理,可有效清理河道、湖泊水域内的水草、水浮莲和水面漂浮垃圾,并可集中打捞处理。对于污物较多的大型水电站,清漂船和清污机器人是首选的清污设备。

以江苏水利机械有限公司为代表的生产商生产的清漂船采用三段式输送结构,双螺旋桨推进,由驾驶室自动控制。船体采用双头单体船结构,前舱用于收集打捞,后舱用于卸污,各机构由液压驱动。清漂船作业时的水流速度一般不超过 2 m/s,流速大时停机作业,所有聚拢、打捞、滤水、压缩、卸污等过程全部采用自动化,工作效率很高,相当于人工打捞的几十倍。清漂船见图 2-97。

(六)智能清漂机器人

智能清漂机器人是近年来新研发的一种环保智能装备,用于自动化清理和监测水面污物,可广泛用于打捞江河、库区、湖泊、港口等 B、C 级航区水域中的树木、庄稼、水草及

图 2-97　李溪拦河坝清漂船

城市生活垃圾等各类水面漂浮物,能适应各种复杂漂浮物打捞工况,是以打捞、运输和卸料为一体的网链式机器人,清漂机器人较清漂船具有更高的智能化。

以四川东方水利智能装备工程股份有限公司为代表的生产商生产的智能清漂机器人由浮体、聚料机械手、打捞网链输送装置、存储卸载网链装置、中控室、中控室移动机构、液压系统、电气控制、智能控制系统、数据采集传输系统等组成,能够通过图像视觉识别系统自主识别水面垃圾,对水面垃圾精准定位与追踪,进行路径规划,GNSS 自动导航,自动避障,自动完成对垃圾的收集,满载后自动返航,实现水面漂浮物打捞作业的无人化与全自动化操作。清污机器人打捞时,操作人员可在驾驶室现地控制,也可在户外对机器人进行远程操控。智能清漂机器人打捞作业时,推进螺旋桨、辅助转向系统、打捞网链装置和柔性聚料机械手需密切配合。打捞上来的漂浮垃圾则进入后网链储料仓进行存储,当储料仓装满后,机器人行驶至指定岸边,后网链储料仓通过电动推杆举升到高于岸边的高度,然后对垃圾进行自动卸载。智能清漂机器人见图 2-98。

(a)圆形机器人

(b)船形机器人

图 2-98　智能清漂机器人

智能清漂机器人具有以下技术优点：

(1)设备安全可靠。执行机构采用液压传动电控阀对各种动作进行有效控制。推进动力采用柴油发电机组驱动双螺旋桨,工作效率高、能耗低、抗风浪能力强。

(2)打捞宽度可调。智能清漂机器人的前网链在打捞过程中,通过侧网链的伸展可增加漂浮垃圾的收集宽度,同时通过聚料辊的旋转实现分散漂浮垃圾的聚拢,增加了打捞量。

(3)工作效率高。智能清漂机器人可对漂浮物进行连续收集打捞。可对漂浮物打捞、滤水、卸载进行全过程自动化工作,清漂效率高,可达人工打捞的数十倍。

(4)污物转运方便。智能清漂机器人能将收集的漂浮物通过传动链自动卸载到指定的装载船、岸边码头、运输车等相应设备上。

(5)驾控室可防撞。驾控室可实现前后移动,在打捞竹竿、长树干等较长漂浮垃圾时可进行自动避让,防止驾控室被撞坏。

(6)自动化操控。智能清漂机器人行驶、对漂浮物的识别、路径规划、导航、聚料、打捞以及返航等过程实现无人智能化作业,所有动作均能单独作业或流程化协调作业。使用远程遥控操作与智能运行相结合的方式,通过视频监控系统,机器人的行进、转向及打捞等动作都可通过遥控方向盘或手机 APP 远程灵活操控。

(7)智能化监控。使用自诊断系统和高效传感器融合技术,对数据远程在线监测,运行维护简洁、高效。可监测数据包括设备基础档案、GNSS 卫星定位、Ⅰ类清漂数据监测、Ⅱ类水文数据监测、Ⅲ类气象数据监测、Ⅳ类工况数据监测(设备状态)等。

(8)船体抗沉技术。船体采用了浮体设计,稳定性好,在进行清漂作业时具备“永不沉没”的功能。

(9)设备可实现定制。智能清漂机器人可进行标准化定型设备制造,以适用于不同水域漂浮物性态。

以某大型智能清漂机器人为例,其主要技术参数见表 2-8。

表 2-8 某大型清漂机器人主要技术参数

项目	技术参数	项目	技术参数
船体标准长度	12.8 m	船体最大长度	16.8 m
船体型宽	3.70 m	船体最大高度	5.30 m
满载吃水深度	1.5 m	标准型深	0.9 m
干舷高	0.60 m	最大收集宽度	4.50 m
打捞入水深度	0.4 m	最大收集深度	1.00 m
排水量	32.59 t	主机功率	2×60 kW
航区	B/C 级	空载航速	10~15 km/h
打捞及卸载方式	前收前卸/前收后卸	清漂量	~80 m^3/h

第四节　压力钢管选型与布置

一、设计资料

压力钢管设计基本资料主要包括以下内容：

(1)工程开发任务和水工建筑物的基本情况，包括水工建筑物的规模、等别级别、建筑物型式、总体布置、运行特性等。

(2)水文泥沙情况，包括暴雨、径流、水位、泥沙含量、水中漂浮物和水生物的生长情况等。

(3)地形地质条件，包括山体特性、岩石特性、地下水位线等。

(4)气象和地震情况，包括温度、风力、结冰、波浪、涌潮强度、地震烈度等。

(5)压力钢管基本情况，包括位置、数量、直径、运行和检修条件、运行要求(调流、排沙、计量、排气、排泥要求等)。

(6)上下游水位情况和水力学条件，包括各种运行工况可能出现的水位组合情况、水力过渡特性等。

(7)设备制造安装条件，包括原材料供应、制造设备、运输条件、现场安装条件等。

二、压力钢管型式和布置

(一)引水方式

电站及泵站工程管道引水应根据机组台数、管线长短、地形和地质条件、机组安装分期、钢管制作安装和运输条件、电站运行灵活性及其停机对电力系统的影响等进行单管单机引水、单管多机引水、多管多机分组引水等多种方式比选。对于较短且引用流量很大的管道，宜采用单管单机引水方式；对于较长的管道，宜采用单管多机引水方式，并应在水轮机前设进水阀，使各机组能单独停机检修；当一条主管向 4 台或 4 台以上水轮机引水，主管检修时，停止运行的机组过多，应比较多管多机分组引水的合理性。输水工程的管道条数应考虑供水可靠性、经济合理性等综合比较确定。

(二)管径确定

管径应根据技术经济比较确定。可以根据线路布置、内压变化、流速要求等情况分段定出几种管径，但变径次数不宜过多，以方便制作安装。对于电站的明管和地下埋管，当作用水头在 100~300 m 时，管道流速通常取 4~6 m/s。对于电站的坝内埋管，当作用水头在 30~70 m 时，管道流速通常取 3~6 m/s；当作用水头在 70~150 m 时，管道流速通常取 5~7 m/s；当作用水头大于 150 m 时，管道流速通常取 7 m/s。引水式电站流速通常小于坝内管，水头高时流速可适当加大。对于重力流式长距离输水工程，管道流速通常不超过 2 m/s。

(三)弯管布置

转弯半径应进行经济比较。转弯半径大时水头损失小，但增加占地和开挖量，转弯半径小时占地和开挖量小，但水头损失会增大，通常取不宜小于 2~3 倍管径，以 3 倍为宜。市政供水工程明钢管往往选择弯管作为温度补偿节，此时转弯半径有时仅为 1 倍管径。

位置相近的平面转弯和立面转弯宜合并为空间弯管，但地下埋管洞内安装条件较差，空间弯管不易就位，仍可分做立面弯管和平面弯管。位置相近的弯管和渐缩管宜合并成渐缩弯管以减小管道的水头损失。渐变段长度不宜短于1倍管径。渐变段进口断面与钢管圆形断面的面积比应根据布置、结构、进水口流态、水头损失及启闭机规模等因素，综合比较后确定。

（四）充水与通气

管道进口闸（阀）门下游必须设置通气装置。通气孔下口应设在管道最顶部，通气孔上端应设在启闭室之外，孔口高于设计最高运行水位，孔口应设网格盖板等防护设施，防止杂物落入或吸入物体，影响人员和设备的安全。

管道进口闸阀处应设充水阀或旁通充水管，其面积应满足管道充水时间的要求。根据工程实践经验，对坝内管道，通常引水管道较短，即使充水阀截面小一些，充水时间也不会太长，充水阀或旁通管面积不宜大于通气孔面积的1/5；对长引水管道，为减少充水时间，可适当加大充水阀面积，但不应超过通气孔面积的1/3。充水阀相对面积过大易引起通气孔喷水。

（五）过厂坝分缝处理

在坝后式电站中，由于大坝和电站主厂房变位和沉陷不同，往往在厂坝连接处出现应力集中和破坏，一般在该处设永久纵缝。坝内埋管或坝后背管穿过该纵缝处，受坝体自重、温度和水荷载作用一般存在不均匀变位，应根据工程的具体特点采取适当管道过缝或过断层技术措施，可设置伸缩节、垫层管、外套管等。早期工程通过设伸缩节来解决，如刘家峡、龙羊峡、乌江渡、五强溪等电站。但因伸缩节存在造价高，制造、安装、维修不便，使用中易漏水等缺点，经对现有伸缩节的长期观测并结合有限元计算，一些电站取消了伸缩节，改用伸缩管，如安康、漫湾、岩滩、水口等电站。三峡工程因其重要性，有20台机组引水钢管仍保留伸缩节，仅在靠左岸的6台机组引水钢管取消了伸缩节。钢管过缝处设伸缩管取代伸缩节已成为今后发展趋势。已建工程引水钢管在厂坝分缝处采取的工程措施实例见表2-9。

表2-9　已建工程引水钢管在厂坝分缝处采取的工程措施

序号	工程名称	钢管直径（m）	工程措施	说明
1	三峡	12.4	套筒式波纹管伸缩节	河床坝段7~23号机
2	三峡	12.4	垫层管	岸坡坝段1~6号机、24~26号机
3	李家峡	8.0	垫层管（双向伸缩节）	2~5号（1号机）
4	龙羊峡	7.5	双向伸缩节	
5	水口	10.5	垫层管	
6	向家坝	12.2	套筒式波纹管伸缩节	河床坝段1~4号机
7	景洪	11.2	垫层管	全部1~5号机
8	金安桥	10.5	垫层管	全部1~4号机
9	阿海	10.5	垫层管	全部1~5号机

续表 2-9

序号	工程名称	钢管直径(m)	工程措施	说明
10	观音岩	10.5	垫层管	全部 1~5 号机
11	龙开口	10.0	垫层管	全部 1~5 号机
12	红河南沙	5.6	垫层管	全部 1~3 号机
13	海南红岭	3.4	垫层管	1~2 号大机组

当设垫层管时,垫层管长度一般取 1.0~1.5 倍管道直径,在厂坝分缝处设宽约 20 mm 的预留环缝,外加套管,管外包裹弹性垫层,伸缩管设上下游止浆止水环。预留环缝待大坝和厂房浇筑基本完成、水库初期蓄水后,建筑物结构自重和水压力荷载已经施压、分缝处坝体变位和厂、坝不均匀沉陷已基本完成,再选择稍低于年平均气温的时段焊接此环缝。后期变位由伸缩管外的弹性垫层承担,钢管和弹性垫层间设隔热层,避免环缝封闭施焊过程中烤伤弹性垫层。

垫层包角为 360°或上半周 180°~210°范围内,垫层末端厚度应采用 1∶3的坡度逐渐变小。材质可选取聚乙烯或聚苯乙烯,垫层厚度及弹性模量需根据工程具体布置、地质条件等计算确定,一般为 10~30 mm。垫层管段应尽量满足自由伸缩变位,垫层与混凝土间不做接触灌浆,一般不设加劲环和锚筋,当钢管设有加劲环时,包角范围内的加劲环也应采用垫层进行包裹。垫层两端应设止浆环以防止施工期水泥浆流入而影响垫层性能。垫层管安装时采用专门的临时支架托住钢管,分层浇筑混凝土,以保证伸缩管安装完成后可在轴向和径向允许有微小变位。

坝内埋管和坝后背管混凝土裂缝开展深度可通过设置弹性垫层予以限制,并根据不同的设置方式采取不同的设计方法。钢管过缝处的伸缩管和主厂房下的坝内埋管,不允许混凝土内圈开裂,管壁全断面包裹弹性垫层,按明管设计。对副厂房或厂坝间平台下的坝内埋管,一般允许混凝土内圈部分开裂,可在混凝土内圈外部上半圈包裹弹性垫层,限制混凝土裂缝向上扩展影响上部结构的安全。坝后背管直段一般设在预留的管沟槽内,底部与坝体混凝土间要设置可靠的锚筋,弹性垫层只能设两侧,以减小钢管对坝体的影响。上下弯管由于要克服离心力,一般设镇墩固定而不设弹性垫层。

(六)明管布置

明管线路宜避开滑坡、崩坍、泥石流等不良地质段。不能避开山洪、坠石等影响时,应采取其他管型(如洞内明管、地下埋管或外包混凝土的钢管)通过。若遇有河沟,可用倒虹吸管或管桥等型式通过,并应考虑洪水和泥石流等对这些建筑物的影响。明管底部应留出供施工和运行人员做焊接及交通用的空间,至少应高出其下地表 0.6 m,大直径明管可适当加大此空间。

明管宜布置成分段式,其间钢管设置支墩,支墩间距一般不超过 10 m,明管在转弯处宜设置镇墩,当直线管段超过 150 m 时,宜在其间加设镇墩。若管道纵坡较缓且长度不超过 200 m,也可以不加镇墩,而将伸缩节布置在该段的中部。布置在软基上的管段,镇墩间距宜适当减小。明管布置见图 2-99。

图 2-99　刚果布利韦索水电站明管布置

两镇墩间应设置伸缩节，伸缩节宜设在镇墩上游侧，以减小伸缩节承受的内水压力，对于密封式的波纹伸缩节可设置在管道中部。通过活动断裂带的地面明钢管，宜采用多个柔性伸缩节组合的布置形式，以适应工程正常使用年限内可能出现的各向不均匀变形，如云南掌鸠河引水工程和牛栏江滇池补水工程，钢管水平段采取每 31 m 左右设一个复式万向型波纹管伸缩节；与伸缩节相适应，支座采用聚四氟乙烯双向滑动支座与固定支座间隔布置。伸缩节的设计伸缩量应满足钢管因温度变化、地基不均匀沉降等产生的轴向、径向和角变位的要求，并应有足够的刚度。

伸缩节型式有多种，以套筒式和波纹管式最为常用，见图 2-100。套筒式伸缩节在水电行业已运用多年，可以适应管道的位移条件，但是由于受钢管制造安装精度和止水材料性能的影响，容易产生不同程度的漏水。波纹管式伸缩节在冶金、石油化工、火电等行业中运用较多，近 30 年来开始在水电行业中的大中小型电站使用，具有不漏水、不用维修等特点。

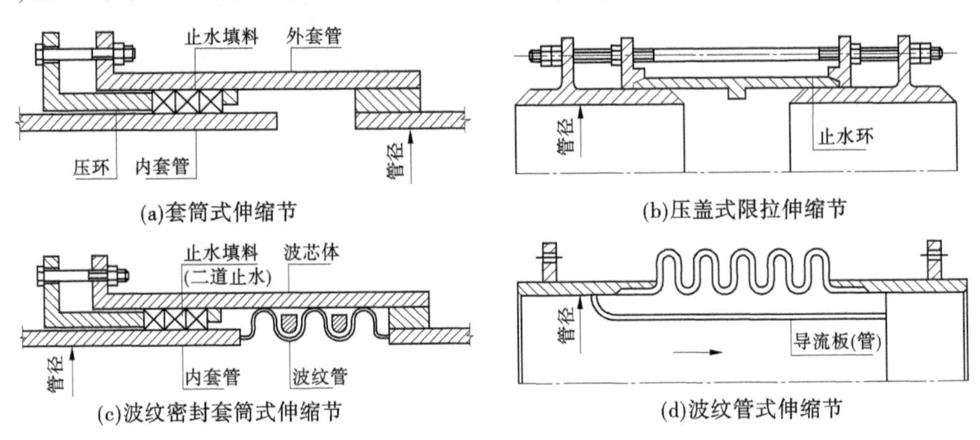

图 2-100　各种型式伸缩节

钢管支座可按管径分为鞍型滑动支座、平面滑动支座、滚动支座、摇摆支座等型式，按管径、支墩间距和其重要性选定。当压力钢管内径 $D \leqslant 1$ m 时，不设支承环，仅在底部设120°包角鞍型滑动支座；当 1 m<$D \leqslant 2$ m 时，设支承环和鞍型滑动支座；当 2 m<$D \leqslant 4$ m时，设支承环，根据计算需要选用平面滑动支座或滚动支座；当 D>4 m 时，设支承环，根据计算需要选用滚动支座或摇摆支座。随着桥梁工程中盆式支座在水利水电工程中的应用，滑动支座已经突破了管径 4 m 的限制。各种型式支座见图 2-101。

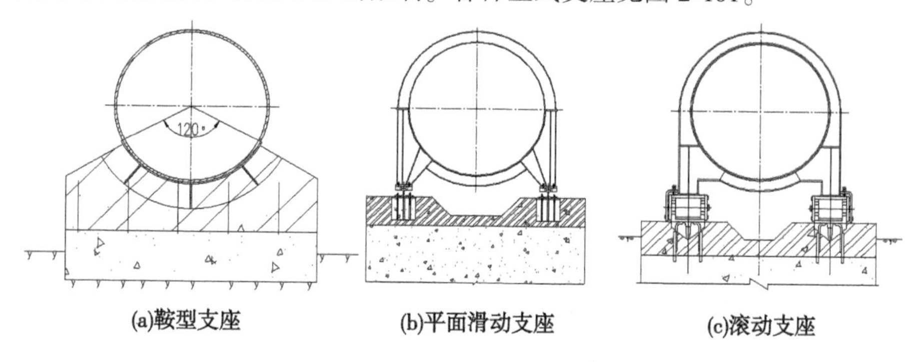

图 2-101　钢管支座型式

工程中出现过钢管放空检修时，两侧不均匀温差导致钢管侧向变形过大甚至从支座上滑落的情况，因此应根据工程所在区域日照情况，决定是否在钢管两侧温差较大的区域，在支座上设置侧限措施，以防止钢管横向滑脱。

（七）地下埋管布置

地下埋管线路应选择地形、地质条件相对优良的地段，宜避开成洞条件差、活动断层、滑坡体、地下水位高和涌水量大的地段。洞井型式（平洞、斜井、竖井）及坡度，应根据布置要求、工程地质条件和施工方法、钢管运输等选用。一般开挖时向上出渣的为 30°～35°；向下出渣的斜井坡度各工程不同，有的为了溜渣方便，取 45°以上，有的为方便上下交通，取 40°以下。可根据布置情况和施工单位的经验采用。

对于斜井或竖井的长度和高差过大的情况，宜布置中间平段。如十三陵抽水蓄能电站，斜井长度约 680 m，倾角 50°，在其中间布置了一个 30 多 m 长的中平段，以利于施工。天荒坪抽水蓄能电站，斜井长度 622 m，倾角 58°，高差达 618 m，但在斜井段未设中间平段。所以，在斜井段是否设置中间平段要根据工程的施工情况等确定。

地下埋管管道埋深宜适中，既要满足围岩抗力要求，又要考虑岩爆和外水压力的影响。管道埋得过深，可能地下水位很高，从而对设置管外排水系统增加了难度，对钢管的外压稳定不利，同时不经济。

地下埋管及其岔管灌浆措施包括回填灌浆、接触灌浆和固结灌浆，应采取不同的灌浆压力和施工措施。平洞倾斜角小于 45°的缓斜井应对顶拱进行回填灌浆。竖井和倾斜角较陡的斜井，根据具体情况确定是否回填灌浆。如十三陵抽水蓄能电站钢管全线不设灌浆孔，回填灌浆由管外预埋纵向灌浆管进行。顶拱回填灌浆压力不得小于 0.2 N/mm^2，且应在混凝土浇筑后至少 14 d 才能开始。

钢管与混凝土间宜进行接触灌浆。灌浆压力不宜大于 0.2 N/mm^2，且应在顶拱回填灌浆后至少 14 d 才能进行，接触灌浆宜在气温最低季节施工，接触灌浆与固结灌浆一般在同一孔内分期进行。接触灌浆需在钢管壁上预留灌浆孔,灌浆施工完毕后对灌浆孔补强、封孔将引起应力集中或焊接裂纹,尤其对高强钢,危害更大。洞内施工时多半有水,封孔焊接困难。若封堵不好,无异于自留漏水孔道。地下埋管设计时钢管若可承担全部外水压力,也可考虑不设灌浆孔,采用致密性混凝土,避免灌浆施工对钢管的影响。对于地下水位较高的隧洞,应重点考虑不进行接触灌浆时,隧洞漏水或水库渗水沿管外缝隙长驱直下,外水压力将严重威胁钢管的稳定。如十三陵抽水蓄能电站钢管全线不设灌浆孔,而在钢管回填混凝土中适量掺加 UEA 膨胀剂,以尽量消除钢板与混凝土、混凝土与围岩之间的缝隙。

地下埋管宜进行围岩固结灌浆,灌浆压力不宜小于 0.5 N/mm^2。对于高强钢管不宜开设灌浆孔,宜在钢管安装前进行围岩固结灌浆。对于岩石较松散或覆盖层较薄的,有条件时宜进行固结灌浆,对提高岩石的抗渗能力、减少抗力的不均匀性、减小围岩塑性变形有较大作用。如果基岩很完整或灌不进,也可不进行固结灌浆,计算时不应考虑围岩抗力对钢管的有利影响。如十三陵抽水蓄能电站,钢管除上平段和 1 号、2 号弯管段由于围岩较差、上覆岩体较薄,需要进行固结灌浆外,其他管段均不进行围岩固结灌浆。

对于埋置较深的钢管应研究地下水位与管道的关系。在地下水富集、地下水位明确的地区,钢管承受的外压若按折减后的外水压力取值,则地下水排水设施和抗外压措施必须有效、可靠,才能保证钢管的安全。国内某水电站,调压井后高压管道为地下埋管,内径 $D=4.3$ m,最大设计内水头 300 m,钢管下弯段处实测地下水位高出管中心线 145 m。钢管抗外压稳定设计时取外水压力折减系数为 0.6,管壁厚度为 16~26 mm,外加强措施采用锚环。高压管段 2/3 范围内围岩为玄武岩,下弯段顶部有岩性较软的凝灰岩岩层斜穿洞线,其附近围岩破碎,钢管安装期地下水渗漏量较大。为排积水,在下弯段混凝土衬砌圈外侧埋设两根直径 ϕ 150 mm 透水软管,从下弯段起引至相距 480 m 远处的洞外集水井内。首台机组运行 3 个月后停机检查时发现钢管失稳,管底向上翘起,从下弯段起失稳段长度达 330 m。近十几年内,国内外已有数起地下埋管失稳的实例。

工程上宜优先设置排水洞作为可靠的外排水系统,但应进行经济比较。在实际工程中较多采用的是沿管轴线建立岩壁或管壁外排水系统,此外排水系统存在淤堵风险,仅作为降低外水压力的辅助措施,计算中不予考虑。外排水系统应安全可靠,宜能检修,并可监测地下水位变化,外管壁排水措施的型式较多,见图 2-102、图 2-103。

(4)钢管抗外压稳定措施宜设置加劲环,宜在加劲环接近管壁处开设串通孔,可采用半圆形或方形,沿管轴线方向可采用梅花形间隔布置。光面管在弯管处应设置止推环,在地下埋管和坝内埋管首部应设多道截水环。光面地下埋管外压失稳波及范围较大,会给工程带来巨大损失,应每隔 10~30 m 设置一道构造加劲环,阻止管壁失稳扩展。在断层带或岩体破碎带区域,加劲环宜加密。

(八)坝内埋管布置

压力钢管的平面位置宜位于坝段中央,为了保证坝体的完整性,坝内埋管直径不宜大于坝段宽度的 1/3,不应大于坝段宽度的 1/2,如三峡工程的管径经论证后已达到 1/2 坝段宽度。为了避免钢管安装与大坝混凝土浇筑的干扰,可以设置钢管槽,钢管可以在预留的钢管槽内一次组装,钢管槽的尺寸应满足钢管安装和混凝土回填的要求,钢管壁至槽壁和槽底的最小距离宜大于 1.0 m。槽的两侧应预留键槽和采取灌浆措施,或采用键槽和插筋,在回填钢管槽混凝土时要确保钢管槽两侧和底部混凝土结合良好。

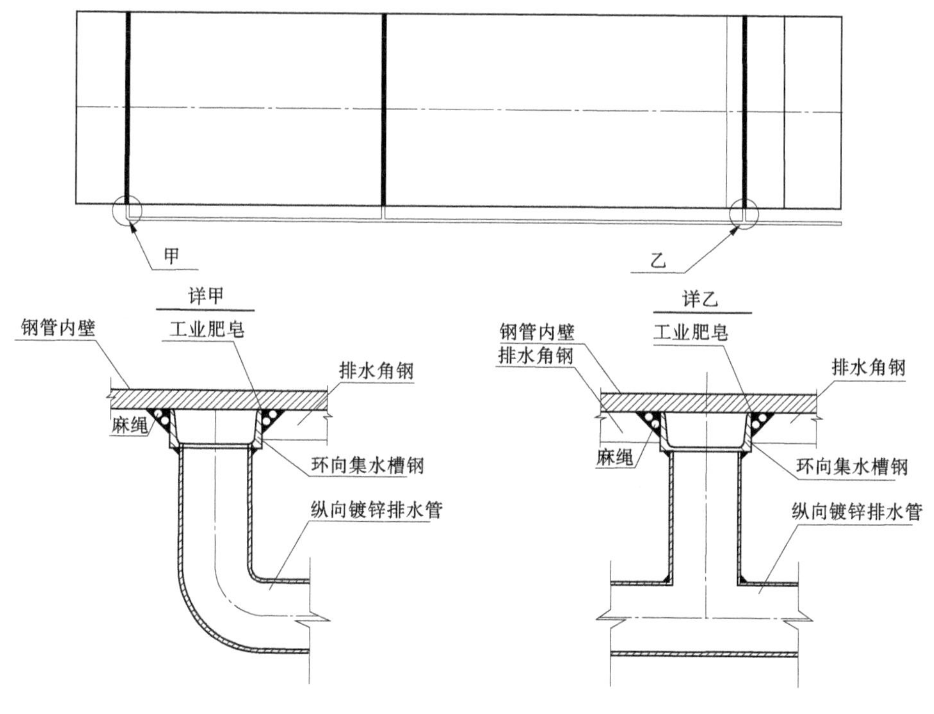

图 2-102　管外排水系统布置

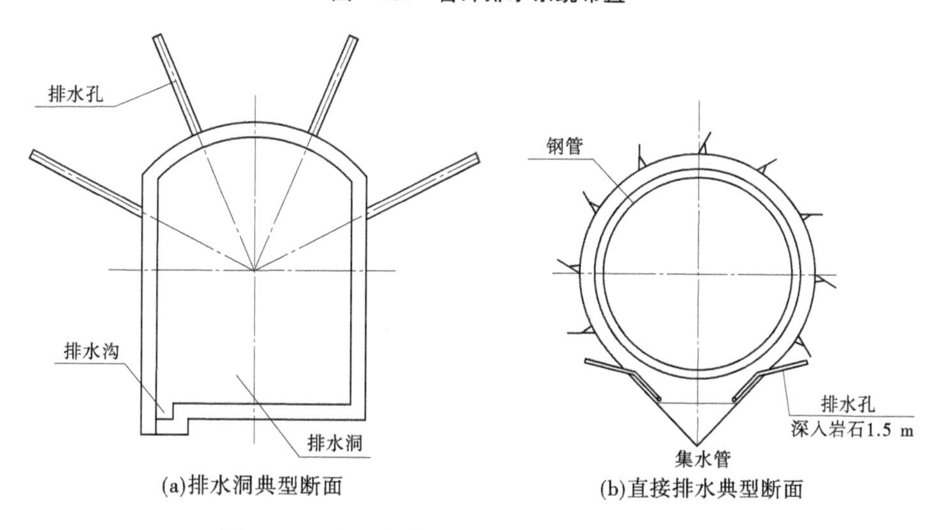

图 2-103　十三陵抽水蓄能电站管外排水系统布置

采用垫层管的坝内埋管,宜在管道上半周 180°~210°范围内铺设软垫层,垫层末端厚度应采用 1:3的坡度逐渐变小。当钢管设有加劲环时,包角范围内的加劲环也应采用垫层进行包裹。

坝体纵缝或坝后式电站厂坝分缝在穿越钢管处应与管轴线垂直。为减少施工期坝块收缩引起钢管局部应力或厂坝分缝引起基础不均匀沉降,可在钢管跨越纵缝处设置预留环缝。当大坝冷却到一定温度时再进行纵缝灌浆(宜选在冬季气温较低时灌浆),待纵缝灌浆后再补焊钢管环向焊缝。预留环缝结构见图 2-104。

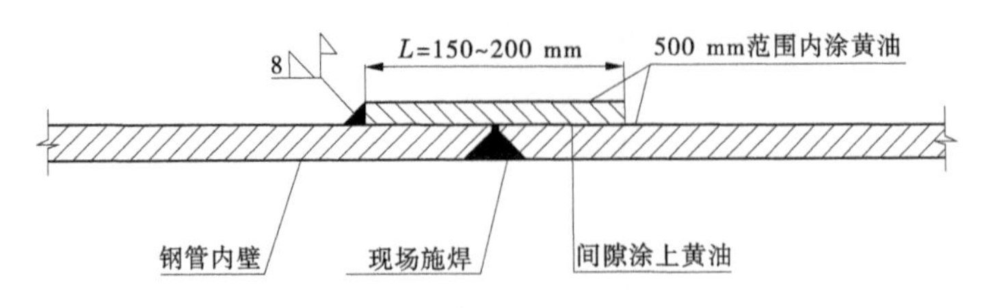

图 2-104　云南南沙水电站预留环缝结构

为了确保钢管与混凝土的联合受力,在钢管与混凝土之间进行接触灌浆。钢管预留灌浆孔管壁外侧应设补强板,灌浆后应严密封堵。灌浆压力不宜过大也不宜太小,小了灌浆效果不佳,过高则容易引起钢管道鼓包失稳,宜取 0.2 MPa。在实际施工过程中往往容易疏忽,有时将灌浆机出口压力误认为接触灌浆压力,而灌浆机又放在离灌浆管进口很高的高台上,有时压力差很多,从而造成钢管道失稳鼓包。灌浆孔封堵孔的质量问题很多,如广州抽水蓄能电站一期工程存在钢管灌浆孔封堵不严甚至有一孔漏封,造成大量漏水。已建工程实际采用的灌浆压力值见表 2-10。

表 2-10　已建工程实际采用的灌浆压力值

工程名称	三门峡	盐锅峡	刘家峡	丹江口	石泉	三门峡改建	波尔	莫希罗克
灌浆压力(MPa)	0.4	0.2	0.2	0.2	0.15	0.3	0.15	0.35

(九)钢衬钢筋混凝土管布置

钢衬钢筋混凝土管是由钢衬与钢筋混凝土组成并共同承载的压力管道,布置在混凝土坝下游面的管道(习惯称为坝后背管)和引水式电站或输水工程沿地面布置的管道也可采用钢衬钢筋混凝土管。苏联于 20 世纪 60 年代在一些大的水电站中大量应用坝后背管,如克拉斯诺雅尔斯克电站、萨扬舒申斯克电站等。我国从 20 世纪 80 年代后也在一些坝后式水电工程采用坝后背管,如紧水滩水电站、东江水电站、李家峡水电站、五强溪水电站、三峡水电站、向家坝水电站、红河南沙水电站、海南红岭水利枢纽工程等;在一些河岸式水电站,如云南伊萨河二级水电站、黄河公伯峡水电站、积石峡水电站则采用了地面式钢衬钢筋混凝土管。钢衬钢筋混凝土管工程实例见表 2-11。

表 2-11　钢衬钢筋混凝土管工程实例

工程名称	克拉斯诺雅尔斯克	契尔盖	萨扬舒申斯克	东江	紧水滩	李家峡	五强溪	三峡	红河南沙	海南红岭
坝型	重力坝	双曲拱坝	重力拱坝	双曲拱坝	双曲拱坝	双曲拱坝	重力坝	重力坝	重力坝	重力坝
最大坝高(m)	125	233	245	157	102	155	87.5	181	85	90.7
静水头(m)	112	209	226	141	90.7	138.5	60.15	118	47.5	82.1
最大水头 H(m)	130	229	267	157	102	152	80	139.5	80	118
钢管直径 D(m)	7.5	5.5	7.5	5.2	4.5	8.0	11.2	12.4	5.6	3.4
HD(m^2)	975	1 260	2 003	816	459	1 216	896	1 730	448	401

续表 2-11

工程名称	克拉斯诺雅尔斯克	契尔盖	萨扬舒申斯克	东江	紧水滩	李家峡	五强溪	三峡	红河南沙	海南红岭
钢衬厚度 t(mm)	32~40	20	16~30	14~16	14~18	20~32	18~22	28~34	18~30	18~22
最大环筋折算厚度 t_3(mm)	14.2	11.5	26.7	12.2	6.47	14.5	13.0	16.1	6	5
t_3/t	0.355	0.575	0.893	0.359	0.557	0.592	0.699		0.33	0.28
外包混凝土厚度 t_4(m)	1.5	1.5	1.5	2.0	1.0	1.5	3.0	2.0	1.2	1.0
总体安全系数 K	2.7	2.4	1.8~2.0	2.58		2.2	2.2	2.0	3.11	3.24

坝后背管在下游坝面的位置，应经技术经济论证确定，可采用全背式和半背式两种布置，以半背式居多。全背式坝后背管的斜直管段一般采取紧贴于下游坝面外布置，这样可不削弱坝体。钢管与下游坝面连接部位设置键槽或台阶，并布置插筋。坝体键槽面内宜适当布置钢筋，钢管外表面外包有混凝土保护。半背式坝后背管是将钢管部分或全部布置在坝面预留槽内，这种布置形式的好处是可缩短厂坝之间距离和管道长度，节省工程量，也有利于管道侧向稳定。坝面预留槽的深度主要由坝体的稳定、应力条件确定。为避免管底部混凝土有可能出现裂缝，在坝体键槽内宜适当布置钢筋，以阻止裂缝向坝体内发展。坝面预留槽两侧面与管道混凝土之间，宜设置软垫层，以适应钢管侧向振动和地震影响。半背式坝后背管见图 2-105。

图 2-105　云南南沙水电站半背式坝后背管

(十) 回填管布置

水利水电工程中埋在沟内并回填土石的压力钢管，主要用于引水式电站、供水、灌溉管线上，《水利水电工程压力钢管设计规范》(SL/T 281—2020)称之为回填管，采用容许应力设计法；而《给水排水工程埋地钢管管道结构设计规程》(CECS 141:2002)称之为埋地管,采用以概率理论为基础的极限状态设计法。这两种规范所采用的计算公式和参数选取基本相同,本书统一称回填管。

回填管在城市管网输水、输油、输气、排污管道,以及火力发电厂循环水管道中已有广泛的应用,但管径一般较小。回填管在水利水电工程领域还是一种新型的管道布置和结构型式,国内外一些工程中由于气候严寒、环保等要求,采用了回填管,如西藏德罗水电站、老挝南梦 3 水电站、斐济南德瑞瓦图水电站等。目前,应用中管径最大已达 4.8 m,水头最高已达 636 m,*HD* 值最大已达 1 132 m^2。国内外回填管工程实例详见表 2-12。

表 2-12　回填管工程实例

工程名称	特吾勒水电站一级	特吾勒水电站二级	德罗水电站	雅玛渡水电站	塔尕克一级水电站	南梦 3 水电站	南德瑞瓦图水电站	贵州朱昌河水库工程	三亚西水中调工程
国家	中国	中国	中国	中国	中国	老挝	斐济	中国	中国
单管引用流量(m^3/s)	2.2	2.2		33.3	37.9	9.2	15	1.554	7.89
管道长度(km)	6.89	5.98	2.1	1.745	0.522	3.157	1.45	8.2	1.6
管道条数	1	1	1	3	2	1	1	2	1
管道直径(m)	1.4	1.2	3.3	4.0	3.8	1.78/1.6	2.25	1.2	2.6/1.6
最大静水头(m)	362.32	362.15		186		544	347	303.6	63.6
最大设计水头(m)	450	450	365	227		636	402	400	100
钢材	Q235、X60	Q235C、X60	Q355R	16MnR	Q235	Q235/Q355/610F		Q355C	Q355C
壁厚(mm)	10~16	10~16	12~36	12~36	12~26	14~27		14~20	16~20
埋深(m)	1.8	1.8	2	2	1.0	1.6~10		1~2	1.2~2.5
管底垫层	中粗砂 30 cm	中粗砂 30 cm	混凝土 10 cm	混凝土 10 cm 垫层+连续混凝土座垫(90°包角)	混凝土薄垫板	砂壤土、中砂、粗砂垫座 120° 支承角		中粗砂 20 cm	中粗砂 30 cm
伸缩节			镇墩前后和机组进口前设伸缩节	两个镇墩之间设伸缩节室				局部明管段设伸缩节	
防腐				内壁喷锌 125 μm +厚浆型环氧沥青 125 μm,外壁涂厚浆型环氧沥青 0.15 mm		内壁涂环氧煤沥青 0.4 mm;外壁包三油一布,0.4 mm	外包防腐保护缠带	3PE	内壁涂超厚浆型无溶剂耐磨环氧漆 0.5 mm,外壁 PE 1.4 mm

回填管线路布置应选择地形、地质条件相对优良的地段,避开崩坍、滑坡等不稳定土层,以及活动断层、流沙、淤泥、人工填土、湿陷性黄土、永久性冻土、膨胀土、地下水位高和涌水量大的地段。钢管通常敷设在挖掘的沟槽中。钢管的埋置深度应根据地质、地基状况、外荷载、地下水位、地层冻结深度、地表植被、环境温度、交通、河流冲刷等因素确定。

埋设管道的地基必须满足承载力的要求,应避免发生不均匀沉陷。回填管的承载力与管外回填土的质量密切相关。密实度较高的回填土能提供可靠的弹性抗力,对提高管道的承载力有利。不同区域的回填土其作用不同,回填密实度要求也不同。对管道两侧的回填土,帮助管道承载,要求的密实度较高;对不设管座的管体底部,其土基的压实度却不宜过高,以免减小管底的支承接触面,使得管体内力增加,承载力降低。管底垫层的压实度不应低于90%;管两侧的压实度不应低于90%~95%;管顶以上的回填土压实度应根据地面要求确定,不应低于90%。柔性管道沟槽回填部位与压实度见图2-106。

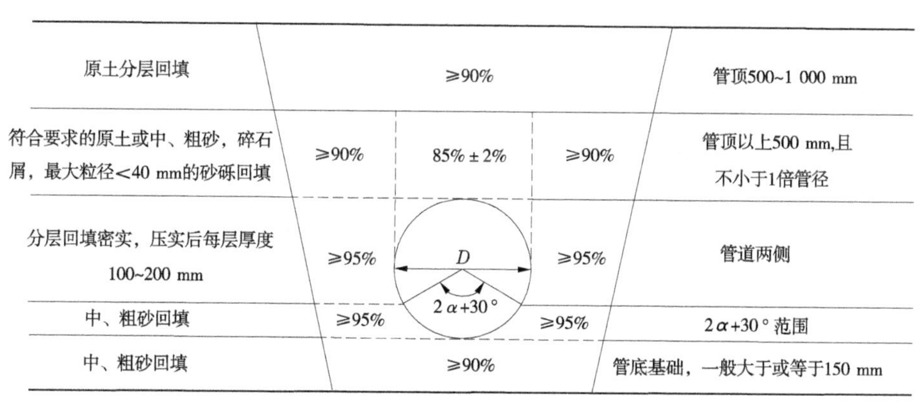

图2-106　柔性管道沟槽回填部位与压实度示意图

回填管转弯处,应根据管线布置通过稳定计算确定是否设置镇墩。市政工程给水管道直径较小、水压较低,一般不设镇墩,但水电站回填管或引调水工程大直径回填管转弯处不平衡力较大,因此宜设置镇墩。

回填管由于钢管埋在土体中,土体对钢管的摩擦力约束较大,特别是钢管设加劲环以后,即使设伸缩节作用也不大,故沿线一般不设伸缩节。但对敷设在地震区或过活动断裂带的管道,为了适应水平向和竖向不均匀变形,沿线可设置一定数量的伸缩节,并将伸缩节布置在专门的井内。

输水管道与建筑物、铁路和其他管道的水平净距,应根据建筑物基础结构、路面种类、卫生安全条件、管道埋深、管径、管材、施工条件、管内工作压力、管道上附属构筑物大小和有关规定等确定。输水管道应设在污水管上方;与污水管平行设置的输水管道,管外壁净距不应小于1.5 m;设在污水管下方的输水管道,应外加密封性能好的套管,套管伸出交叉管的长度每边不应小于3.0 m,且套管的两端应采用防水材料封闭;与给水管道交叉的输水管道,管外壁净距不应小于0.15 m;穿越铁道、河流等人工和天然障碍物的输水管,应经计算采取相应的安全措施,并应征得有关部门同意。

敷设于砂砾石、碎石、砂、粉土等相对均匀的柔性基础上的管道,可不设人工土弧基础。敷设于岩石和坚硬黏性土层上的管道，应避免管道直接敷设于刚性基础上，宜在管道下方设置人工土弧基础，管道与土弧基础之间形成圆弧形接触面，可使地基反力分布均匀，改善管道受力状态。人工土弧基础应采用中、粗砂或细碎石铺设，不宜采用人工碎石。管底以上部分人工土弧基础的尺寸可根据工程需要的砂基角度确定。管底以下部分人工土弧基础的厚度不宜大于 0.3 m。

为避免管道在软、硬地基变形处受力不均匀，导致敷设于不同地基上的管道产生较大的变形破坏，在软硬基过渡段，特别是硬基段应至少在 2 个标准管长度范围内除按要求设置土弧基础外，同时应对硬基段土弧基础进行渐变过渡处理，然后同软基过渡顺接，以适应管道基础变形。在流沙等土壤松软地区，应对管道进行基础处理，采用混凝土基础时，宜为圆心角 90°～120°的连续式基础，所采用混凝土强度等级不应低于 C15。

因埋深大或地面荷载大而导致刚度要求的管壁厚度过大的回填管，可在管外设加劲环或全周外包混凝土。采取加劲环措施的回填管管线中不宜设置伸缩节或补偿接头；为防止管道地基非均匀沉降和温度应力危害管道而设置的伸缩设施，宜采用不需更换止水填料的波纹管伸缩节或配套补偿接头，并设置伸缩节检修井。

三、岔管型式和布置

(一) 岔管布置

岔管布置应结合地形地质条件，与主管线路布置、水电站及泵站厂房等建筑物布置协调一致，布置方案重点考虑结构合理，安全可靠，应力集中和变形小，水头损失小，制作、运输、安装方便，经济合理。

岔管水头损失主要影响因素有主、支管断面比，流量分配比，分岔角度，主、支管锥角，钝角区转折角等，岔管布置应使水流平顺，减少涡流和振动，分岔后流速宜逐步加快。若布置有几个岔管，还要考虑不同组合运行的影响。对于重要工程的岔管宜做水力学模型试验、有限元计算分析。

岔管的典型布置有非对称 Y 形、对称 Y 形、三岔形三种形式及其组合布置，分别见图 2-107。

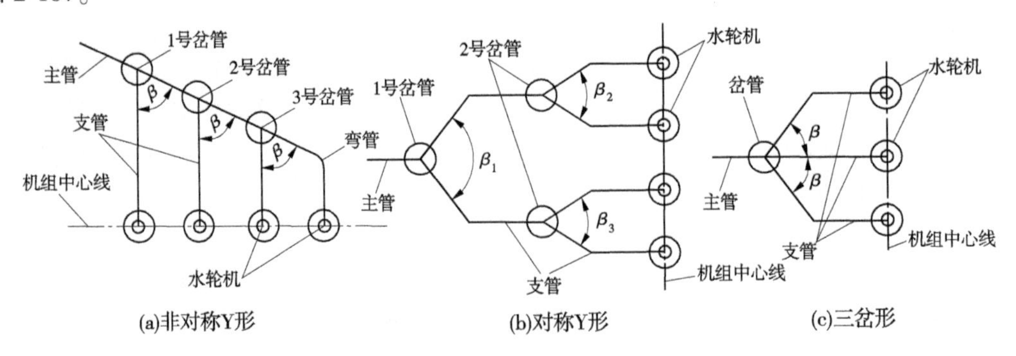

图 2-107　岔管布置型式

(二) 岔管型式和应用

1. 月牙肋岔管

月牙肋岔管从 20 世纪 70 年代起到目前为止，是国内采用最多的岔管型式，其结构布置的特点是其加强肋板插入岔管内一定深度而管外露出一定高度，形成月牙肋岔管与三梁式岔管组合的新管型。受力状态主要为拉力，避开了三梁岔管的不利受力状态。插入管内深度减小，对岔管内腔水流流态改善有利，外伸部分增加，有利于焊接制造。岔管与主管、支管采用锥段过渡，减小腰线折角，使应力集中降低。

月牙肋岔管的分岔角 β 宜用 55°~90°，钝角区腰线折角 α_0 宜用 10°~15°，支锥管腰线折角 α_2 宜小于 20°，主锥管腰线折角 α_1 宜用 10°~15°，最大公切球半径 R_0 宜为主管半径 r 的 1.1~1.2 倍。月牙肋岔管型式见图 2-108~图 2-110，国内已建部分工程月牙肋岔管的主要参数见表 2-13。

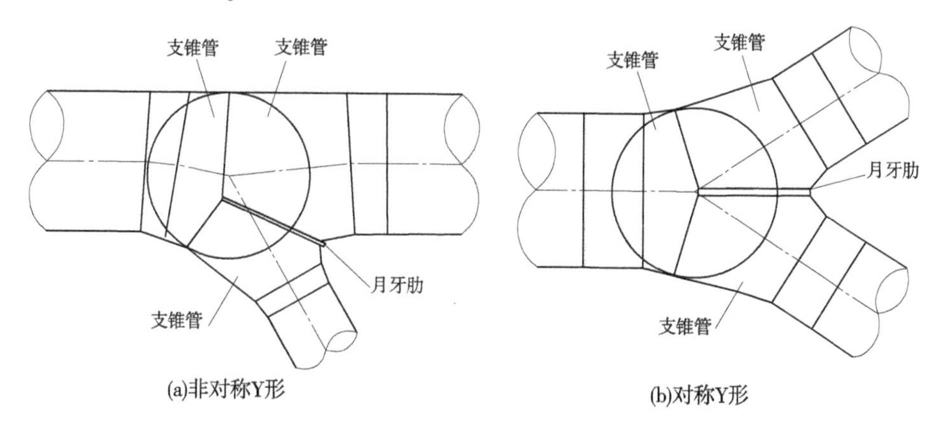

图 2-108 月牙肋岔管

图 2-109 大龙洞水库月牙肋岔管

图 2-110 朱昌河水库上游取水泵站月牙肋岔管

表 2-13　国内已建部分工程月牙肋岔管主要参数

工程名称	主管直径 D(m)	设计水头 H(m)	HD (m^2)	岔管型式	设计情况
羊卓雍湖	2.1	1 000	2 100	月牙肋岔管	
贵州安顺	1	160	160	月牙肋岔管	岔管埋入地下,按明岔管设计 16Mn
响水(曲靖)	4.3	280	1 204	月牙肋岔管	国产 60 MPa 级高强钢
白水河二级(海子水电站)	1.4	700	980	月牙肋	
五峰	1.6	650	1 040	月牙肋岔管	WCF-62 国产高强钢(武钢)
中山包	5.74	300	1 722	月牙肋岔管	压力容器钢(调质)月牙肋锻钢
鲁布革	4.6	430	1 978	月牙肋岔管	
徐村	7.0	85	595	月牙肋岔管	16MnR
十三陵	3.8	684	2 599	月牙肋岔管	SHY70(80 MPa 级)高强钢
西龙池	3.5	1 015	3 553	非对称 Y 形月牙肋	管壁厚 68 mm,肋板厚 150 mm,HT-80
张河湾	5.2	515	2 678	对称月牙肋岔管	800 MPa 级高强钢
呼和浩特	4.6	900	4 140	对称月牙肋岔管	800 MPa 级高强钢
丰宁	4.8	762	3 658	对称月牙肋岔管	800 MPa 级高强钢
沂蒙	5.4	678	3 659	对称月牙肋岔管	800 MPa 级高强钢
敦化	3.8	1 176	4 470	对称月牙肋岔管	800 MPa 级高强钢
文登	5.0	819	4 095	对称月牙肋岔管	800 MPa 级高强钢
宜兴	4.8	650	3 120	对称月牙肋岔管	600 MPa 级高强钢
仙居	5.0	784	3 920	对称月牙肋岔管	800 MPa 级高强钢
洪屏	4.4	850	3 740	对称月牙肋岔管	800 MPa 级高强钢
绩溪	4.0	1 012	4 048	对称月牙肋岔管	800 MPa 级高强钢
平江	3.8	1 140	4 332	对称月牙肋岔管	800 MPa 级高强钢
天池	4.5	910	4 095	对称月牙肋岔管	800 MPa 级高强钢
蟠龙	5.0	800	4 000	对称月牙肋岔管	800 MPa 级高强钢
阜康	4.6	837	3 850	对称月牙肋岔管	800 MPa 级高强钢
镇安	4.8	795	3 816	对称月牙肋岔管	800 MPa 级高强钢
鲁基厂	5.6	126	706	非对称 Y 形月牙肋	Q345R,主锥厚 36 mm,肋板厚 70 mm
官帽舟	5.4	163	880	非对称 Y 形月牙肋	Q345R,主锥厚 42 mm,肋板厚 84 mm
西江引水	3.6	95	342	非对称 Y 形月牙肋	Q235C,主锥厚 30 mm,肋板厚 60 mm
珠银	2.4	116	278	非对称 Y 形月牙肋	Q235C,主锥厚 28 mm,肋板厚 50 mm
朱昌河	1.2	400	480	非对称 Y 形月牙肋	Q355C,主锥厚 24 mm,肋板厚 50 mm

近20年来,国外尤其是日本月牙肋岔管规模越来越大,其显著特点是钢管管线布置与岔管布置均为对称Y形,或管线布置为非对称Y形而主支管分岔布置为Y形,分岔角比较大,为70°~80°,岔管内水流平顺、水流流态改善,水头损失减少,这种布置对于大直径、高水头的岔管比较适用。

2. 三梁岔管

三梁岔管用U形梁及腰梁加强,岔管段长度一般为1~1.2倍主管管径。在布置和制作工艺许可的条件下,宜选用较小的分岔角。分岔角β对于对称Y形宜用60°~90°,非对称Y形宜用45°~70°,三分岔宜用50°~70°;主管宜用圆柱管,分岔后锥管腰线折角α、α_2可用0°~15°,宜用5°~12°。选用适当的主、支管锥角,对结构和水力流态均有利。

常用的加强肋截面为矩形和⊥形,在材料许可时,按高宽比来确定,肋高不宜过大;T形截面的加强梁,翼缘板与管壳连接处要适当削角,以减缓应力集中;U梁可适当插入管壳内,插入深度在与腰梁连接端为零,在中部断面处最大,梁内侧边宜修成圆角,当肋宽比大于0.5时,应设置导流板;U梁和腰梁的连接处,宜设置节点柱;T形、I形截面,由于上翼缘板一般在现场焊接,施焊较困难,质量不易保证,另截面形心外移,增加了计算跨度,不宜采用;拉杆对水流流态很不利,长期振动易引起根部疲劳断裂,已有破坏先例,不宜采用。三梁岔管型式见图2-111、图2-112。

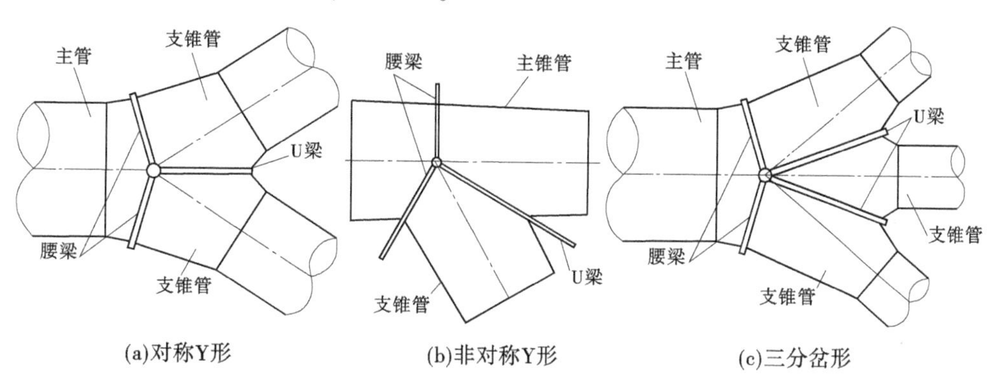

图2-111　三梁岔管

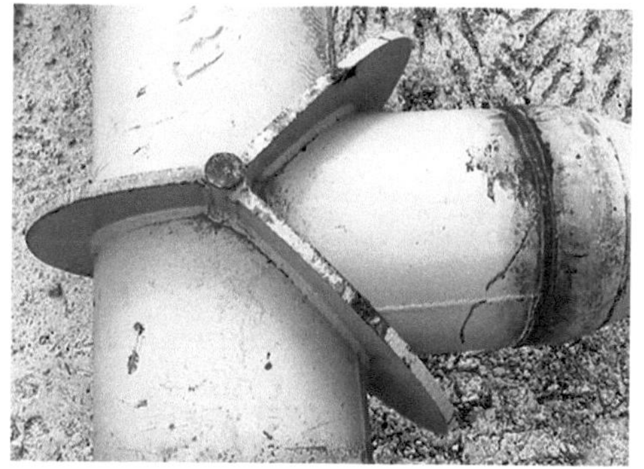

图2-112　朱昌河水库下游取水泵站三梁岔管

3. 球形岔管

球形岔管分岔处为球壳,主管和支管与球壳面交接处用补强环加强。分岔角 β 对称 Y 形宜用 60°~90°;三分岔宜用 50°~70°。球壳内半径 R_0 宜取主管内半径 r 的 1.3~1.6 倍,主管内半径较大时取较小值。相邻支管孔口弧长净距应大于 300 mm。球形岔管型式见图 2-113。

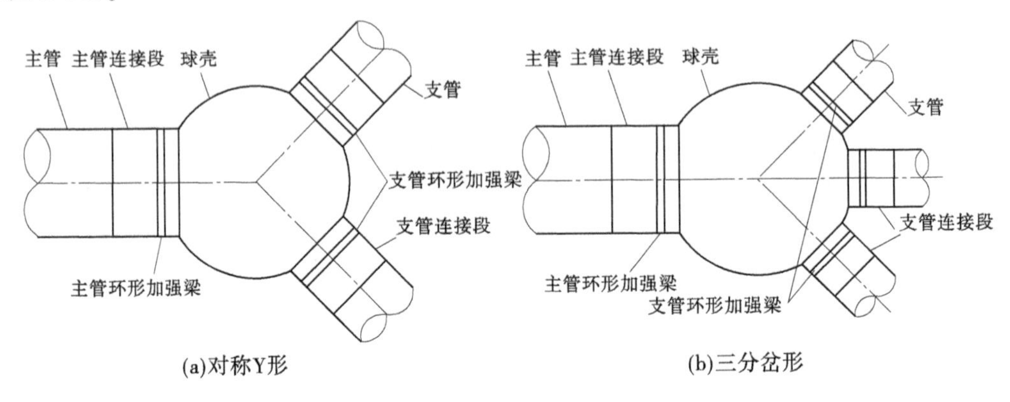

图 2-113　球形岔管

4. 贴边岔管

贴边岔管是分岔坡口边缘焊有补强板加强,不设加强梁。分岔角 β 宜用 45°~60°;主管腰线折角 α_1 宜用 0°~7°;支管腰线折角 α_2 宜用 5°~10°;支管半径 r_1 与主管半径 r 之比不宜大于 0.5,不应大于 0.7。贴边岔管型式见图 2-114。

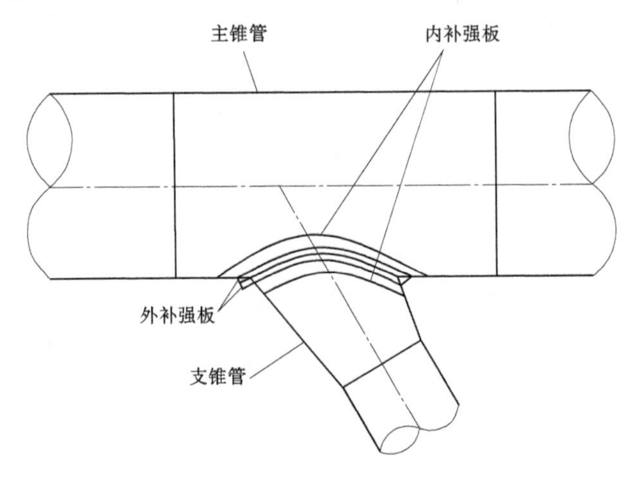

图 2-114　贴边岔管

5. 无梁岔管

无梁岔管是分岔处用多节锥管加强,不设加强梁。对称 Y 形分岔角 β 宜用 40°~60°,非对称 Y 形宜用 50°~70°。球壳片曲率半径 R_0 与主管 r 的比值,对称 Y 形无梁岔管宜取 1.15~1.30,非对称 Y 形无梁岔管宜取 1.20~1.35,主管内半径较大者,可取较小值。腰线转折角 α 不宜大于 12°,若各节等厚,则小直径处可增大至 15°~20°;球壳片与连接锥管可不相切,但连接处球壳片切线与锥管母线间的夹角不宜大于 5°;球壳片在各顶点处应做成圆弧状,圆弧半径可取3~5倍壁厚,与球壳片相连的锥管需做相应修正。无梁岔管型式见图2-115。

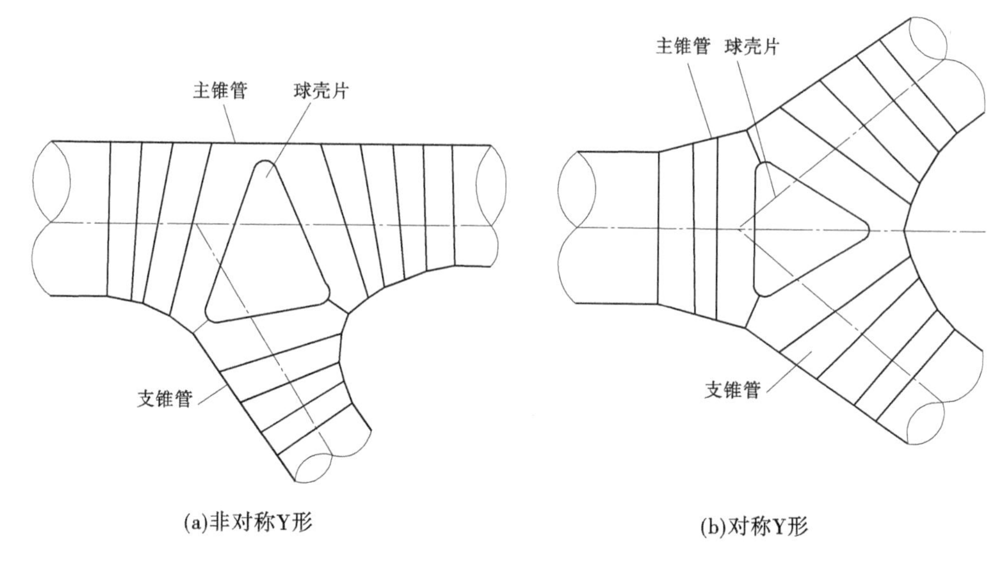

图2-115　无梁岔管

6. 岔管应用现状

我国岔管的发展大致分三个阶段:20世纪50年代建造的岔管,由于内压不高,一般多为贴边式岔管;60年代起由于高水头电站的出现,混合梁系和三梁式岔管应用较多;70年代后,因钢管的内压和直径继续增大,大直径、高内压的三梁岔管制作、安装困难较大,技术经济指标不佳,逐渐采用月牙形内加强肋岔管,个别工程还采用了无梁岔管;80年代以后国内已有几个电站采用了球形岔管,目前我国各型岔管的水平已接近国外类似的岔管水平。据不完全统计,国内部分已建岔管*HD*值及尺寸分别见表2-14、表2-15。

表2-14　国内部分已建岔管*HD*值

型式	贴边式	混合梁式	三梁式	月牙式	球形	无梁式
工程名称	南水	潭岭	以礼河三级	敦化	磨房沟	柴石滩
HD(m^2)	715	990	1 590	4 470	756	832

表2-15　国内部分已建岔管尺寸

型式	贴边式	混合梁式	三梁式	月牙式	球形
工程名称	密云	云峰	猫跳河六级	引子渡	柴石滩
主管直径(m)	8.2	8.5	5.0	8.7	6.4
支管直径(m)	4.0	5.3	5.0	4.94	3.2

国外应用较多的有三梁岔管、球形岔管及月牙岔管,贴边岔管一般用于小孔口,无梁岔管应用不多。国外大型岔管工程实例见表2-16。

表 2-16 国外大型岔管工程实例

国别	电站	岔管型式	内压(m)	球径(m)	主管径(m)	支管径(m)	HD(m²)
日本	第二沼尺	三梁岔	334.8		6	4	2 000.8
日本	葛野川	月牙岔	850	6.6	5.5	4.5/3.2	4 565
日本	奥清津	球岔(二通)	654.9	6.2	4.0	3.10	2 619.6
日本	奥吉野	球岔(三通)	833	7.0	4.3	2.7	3 581.9
美国	CaShaic	月牙岔	183		9.144	7.10	1 673.4

根据各型式岔管结构特点、技术经济指标、发展过程和现状,并参照国外类似管型的应用情况,对岔管型式提出以下建议:内加强月牙肋岔管已积累了一定的经验,可用于大、中型水电站;三梁岔管是国内外过去普遍采用的成熟管型,可以用于大、中型水电站,对于高内压、大直径钢管,加劲构件可能很大,以不引起选材、制造困难为限,可以采用 U 梁内伸的形式进行改进;球形岔管是国外采用较多的成熟管型,目前国内逐渐得到应用,其球径规模,以制造和运输的能力为限;贴边岔管在国内中等压力地下埋管中应用较多,已积累一定的实践经验,可以较好地发挥与围岩共同受力的优点;无梁岔管是一种有发展前途的管型,能较好地发挥与围岩共同受力的优点,但因计算复杂,目前国内应用尚少。

四、长距离输水管阀

(一)长距离输水工程发展现状

近年来,国家大力兴建跨地区、跨流域的长距离引调水工程,如南水北调工程、引江济淮工程、滇中引水工程、掌鸠河引水工程、东莞水库联网工程、竹银供水工程、南渡江引水工程、珠三角水资源配置工程、环北部湾广东水资源配置工程等一大批引调水工程和地方性供水、灌溉工程。长距离输水管道工程实例见表 2-17。

表 2-17 长距离输水管道工程实例

工程名称	主管最大内径 D(m)	设计水头 H(m)	HD (m²)	主管材	敷设方式
台山核电淡水水源工程	0.8	100	80	Q235C 钢管+PCCP 管	双管浅埋
白牛厂汇水外排工程	1.0	250	250	Q235B 钢管	浅埋
红河勐甸水库工程	1.0	200	200	Q235B 钢管+球铁管	浅埋
贵州栗子园水利枢纽	1.2	184	220.8	Q235C 钢管	浅埋
贵州朱昌河水库工程	1.2	400	480	Q355C 钢管+球铁管	双管浅埋
海南南渡江引水工程	1.8	100	180	Q245R 钢管+球铁管	浅埋
掌鸠河引水工程	2.2	416	915.2	16MnR 钢管	明管(倒虹吸)+浅埋
珠海珠银供水工程	2.4	116	278	Q235B 钢管+PCCP 管	浅埋
三亚市西水中调工程	2.6	100	260	Q355C 钢管	隧洞+浅埋
东莞水库联网工程	3.2	90	288	Q355C 钢管+PCCP 管	双管浅埋+顶管
广州西江引水工程	3.6	95	342	Q355C 钢管+PCCP 管	浅埋
滇中引水工程	4	205	820	Q345R 钢管	倒虹吸(龙川倒虹吸)
珠三角水资源配置工程	4.8	110	528	Q355C 钢管	双管地下深埋
环北部湾广东水资源配置工程	7.0	164	1 148	Q355C 钢管	外包混凝土

长距离输水工程一般线路长,沿线地形、地质条件复杂,尤其是西部地区,地形起伏落差大,水头较高。管道敷设一般采用浅埋式,也有部分采用明管敷设,过河、穿堤过路段多采用沉管、顶管或管桥方式,部分采用外包混凝土后浅埋方式,大部分输水工程会多种敷设方式共存。管道供水又分为单管、双管或多管等多种方式,输水管材以钢管、球墨铸铁管为主,采用浅埋敷设。长距离输水钢管布置见图 2-116,倒虹吸管布置见图 2-117。

图 2-116 白牛厂汇水外排工程输水钢管

图 2-117 昆明掌鸠河大婆树倒虹吸管

(二)成管工艺

1. 无缝钢(SMLS)管

SMLS 管采用热挤压工艺或热轧工艺成型,生产的钢管外径一般为 33.4~1 200 mm,壁厚不大于 200 mm,单节长度可达 10 m 以上,多用于锅炉、核电、火电行业以及液压启闭机缸体。SMLS 管质量相对可靠,生产的管径一般不大,适应于厚壁小管,无缝钢管外径偏差和厚度偏差较大,且 406 mm 以上直径的无缝钢管造价较高。SMLS 管生产设备见图 2-118,生产工艺流程见图 2-119。

2. 卷制焊接钢管

卷制焊接钢管是使用卷板机将单块钢板沿轧制方向卷制,自动埋弧焊接,生产的管径不小于 300 mm,单节长度一般为 2~3 m。这种钢管生产设备简单,生产效率低,管节短,环缝多,造价低,但可生产各种大口径钢管、异形钢管,水利水电工程中广泛采用。目前最大的水平下,调式三辊卷板机可生产卷板厚度 250 mm(Q235)、预弯厚度 220 mm(Q235)、

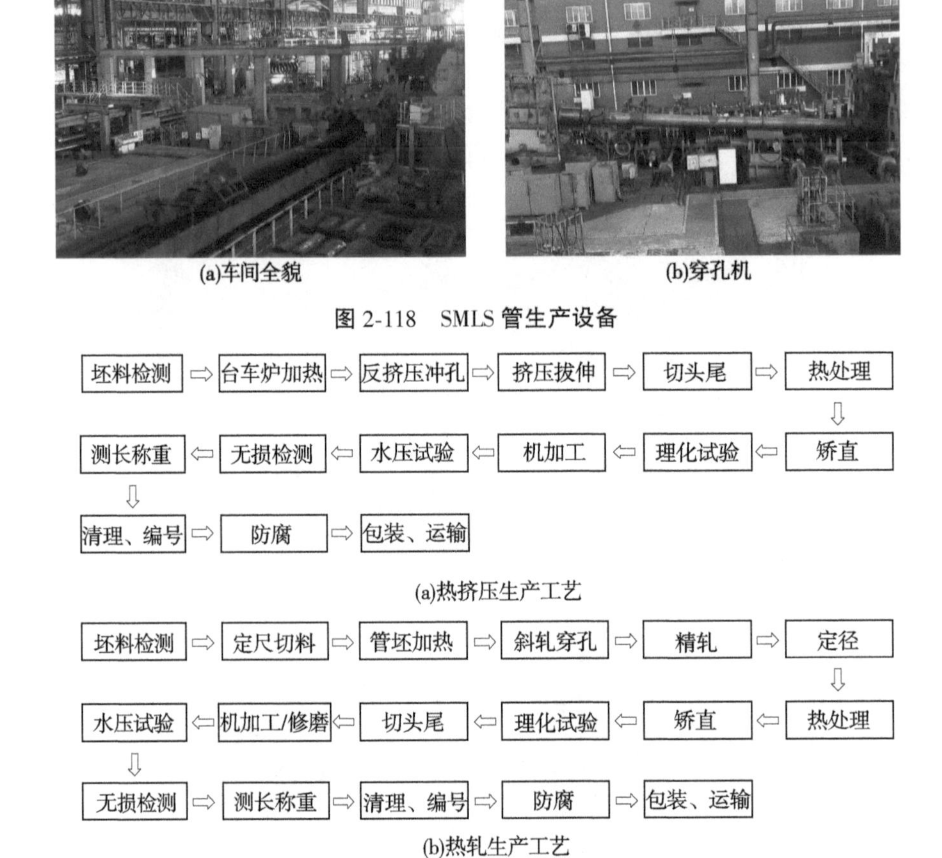

图 2-119 SMLS 管生产工艺流程

宽度 3 m 的钢管。最大板厚对应的最小卷筒直径为 6 m。板端压头可在卷板机上通过模具压出，也可单独用压机压出。钢管焊接后一般需要用卷板机回圆，必要时管口用锥头模具整圆。卷焊工艺：开外 V 形坡口—压头成形—卷板—点焊—离机—自动埋焊缝—回圆—离机—拼接环缝。卷焊钢管生产设备有三辊对称式卷板机、三辊不对称式卷板机、四辊式卷板机等多种，见图 2-120，生产工艺和流程见图 2-121、图 2-122。

(a)卷板机

(b)卷管

图 2-120 卷焊钢管生产设备

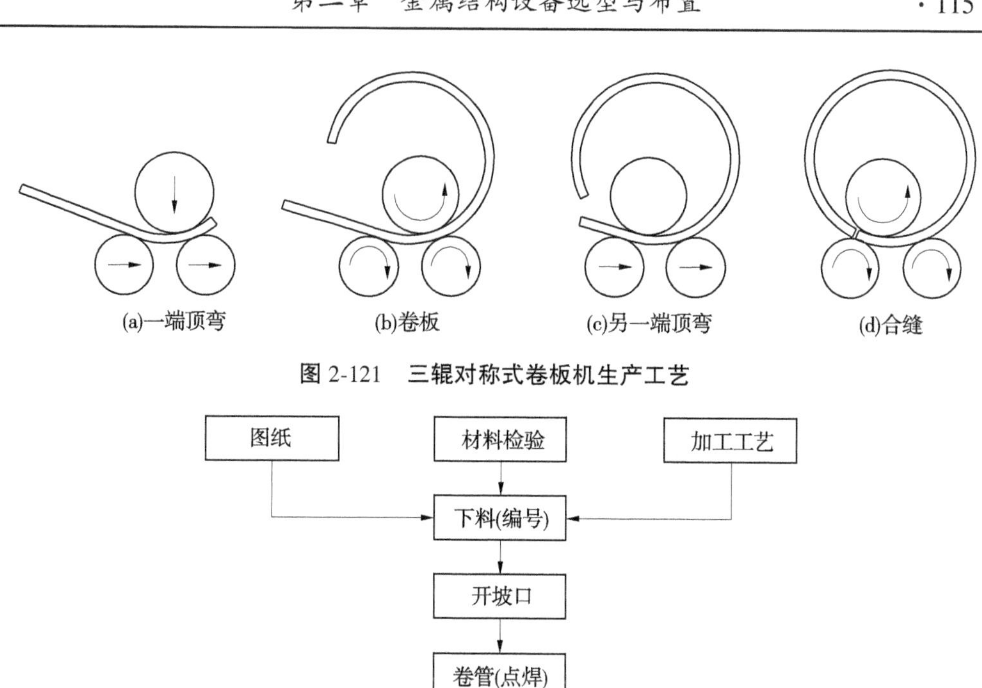

图 2-121　三辊对称式卷板机生产工艺

图 2-122　卷制焊接钢管生产工艺流程

3. 螺旋缝埋弧焊(SAWH)管

SAWH 管使用钢带螺旋卷制,双面埋弧焊接,生产的钢管外径为 273~2 388 mm,壁厚为 6.4~25.4 mm,单节长度可达 12~18 m,石油天然气管道上大量应用。SAWH 管的生产厂家参差不齐,生产工艺简单,但流水线生产效率高,尤其适用于薄壁中低压管道批量化生产。

目前,长距离输水工程已逐渐使用 SAWH 管,但使用压力一般不超过 4 MPa,远比不上石油天然气管道的输送压力。SAWH 管生产设备见图 2-123,生产工艺流程见图 2-124。

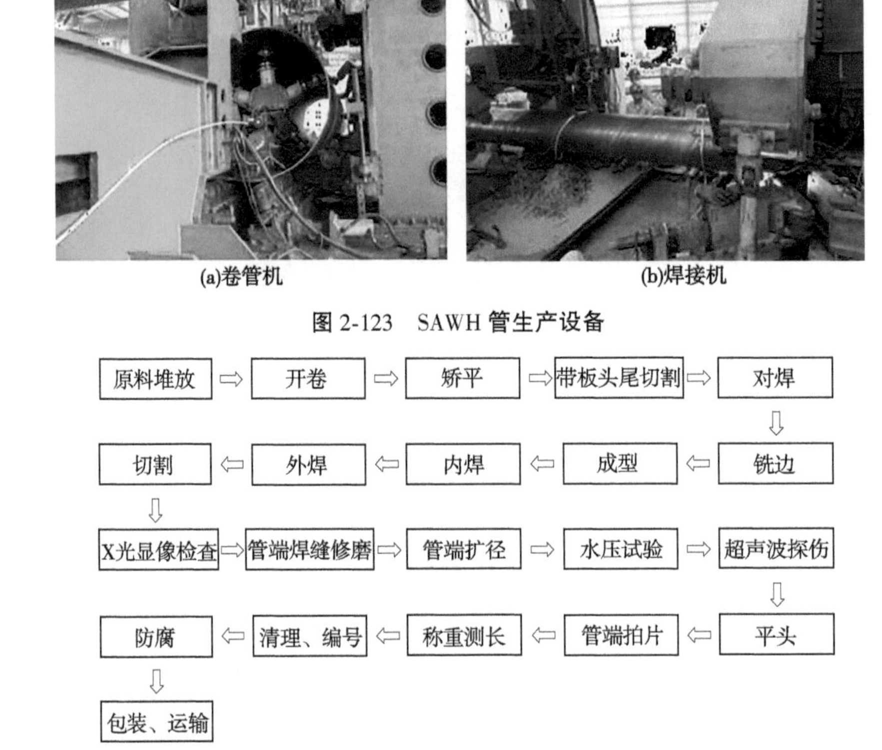

(a)卷管机　　(b)焊接机

图 2-123　SAWH 管生产设备

图 2-124　SAWH 管生产工艺流程

4. 高频电阻焊(HFW)管

HFW 管通过轧辊的成型和轧机的布置,对钢板连续施加横向、纵向两个方向的约束力,利用高频电流的集肤效应和邻近效应融熔母材施焊。HFW 管使用钢带轧辊成型,高频电流融熔母材施焊,生产的钢管外径一般为 219. 1～610 mm,壁厚为 4～19. 1 mm,单节长度可达 12～18 m,石油天然气管道上大量应用。HFW 管的生产过程控制严格,流水线生产效率高,质量可靠,尤其适应于小直径厚壁管批量化生产,但管径需适应钢带宽度要求,否则钢带废料较多,不经济。ERW/HFW 管生产设备见图 2-125,生产工艺和流程见图 2-126、图 2-127。

(a)开板机　　(b)焊接机

图 2-125　ERW/HFW 管生产设备

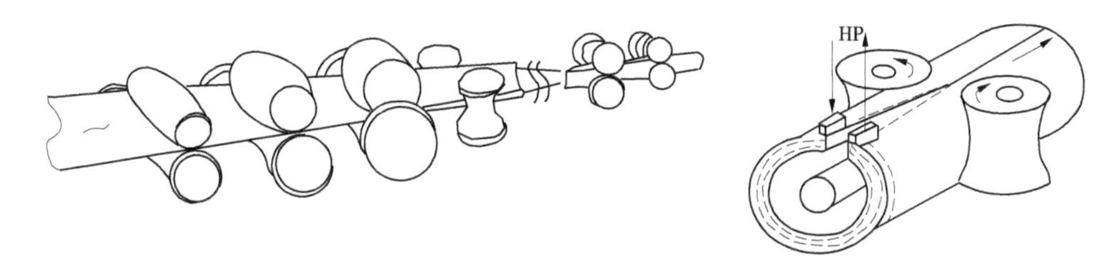

图 2-126　ERW/HFW 管生产工艺

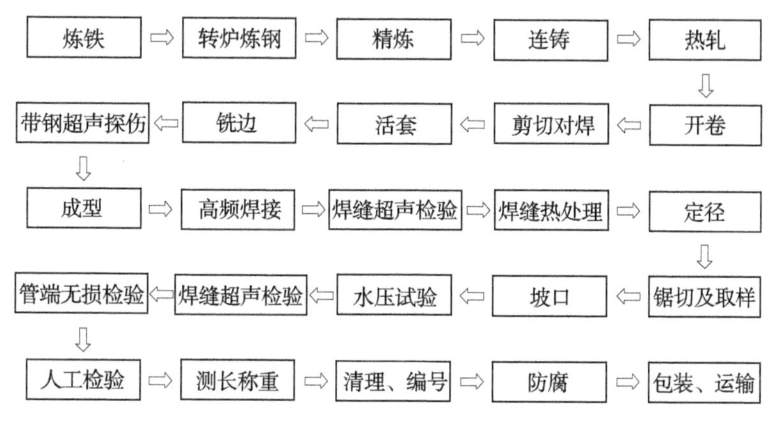

图 2-127　ERW/HFW 管生产工艺流程

5. 冲压直缝埋弧焊(SAWL)管

SAWL 管是使用冲压机将单块钢板垂直轧制方向压制,自动埋弧焊接,生产的钢管外径一般为 406~1 626 mm,壁厚为 8~45 mm(X65),单节长度可达 12~18 m。SAWL 管在石油天然气管道上大量应用,水利行业基本未采用。SAWL 管的生产过程控制严格,流水线生产效率高,质量可靠,尤其适应于厚壁管批量化生产,但设备投入多,要求生产车间大。SAWL 管常用的成型方式有“JCOE”“UOE”两种。“JCOE”一套模具可生产多种管径的钢管,加工步长约 100 mm,成型精度略低,可生产非标尺寸,适用范围广,代表的生产厂家有番禺珠江钢管有限公司、中石化石油工程机械有限公司沙市钢管厂。“UOE”需要使用不同规格模具(外径 508 mm、559 mm、610 mm、660 mm、711 mm、762 mm、813 mm、864 mm、914 mm、965 mm、1 016 mm、1 067 mm、1 118 mm、1 168 mm、1 219 mm、1 321 mm、1 422 mm),成型精度和效率高,适用于标准规格、批量化生产,代表的生产厂家有宝山钢铁股份有限公司、番禺珠江钢管有限公司。SAWL 管生产设备见图 2-128、图 2-129,UOE 生产工艺流程见图 2-130。

(三)管线常用阀门

高压长距离输水管道与电站压力管道和石油天然气站间管道相比,管线阀门布置是关键,且阀型多、运行条件恶劣,需解决长距离管线的进气、排气问题。水电站高压管道通常管径较大,管线短,且一般为单向顺坡,阀型少且简单,管道排气问题易解决;输油管道出于运行安全,首次充水排完气后设计上不再考虑运行期的进气、排气问题,站间管线不设进排气阀,这是与长距离输水管道设计理念的最大不同之处。

长距离输水工程管线上一般设有检修阀、进排气阀、泄水阀、止回阀、超压泄压阀、爆管关断阀、水位控制阀,并配有流量计、水位计、伸缩节等,其阀型主要有蝶阀、闸阀、球阀、偏心半球阀、锥形阀、针阀、活塞阀等。阀典型布置见图 2-131、图 2-132。

图 2-128　“JCOE”成型机

图 2-129　“UOE”成型机

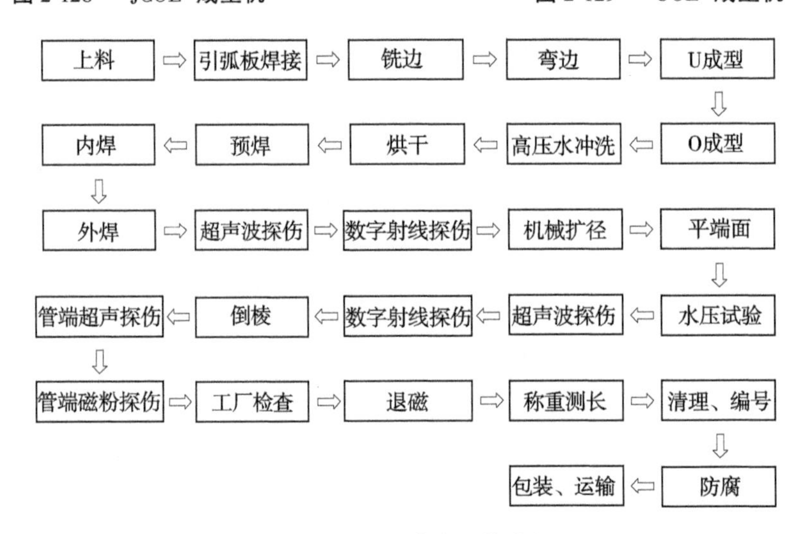

图 2-130　UOE 生产工艺流程

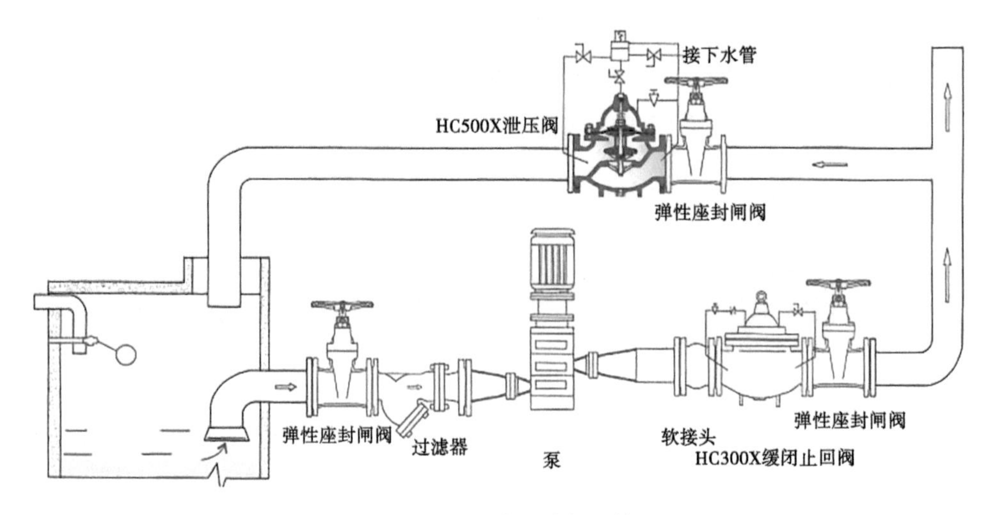

图 2-131　取水泵站阀系统

图 2-132　白牛厂泄水外排工程活塞消能阀和半球检修阀

1. 检修阀

输水工程压力钢管进口应设置事故闸(阀)门,线路较长时,检修阀门间距应根据管路复杂情况、管材强度、事故预期概率以及事故排水难易等情况确定。输水管道沿线设置的检修阀主要用于管道分段充水、检修、事故处理时分段排水。

检修阀在正常运行输水时处于常开状态,使用概率很小。目前,国内输水管道工程检修阀设置间距差别较大,间距大的 20~30 km 设置一处,间距小的 1 km 左右设置一处。设置过密时虽然方便检修时排水,有利于减少排水量和缩短检修时间,但增加了投资和管理难度;设置过疏时虽然节省了投资,但检修段太长,不利于运行管理。根据国内外输水管道工程的实际运行情况,大部分工程检修阀二三年都不使用,甚至有的工程连续运行十几年都未使用过,因此检修阀设置间隔可适当取较大值。一般而言,可结合地形条件和运行管理要求,在管线上每间隔 5~10 km 设置一个检修阀室,检修阀前后设置的通气设施和检修孔可结合布置。PN40 及以下中低压管道的检修阀可选用闸阀或蝶阀,PN40 以上高中压管道的检修阀可选用球阀或偏心半球阀。检修工况的阀前后压差超过 1 MPa 时宜设旁通管路和平压阀。设计流速超过 5 m/s 时不宜选用蝶阀。常用检修阀见图 2-133~图 2-136。

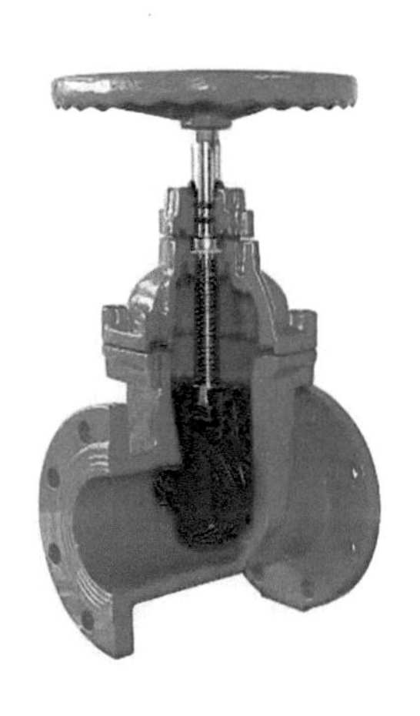

图 2-133　闸阀

图 2-134　蝶阀

图 2-135　球阀

图 2-136　偏心半球阀

2. 空气阀

输水管线高处或较长输水管线上安装空气阀,用于输水管道初期充水、管路定期检修后充水时将输水管道内的空气往外排出,避免压力波动爆管;在输水管道产生水锤出现负压时,空气阀开启,令管道外空气进入管道,以免在管道内产生较大的负压,起到保护作用;管道系统运行时,当管道内因压力或温度变化而使溶于水中的空气被释放出来时,空气将其及时排出,防止管道中形成气囊而影响管道系统的运行。空气阀造价占输水管道工程的比例很小,但对输水管道安全运行至关重要,要引起高度重视。

空气阀按功能分为以下几种:

(1)进排气阀:解决充水排气、负压补气。

(2)复合式进排气阀:进排气阀+微量有压排气。

(3)弥合水锤预防阀:复合式进排气阀+预防弥合水锤。

(4)真空补气阀:解决大管道的负压破坏。

(5)注气微排阀:真空补气阀+微量有压排气。

(6)注气排气阀:真空补气阀+复合式进排气阀。

根据国外相关技术资料和国内近年来的工程实践经验,输水管道上空气阀的布置方式为在管道坡度小于 0.1%时,每隔 0.5~1.0 km 设一处,一般情况下约 1.0 km 设一处。空气阀的设置位置应根据管路纵断面高程情况确定或经水锤防护计算确定,通常都是设在该管段可能出现负压的最高点。当管道起伏较多时,可根据其起伏高度分析是否需要增加,必要时进行相应的水力计算。排气阀的设置应注意间距和口径,并对关阀压差提出要求。阀室上方应预留通气孔以防阀室被淹。空气阀的安装方式一般每处只装 1 台,特别重要的位置可在同一处安装 1 大 1 小空气阀或 2 台相同空气阀。空气阀通常需配套设置检修阀,可在管道正常运行时关闭检修阀,实现空气阀的在线检修。长距离输水工程中普遍安装的空气阀是复合式进排气阀,见图 2-137、图 2-138。

输水管上所用空气阀的规格与主管道直径的关系,在实际输水工程上有很大差别,排气阀的公称直径可采用主管道直径的 1/12~1/10,但实际应用的一般比较大。如山西某工程主管道直径 DN3000,排气阀一处安装 2 台直径 DN300;某电厂输水管,主管道直径 DN1000,排气阀一处安装 DN200 和 DN80 各一台;内蒙古某工程主管道直径 DN2000,排

(a)卷帘式

(b)杠杆式

图 2-137　复合式进排气阀

图 2-138　朱昌河水库复合式进排气阀布置

气阀选用直径 DN300;某引水管直径 DN1600、DN1400,排气阀选用直径 DN200;某市输水管道直径 DN1200,排气阀选用直径 DN150、DN100 两种。总结近年来排气阀实际使用规格,公称直径大多为主管道直径的 1/8~1/4,故根据实际应用及相应理论,推荐兼有注气、排气两种功能的排气阀公称直径宜取主管道直径的 1/8~1/5,仅考虑排气功能的取 1/12~1/8。排气阀有效排气口径不得小于其公称直径的 70%。

工程实践证明,排气阀在大多数工况下能排气,但不能保证在管道内任何水流状态下都高速排气,是造成长距离供水管道排气难的根源,给输水工程造成了大量的爆管事故和巨大的经济损失。为及时排出管道存气,理想的排气阀应在管道任何状态下都能高速大量排气,而不是仅能微量排气。合格的排气阀必须具有在管道水气相间的任何压力和状态下,只要阀体内充满气体,就可以打开大、小排气口,高速、大量地排出管道内存气,同时应具有缓闭功能。充满水时均关闭而不漏水,出现负压时可向输水管道注气。有倒虹吸管道的钢管,在该管段的最低处必须设置放空(兼排沙)管。末端设置进排气装置。

3. 泄水阀

为排除管道中的沉淀物以及管道检修时排空管道,在管线的低洼处宜设置一定数量的排水设施。泄水阀设有干、湿井,宜设潜水排污泵对湿井进行抽排。地形高程允许时,可直接排入河道或沟谷,否则需要抽排。排水设施由泄水管、泄水阀用检修阀、干井、湿井等组成。输水管泄水阀使用概率极低，泄水阀设置的位置和数量，应按 2 个检修阀之间所限定检修段的地形和放水条件确定，设置数量不宜过多，但 2 座检修阀室之间不得少于 1 个泄水阀。对于小口径管道不具备进人检修条件的，充排水时间不影响检修维护和事故处理的，也可不设置泄水阀。

泄水阀直径应经水力计算确定，通常可取主管道直径的 1/5~1/4。当两检修阀距离远，管道坡度又大时，下游泄水阀可能放水过快，易产生安全隐患，这种情况下经水力计算选定阀门直径。泄水阀的检修阀一般手动操作，应保证密封性能良好，多次开关后仍能密封良好，无泄漏，尤其是泄水阀，其泄漏量必须为零。在管道运行期间，泄水阀始终承受较大压力，泄水阀处管道内压力小于 1.0 MPa 时宜选用闸阀，1.0 MPa 以上时为避免泄水时高速水流对阀产生振动破坏，宜选用球阀、偏心半球阀或活塞阀，不宜选用蝶阀，避免阀轴受振动变形。泄水阀布置见图 2-139。

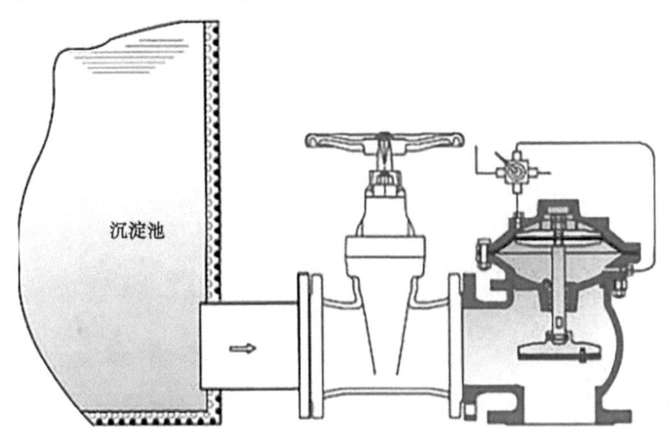

图 2-139　泄水阀布置

4. 止回阀

止回阀指用于水泵压力出水管上的止回阀、逆止阀等单向阀，从关闭速度上分为快关、普通和缓闭三种类型。其中，快关型单向阀应用很少。普通单向闸结构简单、价格低，在水泵出口总扬程不大于 20 m、突然停泵时也不会产生直接水锤的低压输水工程中可选用普通止回阀。当输水泵站出口总扬程虽低于 20 m，但管路长度较大或管路情况复杂，突然停泵时也可能发生直接水锤，此时应采用缓闭止回阀。

在一般情况下，当水泵扬程较高，且输水系统复杂易产生很高水锤升压时，长距离输水系统的水泵压水管上应安装带有缓闭功能的单向阀。在突然停泵时，一般要求缓闭单向阀分快、慢二阶段关闭，快关的目的是限制回冲流量，使水泵倒转速度不超过额定转速的 1.2 倍；慢关是为减少水锤升压，使其压力小于 1.5 倍正常使用压力。快、慢关角度和历时对水锤防护效果影响很大，宜通过水锤计算确定缓闭式止回阀的工作参数。止回阀见图 2-140。

5. 减压阀、消能阀、调流阀

当重力输水干管的总作用水头超过 0.4 MPa 时，应根据管道水锤防护需要、管道防漏、低流量运行时的消能等因素考虑是否设置减压阀、消能阀。用于重力输水管道中的主要是减压恒压阀，无论减压阀进口端流量和压力如何变化，出口端保持恒压值不变，并且出口恒

(a)普通止回阀

(b)带气导装置止回阀

图 2-140　止回阀

压值可方便地进行调节;用于重力输水管道末端的主要是对出口水流进行消能,减小出口雾化和对周边建筑物的影响。公称管径 DN 大于或等于 600 mm 时,还应具有保证阀芯不振颤的措施。安装在输送原水管道上的减压阀、消能阀,宜选用膜片式,并有防堵塞措施。

减压阀、消能阀、调流阀的阀型宜选用具备线性调节功能的活塞阀或锥形阀,目前工程上使用的活塞阀工作压力已超过 1. 6 MPa。当阀需要精确调流时,应设流量计与阀联动。流量计前的直管段长度不宜小于 5 倍管径,流量计后的直管段长度不宜小于 3 倍管径。活塞阀见图 2-141,锥形阀见图 2-142。

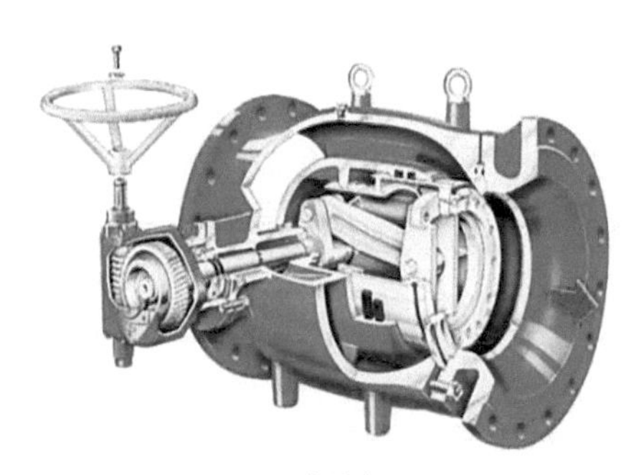
(a)阀剖面

(b)阀出口

图 2-141　活塞阀

(a)45°向下布置锥形阀

(b)水平布置锥形阀

图 2-142　锥形阀

6. 超压泄压阀

输水管道中间是否需要设置超压泄压阀,需经分析计算确定。超压泄压阀通常设在泵站出水总管起端、重力输水管道末端的关闭阀上游。超压泄压阀的公称直径宜为主管道直径的 1/5~1/4。当压力较大时,泄流量可能过大,应经计算确定超压泄压阀直径。目前,工程上常用的超压泄压阀均为先导式,即用先导辅阀控制主阀后闭泄压,泄压动作滞后,在升压过快时,往往失去泄压保护作用。因此,在选用泄压阀时要注意所要防护的水锤类型。超压泄压阀见图 2-143。

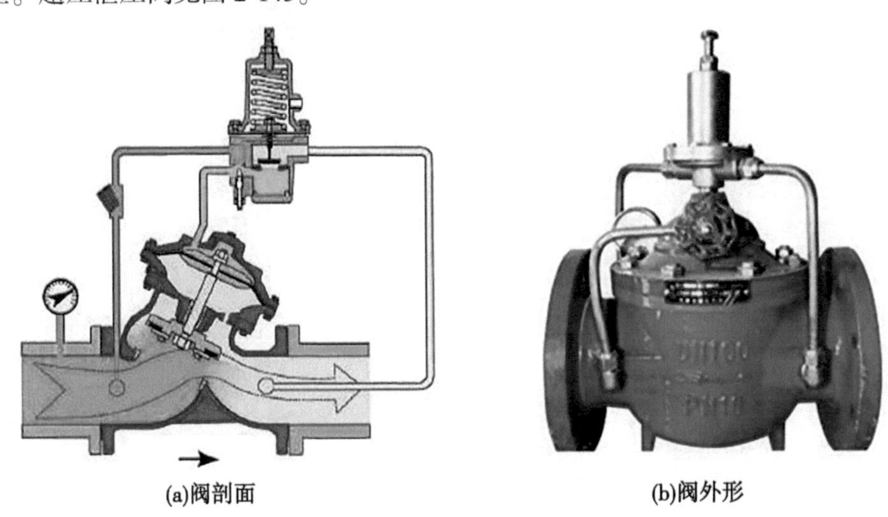

(a)阀剖面　(b)阀外形

图 2-143　超压泄压阀

超压泄压阀的泄压值应根据输水管道的最大使用压力和管材强度,经水力计算确定,也可采用最大使用压力加 0.15~0.2 MPa,泄压值可以现场调节,泄压值太小可能会产生频繁泄压,泄压值太大起不到保护作用。

7. 爆管关断阀

爆管关断阀是一种能够根据测量管内水流流速与整定流速进行比较结果自行判断,并自动执行关闭动作,对爆管起自动保护作用的阀门。整定流速按大于正常最大流速整定,未发生爆管时,管内水流流速不大于整定流速,爆管关断阀保持打开状态不工作。当发生爆管时,管内水流流速大于整定流速,爆管关断阀接收到信号反馈,会立刻自动关闭,并保持在关闭状态,从而避免了阀前水流下泄,造成冲毁厂房、村庄、公路等事故,并可迅速恢复爆管关断阀前端用户的正常使用。爆管关断阀只反映经过其阀体的实际流速,与水压无关。

爆管关断阀不需供电或外来动力的配合,靠导阀自动测流控制,是一种纯机械式的爆管保护阀。爆管关断阀整定流速可调,生产成本低,在高水头电站和长距离供水高压管道中采用。重力流引水管段的爆管关断阀宜布置在需要保护管段前方的较低压力段,避免突然关阀对前方管道产生较大水锤破坏管道,爆管关断阀后应设足够的空气阀,避免突然关阀对后方管道产生负压破坏。爆管关断阀见图 2-144。

图 2-144　爆管关断阀

8. 水位控制阀

重力输水管道中间的调节水池主要用于分段降压和调节,保证正常运行和流量调节时匹配上下游流量。容积越大,越不容易产生溢流和拉空现象。当输水规模不大或要求不高时,重力输水管道中间的水池容积可按不小于 5 min 的最大设计水量确定。多级加压泵站间的压力流输水管道中间吸水池贮水主要用于水泵启动、试泵和泵站间流量匹配,加压泵设有备用泵,吸水池的容积不应小于泵站内一台大水泵 15 min 的设计出水量,并应满足一般流量匹配要求。

调节水池和吸水池需要自动控制水池水位,由水位控制阀实现。水位控制阀通过水位信号自动调节阀门开度,自动平衡上下游水量和控制池内水位。当水池充水至最高水位线时,阀门自动关闭,防止池内水外溢。由于一般水位控制阀往往关闭速度较快,当支管直径较大时,水位控制阀突然开关引起的水锤波可能造成主管道内压力波动过大,影响安全供水,因此应选用带有缓闭功能的水位控制阀。水位控制阀见图 2-145。

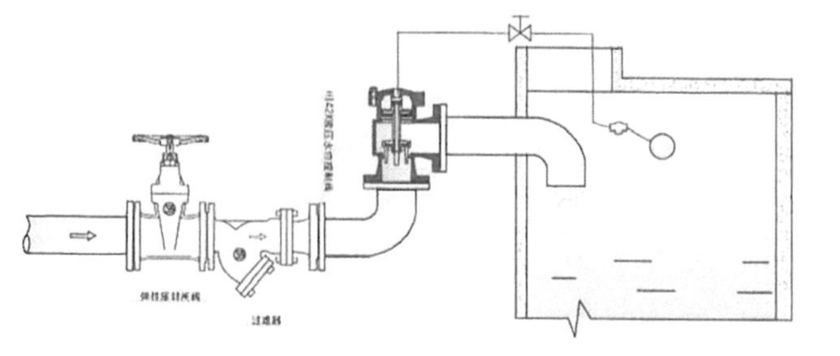

图 2-145　水位控制阀

第三章　新技术应用

第一节　闸门流激振动模型试验

一、流激振动现象与研究进展

水利水电工程中泄水建筑物的主要功能是将上游来自库区的洪水顺畅地泄入下游河道,以确保主体工程的安全。泄水建筑物在泄水过程中由于受到水动力作用,或多或少地存在振动。当振动限制在一定范围内时,通常是无害的,但在某些条件下,泄水建筑物会产生剧烈振动,并导致操作故障、结构元件破坏或结构整体失事。20 世纪 50 年代以来,水工结构流激振动问题已引起国内外的广泛关注,国际水力学研究学会(LAMR)、国际理论与应用力学联合会(IUTAM)及国际大坝会议(LCQOD)等都十分重视流激振动问题,并出版了大量的研究文献和专集。

闸门运行过程中在动水荷载作用下会产生振动。一般情况下,泄水道边界层紊动和水流内部随机脉动作用力激励引起的闸门振动不会造成破坏。引起严重危害的振动是闸门结构在特殊水动力荷载作用下产生共振及由空化水流作用诱发的闸门振动,其根本原因在于特殊水动力荷载与结构动力特性的不利组合作用,特别是当水动力荷载的高能区位于闸门结构低频区,形成低阻尼、高响应放大倍数的共振动状态,以致因振动幅值迅速上升,最终导致闸门结构破坏或失稳破坏。如果激振频率是外力固有的,则属于强迫振动;如果激振频率是由于结构与水流发生耦合而次生的,则属于自激振动。振动原因有水流引起止水振动、闸门顶底同时过水引起的绕流振动、门顶溢流水流引起的振动、门底负压引起的振动、上游气囊和下游水跃引起的振动等。

从大量的运动资料可以确定,易于产生流激振动的水工结构有混凝土结构和金属结构两大类,对流激振动的研究必须全面考虑水动力、结构体型、水与结构及结构与结构间的耦合作用。随着高水头、大流量泄水建筑物的建造和应用,有关泄水建筑物的流激振动问题日益突出。在复杂的水动力作用下,国内外不少工程都遭到破坏,如美国的 Texas 坝的消力池导墙和 Navajo 坝的中隔墙在泄流过程中均遭到破坏。再如国内大化水电站溢流坝运行过程中闸墩发生强烈振动,江苏嶂山闸和黄河八盘峡的泄洪闸表孔弧形闸门在运行过程中发生强烈振动,江西泉港分洪闸潜孔弧形闸门在开门泄洪过程中支臂发生扭转断裂,海南万宁水库溢洪道表孔弧形闸门亦在开门泄洪过程中门叶发生变形和断裂而垮门,这些主要都是水流产生的流激振动引起的。

国内外对于在复杂的水力条件下的泄水建筑物流激振动问题一般都是通过数模计算、物模试验或者二者相结合的方法对未来运用条件下的动力响应问题进行预测和分析,对已建工程则是通过原型观测找出振源和振动部位,进而提出改善结构免受流激振动的措施。对泄水建筑物流激振动的研究虽然已形成一套系统理论,但每个工程的结构设计和水力学特性各不相同,使得流激振动研究成果的通用性难以实现,必须进行专门的试验研究。闸门流激振动模型试验科研单位主要有南京水利科学研究院、中国水利水电科学研究院、河海大学。

二、红花水电站平面闸门流激振动模型试验

(一)工程概况

红花水电站位于广西壮族自治区柳州市柳江县境内,是柳江干流规划9个梯级中最后一个梯级,是以发电、航运为主,兼顾灌溉、旅游、养殖的综合利用水利枢纽工程。水库总库容24亿 m^3,枢纽正常蓄水位77.5 m,通航规模为1 000 t级,电站装机容量6×38 MW,工程等别为Ⅱ等,工程规模为大(2)型。枢纽主要建筑物从左至右依次为船闸、18孔开敞式泄水闸、河床式电站。电站全貌见图3-1。

图3-1 红花水电站全貌

泄水闸分为大区10孔、小区8孔两区运行,闸孔净宽16 m,闸墩厚度4 m,堰顶高程60.0 m,底槛高程59.902 m。工作闸门采用露顶式平面定轮钢闸门,挡上游正常蓄水位77.5 m,考虑超高后闸门总高度为18.0 m,是典型的大孔口平面闸门,其规模居国内前列。闸门支承结构采用后置式带轮架线接触简支轮,每扇闸门共设置主支承轮16套,主轮轮径为900 mm,主轮轴套采用自润滑关节轴承。闸门采用上游止水,面板位于上游侧。门槽开口尺寸为2 200 mm×1 100 mm(宽×深),门槽形式为Ⅱ型门槽,门体两侧外缘距门槽墙面150 mm,以利于闸门灵活启闭。闸门为动水启闭,有局部开启泄流要求,由坝顶的2×2 000 kN固定卷扬机操作,一门一机布置。泄水闸工作闸门见图3-2。

(二)研究内容和方法

1. 研究内容

根据红花泄水闸的运行工况及闸门水力结构特征,综合考虑泄水闸闸孔尺寸大、下游淹没水跃及回荡水流对闸门的影响等因素,重点研究以下问题。

图 3-2　泄水闸工作闸门

1) 门槽空化空蚀问题

通过常压模型试验,考察闸门在局部开启状态下门槽及其下游相邻区域的压力分布特性、流态,特别关注下泄水流对门槽产生局部水流分离,可能导致空化空蚀的水流脉动压力引起的间隙性空化,取得闸门不同运行工况下的门槽水流空化数,研究门槽的空化性能,提出适合于闸门做局部开启运行的抗空化空蚀体型。

2) 闸门水动力荷载问题

通过 1∶30 水工模型,对闸室及门槽水力学问题进行了系统研究,通过门体诸部位的时均压力和随机脉动压力测量研究动水荷载的量级和脉动压力能量在频域的分布状况,取得脉动压力最大值、最小值及均方根值等数字特征及随库水位、闸门开度的变化规律。特别关注闸门和底缘体型的研究,对存在问题提出优化措施。

3) 闸门结构振动特性问题

闸门结构的振动特性包括固有频率、振型、质量、刚度、阻尼等参数。一旦结构体型确定,闸门结构的固有特性亦随之确定,这些特性构成了闸门结构是否会发生强烈振动的内因。通过 1∶15 大尺寸闸门结构弹性模型,应用试验模态分析方法对闸门结构振动特性进行研究,取得了闸门的振动模态参数,为闸门结构的振动分析奠定了基础。

4) 闸门水弹性振动问题

泄水闸运行时,闸门结构在水动力作用下产生振动,为了真实地测取闸门振动的加速度、动位移及动应力等参数,根据水弹性振动相似原理,研制开发了一个同时满足水流运动相似、几何相似、结构动力相似的 1∶30 全水弹性相似模型。通过试验分别取得闸门结构垂直方向振动、水平方向及侧向振动的数字特征以及振动能量在频域的分布范围,研究闸门在不同运行水位、不同开度条件下的振动特征,明确闸门振动的性质和危害程度,寻求振动产生的原因并提出减振措施。

5) 闸门结构动态优化

通过闸门水动力学荷载试验,取得了作用于闸门的时均压力,水流脉动压力荷载的量级及其谱特征;通过结构弹性模量试验取得了闸门结构的模态参数;通过闸门水弹性振动研究,取得了闸门结构的振动量级及能量分布,根据上述成果的综合分析,找出造成闸门有害振动的原因。在此基础上对闸门结构进行有针对性的行动态优化。

6）制定闸门运行操作规程

通过对水动力荷载、结构动特性及流激振动响应成果的综合分析，对门槽和闸门进行研究后制定兼顾门槽良好水力条件和保证闸门平稳运行的运行操作规程，是确保泄水建筑物安全运行的又一重要方面。

2. 试验方法

建立 1∶30 水工常规模型，研究各运行工况下闸门门体及闸门工作段泄水道所承受的静、动水力荷载，论证门槽的抗空化空蚀性能。

建立 1∶15 结构模型，研究闸门结构的结构动特性，取得闸门结构系统结构模态参数；通过三维空间有限元法分析计算闸门结构的位移和应力分布特征。

建立 1∶30 特种材料研制的水弹性模型，全面研究闸门结构在水动力荷载作用下的流激振动及动应力参数，对闸门结构的安全运行提供评价依据，并提出合理的闸门结构运行操作规程。泄水闸工作闸门试验模型见图 3-3。

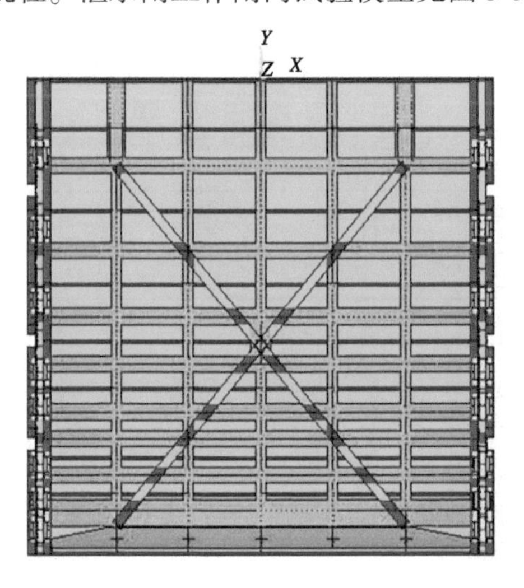

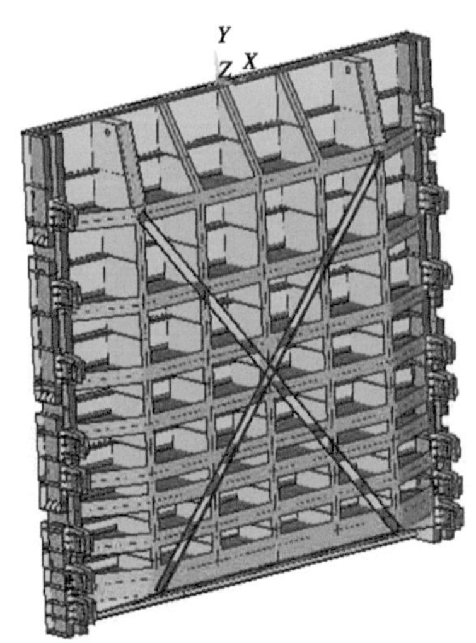

图 3-3 泄水闸工作闸门试验模型

对闸门的流激振动试验研究有两种运行工况。

1）闸门全开泄洪工况

泄水闸洪水水位组合见表 3-1。

表 3-1 泄水闸洪水水位组合

上游水位(m)	下游水位(m)	说明
91.52	90.95	校核洪水位 $P=0.1\%$
86.43	86.05	设计洪水位 $P=1\%$
84.71	84.39	设计洪水位 $P=2\%$

2）闸门局部开启运行工况

详细研究闸门在正常蓄水位 77.5 m 及以下，闸门开度在 1 m、1.5 m、2.3 m、2.7 m、

2. 89 m、5. 55 m、6. 35 m 等不同开启高度及不同下游运行水位组合运行时的试验工况。泄水闸闸门开启高度与水位关系见表 3-2。

表 3-2 泄水闸闸门开启高度与水位关系

闸门开启高度(m)	上游水位(m)	下游水位(m)
1.0	77.5	64. 23
1.5	77.5	65. 43
1.5	77.5	68. 8
2.3	77.5	66. 83
2.7	77.5	70. 49
2.7	76. 5	72. 13
2. 89	77.5	66. 83
2. 89	77.5	67. 83
2. 89	77.5	68. 8
2. 89	77.5	70. 49
5. 55	77.5	73. 62
6. 35	75. 5	73. 62
6. 35	76. 5	72. 13

(三)研究成果

通过对红花水电站平面闸门流激振动模型试验研究,研究成果如下:

红花水电站泄水闸系大尺寸、大流量泄水建筑物,在不同运行水位及开度下的水动力试验成果表明,在选定的驼峰堰条件下,采用规范推荐的Ⅱ型门槽体型总体上是可行的。在工作闸门全开泄洪条件下,门槽段边界不会受到空化空蚀威胁;当工作闸门局部开启运行时,大部分运行工况门槽水流空化数较高,但部分小开度工况,尤其是当闸门开度小于 1. 5 m 时,水流空化数较低,安全裕度小,为安全起见,尽量避免闸门在小开度下运行。

水流流态观测表明:工作闸门在局部开启运行条件下,闸门下游的水跃情况主要发生在临界水位以上,当下游水位较高时呈现淹没出流状态,闸后淹没水跃及涌浪对门体的振动将产生影响;水位较低时呈现自由出流状态,闸下流态对门体不构成威胁。

闸室段时均动水压力测量结果显示:当工作闸门全开敞泄时,泄水道边界的时均动水压力比较均匀,未见特殊压力变化现象;当工作闸门做局部开启运行时,门前泄水道边壁的时均压力值接近于库压,门槽段压力梯度出现陡降现象,而堰顶曲面的压力分布亦未见异常情况。作用于门体上游面时均动水压力分布呈现山形分布趋势,闸门底缘未见负压出现。闸室总体体型设计合理。

水流的脉动压力测量结果显示:在各运行工况下,闸门上游面边壁较小,最大水流脉动压力均方根值出现在大开度,为 0. 5 m 水柱,随着闸门开度的减小,脉动压力值亦逐渐下降,门槽内脉动压力均方根最大值约 1. 3 m 水柱。门体较大的脉动压力值出现在底缘主横梁下方，脉动均方根值约 0.55 m 水柱。脉动压力的主能量分布在 $f=0\sim5$ Hz 范围的低频区，这是引发闸门垂向振动的主要动力源。

闸门模态试验结果显示：从总体上看该闸门的基频较高，一阶模态频率约为 5.0 Hz，对结构抗振有利。泄流状态下闸门结构的振动加速度以顺水流方向为最大，侧向次之，垂向较小；在一定上下游水位条件下，振动量随闸门开度的增加而加大。闸门顺水流方向最大振动均方根值为 0.778 m/s^2，侧向最大振动均方根值为 0.483 m/s^2，垂向最大振动均方根值为 0.24 m/s^2。闸门振动的主能量集中在 0~5 Hz 范围，说明闸门振动的振源是下泄水流淹没水跃在下游消力池内高度紊动及表旋滚回拍门体产生的。闸门振动动应力少数工况下在闸门部分横梁和纵梁的翼板与腹板处出现大于 5 MPa 的动应力均方根值。动应力均方根最大值达到 9.122 MPa；闸门下部主横梁中部腹板的动应力不大，一般在 1.5 MPa 以内。

在设计给定工况下，闸门结构在大部分运行工况下不会出现强烈振动，闸门和门槽体型的总体设计是合理的。从控制振动量角度看，闸门运行时要密切关注出现较大振动量的运行工况，并力求避免在上述开度下做局部开启运行。此外，闸门的振动还与水封的制造、安装精度及漏水情况等密切相关，因此制造施工阶段应当加强闸门及其埋件的质量控制，确保运行安全。工程投运后，应密切注意上下游水位的变化，适时避开强振开度，及时调整闸门运行操作规程。

三、平寨航电枢纽弧形闸门流激振动模型试验

(一)工程概况

贵州省清水江平寨航电枢纽工程位于清水江干流中游段，枢纽的开发任务为航运、发电。水库总库容 3 829 万 m^3，正常蓄水位 543.00 m，死水位 542.00 m，通航规模为 500 t 级，电站装机容量 3×14 MW，工程等别为Ⅲ等，工程规模为中型。枢纽主要建筑物从左至右依次为船闸、5 孔溢流坝段、河床式电站。枢纽全貌见图 3-4。

图 3-4 平寨航电枢纽全貌

溢流坝段布置在河床中部，采用 WES 堰，布置 5 孔孔口尺寸 14 m×19.3 m 的泄水表孔。溢流坝工作闸门主要承担泄洪及调节水库水位等任务，当水库水位超过正常蓄水位 543.0 m 时，闸门开启泄洪，该工作闸门有局部开启要求。工作闸门选用 5 孔露顶式弧形钢闸门，考虑水库各种调度工况，闸门按挡正常蓄水位设计，底槛高程为 523.7 m，坝顶高程 545.5 m，设计水头 19.3 m，面板曲率半径 25 m。门叶结构采用双主箱形横梁同层布置，支承型式为斜支臂，支铰采用 ϕ 560 mm 铜基镶嵌自润滑关节轴承。闸门操作方式为动水启闭，并且有局部开启控泄要求，每扇闸门由 1 台 2×2 800 kN 液压启闭机操作，一机一泵站布置在坝顶机房内，启闭机行程 8.9 m。平寨航电枢纽泄水闸弧形工作闸门布置见图 3-5。

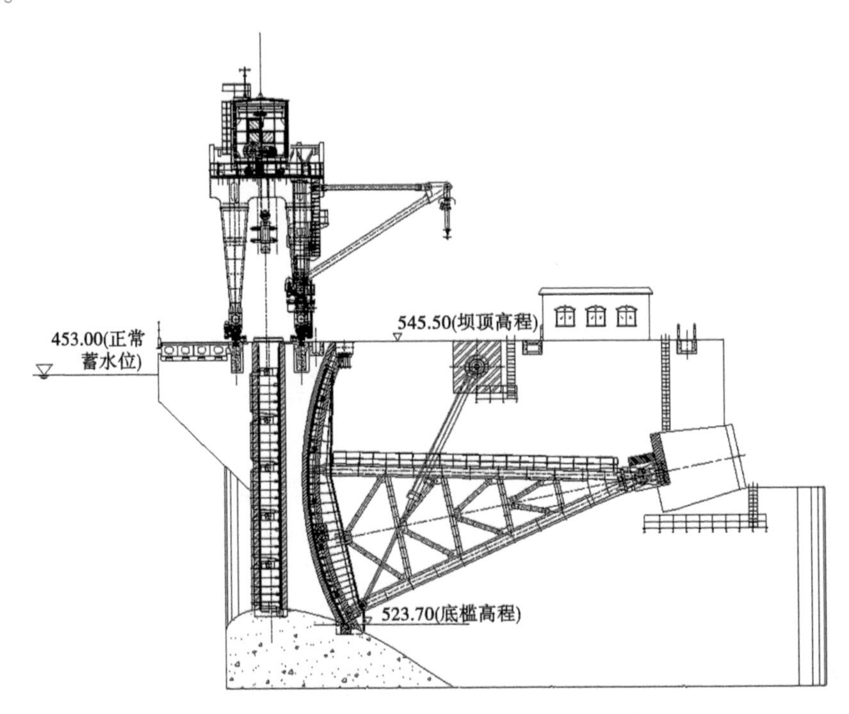

图 3-5　平寨航电枢纽泄水闸弧形工作闸门布置　（单位：m）

（二）研究内容和方法

1. 研究内容

根据平寨泄水闸的运行工况及闸门水力结构特征，综合考虑泄水闸闸孔尺寸大、设计水头较高等因素，重点研究以下问题。

1）闸门水动力荷载问题

建立 1∶45 水工模型，通过门体诸部位的时均压力和随机脉动压力测量研究动水荷载的量级和脉动压力能量在频域的分布状况，取得脉动压力最大值、最小值及均方根值等数字特征及随库水位、闸门开度的变化规律。

2）闸门结构振动特性问题

通过数据处理，分析荷载量级及其频谱特征，把握振动能量及频域的分布状况，对水动力荷载、流体冲击支臂及支铰时闸门结构动力特性等进行系统分析和评价，为闸门振动分析、水力学边界体形改善和振源控制提供依据。

3)闸门动力特性问题

研究闸门在不同水位、开度及支铰位置条件下的水弹性振动情况,取得闸门振动的加速度、位移及其动应力等物理参数,明确振动类型、性质及其量级等,把握水动力荷载作用下闸门振动程度论证优化后方案的合理性。

4)闸门支铰推力问题

通过试验分析,研究工作闸门在试验工况下闸门支铰推力及铰座混凝土反力分布的变化。

5)闸门启闭力问题

通过试验分析,研究工作闸门在试验工况下启闭过程中启闭力的变化,并绘制启闭力随开度的变化曲线。同时,优化液压启闭机支铰布置。

6)闸门运行操作规程的制定

通过流激振动试验研究,制定能保证闸门平稳运行调度的操作规程,确定弧形闸门局部开启振动区域,避开危险开度。

2. 试验方法

(1)建立一个水力学流激振动物理模型,模型比尺 1∶45。物理模型建 2 孔,分正常运行工况(双孔同时过水、最大大开度差不超过 2 m)和事故运行工况(1 孔过水、1 孔全关)两种工况进行试验。泄水闸工作闸门试验模型见图 3-6。

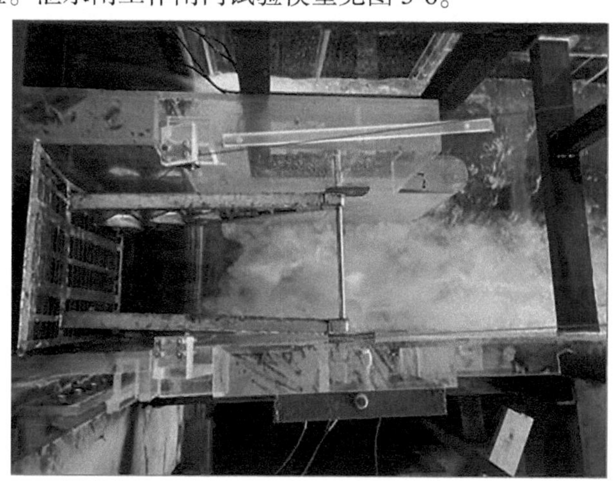

图 3-6　泄水闸工作闸门试验模型

(2)研究闸门在不同水位组合、不同开度(5%、10%、20%、30%、40%、50%、60%、80%、100%)分别试验时的门底过流、门后旋滚所产生的水流时均压力和脉动压力荷载以及其对门叶、支臂和支铰的作用,获取闸门运行过程中压力脉动量级,取得作用于闸门结构的全部荷载信息,绘制各典型情况下闸门门体内水流旋滚形态、门后回水水流旋滚形态和对支臂的拍打形态等。水库调洪计算成果见表 3-3,泄水闸闸门开度-流量关系见表 3-4,闸门运行调度工况见表 3-5。

表 3-3　水库调洪计算成果

洪水标准	特征参数	单位	数值
20 年一遇	洪水频率	%	5
	库洪水位	m	538.00
	最大泄量	m^3/s	5 350
	最大泄量相应下游水位	m	529.37
30 年一遇	洪水频率	%	3.33
	库洪水位	m	538.00
	最大泄量	m^3/s	6 000
	最大泄量相应下游水位	m	530.20
50 年一遇	洪水频率	%	2
	库洪水位	m	538.13
	最大泄量	m^3/s	6 617
	最大泄量相应下游水位	m	530.97
100 年一遇	洪水频率	%	1
	库洪水位	m	538.99
	最大泄量	m^3/s	7 251
	最大泄量相应下游水位	m	531.74
200 年一遇	洪水频率	%	0.5
	库洪水位	m	540.25
	最大泄量	m^3/s	8 210
	最大泄量相应下游水位	m	532.77
500 年一遇	洪水频率	%	0.2
	库洪水位	m	541.89
	最大泄量	m^3/s	9 552
	最大泄量相应下游水位	m	534.00

表 3-4　泄水闸闸门开度-流量关系

闸门开启数量	闸门开度(m)	流量系数	下泄流量(m^3/s)	上游水位(m)	下游水位(m)
5	1	0.67	887	543	522.52
5	2	0.66	1 747	543	524.15
5	3	0.65	2 578	543	525.55
5	4	0.64	3 382	543	526.7
5	1	0.67	754	538	522.3
5	2	0.66	1 484	538	523.72
5	3	0.65	2 191	538	524.95
5	4	0.64	2 874	538	526.02
5	5	0.63	3 534	538	526.95
5	6	0.62	4 170	538	527.8
5	7	0.61	4 782	538	528.7
5	8	0.60	5 371	538	529.37
5	9	0.59	5 936	538	530.18

表 3-5　闸门运行调度工况

试验工况	上游水位(m)	闸门开启数	闸门开度(m)	下游水位(m)
1	543.00	5	1.00	522.52
2		5	2.00	524.15
3		5	3.00	525.55
4	538.00	5	7.00	528.70
5		5	8.00	529.37
6		5	9.00	530.18

(三)研究成果

通过对平寨航电枢纽弧形闸门流激振动模型试验研究,研究成果如下:

闸门在正常运行工况下,消力池内水流跃首远离闸门,不会拍击闸门,不会引起闸门振动。闸门在启闭过程中的振动区域在40%~60%开度,并且由于闸门在开度50%处动位移和动应力明显较大,因此闸门在启闭过程中,应注意观察在50%开度附近处闸门振动情况,宜尽量避免闸门在50%开度附近停留。

在闸门启闭过程中,随着水位的增加,支铰反力普遍呈增大的趋势。闸门关闭过程中,最大支铰反力发生在水位为543.00 m时闸门关闭工况,该水位关闭过程中支铰反力最大值为1 601.20 t;闸门开启过程中,最大支铰反力发生在水位为543.00 m时闸门开启工况,该水位开启过程支铰反力最大值为1 789.30 t。

在闸门启闭过程中,闸门开启过程中启闭力普遍要大于对应的闸门关闭过程中启门力。闸门开启过程中,最大启闭力发生在水位为 543.00 m 时,不计止水等摩阻力影响,整个开启过程中最大值为 460.06 t;闸门关闭过程中,最大启闭力同样发生在水位为 543.00 m 时,不计止水等摩阻力影响,整个关闭过程中最大值为 371.87 t;由于闸门两侧设置了 2 台液压启闭机,则试验工况下单台液压启闭机最大启闭力为 230.03 t。

第二节 有限元分析法

一、有限元分析法发展趋势

(一)有限元分析法概述

有限元分析(FEA,Finite Element Analysis)是利用数学近似的方法对真实物理系统(几何和载荷工况)进行模拟,利用简单而又相互作用的元素(单元),就可以用有限数量的未知量去逼近无限未知量的真实系统。

有限元分析是用较简单的问题代替复杂问题后再求解。它将求解域看成是由许多称为有限元的小的互连子域组成的,对每一单元假定一个合适的(较简单的)近似解,然后推导求解这个域总的满足条件(如结构的平衡条件),从而得到问题的解。因为实际问题被较简单的问题所代替,所以这个解不是准确解,而是近似解。由于大多数实际问题难以得到准确解,而有限元不仅计算精度高,而且能适应各种复杂形状,因而成为行之有效的工程分析手段。

有限元是那些集合在一起能够表示实际连续域的离散单元。有限元的概念早在几个世纪前就已产生并得到了应用,例如用多边形(有限个直线单元)逼近圆来求得圆的周长,但作为一种方法而被提出,则是最近的事。有限元法最初被称为矩阵近似方法,应用于航空器的结构强度计算,并由于其方便性、实用性和有效性而引起从事力学研究的科学家的浓厚兴趣。经过短短数十年的努力,随着计算机技术的快速发展和普及,有限元方法迅速从结构工程强度分析计算扩展到几乎所有的科学技术领域,成为一种丰富多彩、应用广泛并且实用高效的数值分析方法。

有限元方法与其他求解边值问题近似方法的根本区别在于它的近似性仅限于相对小的子域中。20 世纪 60 年代初首次提出结构力学计算有限元概念的克拉夫(Clough)教授形象地将其描绘为:"有限元法=Rayleigh Ritz 法+分片函数",即有限元法是 Rayleigh Ritz 法的一种局部化情况。不同于求解(往往是困难的)满足整个定义域边界条件的允许函数的 Rayleigh Ritz 法,有限元法将函数定义在简单几何形状(如二维问题中的三角形或任意四边形)的单元域上(分片函数),且不考虑整个定义域的复杂边界条件,这是有限元法优于其他近似方法的原因之一。

有限元分析的基本步骤通常如下:

(1)前处理。根据实际问题定义求解模型,包括:定义问题的几何区域,根据实际问题近似确定求解域的物理性质和几何区域;定义单元类型;定义单元的材料属性;定义单元的几何属性,如长度、面积等;定义单元的连通性;定义单元的基函数;定义边界条件;定义载荷。

(2)总装求解。将单元总装成整个离散域的矩阵方程(联合方程组),总装是在相邻单元结点进行的,状态变量及其导数(如果可能)连续性建立在节点处,联立方程组的求解可用直接法、迭代法,求解结果是单元节点处状态变量的近似值。

(3)后处理。对所求出的解根据有关准则进行分析和评价,后处理使用户能简便提取信息,了解计算结果。

(二)有限元分析法发展趋势

纵观当今国际上 CAE 软件的发展情况,可以看出有限元分析方法的一些发展趋势。

1. 与 CAD 软件的无缝集成

当今有限元分析软件的一个发展趋势是与通用 CAD 软件的集成使用,即在用 CAD 软件完成部件和零件的造型设计后,能直接将模型传送到 CAE 软件中进行有限元网格划分并进行分析计算,如果分析的结果不满足设计要求则重新进行设计和分析,直到满意为止,从而极大地提高了设计水平和效率。为了满足工程师快捷地解决复杂工程问题的要求,许多商业化有限元分析软件都开发了著名的 CAD 软件(例如 Pro/ENGINEER、Unigraphics、SolidEdge、SolidWorks、IDEAS、Bentley 和 AutoCAD 等)的接口。有些 CAE 软件为了实现和 CAD 软件的无缝集成而采用了 CAD 的建模技术,如 ADINA 软件由于采用了基于 Parasolid 内核的实体建模技术,能和以 Parasolid 为核心的 CAD 软件(如 Unigraphics、SolidEdge、SolidWorks)实现真正无缝的双向数据交换。

2. 更加强大的网格处理能力

有限元法求解问题的基本过程主要包括分析对象的离散化、有限元求解、计算结果的后处理三部分。由于结构离散后的网格质量直接影响到求解时间及求解结果的正确性,各软件开发商都加大了其在网格处理方面的投入,使网格生成的质量和效率都有了很大的提高,但在有些方面却一直没有得到改进,如对三维实体模型进行自动六面体网格划分和根据求解结果对模型进行自适应网格划分,除个别商业软件做得较好外,大多数分析软件仍然没有此功能。自动六面体网格划分是指对三维实体模型程序能自动地划分出六面体网格单元,大多数软件都能采用映射、拖拉、扫略等功能生成六面体单元,但这些功能都只能对简单规则模型适用,对于复杂的三维模型则只能采用自动四面体网格划分技术生成四面体单元。对于四面体单元,如果不使用中间节点,在很多问题中将会产生不正确的结果,如果使用中间节点将会引起求解时间、收敛速度等方面的一系列问题,因此人们迫切地希望自动六面体网格功能的出现。自适应性网格划分是指在现有网格基础上,根据有限元计算结果估计计算误差、重新划分网格和再计算的一个循环过程。对于许多工程实际问题,在整个求解过程中,模型的某些区域将会产生很大的应变,引起单元畸变,从而导致求解不能进行下去或求解结果不正确,因此必须进行网格自动重划分。自适应网格往往是许多工程问题(如裂纹扩展、薄板成形等大应变)分析的必要条件。

3. 由求解线性问题发展到求解非线性问题

随着科学技术的发展,线性理论已经远远不能满足设计的要求,许多工程问题如材料的破坏与失效、裂纹扩展等仅靠线性理论根本不能解决,必须进行非线性分析求解,例如薄板成形就要求同时考虑结构的大位移、大应变(几何非线性)和塑性(材料非线性);而对塑料、橡胶、陶瓷、混凝土及岩土等材料进行分析或需要考虑材料的塑性、蠕变效应时，则必须考虑材料的非线性。众所周知，非线性问题的求解是很复杂的，它不仅涉及很多专门的数学问题，还必须掌握一定的理论知识和求解技巧，故而学习起来也较为困难。为此，国外一些公司花费了大量的人力和物力开发非线性求解分析软件，如 ADINA、ABAQUS 等。它们的共同特点是具有高效的非线性求解器、丰富而实用的非线性材料库，ADINA 还同时具有隐式和显式两种时间积分方法。

4. 由单一结构场求解发展到耦合场问题的求解

有限元分析方法最早应用于航空航天领域，主要用来求解线性结构问题，实践证明这是一种非常有效的数值分析方法，而且从理论上也已经证明，只要用于离散求解对象的单元足够小，所得的解就可足够逼近于精确值。用于求解结构线性问题的有限元方法和软件已经比较成熟，发展方向是结构非线性、流体动力学和耦合场问题的求解。例如由于摩擦接触而产生的热问题，金属成形时由于塑性功而产生的热问题，需要结构场和温度场的有限元分析结果交叉迭代求解，即“热力耦合”的问题；当流体在弯管中流动时，流体压力会使弯管产生变形，而管的变形又反过来影响到流体的流动，这就需要对结构场和流场的有限元分析结果交叉迭代求解，即所谓“流固耦合”的问题。由于有限元的应用越来越深入，人们关注的问题越来越复杂，耦合场的求解必定成为 CAE 软件的发展方向。

5. 程序面向用户的开放性

随着商业化的提高，各软件开发商为了扩大自己的市场份额，满足用户的需求，在软件的功能、易用性等方面花费了大量的投资，但由于用户的要求千差万别，不管他们怎样努力也不可能满足所有用户的要求，因此必须给用户一个开放的环境，允许用户根据自己的实际情况对软件进行扩充，包括用户自定义单元特性、用户自定义材料本构（结构本构、热本构、流体本构）、用户自定义流场边界条件、用户自定义结构断裂判据和裂纹扩展规律等。关注有限元的理论发展，采用最先进的算法技术，扩充软件的性能，提高软件性能以满足用户不断增长的需求，是 CAE 软件开发商的主攻目标，也是其产品持续占有市场，求得生存和发展的根本之道。

二、钢闸门有限元分析

随着超大型弧形闸门在水利水电工程中应用越来越多，闸门自身结构复杂，工作条件恶劣，为保证运行安全，对闸门进行静动力学结构分析就具有非常重要的意义。河海大学常州校区作为中国水利学会水工金属结构专业委员会主要单位，成功开展了国内诸多大型水工钢闸门的有限元分析研究。

现以海南迈湾水利工程溢流坝弧形工作闸门为例，借助 ANSYS 有限元软件对弧形闸门从全关到全开过程中不同开度的各工况进行静力学分析，分析闸门的结构强度和刚度，并采用“附加质量法”对闸门进行了流固耦合动力分析，全面评估闸门安全性。

（一）工程概况

迈湾水利枢纽工程位于海南省南渡江干流的中游河段，坝址位于澄迈与屯昌两县交界处，是实现琼北地区水资源优化配置的关键性工程，开发任务以供水、灌溉、防洪为主，兼顾发电，并为改善下游水生态环境和琼北地区水系连通创造条件。水库总库容 6.05 亿

m^3，正常蓄水位 108 m，死水位 72 m，电站总装机容量 40 MW。工程等别为Ⅱ等，工程规模为大(2)型。枢纽建筑物包括 1 座主坝、7 座副坝和左岸灌区渠首。主坝主要建筑物从左至右依次为碾压混凝土挡水重力坝、溢流坝、坝后式发电厂房、灌区渠首、过鱼设施、挡水重力坝。溢流坝位于枢纽中部，堰顶高程 87.0 m，坝顶高程 113.0 m，设 4 扇露顶式弧形工作闸门。溢流坝见图 3-7。

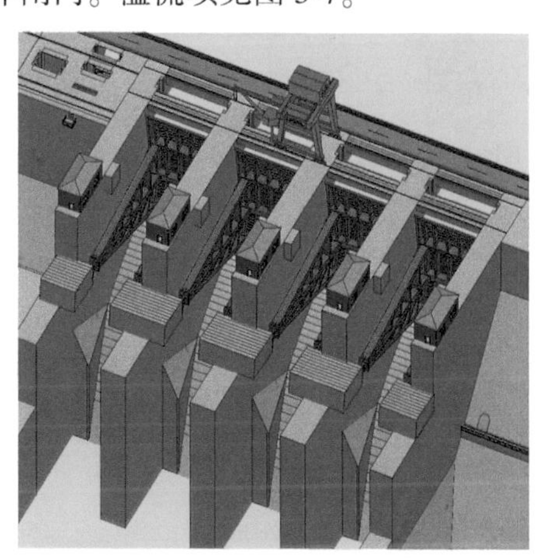
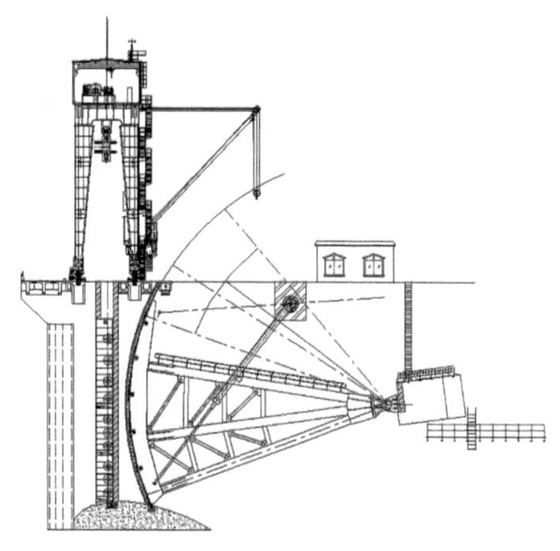

图 3-7　迈湾水利枢纽溢流坝

溢流坝工作闸门主要承担泄洪及调节水库水位等任务，按挡防洪高水位 110.51 m 设计，孔口宽度 13 m，设计水头 24.01 m。闸门采用三主梁斜支臂结构，弧门半径取 30.0 m，支铰中心高程 98.5 m。门叶主梁和支臂均采用组合式双腹板箱形截面，侧止水采用“L”形橡胶止水，底止水采用“I”形橡胶止水，支铰采用 ϕ 800 mm 铜基镶嵌自润滑关节轴承，闸门全开泄洪时采用设在闸顶的自动锁定装置锁定，全开角度 41°。闸门操作方式为动水启闭，有局部开启泄流要求，启闭设备为 2×5 000 kN−11.7 m 液压启闭机。

(二)有限元静力分析

1. 有限元模型

在 ANSYS 软件中对弧形闸门建模，用到的有限元单元类型包括梁单元(Beam188)、壳单元(Shell181)、实体单元(Solid186)，其中 Beam188 单元有 4 549 个，用来模拟闸门次梁；Shell181 单元有 239 332 个，用来模拟由钢板制作而成的闸门面板、主梁、竖直次梁、支臂以及各种加强筋等结构；Solid186 单元有 78 129 个，用来模拟支铰结构。有限元三种单元见图 3-8。

闸门有限元模型在对模型结构划分网格时，对采用 Shell181 单元的闸门面板、主梁、竖直次梁、支臂以及各种加强筋等结构使用尺寸为 0.2 m×0.2 m 的四边形网格映射划分；对采用 Beam188 单元的水平次梁使用单元尺寸为 0.2 m 的自由划分；对采用 Solid186 单元的支铰部分使用单元尺寸为 0.2 m 的自由划分。弧形闸门三维模型见图 3-9。

2. 荷载和约束的施加

由于闸门设计工况较多，现选取在挡水工况对闸门施加荷载和约束。荷载为水压力和闸门自重，水压力按照梯度载荷施加，通过在软件中施加重力加速度产生惯性力的形式来施加。全关状态约束为闸门支铰约束和底槛约束，运行状态约束为闸门支铰约束和吊

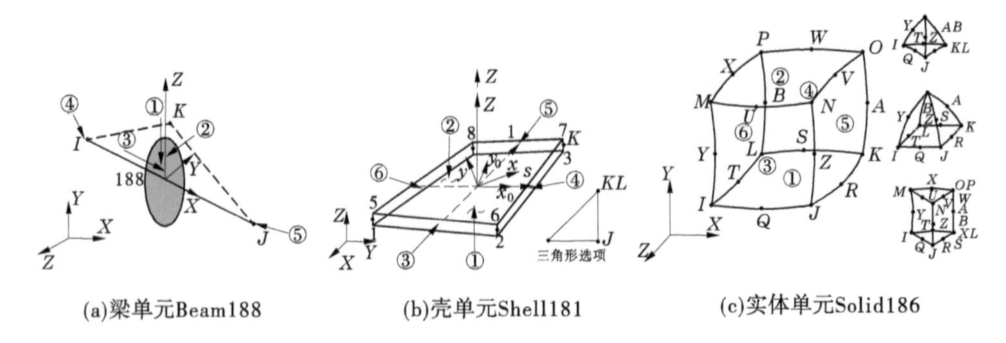

(a)梁单元Beam188　(b)壳单元Shell181　(c)实体单元Solid186

图 3-8　有限元三种单元

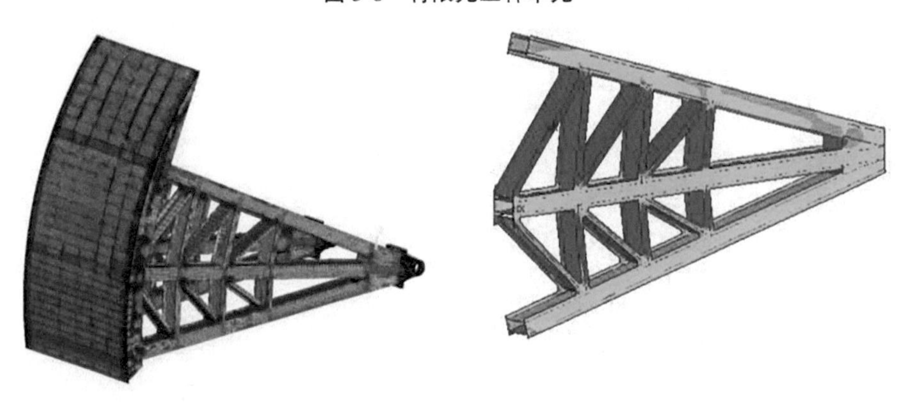

图 3-9　弧形闸门三维模型

耳约束，全开状态约束为闸门支铰约束和锁定约束。闸门在有水状态下不同开度工况的约束见表 3-6。

表 3-6　闸门在有水状态下不同开度工况的约束

工况	开度	约束
1	0	闸门底边约束竖直方向；支铰只留绕 *Z* 轴旋转的自由度
2	20%	吊耳处全约束；支铰只留绕 *Z* 轴旋转的自由度
3	40%	吊耳处全约束；支铰只留绕 *Z* 轴旋转的自由度
4	60%	吊耳处全约束；支铰只留绕 *Z* 轴旋转的自由度
5	80%	吊耳处全约束；支铰只留绕 *Z* 轴旋转的自由度
6	100%	锁定孔全约束；支铰只留绕 *Z* 轴旋转的自由度

3. 闸门整体结构静力分析结果

除去部分应力集中点后，闸门整体结构计算成果见表 3-7。

表 3-7　闸门整体结构计算成果

工况	强度计算成果		变形计算成果	
	应力(MPa)	位置	变形(mm)	位置
工况 1	174	中主梁与支臂连接处腹板	10.31	第二区域面板中部
工况 2	187	启吊点附近的竖直次梁腹板	9.84	第二区域面板中部
工况 3	145	启吊点附近的竖直次梁腹板	6.60	第二区域面板中部
工况 4	98	启吊点附近的竖直次梁腹板	4.16	第三区域面板中部
工况 5	58.4	下支臂与第一直撑连接处	2.11	面板最上中部
工况 6	41	上支臂与第一直撑连接处	1.91	面板最上中部

应力分析结果显示:由于受到的水压力最大,工况 1 和工况 2 条件下闸门的整体应力是最大的。随着闸门不断旋转,作用在闸门上的水压力逐渐变小,闸门应力也随之减小,且闸门上应力较大的部分和被水淹没的闸体是相对应的,这说明有限元分析结果和实际情况是符合的。闸门的应力最大为 187 MPa,小于材料的许用应力,说明闸门整体的强度是足够的。

变形分析结果显示,工况 1 的闸门整体的变形最大,主要集中在闸门下半部分的门叶结构上,虽然工况 2 的受力和工况 1 一样,但在工况 2 中由于液压油缸起了支撑作用,相当于增强了闸门的结构强度,导致变形比工况 1 小了,且随着闸门工况的变化,闸门门叶上的变形也随之变化。当闸门旋转度数较小时,闸门下方变形依然保持较大,但是当闸门旋转度数较大时,自身重力对变形影响越来越大,导致闸门上部变形越来越明显,就导致了变形两头大、中间小的现象。闸门的变形最大为 10.31 mm,考虑到这个变形是闸门整体累积的结果,此处的相对变形值会更小,说明闸门的整体刚度满足要求。

对闸门有限元静力学分析时,只是考虑到静水理想状态,然而闸门实际工作情况远比这复杂,大型闸门有条件的宜做模型试验,通过试验数据和计算结果对比,进一步验证有限元成果。

(二)有限元动力分析

1. 自振频率分析

该闸门自振特性计算采用 ANSYS 中的模态分析模块,分别对无水工况和上述各种工况进行分析。由于水流本身的频率较低,对闸门自振特性主要聚焦在低阶频率上,对每种工况仅分析前 10 阶自振频率,如表 3-8 所示。

表 3-8　闸门前 10 阶自振频率　(单位:Hz)

工况	1	2	3	4	5	6	7	8	9	10
无水	1.65	9.02	9.80	10.72	13.96	14.06	14.11	14.76	15.66	16.76
工况 1	0.80	6.08	9.02	9.24	13.93	14.00	14.10	14.28	14.76	15.54
工况 2	2.97	8.48	9.13	9.57	13.89	14.02	14.12	14.77	14.94	15.64
工况 3	3.64	9.14	9.61	10.54	13.89	14.03	14.12	14.94	15.28	15.98
工况 4	4.40	9.13	9.82	11.54	13.90	14.04	14.13	14.94	15.79	16.33
工况 5	5.13	9.14	10.40	11.80	13.90	14.04	14.13	14.94	15.85	16.49
工况 6	6.30	9.18	11.20	12.28	13.91	14.02	14.08	14.58	15.80	17.36

闸门无水工况和工况 1 的约束条件相同,但在无水工况下闸门的自振频率较高。当闸门在工况 1 条件下,闸门每一阶的自振频率都比无水工况低,其中前面 2 阶自振频率下降幅度较大,其余频率下降幅度较小,说明流固耦合的作用使闸门的频率降低了,且对该闸门的前 2 阶的频率影响较大。

对比分析第一阶自振频率,闸门开启状态工况 2~6 比无水工况以及工况 1 均有显著增大,说明当闸门开启时,闸门底槛失去了约束作用,会使闸门的自振频率显著增加,并且当闸门打开度越来越大时,作用在闸门面板上水体越来越少,从而使水体的耦合作用随之减小,导致了闸门的自振频率增加。闸门从全关状态 0.8 Hz 到全开状态 6.3 Hz 是一个非常大的频率区间,当外部刺激荷载频率一旦处于这个区间时,很容易引起闸门的共振,这也说明了闸门在开启过程中最容易受到振动破坏。

2. 振型分析

由闸门前 10 阶自振频率得到闸门前 10 阶振型。在实际闸门开启的过程中,工况 2 是最常见的一种较危险工况,现对该工况展开分析。工况 2 的前 10 阶振型见图 3-10。

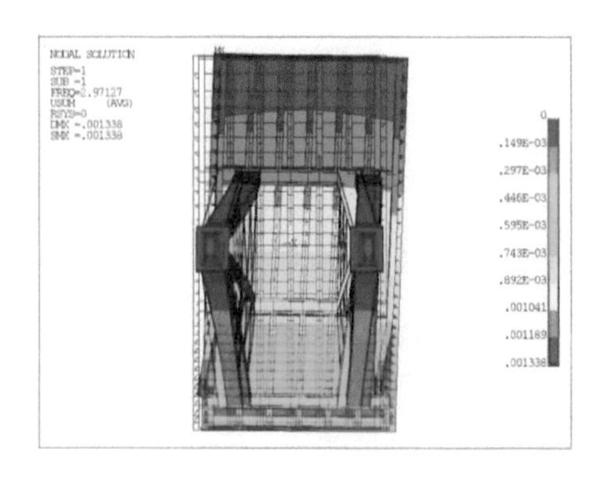

(a)一阶振型

(b)二阶振型

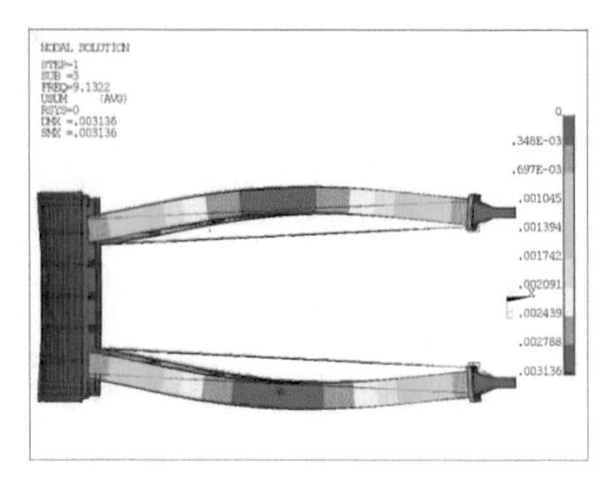

(c)三阶振型

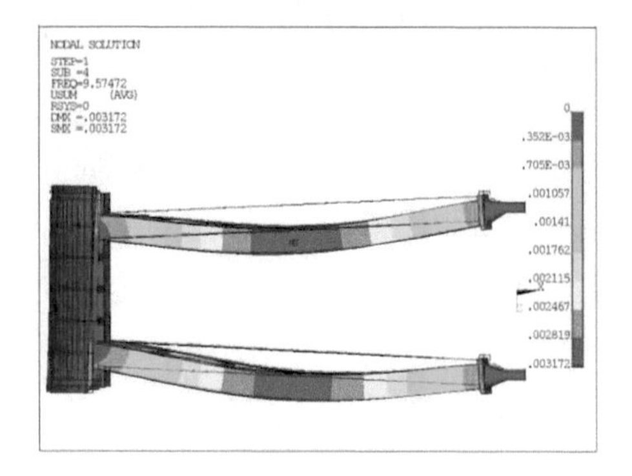

(d)四阶振型

图 3-10　弧形闸门工况的前 10 阶振型

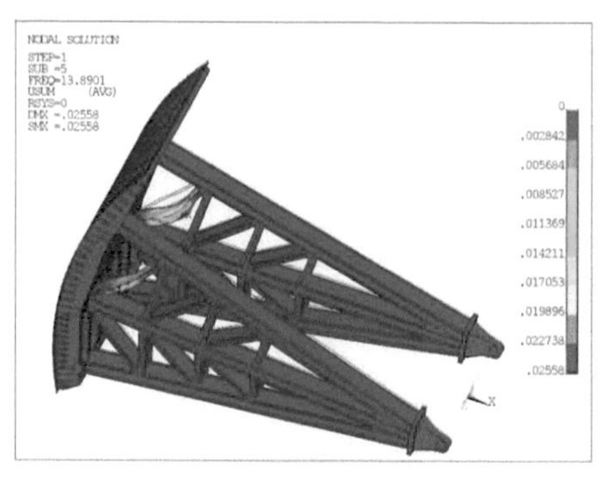

(e)五阶振型

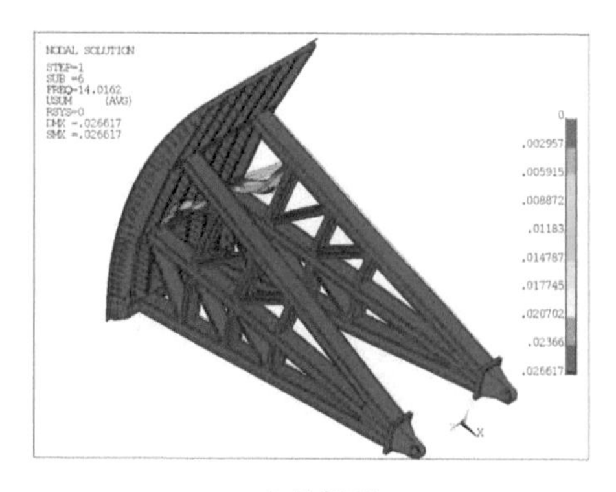

(f)六阶振型

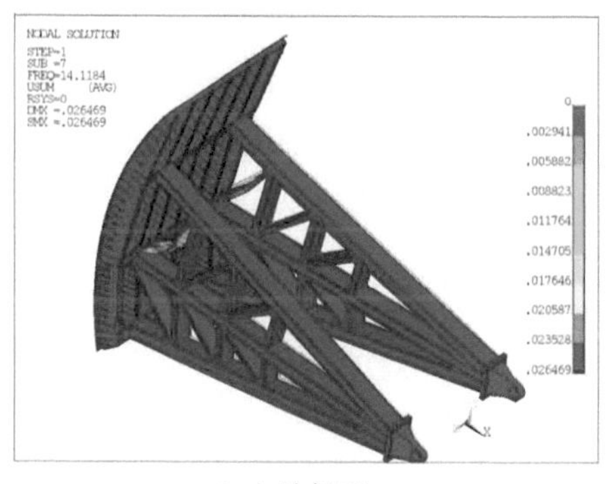

(g)七阶振型

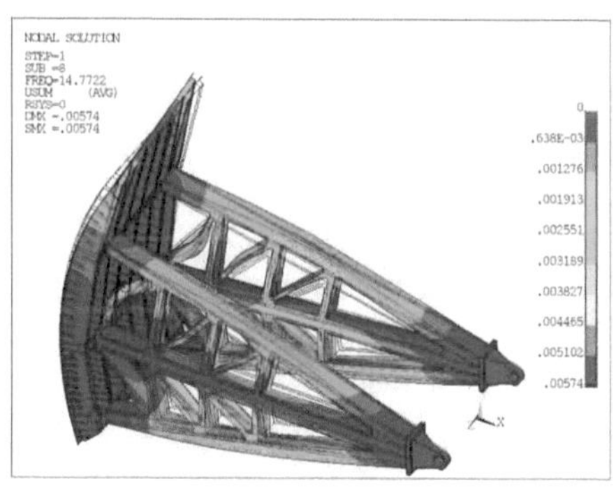

(h)八阶振型

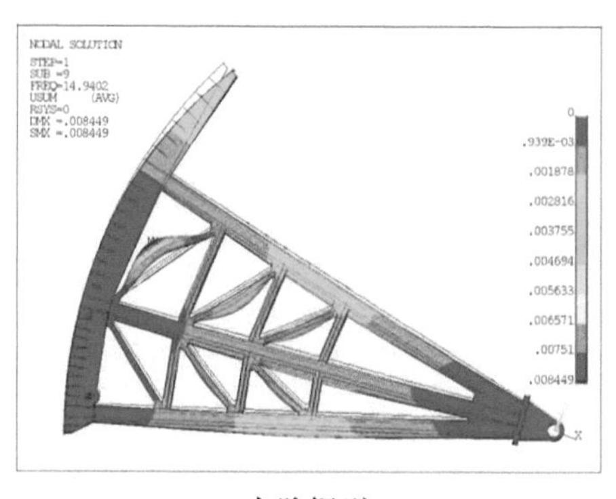

(i)九阶振型

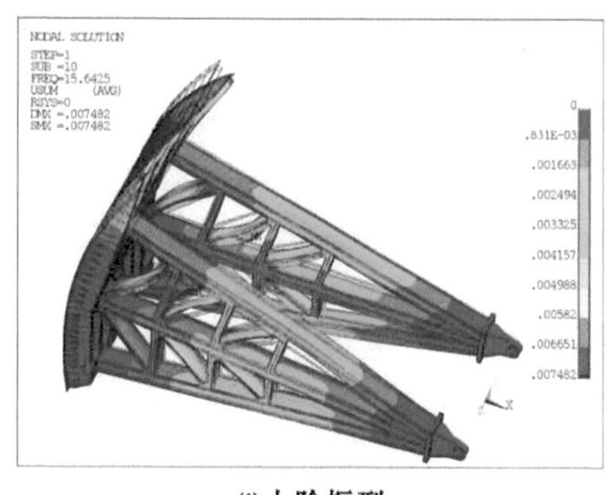

(j)十阶振型

续图 3-10

根据分析结果,闸门不同阶振型表现的形式各不相同。从闸门下游视角来看,第 1 阶振型为闸门门叶整体向右偏移,且门叶上半部偏移程度较大,并带动支臂随之向右偏转一定的角度。第 2 阶振型表现形式大致与第 1 阶相反,闸门门叶整体向左倾斜,上半部倾斜程度较大,带动支臂向左偏转了一个相应的角度。这两阶振型均是闸门整体左右振动,会对闸门支铰产生一个相当大的侧向力矩,严重时会使支铰部位零件松动,甚至轴承因为侧向挤压而爆裂毁坏。第 3、4 阶振型是闸门支臂部分的弯曲振动,具体表现为第 3 阶振型为左右支臂对向向外弯曲,第 4 阶振型为左右支臂同向弯曲,此类的弯曲振动会导致支臂失稳,需要格外注意。第 5、6、7 阶振型是闸门斜撑结构的振动,表现为闸门支臂第 1 斜撑向左右两侧发生不同程度的弯曲振动。第8、10阶振型是闸门整体的扭转，第8阶振型是先由门叶部分沿水流向发生逆时针扭转，其中门叶上部扭转变形较大，带动了支臂部分发生一定的扭转弯曲变形，而第10阶振型与之相反，门叶发生顺时针扭转，支臂也随之变化。第9阶振型表现为闸门整体结构沿着水流方向发生偏移振动，门叶上部偏移程度较大，并且斜撑也伴随弯曲振动。

进一步分析其余振型可以看出，闸门在低阶振型的时候以门叶偏移并带动支臂扭转弯曲变形为主，中阶振型主要表现为支臂和斜撑的弯曲振动，高阶振型则为门叶沿水流方向的扭转变形，并带动支臂一起扭转弯曲。这些振动都可能对闸门结构产生重大破坏，影响生产安全。因此，闸门设计时应降低自振频率，尽量远离外部刺激频率，避免发生共振破坏，同时提高支臂稳定性，降低振动对支臂的不利影响。

三、压力钢管有限元分析

近二三十年来，随着国内高水头大容量水电工程、长距离复杂地基引调水工程的建成或开工建设，压力钢管在设计、施工、结构、材料和工艺研究方面，取得了丰硕的成果。高压大直径岔管的结构型式、超高水头小直径高压输水管道的材料及制作工艺、高压管道穿越高地震活动断裂带的工程结构措施等一系列关键技术问题得到解决，为工程安全运行提供了技术保障。而在这些关键技术在获得解决的过程中，数值分析作为一种工具手段，无疑起到了不容忽视的作用。国内应用较为普遍的数值分析软件为大型通用有限元分析软件ANSYS。武汉大学作为水工及水电站建筑物专业委员会压力钢管专业主要单位，成功开展了国内诸多大型水电站和引水工程的压力钢管和岔管的有限元分析研究。

现以云南普渡河鲁基厂水电站钢岔管和云南新平县十里河水库工程高压钢管为例，借助ANSYS有限元软件对压力钢管、岔管进行强度和稳定性进行有限元分析，全面评估安全性。

（一）鲁基厂水电站钢岔管结构体型优化

1. 工程概况

普渡河鲁基厂水电站位于云南省禄劝县境内，是以发电为主的水电工程。工程主要建筑物由挡水建筑物、泄水建筑物、发电厂房及其引水系统组成，水库总库容为0.1亿m^3，水库正常蓄水位1 090 m。电站总装机容量为96 MW。工程等级为Ⅲ等，工程规模为中型。

压力钢管设在调压井下游端至机组蝴蝶阀之间，机组供水方式为一管三机、卜形分岔型式。钢管由上平段、上弯段、斜管段、下弯段、下平段、岔管段和支管段组成，管线长度约200 m。钢岔管采用内加强月牙肋结构，主、支管轴线夹角为55°，主管内径5.6 m，支管内径为4.3 m和3.1 m，主、支管均为带加劲环钢管。岔管共2个，钢管全部埋设在洞内，管壁和围岩之间采用素混凝土回填，并做回填灌浆、固结灌浆和接触灌浆处理。

2. 研究内容和基本参数

鲁基厂水电站压力岔管尺寸大、*HD*值高，是一个复杂的大型空间结构，需通过三维有限元分析，合理确定岔管的体形参数、型式、结构。

根据钢岔管的布置、水力条件和受力条件等，初定钢岔管的体形参数，包括分岔角、各过渡锥管锥角等，按明钢岔管进行有限元分析，对体形参数进行设计优化和调整。对钢岔管与围岩联合受力的埋藏式岔管进行有限元分析，研究围岩承载的可能性，并确定合适的围岩承载比例，以便对岔管结构进一步优化。对明岔管和埋藏式岔管计算结果进行对比分析，确定岔管最优的型式、结构。钢岔管抗外压稳定性分析，通过计算分析，提出钢岔管抗外压稳定措施，并结合内压计算情况调整管壁厚度。通过以上分析，岔管设计得到优化。

围岩性质为粉质岩；弱～微风化粉砂岩线膨胀系数(3～4)×10^{-5}/℃，粉砂岩动弹性模量25 GPa，粉砂岩变形模量3～5 GPa，粉砂岩侧向压力系数0.67，粉砂岩(饱和)重度最小值2.65 g/cm^3，粉砂岩单位弹性抗力系数2 000～3 000 MN/m^3。岔管材质Q345R。

岔管处含水锤压力后的设计内水压力为1.26 MPa。岔管段洞身处于粉砂岩中，汛期最高外水水位线至岔管管顶高度42 m，考虑机组检修放空时岔管内0.05 MPa真空压力后的外压力为0.47 MPa。

3. 有限元分析成果

1) 体形优化

以1#岔管为例，采用武汉大学压力管道二次开发有限元分析程序，确定1#明岔管的体形和肋板尺寸。具体数值详见表3-9。

表3-9 1#岔管体形参数(明岔管方案)

项目		参数	项目		参数
主锥管C	主管进口半径(mm)	2 800	肋板	肋板高(mm)	3 310
	柱管与过渡管节公切球半径(mm)	2 800		肋板总宽(mm)	4 121
	过渡与基本管节公切球半径(mm)	2 936		断面最大宽度(mm)	1 300
	最大公切球半径(mm)	3 250		肋板宽/肋板高	1.245
	过渡管节半锥顶角	5°		断面最大宽度/肋板高	0.39
	基本管节半锥顶角	11°		断面最大宽度/肋板总宽	0.32
	圆柱管节管壁厚度(mm)	30		肋板厚(mm)	68
	过渡管节管壁厚度(mm)	32		肋板厚/壳板厚	2
	基本管节管壁厚度(mm)	34		分岔角	65°
支锥管A	支管A出口半径(mm)	2 175	支锥管B	支管B出口半径(mm)	1 550
	柱管与过渡管节公切球半径(mm)	2 175		柱管与过渡管节公切球半径(mm)	1 550
	过渡与基本管节公切球半径(mm)	2 385		过渡与基本管节公切球半径(mm)	1 783
	最大公切球半径(mm)	3 250		最大公切球半径(mm)	3 250
	过渡管节半锥顶角	5°		过渡管节半锥顶角	10°
	基本管节半锥顶角	10°		基本管节半锥顶角	22°
	圆柱管节管壁厚度(mm)	26		圆柱管节管壁厚度(mm)	26
	过渡管节管壁厚度(mm)	30		过渡管节管壁厚度(mm)	30
	基本管节管壁厚度(mm)	34		基本管节管壁厚度(mm)	34

2）有限元模型

明岔管模型计算范围的确定按不影响钢岔管单元应力、应变分布和满足足够的精度要求进行考虑。模型在主管和支管端部取固端全约束，为了减小约束端的局部应力影响，主、支管段轴线长度从公切球球心向上、下游分别取最大公切球直径的1.5倍以上。另外水压试验工况模型在主管闷头端取全约束。

月牙肋钢岔管管壳网格剖分全部采用ANSYS中四节点板壳单元，月牙肋由于厚度较厚，为分析肋板Z向（厚度方向）的应力情况，故采用八节点实体单元模拟。由于管径较大，将网格做较细的剖分，直管或锥管段沿圆周划分成36等份。为了提高建模工作的效率，采用了上述钢岔管网格自动剖分程序。有限元模型建立在笛卡儿直角坐标系坐标（X,Y,Z）下，坐标原点位于主锥管与支锥管公切球球心处，XOY面为水平面，竖直方向为Z轴，向上为正，坐标系成右手螺旋。1#岔管管壳及肋板有限元模型见图3-11。

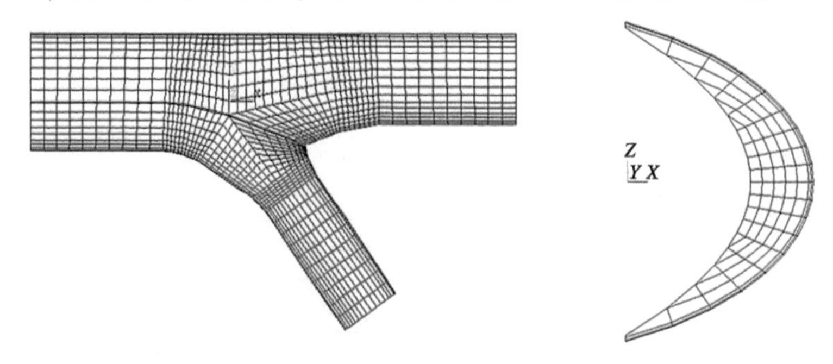

图3-11 1#岔管管壳及肋板有限元模型

地下埋藏式钢岔管和月牙肋网格剖分方法与明岔管一样，回填混凝土开裂后只起传递荷载的作用，这里将其与围岩作为一个整体处理，采用有限元软件ANSYS中一种既能反映围岩抗力又能模拟钢管初始缝隙的接触单元模拟。

明岔管计算方案为运行工况（方案明-1-YX）。埋藏式岔管考虑围岩承载，在不改变已有岔管体形、管壁厚度和肋板尺寸的前提下，采用有限元方法对其进行验算（方案埋-1）。然后根据计算结果对岔管体形、管壁厚度及肋板尺寸进行优化，再用有限元法进行验算（方案埋-1-YH）。各方案及有关参数见表3-10。

表3-10 各方案及有关参数

方案	内水压力（MPa）	钢材	分岔角（°）	主管C管壁厚度（mm）	支管A管壁厚度（mm）	支管B管壁厚度（mm）	肋板厚度（mm）	肋板最大断面宽度（mm）	肋宽比
明-1-YX	1.26	16MnR	65	34、32、30	34、30、26	34、30、26	68	1 300	0.32
埋-1	1.26	16MnR	65	34、32、30	34、30、26	34、30、26	68	1 300	0.32
埋-1-YH	1.26	16MnR	65	26、24、22	26、22、20	26、22、20	52	1 300	0.32

注：表中管壁厚度依次为主支管的基本锥、过渡锥及直管段壁厚，已包含2 mm锈蚀厚度。

3)有限元分析成果

1#岔管各关键点位置见图3-12,各方案的Mises应力值及径向位移见表3-11~表3-13和图3-13~图3-15,径向位移以向外为正,向内为负。

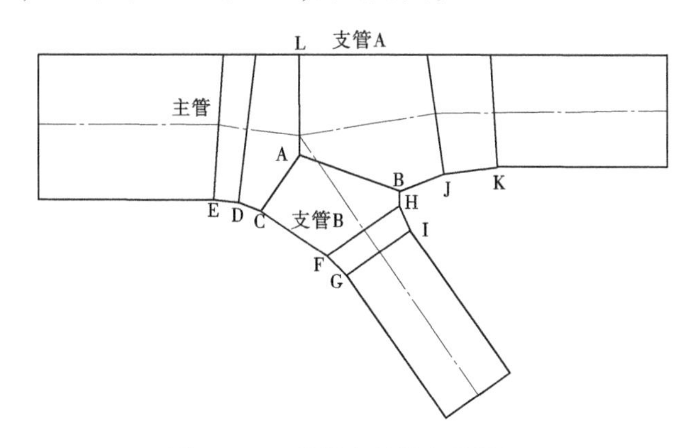

图3-12 1#岔管各关键点位置图

表3-11 1#岔管运行工况关键点Mises应力与位移(明-1-YX方案)

<table>
<tr><td rowspan="2">部位</td><td rowspan="2">管壁</td><td colspan="12">关键点应力(MPa)</td></tr>
<tr><td>A</td><td>B</td><td>C</td><td>D</td><td>E</td><td>F</td><td>G</td><td>H</td><td>I</td><td>J</td><td>K</td><td>L</td></tr>
<tr><td rowspan="3">管壳</td><td>内</td><td>206.66</td><td>77.46</td><td>188.22</td><td>199.59</td><td>174.34</td><td>136.37</td><td>121.23</td><td>131.40</td><td>139.30</td><td>115.96</td><td>122.79</td><td>119.03</td></tr>
<tr><td>外</td><td>94.42</td><td>69.92</td><td>188.47</td><td>201.19</td><td>182.57</td><td>111.95</td><td>106.22</td><td>122.66</td><td>81.57</td><td>150.67</td><td>127.84</td><td>103.51</td></tr>
<tr><td>中</td><td>59.72</td><td>73.68</td><td>169.94</td><td>174.35</td><td>170.27</td><td>119.00</td><td>111.88</td><td>115.45</td><td>110.27</td><td>117.12</td><td>124.02</td><td>111.26</td></tr>
<tr><td rowspan="2">肋板</td><td colspan="4">肋板最大截面处(内侧)</td><td colspan="2">145.18</td><td colspan="3" rowspan="2">肋板和管壳径向位移(mm)</td><td>A</td><td colspan="2">3.25</td></tr>
<tr><td colspan="4">肋板最大截面处(外侧)</td><td colspan="2">69.68</td><td>C</td><td colspan="2">-2.35</td></tr>
</table>

表3-12 1#岔管运行工况关键点Mises应力与位移(埋-1方案)

<table>
<tr><td rowspan="2">部位</td><td rowspan="2">管壁</td><td colspan="12">关键点应力(MPa)</td></tr>
<tr><td>A</td><td>B</td><td>C</td><td>D</td><td>E</td><td>F</td><td>G</td><td>H</td><td>I</td><td>J</td><td>K</td><td>L</td></tr>
<tr><td rowspan="3">管壳</td><td>内</td><td>125.58</td><td>63.46</td><td>169.58</td><td>173.86</td><td>150.88</td><td>110.03</td><td>90.65</td><td>114.33</td><td>100.69</td><td>127.98</td><td>124.72</td><td>103.68</td></tr>
<tr><td>外</td><td>56.79</td><td>55.02</td><td>151.97</td><td>166.36</td><td>150.52</td><td>84.84</td><td>86.09</td><td>105.66</td><td>93.76</td><td>122.56</td><td>122.47</td><td>103.24</td></tr>
<tr><td>中</td><td>43.65</td><td>59.23</td><td>154.20</td><td>155.92</td><td>147.05</td><td>96.67</td><td>87.69</td><td>102.68</td><td>95.99</td><td>120.57</td><td>122.75</td><td>103.45</td></tr>
<tr><td rowspan="2">肋板</td><td colspan="4">肋板最大截面处(内侧)</td><td colspan="2">141.79</td><td colspan="3" rowspan="2">肋板和管壳径向位移(mm)</td><td>A</td><td colspan="2">1.20</td></tr>
<tr><td colspan="4">肋板最大截面处(外侧)</td><td colspan="2">51.57</td><td>C</td><td colspan="2">-0.13</td></tr>
</table>

表 3-13　1#岔管关键点 Mises 应力与位移(埋-1-YH 方案)

<table>
<tr><th rowspan="2">部位</th><th rowspan="2">管壁</th><th colspan="12">关键点应力(MPa)</th></tr>
<tr><th>A</th><th>B</th><th>C</th><th>D</th><th>E</th><th>F</th><th>G</th><th>H</th><th>I</th><th>J</th><th>K</th><th>L</th></tr>
<tr><td rowspan="3">管壳</td><td>内</td><td>136.22</td><td>69.87</td><td>199.14</td><td>182.10</td><td>169.42</td><td>135.21</td><td>117.40</td><td>153.63</td><td>116.94</td><td>112.60</td><td>140.95</td><td>126.38</td></tr>
<tr><td>外</td><td>59.67</td><td>59.96</td><td>198.99</td><td>172.96</td><td>165.48</td><td>114.33</td><td>111.76</td><td>142.01</td><td>123.45</td><td>197.89</td><td>138.94</td><td>125.73</td></tr>
<tr><td>中</td><td>51.46</td><td>64.81</td><td>189.87</td><td>171.86</td><td>166.52</td><td>124.11</td><td>114.25</td><td>138.71</td><td>119.49</td><td>142.59</td><td>139.73</td><td>126.05</td></tr>
<tr><td rowspan="2">肋板</td><td colspan="4">肋板最大截面处(内侧)</td><td colspan="3">165.20</td><td colspan="3" rowspan="2">肋板和管壳径向位移(mm)</td><td>A</td><td colspan="2">1.16</td></tr>
<tr><td colspan="4">肋板最大截面处(外侧)</td><td colspan="3">54.26</td><td>C</td><td colspan="2">1.78</td></tr>
</table>

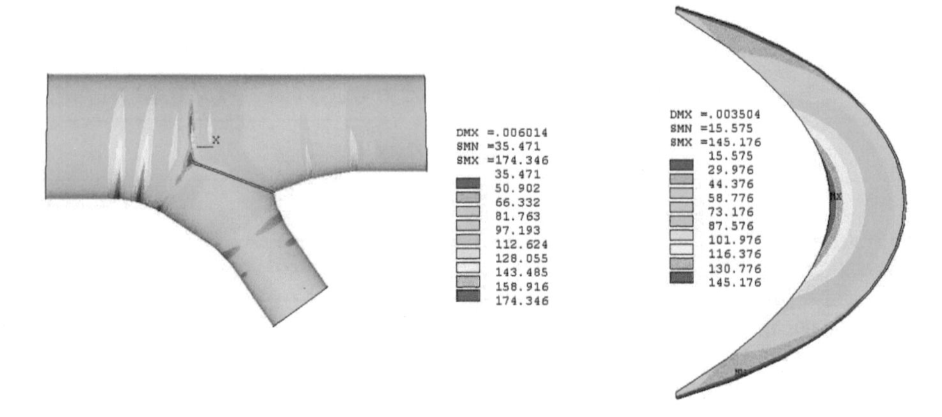

图 3-13　明-1-YX 方案管壳(中面)及肋板 Mises 应力云　(单位:MPa)

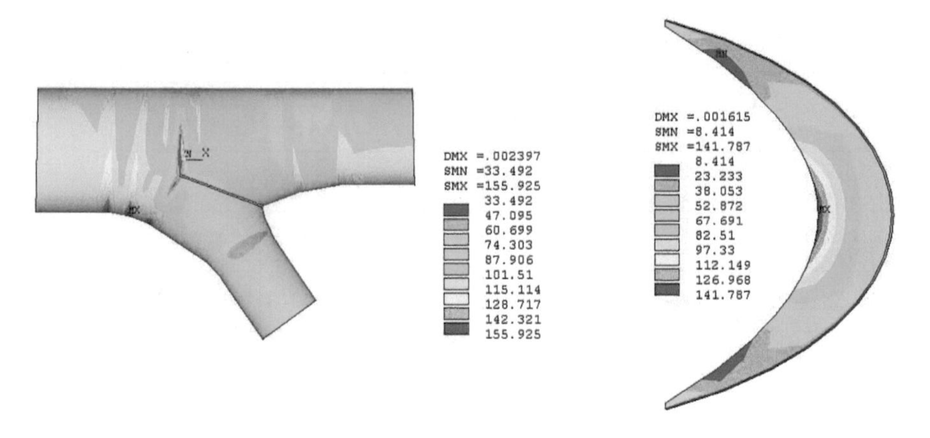

图 3-14　埋-1 方案运行工况管壳(中面)及肋板 Mises 应力　(单位:MPa)

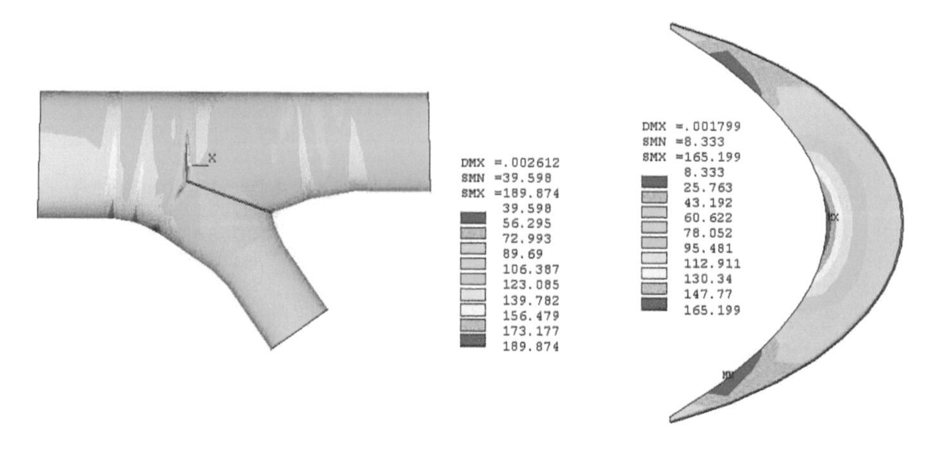

图 3-15　埋-1-YH 方案运行工况管壳(中面)及肋板 Mises 应力　(单位:MPa)

明岔管方案计算结果显示:1#钢岔管正常运行工况管壳表面 Mises 应力峰值为 206.66 MPa,出现在主锥相贯线交点内壁附近,管壳中面最大 Mises 应力为 174.35 MPa,出现在钝角区腰线转折中面处,均小于钢材的抗力限值 210 MPa。肋板最大 Mises 应力为 145.18 MPa,出现在肋板内侧中部,小于相应钢材的抗力限值 182 MPa。在内水压力作用下,1#岔管管壳大多数区域的变形值在 3 mm 以下,数值比较小,也可以满足刚度的要求。说明在正常运行情况下,1#岔管的应力和应变均满足要求。按 Q345R 设计的钢岔管管壁厚度在制作上不存在任何困难,不必采用高强钢,以避免高强钢带来的不利因素的影响。

埋藏式岔管方案计算结果显示:1#钢岔管正常运行工况管壳表面 Mises 应力峰值为 173.86 MPa,出现在钝角区腰线转折中面处,管壳中面最大 Mises 应力为 155.925 MPa,出现在钝角区腰线转折中面处,均小于钢材的抗力限值 210 MPa。肋板最大 Mises 应力为 141.79 MPa,出现在肋板内侧中部,小于相应钢材的抗力限值 182 MPa。

埋藏式岔管考虑围岩的联合承载优化设计后,管壳的峰值应力大大降低,在关键点处围岩的承载比最大达到 30%,平均也在 10%左右。说明在保证钢岔管的制作质量和回填混凝土浇筑质量的前提下,可以适当考虑围岩联合承载,进一步减小管壁厚度和肋板尺寸。如果使用优化前的壁厚保守设计,肋板峰值应力有所降低,其安全裕度有较大提高,岔管结构更加安全。

(二)新平县十里河水库工程钢管穿越地震断裂带分析

1. 工程概况

新平县十里河水库工程主要承担新平县城及新化乡的人畜供水,以及坝址下游戛洒镇的农业灌溉任务。由枢纽工程和输水工程组成。输水工程由供水工程和灌溉工程组成。枢纽工程为新建一座十里河中型水库,水库总库容 1 070.7 万 m^3,正常蓄水位 1 947 m,枢纽建筑物由混凝土面板堆石坝、右岸溢洪道、右岸输水放空兼导流隧洞等组成。

供水工程从十里河水库取水,建筑物主要由 1 根供水干管、1 根右支管、1 根左支管、2 个减压池、1 个分水池、2 个末端水池、1 个加压泵站组成,除左干管采用有压管道泵站提水输水方式外,其他均采用有压重力流管道输水方式,管道敷设方式主要采用埋地钢管单管敷设。供水管线平面长度 66 km,管径 200~600 mm,取水总流量为 0.308 m^3/s。在十里河水库下游 1 775. 0 m 高程处设 1 个减压池，供水工程跨元江段为倒虹吸型式跨越，最低处管中心高程为 475 m，最大静水水头 1 300 m，考虑水锤后的最大设计内水压力值为 13. 5 MPa。

2. 研究内容及基本参数

本工程管线需穿越 2 个断裂带：哀牢山山前断裂之麻栗树—南满断裂和中谷断裂之水塘—元江断裂。2 个断裂带均位于供水工程管道处。高压管道穿越的 2 个断裂带处压力均很高，静水水头分别达到 965 m 和 1 300 m。现以水塘—元江断裂高压回填钢管为研究对象，开展管线结构对活断层变位的适应性和抗震安全性的研究，为工程设计和施工控制提供依据。根据管线布置，研究跨水塘—元江断裂带管道结构形式和最优方案。分析对工程的安全影响性。

新平县十里河水库工程高压管道经过活动断裂带、地震高发区，据《中国地震动参数区划图(1∶400 万)》(GB 18306—2015)，工程区动峰值加速度为 0. 15g，反应谱特征周期为 0. 45 s，区域构造稳定性较差，抗震设防烈度为 8 度，设计基本地震加速度值为 0. 15g。跨水塘—元江断裂大致位于元江河谷，管线桩号约 K13+200，该位置设计水头为 1 350 m，钢管壁厚 24 mm，材质为 600 MPa 级高强钢，屈服强度 490 MPa，镇墩混凝土标准 C25。钢管跨水塘—元江断面见图 3-16。

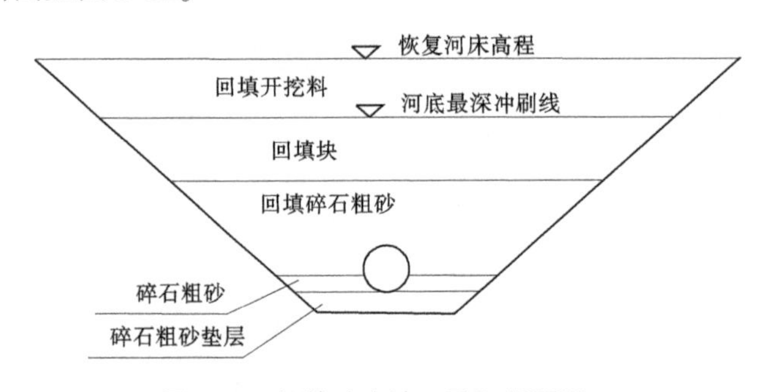

图 3-16 钢管跨水塘—元江断面图

水塘—元江断裂全长近 90 km，地貌表现为断错山脊、水系、断层谷、断层残山等，晚第三纪—中更新世断裂走滑—拉张活动强烈，最新活动为晚更新世末，诸多迹象表明，中谷断裂在管线区一带从元江河谷通过，断裂带宽度超过 200 m。断裂带以左旋 3. 7 mm/a 的速度发展，50 年设计周期内的变形可达 185 mm，断裂带水平和垂直滑动速率分别约为 2. 4 mm/a 和 0. 15 mm/a。断裂带工程地质特征见表 3-14，断裂带岩土体主要工程地质参数见表 3-15。

表 3-14 断裂带工程地质特征

名称	特性
断裂带	中谷断裂之水塘—元江断裂带
断裂性质	右旋走滑—拉张
产状	305°/NE70°
活动性	晚更新世末活动断裂，位错率(早更新世以来)：水平约 2. 4 mm/a；垂直约 0. 15 mm/a

表 3-15 断裂带岩土体主要工程地质参数

序号	土层/岩层名称		变形模量 E_0(MPa)	泊松比 μ	内摩擦角 φ(°)	黏聚力 c(MPa)	岩/土层位置
1	(风化残积)粉质黏土		15	0.38	20	0.02	管周边原状土至地面
2	(冲洪积)含泥砂卵砾石		35	0.32	25	0	元江断裂河床部位
3	元古界(Pta^a)黑云母二长片麻岩	强风化	2 500	0.30	22	0.40	南满断层左侧
4		弱风化	10 000	0.15	45	1.0	
5	三叠系(T_3g)长石砂岩	强风化	1 500	0.35	20	0.30	元江断裂带右侧
6		弱风化	6 000	0.25	38	0.70	元江断裂带两侧
7	碎裂岩、糜棱岩		40	0.35	18	0.05	南满断裂带
8	断层泥		20	0.38	10	0.01	

活动断裂带发生错动位移时,将以地震波的形式对钢管产生变形、弯曲,甚至断裂影响,特别是对高压管道,发生地震破坏时,水流从破口处高速喷出,管道自身会发生大面积的连锁破坏,同时对周边建筑物、村庄产生严重摧毁。为了适应活动断裂的变形,一般在过断层的局部管线上设置多个伸缩节来适应,但无 10 MPa 以上的高压万向伸缩节可选用。本工程借鉴石油管道穿越断裂带设计方法,采用浅宽槽弹性敷设方式,尽量减少镇墩数量,增加钢管柔性,同时要在管线布置上调整管道与断层交叉角度,尽量垂直穿越。本次对如此高压管道穿越断裂带的研究尚属国内首次,将对钢管进行两端无约束、两端有约束、镇墩多种布置方案研究,从而优化管道设计,使钢管适应潜在的活断层错动位移,提高输水管道运行的安全性。

3. 有限元分析成果

钢管穿越地震断裂带采用有限元分析方法研究,模型分析范围为桩号 K13+018.5~K13+558.5,地基宽度取 60 m,深度取元江下 160 m。钢管采用四节点壳单元模拟,土体采用八节点实体单元模拟,模型坐标系为 X 轴沿水平方向,指向上游为正;Z 轴为铅直方向,向上为正;Y 轴方向可根据右手螺旋确定。钢管与土体接触面设置面-面接触单元,并采用库仑摩擦模型模拟接触面间的相互关系。为便于分析,将整个管道分为 A、B、C、D 段,并选取各直线段管道两端及中间管顶位置处的关键点来定量分析。

有限元静力分析时考虑的工况组合有:正常运行工况的钢管自重、沟槽内土体自重、镇墩自重、管内水重、内水压力荷载组合;正常运行+温度荷载工况组合,温差取±25 ℃;正常运行+断层蠕滑变形工况组合,该工况在常规荷载的基础上增加了断层蠕滑位移,管线使用年限 50 年的水平位移量累计按 0.12 m 计算,垂直位移量累计按 0.007 5 m 计算;正常运行+温度荷载+断层蠕滑变形工况组合。有限元动力分析时尚应考虑地震荷载和上述荷载的各种工况组合。模型荷载分两步施加,第一荷载步施加钢管自重、沟槽内土体自重、镇墩自重,第二步施加管内水重以及内水压力。计算分为两种约束条件,即两端自由和两端约束。

经有限元分析,钢管转变处设镇墩对钢管应力增加不多,但可以有效减小钢管位移,对钢管运行安全有利。使用有限元对镇墩进行多方案比较和优化后,选用设置 8 个镇墩的布置方案,其中有 2 个镇墩设置在断裂带内。穿断裂带钢管布置见图 3-17。

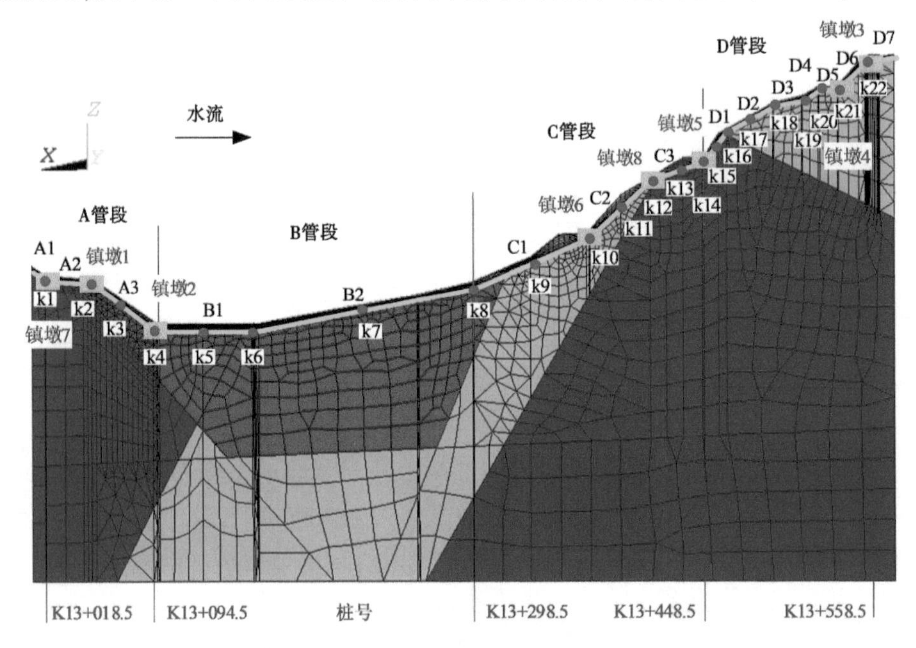

图 3-17　穿断裂带钢管布置

在各静力工况下的钢管位移及应力有限元分析结果见表 3-16,典型工况钢管合位移和中面应力见图 3-18、图 3-19。有限元分析结果显示:该方案在正常运行工况下的钢管位移量较小;后续温度作用下,温升作用相较温降作用对钢管位移及应力更为不利;在断层蠕滑变形下,钢管位移会显著增加,长期来看,钢管位移大小主要由断层蠕滑变形控制。此外,各工况下的钢管应力均远小于允许应力要求,尚有较大的安全裕度。各工况下镇墩和钢管均满足抗滑稳定性要求。

表 3-16　各静力工况下的钢管位移及应力有限元分析结果

工况	最大合位移(mm)	管土间最大滑移量(mm)	最大中面应力(MPa)	最大内表面应力(MPa)	最大外表面应力(MPa)
正常运行	16.8	6.3	167.5	188.6	163.0
正常运行+温升	43.3	18.7	254.0	276.6	249.3
正常运行+温降	23.4	11.8	175.5	186.3	216.3
正常运行+蠕滑变形	123.7	5.8	216.4	242.1	282.8
正常运行+蠕滑变形+温升	127.1	18.3	249.6	274.3	317.2
正常运行+蠕滑变形+温降	124.4	16.5	195.4	233.0	305.4

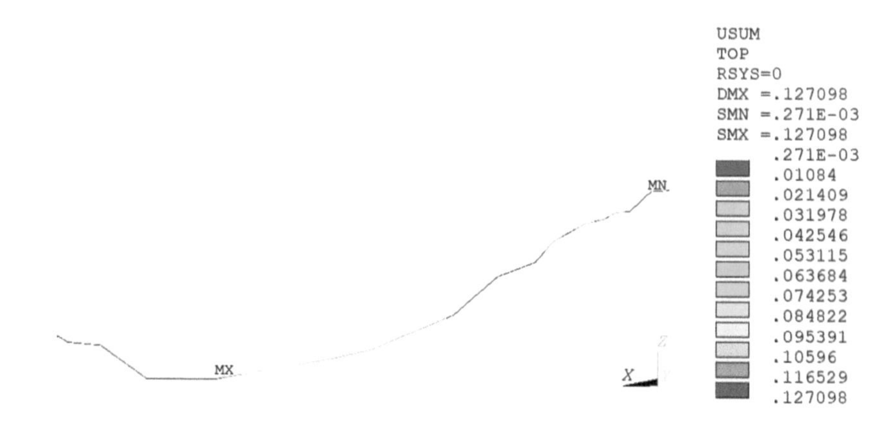

图 3-18　正常运行+蠕滑+温升工况(去除钢管和回填土重力)钢管合位移　(单位:m)

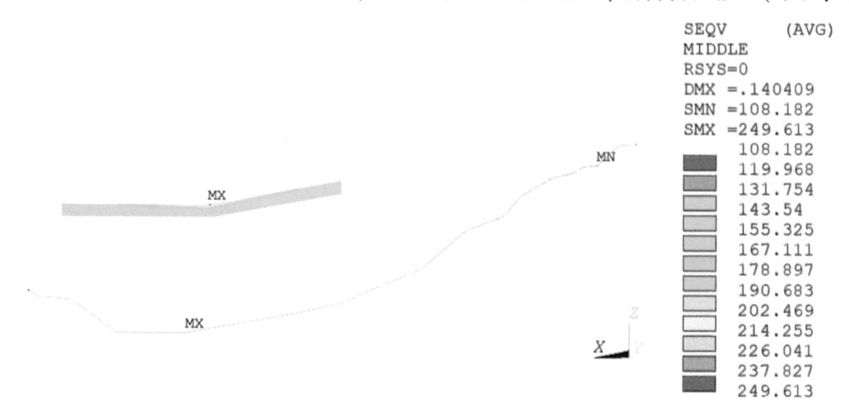

图 3-19　正常运行+蠕滑变形+温升工况钢管中面 Mises 应力　(单位:MPa)

各动力工况下的钢管位移及应力有限元分析结果见表 3-17,典型工况钢管合位移和中面应力见图 3-20、图 3-21。研究结果显示:相较于静力工况,动力作用下的钢管各方向的位移均有了明显增加,钢管应力仅很小范围计算应力会超出允许应力,但钢管应力整体上较低。考虑到地震作用时间较短,虽然局部应力较大,但钢管总体上仍是安全的。各工况下镇墩和钢管均满足抗滑稳定性要求。

表 3-17　各动力工况下的钢管位移及应力有限元分析结果

工况	X 向位移范围(mm)	Y 向位移范围(mm)	Z 向位移范围(mm)	管土间最大滑移量(mm)	最大中面应力(MPa)	最大内表面应力(MPa)	最大外表面应力(MPa)
正常运行+温升+地震	-22.3~8.6	-20.2~19.4	-47.4~60.0	31.7	280.7	335.9	311.9
正常运行+温降+地震	-42.8~49.1	-3.3~3.2	-83.7~71.0	46.1	215.6	319.7	398.3
正常运行+蠕滑变形+温升+地震	-21.3~30.8	-137.3~16.2	-46.6~62.7	31.1	262.5	332.8	327.4
正常运行+蠕滑变形+温降+地震	-88.8~67.0	-126.0~14.0	-236.1~171.3	85.4	290.8	357.0	411.5

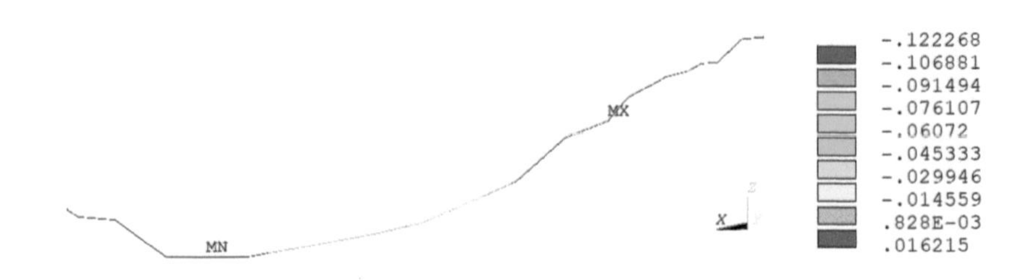

图 3-20　正常运行+蠕滑+温升+地震工况(去除钢管和回填土重力)钢管 Y 向位移　(单位:m)

图 3-21　正常运行+蠕滑变形+温升+地震工况钢管中面最大 Mises 应力　(单位:MPa)

以上计算结果显示:优化方案在后续各种复杂工况作用下具有良好的适应性。各静力工况下,钢管位移主要由断层蠕滑变形和温升工况控制,且钢管应力均远小于允许应力要求,尚有较大的安全裕度,此外各镇墩及钢管能够满足抗滑稳定;各动力工况下,钢管各方向的位移均有显著的增加,其应力总体较低,远低于允许应力要求,但在局部转弯位置应力会超过允许应力,考虑到地震作用时间较短并且分析时考虑了蠕滑变形,是极端荷载组合,且钢管局部应力最大值没超过钢材极限抗拉强度,故可认为在动力工况下钢管仍是安全可靠。

优化方案采用的镇墩和钢管具有良好的抗滑稳定性,但在地震作用下其抗滑安全稳定系数相对较低。由于镇墩的抗滑稳定性与镇墩体积、布置形式有关,而有限元分析时对镇墩进行了简化分析,故在工程设计中可根据工程实际,采用有限元计算提取的镇墩作用力,进一步优化镇墩体型及布置,以保证镇墩稳定和经济性。

第四章 新设备应用

第一节 气动盾形闸门

一、发展现状

城市水利工程常采用提升闸、翻板闸、橡胶坝等作为挡水、泄水建筑物,但难以达到水利工程与景观工程充分融合的效果。近年来出现了以压缩空气作为动力的气动盾形闸门,解决了传统橡胶坝存在的挡水水头不高、顶部不能溢流、景观差、寿命短等缺点,其宽度不受限制,可达百米以上,高度一般不大于 6 m,贵阳南明河气动盾形闸门宽 60 m,高 8 m,为国内最高。

气动盾形闸门结合了翻板闸和橡胶坝的特点,适用于拦河坝(闸)工程,如拦河蓄水、城市景观、坝顶加高、灌溉引水、防浪挡潮等工程,是大跨度城市景观闸的优选型式。气动盾形闸门也称气动钢盾橡胶坝,在我国尚属于起步阶段,目前在建和已建工程已达几十座。气动盾形闸门具有高效、节能、环保、免维护、寿命长等特点,运行自动化程度高、运行管理费低,投资与传统水闸相当,在技术上有所创新,具有广泛的实用性、社会效益和推广价值。目前我国在借鉴国外技术基础上,已经完成并出版了《气动盾形闸门系统设计规范》(T/CHES 24—2019)团体标准,形成自身的一套技术体系,填补了气动盾形闸门技术应用方面的空白。

气动盾形闸门系统主要由金属结构、橡胶气袋、安全抑制带、橡胶密封件、基础与埋件、气动系统、电气及自动控制系统等组成,以压缩空气为动力,通过对气袋的充气、放气,实现闸门的起升和倒伏。气动盾形闸门见图 4-1、图 4-2。

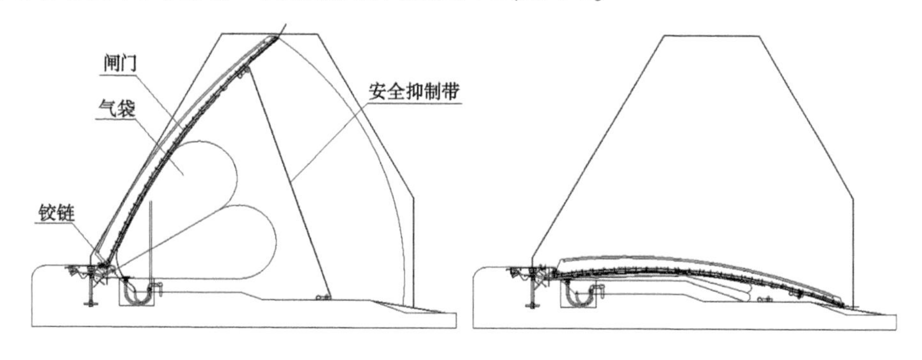

图 4-1 气动盾形闸门升起和倒伏断面

(a)上游全貌

(b)下游全貌

图 4-2 贵阳南明河 8 m×60 m 气动盾形闸门

二、技术要求

气动盾形闸门系统设计资料应包括下列各项：

(1)工程开发任务和水工建筑物的基本情况，包括水工建筑物的规模、等别级别、建筑物型式、总体布置、运行特性等。

(2)水文泥沙情况，包括暴雨、径流、水位、泥沙含量、水中漂浮物和水生物的生长情况等。

(3)气象和地震情况，包括温度、风力、结冰、波浪、涌潮强度、地震烈度等。

(4)过坝要求，包括过坝的船只、冰凌、漂木、竹筏、水面污物的规格货运量等。

(5)闸门基本情况，包括孔口位置、数量、尺寸、运行、检修条件、操作要求、局部开启要求、泄水、排漂、排污等运行要求、外电供电方式以及电气控制方式等。

(6)上下游水位情况，包括各种挡水工况、运行工况可能出现的水位组合。

(7)设备制造安装条件，包括原材料供应、制造设备、运输条件、现场安装条件等。

气动盾形闸门总体布置应符合所应用工程的总体规划及要求，综合考虑安全、水文、地形、地质、交通、泥沙、环保、美观、经济等影响因素，经比选后确定基础位置。闸址宜选择在河道顺直、河势相对稳定的河段，避免出现涡流、急缓流突变。闸门挡水宽度应与河道宽度相适应，具有行洪、排涝要求的气动盾形闸门系统倒伏时应能满足河道设计行洪要求。当河道宽度大于 100 m 时，宜设置中间闸墩分跨布置。闸墩沿水流方向长度应大于闸门倒伏时的长度，基础底板厚度及宽度应满足管路布置、埋件布置及闸门安装要求，并控制一定地基的沉降量。动力控制室宜独立设置在岸边，当控制室布置在地面以上时，室内地面高程宜高于校核洪水位；当控制室布置在地面以下时，应做好防潮、防水等措施。

气动盾形闸门可在任意高度开启运行，顶部溢流高度不应超过 0.5 m，避免产生流激振动破坏。当在设计水位工作时，应考虑下游水位变化情况，并计算浮力产生的影响。在冬季寒冷地区运行，宜设置防冰冻设施，防止冰冻对门板和气袋产生破坏。闸门挡水高度在 4 m 及以下时宜采用单气袋；挡水高度在 4 m 以上时宜采用双气袋，目前双气袋的生产已实现国产化。挡水高度大于 6 m 的气动盾形闸门已超过规范推荐高度，应经过专门的试验论证。气动盾形闸门要求反向挡水时，应增设安全抑制带数量或增设牢固的反向拉索。

挡水门板单元宽度一般不大于 5 m，门板单元间设有中缝橡胶止水。气袋宜由内、中、外三层材质组合而成，内层应具有良好的气密性，中层宜为抗拉骨架层，外层为保护层，外层材料性能不宜低于三元乙丙橡胶的性能。气袋数量与闸门单元数量相匹配，单个气袋长度应小于闸门单元的宽度。

气动系统由空气压缩机、干燥装置、过滤器、储气罐、阀件、管路、接头等组成，空气压缩机、干燥装置、过滤器及储气罐应布置在控制室内，宜使机器间有良好的自然通风，避免直晒。空气压缩机的数量应不小于2台，管路分为进排气管和排水管，每个气袋设单独的进气管，排气管可汇合为1根总管。

第二节 移动式挡水墙板

一、特点分析

目前，国内在防洪、抗洪方面多数采用堆积人工砂袋方式，劳动强度大，工作效率低，挡水效果差，挡水高度有限。移动式挡水墙板是近十年来从国外引进的一种设备，由底座、立柱、活动挡板、压紧装置、顶紧装置和密封件等组成，立柱通过底座上的预埋螺栓固定在混凝土地梁上，广泛使用于城市防洪、地下停车库防洪、大坝加高、水闸检修等。移动式挡水墙板又称为移动式防洪墙、移动式挡水闸。活动挡水板每块高度约0.2 m，单跨长度不宜大于4 m，板与板间的凹凸结构中设有密封件，底节挡板底部设有底密封，挡板与立柱密封槽间设有侧密封，移动式挡水墙板示意图见图4-3，结构见图4-4。

图4-3 移动式挡水墙板

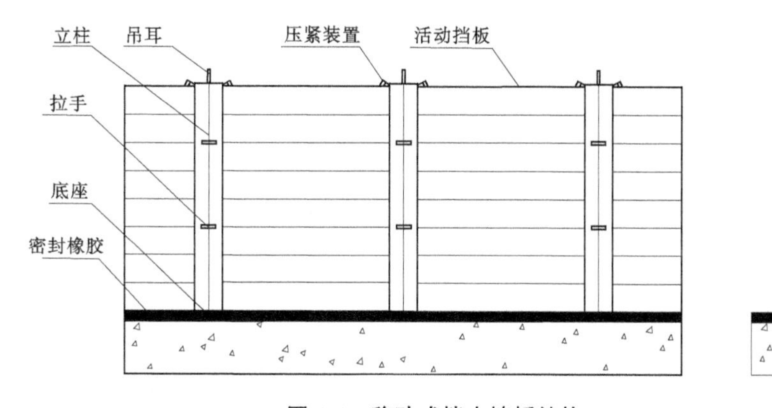

图4-4 移动式挡水墙板结构

移动式挡水墙板具有以下特点：

(1)安全性高。铝合金挡板重量轻、强度大,结构受力明确,预先做好的混凝土基础保证了设备安装的可靠性,适用的工作温度为0~70 ℃。

(2)安装方便快捷。活动挡板的安装只需通过凹凸结构竖向拼插即可,人工可快速施工插板,安装效率高。

(3)密封效果好。各连接部位设有密封件,可通过在顶部设置压紧装置、迎水面设置顶紧装置,对止水橡胶进行预压缩,提高封水效果。

(4)挡水高度可调。在一定范围内可通过增减活动挡板数量,调节挡水墙板高度以适应不同挡水要求。

(5)可重复使用,寿命长。活动挡板材质为铝合金,具有密度小、硬度高、耐腐蚀、塑性好等特点,通过表面处理提高耐腐蚀性。

(6)运输存放方便。立柱、活动挡板断面规则,材质轻,便于人工安装。

(7)外观美观。立柱、活动挡板可根据城市风格选取不同颜色,增添城市景观。

二、技术要求

(一)基本布置

移动式挡水墙板的选址与布置应根据拟实施区域的防洪规划、地形、地质条件、道路市政设施情况、河流岸线变迁以及结合现有与拟建建筑物的位置、施工条件、市政地下埋设物调查等因素,同时经过技术经济比较综合分析确定。

移动式挡水墙板可根据工程实际需求进行直线或折线布置,与周围环境及建筑物相协调适应。移动式挡水墙板的最大设计防水高度大于3 m时,应有背挡对立柱进行加固,以减小墙板跨度。预埋件应易于拆装,在拆卸状态下应有保护措施,防止泥沙等杂物进入。安装现场应留有一定空间的安装通道。

(二)设计计算

移动式挡水墙板应进行抗倾覆、抗滑移和地基整体稳定计算。当地基稳定、承载力、变形不满足要求时,应对地基进行加固或调整挡水闸门的基础尺寸。移动式挡水墙板与铝合金底槽应紧密结合,基底不透水轮廓线应按照渗透稳定要求确定。

岩基上的移动式挡水墙板的基础底不应出现拉应力。土基上的挡水墙板除应计算沿基底面的抗滑移稳定性外,还应核算挡水板与地基整体的抗滑移稳定性。土质地基的最大沉降量和最大沉降差应保证移动式挡水墙板正常装卸与使用。对于土质较差的地基,可浇筑深、宽均不小于500 mm的钢筋混凝土地基,以保障挡水闸门的安装。

(三)技术要求

挡水墙板、立柱材质常用铝合金,预埋件材质常用不锈钢。常用材料见表4-1,常用铝合金和不锈钢的屈服强度见表4-2。

表 4-1　挡水墙板、立柱及预埋件的常用材料

部件	常用材料
挡水板	2036-T4、6063-T6、6463-T6、6066-T4 等
立柱	2014-T4、2025-T6、2218-T72、2219-T31、6082-T6、7003-T5 等
预埋件	12Cr18Ni9、06Cr19Ni10、06Cr17Ni12、022Cr22Ni5Mo3N 等

表 4-2　常用铝合金和不锈钢的屈服强度

序号	材料	屈服强度(MPa)
1	2036-T4	195
2	6063-T6	215
3	6066-T4	205
4	6463-T6	215
5	2014-T4	290
6	2025-T6	255
7	2218-T72	255
8	2219-T31	250
9	7003-T5	255
10	12Cr17Ni7	205
11	06Cr19Ni10	205
12	022Cr19Ni10	170

以宽 2.5 m、高 2 m 的移动式挡水墙板为例,各部件技术参数见表 4-3。

表 4-3　2.5 m×2.0 m 挡水墙板技术参数表

序号	部件名称	材质及尺寸要求	成型工艺
1	单块墙板	铝合金 6061-T6 厚度≥8 mm, 整体挡水板厚度 60 mm, 每块挡板有效高度为 200 mm	经模具挤压一体成型, 表面经阳极氧化
2	底墙板	铝合金 6061-T6,宽 60 mm ,高 70 mm	经模具挤压一体成型, 表面经阳极氧化
3	边柱、立柱	密封件:铝合金 6061-T6, 立柱外围长 150 mm 宽 150 mm	经模具挤压一体成型,表面经阳极氧化。 立柱外围为 150H 型钢。
4	止水件	止水 EPDM(三元乙丙橡胶), 底挡密封厚度大于 30 mm	硫化处理

第三节　活动钢桥

船闸由于有通航过船要求，当闸顶桥梁不满足通航净空要求时，常设活动桥梁作为公路桥或工作桥，其材料又以钢结构居多，即采用活动钢桥作为两岸交通设施。通航时先打开活动钢桥过船，待过船结束后活动钢桥再复位通车。相对固定桥梁来说，活动桥梁结构简单，运行方便，造价低，不需抬高桥身高程和设引桥，适用于两岸交通量不大的过闸设施。活动钢桥型式有提升式、顶升式、水平旋转式、上翻式等多种，应根据通车荷载和景观要求选择合适的结构型式。对于两岸仅需通过行人的小型工程，也可在工作闸门顶部设钢平台作为人行桥使用。

一、提升横拉式活动钢桥

提升横拉式活动钢桥一般用于通行较频繁的船闸上，可通行各种常规车辆。在通航时提升横拉钢桥至闸首一侧停放，能保证通航安全，并不占用通航空间。钢桥常采用实腹式或桁架式简支结构，四个角各设一个吊点，在闸墩顶部设有坑槽和钢埋件，用来支承钢桥，并保证桥面与闸顶相平。操作设备常用台车，可使用两台卷扬机同步双出绳，通过滑轮转向与钢桥相连。提升横拉式活动钢桥见图 4-5。

图 4-5　联石湾船闸提升横拉式活动钢桥

二、顶升式活动钢桥

顶升式活动钢桥一般用于通航净空不高、通行不频繁的船闸上，可通行各种常规车辆。在通航时先将桥梁顶起通航，不占用通航空间，通航完毕钢桥下落复位与闸顶相平。钢桥常采用实腹式或桁架式简支结构，设导向轮沿立柱上下移动，四个角各设一个顶升支点，在闸墩顶部设有坑槽和钢埋件，用来支承钢桥，并保证桥面与闸顶相平。操作设备常用顶升式液压启闭机，对四点同步性要求较高，钢桥全开时应设机械锁定装置。顶升式活动钢桥见图 4-6。

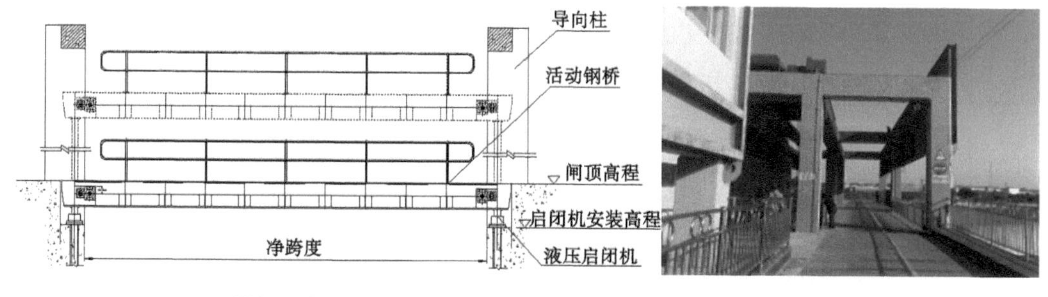

(a)横剖面布置　(b)桥体全貌

图 4-6　新龙湾水闸液压顶升式活动钢桥

三、水平旋转式活动钢桥

水平旋转式活动钢桥一般用于跨度不大、通行不频繁的船闸上，可通行小型车辆。水平旋转式活动钢桥在通航时能旋转一定角度收起到闸墩顶部，不占通航空间，在景观上容易与整体建筑协调一致。钢桥常采用实腹式悬臂结构，一端设有回转机构，以实现钢桥的水平 90°旋转。当桥面较宽时，所占用的端部空间较大。操作设备常用液压启闭机驱动支承转盘拐臂，或用行星减速机驱动支承转盘。水平旋转式活动钢桥见图 4-7。

(a)桥体全貌

(b)旋转结构

图 4-7　石榴岗水闸水平旋转式活动钢桥

四、上翻式活动钢桥

上翻式活动钢桥一般用于跨度不大、通行不频繁的船闸上，可通行小型车辆。上翻式活动钢桥常为单开式布置，当跨度较大时可采用双开式布置。钢桥常采用悬臂结构，一端设有水平轴支铰，开启时钢桥向斜上方旋转起一定角度通航。操作设备常用液压启闭机顶升端部，或用固定卷扬机钢丝绳斜拉桥的远端，钢桥全开时应设机械锁定装置。上翻式活动钢桥见图 4-8、图 4-9。

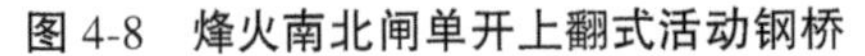

图 4-8　烽火南北闸单开上翻式活动钢桥　　图 4-9　广州新担涌水闸对开上翻式活动钢

第四节　省力型活动盖板

一、发展现状

使用传统盖板时需配备或共用起吊设备，并且需要一定的存放空间，操作起来费时费工，同时带来一定的安全隐患。使用省力型活动盖板可以解决上述问题，增加了安全性和整体美观。省力型活动盖板最初是在多层建筑中为吊物孔量身定做的新型安全防护设备，在不进行吊装作业时，盖板关闭，不影响楼层上的作业活动；起吊设备时，打开盖板，在洞口四周形成安全护栏，防止人员、物品坠落洞内造成事故的发生。省力型活动盖板可使用电动或手动较为轻便地打开和关闭。

省力型活动盖板在水利水电工程中的电站、泵站运行层吊物孔上应用较早。近十年来，为了提高大坝安全运行性和坝面整体景观，减少盖板存放空间，坝顶门槽孔、门库孔、电缆沟、滑线沟等部位也开始使用省力型活动盖板。各部位的省力型活动盖板见图 4-10～图 4-13。

图 4-10　电站运行层吊物孔折叠型省力型活动盖板

图 4-11　坝面门槽省力型活动盖板

图 4-12　电缆沟省力型活动盖板

图 4-13　滑线沟自动开启省力型活动盖板

二、型式和性能特点

省力型活动盖板由盖板、侧面护栏、驱动机构等组成。盖板由碳钢制作，其结构按上部承载要求确定，可设计为单开式、对开式、折叠式等多种型式。侧面护栏作为两侧防护栏杆使用，可设计成折叠式、伸缩式等多种型式。省力型活动盖板型式见图 4-14。

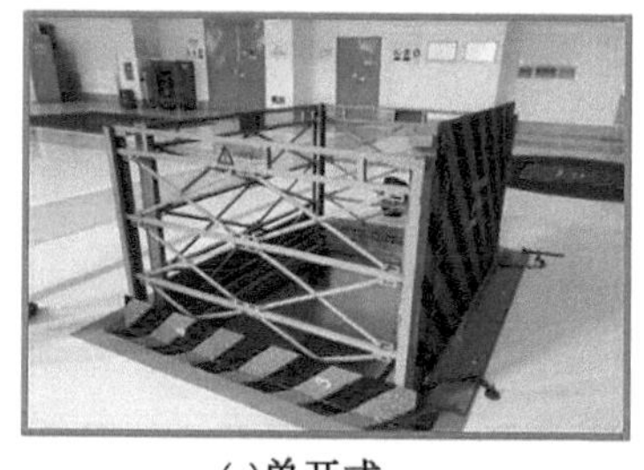

(a)单开式

(b)对开式

(c)折叠式

图 4-14　省力型活动盖板型式

驱动机构采用电动操作时，执行机构有液压式、电动式等多种型式；采用手动操作时，执行机构有弹簧式、扭簧式、重锤式等多种型式。各种型式执行机构见图 4-15。

省力型活动盖板具有以下特点：

(a)液压式

(b)电动式

(c)弹簧式

(d)扭簧式

(e)重锤式

图 4-15　省力型活动盖板各种型式执行机构

(1)安全省力。门板与隐藏侧护栏组成安全合围护栏,稳固安全。手动开启时,采用扭簧、重锤、伸缩缸等助力设施,一人可轻松手动开启。

(2)方便快捷。无须吊车、缆绳以及其他吊装工具,开闭时间短,工作效率高。

(3)实用率高。伸缩、折叠设计更好地应用于各种大面积孔洞。

(4)型式多样。可按用户要求进行非标设计制造。

(5)承重能力强。可按上部荷载要求设计成不同结构,适用性强。

(6)景观性好。关闭后盖板与地面齐平,可装饰性好。

第五节　无电应急启闭设备

一、发展现状

在水利水电工程中除小容量启闭机有使用人工手摇装置外,其余启闭机的操作基本都是使用电力驱动。启闭机配有现地控制柜和动力柜,在正常供电情况下,控制柜接电后,通过电动机驱动卷扬装置或液压泵站,从而实现启闭机工作。启闭机机械部分运行的可靠性一般较高,出现故障的可能性较小,电气部分受各种因素的影响较大,如温度、湿度、程序、电网稳定性等,出现故障的环节较多。

目前,对于电源供应出现故障的应对措施一般是配置柴油发电机,但柴油发电机功率大、故障高、占用的空间大,需设有专门的柴油发电机室及配套的控制系统。电源是启闭机运行的重要设备之一,若启闭机电动机出现故障,或电气元器件出现故障,或电气控制系统出现故障,即使供电电源正常启闭机也不能正常工作。如果启闭机在启闭过程中或在行走过程中外部电源断电或电动机、电气控制系统出现故障,均无法操作闸门到指定位置,尤其对于操作具有泄洪工作闸门的启闭机来说,可能引起洪水翻坝、溃坝等重大安全事故，湖南涔天河水利枢纽、四川龙潭水电站均出现控制系统出现故障无法开启闸门的情况。国内外启闭机因失电造成事故的部分工程情况见表4-4、表4-5。

表4-4　国外启闭机因失电造成事故的部分工程情况

时间	工程名称	事故原因	造成后果
1979年	印度默区2级大坝	因暴雨致电力中断，18孔闸门中13孔无法开启	洪水漫坝溃决
1982年	西班牙Tous坝	因暴雨电力中断，溢洪道平板闸门无法开启	大坝漫顶溃决
1995年	美国Folsom大坝	溢洪道弧形闸门在提升过程中发生支臂压屈失事	水库无控制泄放
2018年	老挝桑南内水电站	未根据雨情、水情预报及时开闸泄洪	副坝漫顶溃决

表4-5　国内启闭机因失电造成事故的部分工程情况

时间	工程名称	事故原因	造成后果和处理措施
—	浙江省温州市某水库	因台风暴雨造成电路系统短路故障，无法开启泄洪闸门	数十人奋战24小时才将闸门部分打开，将库水位降到警戒线以下
1993年	青海沟后水库	发生洪水时无电不能正常开启闸门	大坝溃决
2008年	四川映秀湾电站	地震造成电路损坏，闸门无法开启	2017年改造增设6台无电应急启闭设备
2018年	湖南涔天河水库	电控柜系统故障无法开启泄洪闸门	使用无电应急启闭设备及时打开闸门
2019年	四川龙潭水电站	地震造成一次电源二次电源损坏，无法开启泄洪闸门	2019年洪水漫坝，使用无电应急启闭设备联合打开闸门到现场，打开闸门

无电应急启闭设备作为备用安全动力，在台风、地震等恶劣天气引起外电丢失或控制系统、电动机出现故障时，通过设置一套独立的动力系统直接连接并操作卷扬式启闭机或液压启闭机，从而安全操作闸门。在新建工程项目和老旧工程项目中增设无电应急启闭设备，可有效地解决启闭机因电源、电动机和控制柜出现故障不能正常工作的问题。该设备可以替代柴油发电机等备用电源、人工手摇装置，可以节省电力能源，具有投资小、操作维护简单、保养费用低等特点，安装和使用过程不会对环境造成任何影响，极大地提高了设备使用的安全性。在闸门和启闭机联合调试期间，无电应急启闭设备可代替施工临时电源，有效地解决施工期的临时用电问题，节约安装费用。

近年来，由北京世纪合兴起重科技有限公司研发的无电应急启闭设备已在国内部分在建工程的重要泄水工作闸门启闭机中成功使用，并在改造工程使用低转速、大扭矩无电应急启闭设备对现有启闭机进行增效扩容。无电应急启闭设备在相关设计规范中已有明确规定：

（1）《水利水电工程钢闸门设计规范》（SL 74—2019）规定："具有防洪功能的泄水和水闸枢纽工作闸门的启闭机必须设置备用电源，必要时设置失电应急液控启闭装置"，主要是考虑水库由于暴风、山洪袭击，将主电源切断，又没有备用电源曾发生过事故，如广西龙山水库溢洪道 10 m×7 m 弧形闸门失事，四川龙潭电站闸门无法打开引起洪水漫坝。无电液控应急启闭装置在失电情况下可代替电动机驱动启闭机操作闸门，保障防洪安全，从近几年失电应急抢险来看，使用效果较好。对于高地震区泄水系统工作闸门，必须考虑地震对启闭设备及备用电源可能产生的破坏及其后果。

(2)《水利水电工程启闭机设计规范》(SL 41—2018)规定："有泄洪要求的闸门启闭机应由双重电源供电，对重要的泄洪闸门启闭机还应设置自动快速启动的柴油发电机组或其他应急电源"，主要是考虑对于重要的泄洪闸门启闭机，当厂(站)用电电源和外部电源有可能同时失电时，还需要设置能自动快速启动的柴油发电机组或其他应急电源，确保供电的可靠性。

(3)《水电工程启闭机设计规范 第 1 部分：固定卷扬式启闭机设计规范》(NB/T 10341.1—2019)规定："操作泄洪工作闸门的固定卷扬式启闭机应设置应急电源，同时宜增设无电应急启闭操作装置"；《水电工程启闭机设计规范 第 2 部分：移动式启闭机设计规范》(NB/T 10341.2—2019)规定："操作泄洪系统工作闸门的移动式启闭机，在其起升、运行机构中宜设有应急操作装置"；《水电工程启闭机设计规范 第 3 部分：螺杆式启闭机设计规范》(NB/T 10341.3—2019)规定："操作泄洪工作闸门的电动螺杆式启闭机应设置应急电源。中小型螺杆式启闭机宜采用手电两用式，大中型螺杆式启闭机宜设无电应急启闭设备"，这些均是对原规范《水电水利工程启闭机设计规范》(DL/T 5167—2002)的修订，主要是泄洪工作闸门或某些应急闸门直接影响水工建筑物甚至整个枢纽的安全，其供电可靠性非常重要，考虑到供电、电动机及控制系统发生故障时，需要启闭闸门的情况，提出了宜增设无电应急启闭设备的要求。

二、卷扬式启闭机无电应急启闭设备

(一)起升机构无电应急启闭设备

卷扬式启闭机起升机构无电应急启闭设备是在外部永久电源、柴油发电机备用电源断电或电气控制系统、电气元件、电动机等出现故障，应急驱动卷扬式启闭机关闭闸门的设备。完整的无电应急启闭设备由应急操作器、花键离合器和动力单元组成，当仅对闸门进行应急下降操作时，只需配置应急操作器、花键离合器。

应急操作器是控制闸门均匀下降的设备，是带有阀组的液控阻尼器。应急操作器安装时直接与电动机高速轴或减速机低速轴相连，工作时不需要电源和任何外动力，仅通过内部油路循环，直接驱动输出轴。应急操作器是密闭结构，内部装设有液压油和控制阀组，通过阀组控制液压油的流量调整输出力，具有液压锁功能，可使闸门长时间保持在同一位置。应急操作器单套重量 300~700 kg。

花键离合器是应急操作器和电动机或减速机的快速连接装置。卷扬式启闭机正常工作时，手动打开花键离合器，应急操作器处于分离状态；需要应急闭门时，手动闭合花键离合器，手动打开制动器，应急操作器投入工作，维持闸门自重闭门功能，制动器需要具有手动开闸功能。自动式花键离合器设有联动开关，与启闭机的电控系统连接，从而实现保护，安全、省时、操作简单。

动力单元是输出功率不大于 11 kW 的便携式柴油发动机组。通过快速接头使三相电缆与应急操作器连接，具有体积小、工作压力高、结构简单、移动方便等特点，单套重量 100~200 kg。当需要应急启门时，需配备动力单元。

通常在卷扬式启闭机的每台电机尾轴或减速器输入轴端安装1套应急操作器，多台卷扬式启闭机可共用若干套动力单元。当双吊点卷扬式启闭机采用分别驱动方式时，每台启闭机需配2套应急操作器，多台启闭机至少共用2套动力单元；也可以在双吊点起升机构的同步轴上设置一台T型转向箱，通过离合器与应急主机连接，减少一半应急启闭设备数量。考虑经济性，应急启闭速度可为正常启闭速度的1/10～1/5。起升机构无电应急启闭设备安装型式见图4-16～图4-20。

图4-16 杨湾闸起升机构无电应急启闭设备

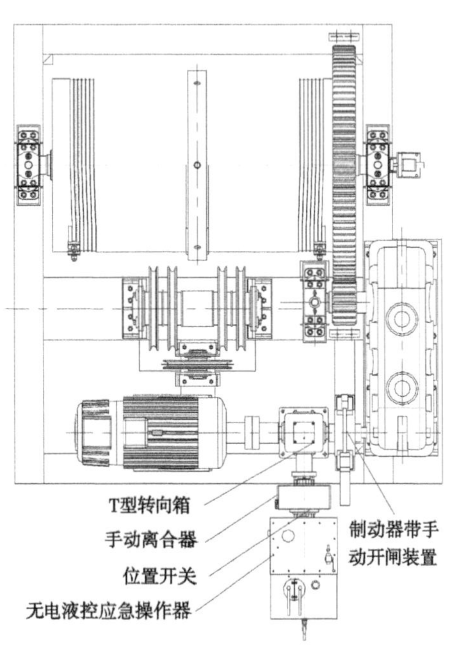

图4-17 不更换电机，增加T型转向箱

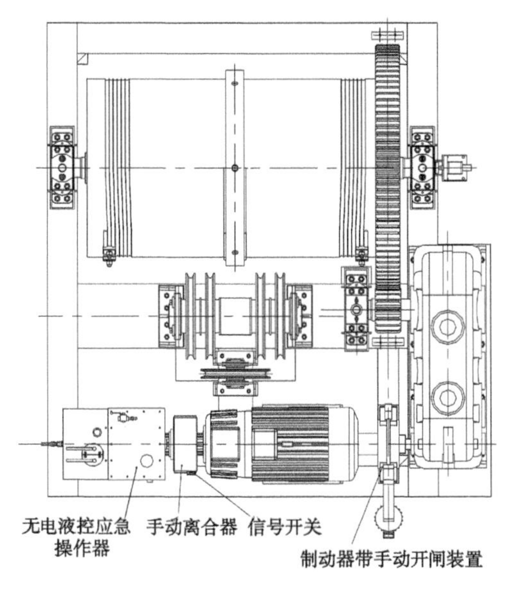

图4-18 安装在电机尾轴端

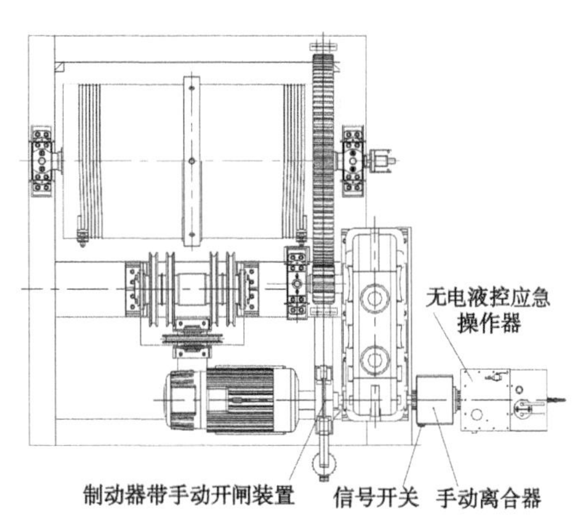

图4-19 安装在减速器输入轴端

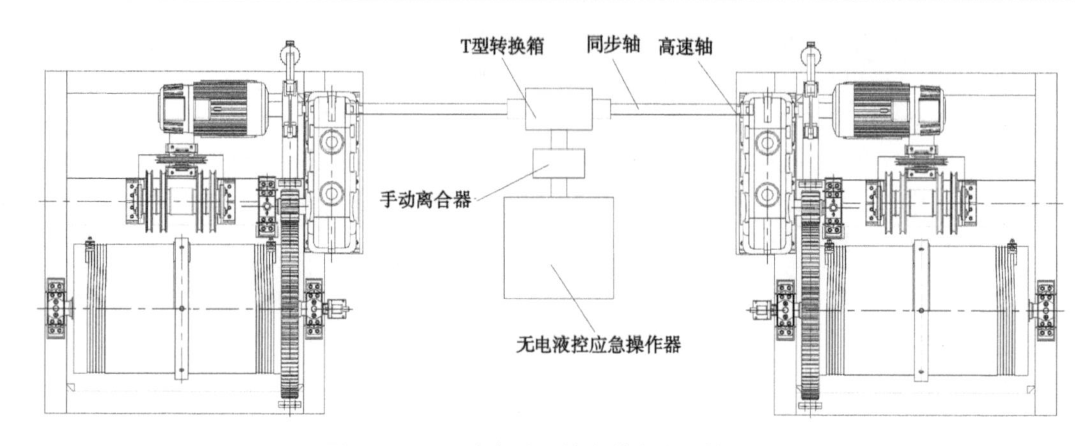

图 4-20　双吊点起升机构安装在中间轴中部

(二)行走机构无电应急运行设备

门机无电应急运行设备作为备用行走动力,以柴油机为动力,以液压马达驱动门机的行走机构。通过先进的控制系统、液压阀组、编码器控制液压马达,实现对行走机构的多点同步运行及速度控制。当门机正常工作时,所有应急液压马达处于游离状态,对原系统没有影响。当门机断电需要无电运行时,接通无电应急运行设备的相应阀组及离合,即可启动系统对门机进行快速应急行走。行走机构和起升机构应急设备可共用主机,通过液压管路将应急主机内的阀组与各机构连接,应急主机自带的控制系统通过控制液压阀的流量分配,实现对各机构的同步及速度控制。门机行走机构无电应急运行设备见图 4-21。

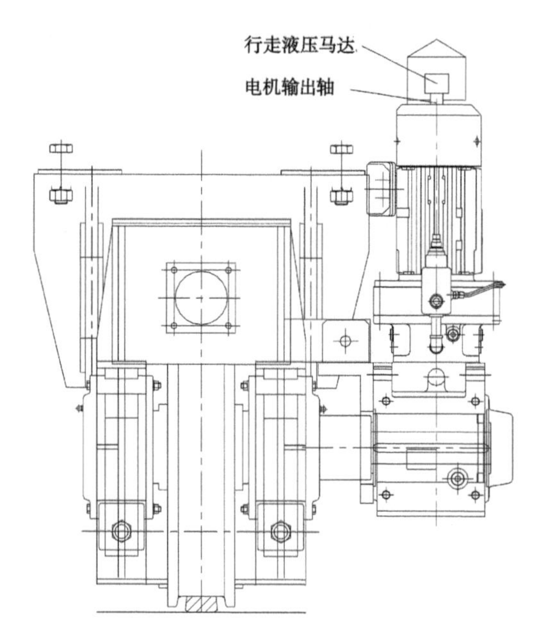

图 4-21　门机行走机构无电应急运行设备

三、液压启闭机无电应急启闭设备

液压启闭机无电应急启闭设备是在外动力丢失或电气控制系统、电气元件、液压系统失效时,通过无电应急启闭设备使油缸正常工作。液压启闭机无电应急启闭设备将应急操作器和动力单元集成在一个密闭箱体内,以柴油机为动力,通过先进的控制系统、液压阀组、编码器控制液压马达从启闭机油箱中抽油、回油,实现对油缸的控制。当液压启闭机正常工作时,液压马达处于分离状态,对原系统没有影响。当液压启闭机需要无电应急启闭时,通过高压软管将应急启闭装置各接头与相应控制管路连接,形成一套独立油循环系统,从而使油缸正常工作。

当无电应急启闭设备配置为一机一套时,其型式为固定式,位置宜设在液压启闭机油箱旁,便于液压马达从启闭机油箱中抽油;当无电应急启闭设备配置为多机共用一套时,其型式为移动式,位置宜设在进出阀组的油管旁,以便能够快速与油缸进出油管连接。移动式无电应急启闭设备自带油箱,油箱容量应满足油缸最大用油量要求。固定式和移动式无电应急启闭设备见图 4-22。

(a)邕宁液压启闭机固定式应急启闭设备

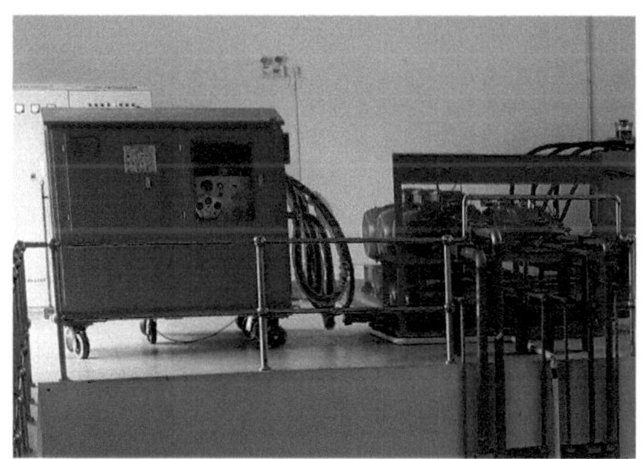

(b)飞来峡液压启闭机移动式应急启闭设备

图 4-22　固定式和移动式应急启闭设备

四、工程应用实例

四川龙潭水电站是岷江一级支流渔子溪干流上的第四级电站,枢纽由闸坝挡水、长引水隧洞、地面厂房组成。水库总库容为 37.96 万 m^3,正常蓄水位 1 636.00 m,电站装机容量 24 MW。拦河闸设 3 扇潜孔弧形闸门,孔口尺寸 8 m×6.5 m,设计水头 14 m,卷扬式弧形闸门启闭机为水平后拉式布置,容量 2×250 kN。电站于 1994 年 3 月 12 日正式开工,1996 年 6 月 12 日 3 台机组全部投产发电。2008 年 5 月 12 日四川汶川发生 8.0 级地震后,电站停运,通信中断,处于瘫痪状态。2012 年 10 月,恢复重建工作完成,3 台机组恢复发电。龙潭水电站拦河闸金属结构布置见图 4-23。

2019 年 8 月 20 日,因强降水导致四川省阿坝州多个乡(镇)不同程度发生山洪泥石流灾害,灾害造成多处已建成水电站发生险情。闸坝上游的窑子沟泥石流,淤堵至坝前。闸首工作电源及备用电源中断。三孔泄洪闸弧形闸门分别打开 0.8 m、0.5 m、0.5 m,失电后闸门无法继续开启。上游泥石流淤堵闸孔不能泄流,库水位快速上涨,洪水出现翻坝过流险情,最高水位高出坝顶约 4 m,大坝有失稳溃坝的可能性。

险情发生后,现场立即成立了"龙潭应急抢险指挥部",集团旗下的国电大渡河公司、神华四川能源公司为主要成员,并邀请了中国电建集团成都院、水电七局机电安装分局、

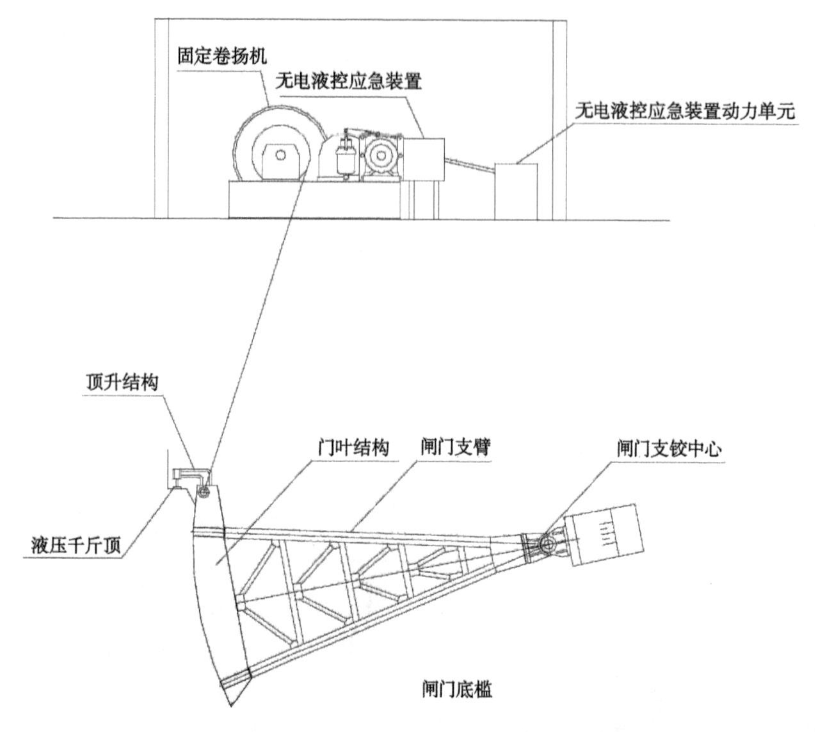

图 4-23　龙潭水电站拦河闸金属结构布置

北京世纪合兴起重科技有限公司、中远集团昆明公司、陕西北方友邦爆破科技有限公司参与了抢险救灾工作。8 月 24~26 日，指挥部从北京调配了数台无电应急启闭设备，组装并连接弧形闸门启闭机，进行了设备调试，按原容量 500 kN 未能提动闸门，后来实际操作中，提升力一度达到了 1 350 kN，但结果是闸门未能提动，后来提出利用液压千斤顶辅助无电应急启闭设备驱动 1#弧形闸门启闭机，共同加载、联合提升 1#闸门的方案。提升闸门要门顶设 3 个千斤顶，需在闸门上现场焊接 3 套顶升承载结构。指挥部同时开展三套抢险方案的制订，即提升 1#闸门、"聚能切割"2#闸门、开凿坝体泄流槽。

9 月 2 日，无电应急启闭设备驱动的弧形闸门启闭机与液压千斤顶进行联合提升 1#闸门操作，无电应急启闭设备驱动的弧形闸门启闭机提升力保持在 1 160 kN，3 个千斤顶接力顶升加载，门楣、门底先后出水。但由于门前树木的卡阻等因素，无电应急启闭设备驱动的弧形闸门启闭机仍然不能单独启门，1#闸门泄流量有限。9 月 3 日，对 2# 闸门成功实施"聚能切割"后，2#闸门开始泄流，此时 1#、2#闸孔联合泄流，很快解除了漫坝险情，不再实施开凿坝体泄流槽。9 月 4 日，清除 1#闸门与门楣之间的淤堵树木等杂物后，无电应急启闭设备驱动的弧形闸门启闭机可以单独启门，成功地实现 1#全开泄流。至此，应急提门任务完成，电站险情彻底解除，应急抢险取得了决定性胜利。

无电应急启闭设备在龙潭水电站抢险中的成功应用，再次证实了该装置在外动力缺失情况下，可通过低转速、大扭矩成功对现有启闭机进行增效扩容，是泄洪闸门启闭机的可靠动力保障。龙潭水电站险情排除前后分别见图 4-24、图 4-25。

图 4-24　龙潭水电站洪水漫坝

图 4-25　龙潭水电站险情排除后

第六节　在线监测设备

一、发展现状

在线监测技术是在被测设备处于运行的条件下,对设备的状况进行连续或定时的监测,通常是自动进行的。20 世纪 80 年代,加拿大安大略水电局研制了用于发电机的局部放电分析仪(PDA),并已成功地用于加拿大等国的水轮机发电机上。我国开展在线监测技术的开发应用已有十几年了,此项工作对提高设备的运行维护水平、及时发现故障隐患、减少事故的发生起到了积极作用。目前,水轮机发电机在线监测系统发展已经比较成熟,但金属结构在线监测系统的研究才刚处于起步阶段。

在病险水库大坝和水电站等工程运行不安全因素中,涉及金属结构设备的问题占比达 40%,其中闸门问题位列 3 类 14 项主要不安全问题之首。长期以来,对于水利工程金属结构设备的安全运行监测,仍停留在人工目测阶段。对于具体关系到金属结构设备安全运行的主要结构应力、变形、门槽和流道水力学参数、启闭力等内在参数的在线监测,缺乏规范的监测手段。金属结构设备的运行环境属于低频重载,市场上常用的通频传感器大多不适用于金属结构的在线监测。金属结构设备的实时在线监测技术,已成为制约水利水电工程推广“无人值班、少人值守”管理水平提高的发展瓶颈,该系统有必要在已建和在建工程上尽早安装使用,目前由国能集团大渡河流域水电开发公司、成都众柴科技有限公司已经编制完成了《水工金属结构设备状态在线监测系统技术条件》,部分工程已开始推广使用金属结构在线监测设备。

水工金属结构设备状态在线监测系统主要是在线监测闸门、压力钢管、启闭机和升船机等金属结构设备运行状态,利用传感器进行数据采集,通过通信网、互联网,将大量数据汇集至数据库,并在云端平台进行大数据分析和计算整合,可实现对水工金属实时安全化运行管理,是建设“智慧水利”的迫切需要。

在线监测系统根据金属结构设备的特点、运行方式、现场条件,合理选择监测项目和系统规模,采用的方案、手段、测点布置对被检测设备不应产生损害且不影响设备的正常使用。在线监测系统对不同的监测对象,布置相应的不同性能的信号传感器,实现对监测对象运行状态的过程参数和稳定性参数进行实时在线监测。监测数据分为状态监测量工况参数和过程量。其中,状态监测量应从永久布置在被监测对象上的传感器直接采集;工况参数和过程量参数可从相关资料或设备获取。上位机应具备数据存储和管理功能,存储容量应能够满足至少存储 12 个月的监测数据,并应预留荷载限制、高度控制、库水位监测等安全控制装置的数据通信接口、现地至集中控制或中控室的数据通信接口。

二、基本要求

(一)系统的结构

在线监测系统采用分层分布式开放系统结构,由传感器单元、数据采集单元、上位机和传输设备组成,见图 4-26。

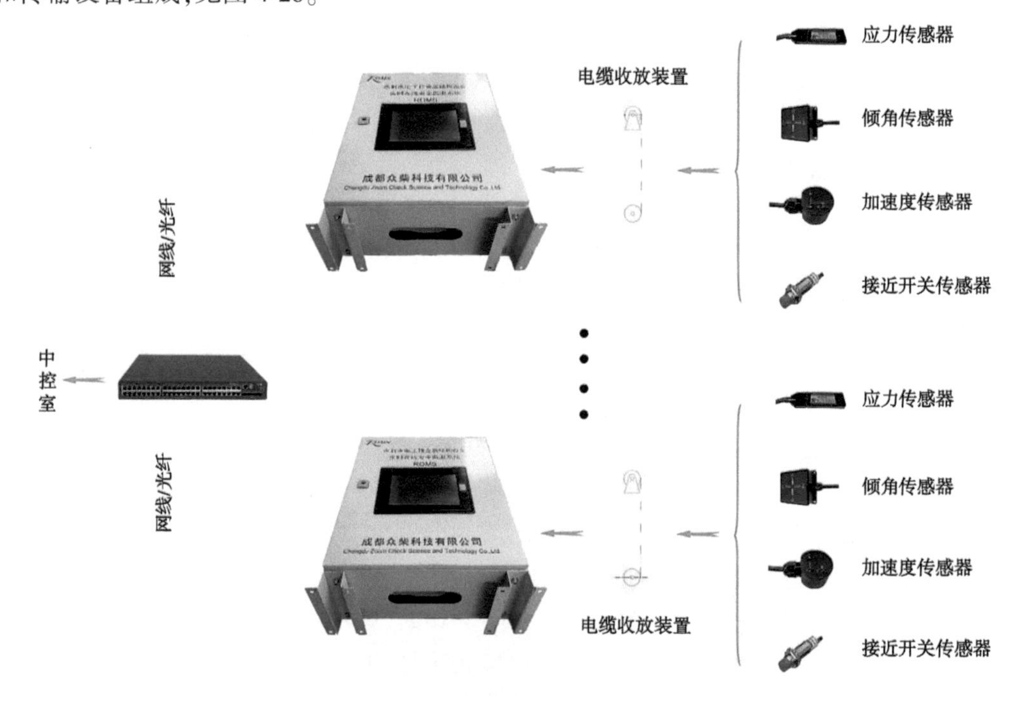

图 4-26　系统组成示意图

传感器常用的型式有：应变传感器、三轴低频加速度传感器、通频加速度传感器、倾角传感器、倾角开关传感器、声发射传感器、钢丝绳缺陷监测传感器、钢丝绳拉力监测传感器、挠度监测传感器、位移传感器、压力脉动传感器、压力传感器等。长期在水下工作的传感器应满足防护等级 IP68。传感器安装时与被测工件表面可采用胶黏结、磁吸或螺栓固定,传感器宜采用护罩进行保护,传感器外壳和护罩应采用耐腐蚀、抗老化的材料制作。

数据采集单元具有现地监测、分析的功能,能对状态监测量、运行工况过程量参数进行数据采集、处理和传输。在线监测系统数据采集单元包括数据采集装置、相关软件、传感器供电电源等。

上位机包括数据服务器、显示器、屏柜、操作台、打印输出、Web 服务器、网络安全装置等。数据采集单元与上位机之间采用有线(光纤或网线)或无线通信的网络设备及线缆,通信软件设计应采用开放系统互联 OSI 协议或适于工业控制的标准协议。

(二)系统的功能

1. 数据存储和管理功能

在线监测系统数据服务器应存储至少 12 个月的监测数据,完整记录并保存监测对象出现异常前后 15 min 的采样数据,以满足系统状态分析需要。系统应有自动管理、检查、清理和维护数据库功能,在线监测硬盘容量信息,当剩余容量低于设定值时自动发出警告信息,对超过存储时限的数据应进行清理。数据库应提供自动备份和手动备份、增量备份数据的功能。数据库应具备自动检索功能,用户可通过输入检索运行工况参数快速获得满足条件的数据;应提供回放功能,对历史数据进行回放。数据库应具备多级权限认证功能,只有授权用户才能访问权限范围内的数据。系统应具备数据下载功能,根据数据检索条件下载相关数据。

2. 报警功能

在线监测系统应能提供报警功能,报警定值可根据监测对象技术特性和运行工况设定。出现报警时,系统应推出分级报警界面,报警逻辑和报警定值应能通过软件组态设置。

3. 辅助诊断

在线监测系统应能对监测对象的常见故障或异常现象进行辅助诊断,并能通过历史数据趋势进行分析、评价,提供辅助诊断结论,为运行管理部门进行故障处理或检修提供决策参考。

4. 报告功能

在线监测系统应能提供状态报告,报告应反映监测对象运行状态的数值和变化趋势,应对运行状态提出初步评价,并附有相关图形和图表。报告宜采用 Word、Excel 等兼容的文件格式。状态报告具有根据需要定制的功能。

5. 自诊断及自恢复功能

在线监测系统应对系统内的硬件及软件进行自诊断,系统出现故障时,应自动报警;还应具有包括断电后自动重新启动自恢复功能、预置初始状态和重新预置功能、失电保护功能。

(三)在线监测项目

1. 闸门在线监测项目

在线监测系统根据闸门的型式和工作状况,对下列状态监测量进行实时采集和分析,当出现数据异常或超限时,给出报警信号并分析异常原因。

结构振动:通过布置低频加速度传感器测点,采集闸门结构在运行工况下的动态响应,对闸门的结构动态响应进行分析,判断闸门运行的稳定性和安全性。重点监测结构动态响应的振幅、频率和加速度的异常情况。

静应力和动应力:通过布置应变传感器测点,采集闸门运行状态下的静应力和动应力数据,分析和判断闸门结构的安全性。

压力脉动:通过布置压力脉动传感器测点,采集闸门启闭过程、局部开启过流工况下的压力脉动数据，辅助分析闸门的流激振动。

门叶运行姿态：通过布置倾角或位移传感器测点，采集闸门的门叶倾斜量，对闸门的运行姿态进行分析。

平面滑动钢闸门支承滑块：通过布置压力传感器测点，采集支承滑块压力的数据，实时显示支承滑道的承载情况。

平面定轮闸门支承轮轴承：通过布置声发射传感器测点或位置开关测点，采集支承轮轴承运行状态的数据，分析和判断支承轮的安全性。重点监测可能出现的支承轮轴承卡阻、轴承破损及运转失效等异常情况。

弧形闸门（含反弧形闸门）支铰轴承：通过布置声发射传感器测点、倾角开关测点或轴承内外圈位移测点等，采集弧形闸门支铰轴承副运行状态的数据，分析和判断支铰轴承的安全性。重点监测可能出现的支铰轴承润滑失效、卡阻及支铰轴转动、闸门开度与轴承转角不同步等异常现象。

船闸人字闸门底顶枢轴承：通过布置声发射传感器测点，采集底枢轴承运行状态的数据，分析和判断底顶枢蘑菇头、球瓦运行的安全性。重点监测可能出现的底枢轴承密封破坏、卡阻、轴承磨损、润滑失效及摩阻增大等异常现象。

船闸人字闸门背拉杆：通过布置应变传感器测点，采集人字闸门背拉杆预紧力的数据，分析背拉杆预紧力变化趋势。

平面闸门传感器布置示意见图 4-27。

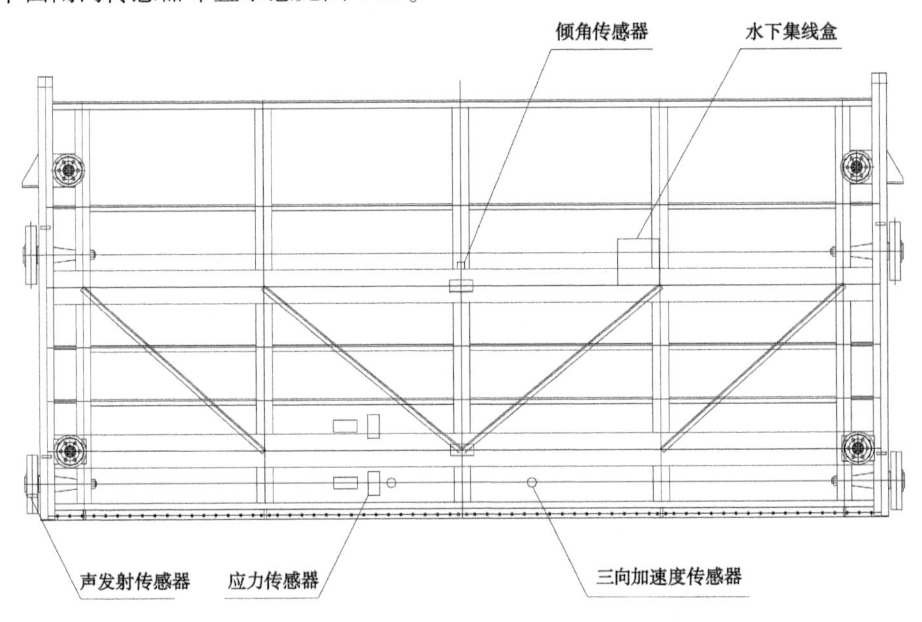

图 4-27 平面闸门传感器布置示意图

2. 卷扬式启闭机在线监测项目

在线监测系统根据卷扬式启闭机的型式和工作状况，对下列状态监测量进行实时采集和分析，当出现数据异常或超限时，给出报警信号并分析异常原因。

机械振动：通过布置通频加速度传感器测点，采集传动机构的机械振动，分析和判断传动机构的主要部件运行的稳定性和安全性，诊断机械传动部件是否出现传动轴偏心、传动副运转故障、齿轮啮合异常、轴承卡阻等情况。

结构振动：通过布置低频加速度传感器测点，采集机架、门架及平台的结构振动，分析和判断结构的稳定性和安全性。重点监测结构动态响应的振幅、频率和加速度的异常情况。

卷筒和制动盘轴向窜动：通过布置位移传感器测点，采集卷筒和制动盘轴向位移状态，分析卷筒和制动盘工作的安全性。

静应力和动应力：通过布置应变传感器测点，采集启闭机主要结构的静应力和动应力数据，分析启闭机结构的安全性。

钢丝绳缺陷：通过布置钢丝绳缺陷检测传感器测点，采集钢丝绳磨损、断丝、缩径等数据，分析和诊断钢丝绳的安全性。重点监测可能出现的磨损量增大、断丝、缩径比例增大等异常情况。

主梁挠度：通过布置挠度监测传感器测点，采集主梁挠度变化值，分析判断主梁刚度的安全性。

同步轴扭矩：通过布置应变传感器测点或扭矩传感器，采集双吊点同步轴的扭矩数据，分析驱动系统同步轴的安全性。

制动器性能：通过布置销轴式压力传感器、温度传感器、磨损量传感器、位置传感器，采集制动力矩摩擦片温度、磨损量，分析制动器运行的安全性。

3. 液压启闭机在线监测项目

在线监测系统根据液压启闭机的型式和工作状况，对下列状态监测量进行实时采集和分析，当出现数据异常或超限时，给出报警信号并分析异常原因。

同步偏差：通过工况参数的输入，采集到闸门双吊点同步运行的偏差数据，分析同步偏差以及启闭机纠偏动作对闸门运行稳定性的影响。

油泵电机组振动：通过布置通频加速度传感器测点，采集油泵电机组的机械振动，分析和判断油泵电机组运行的稳定性和安全性。

结构振动：通过布置低频加速度传感器测点，采集油缸、支承轴承座或机架的结构振动，分析和判断结构的稳定性和安全性。重点监测结构动态响应的振幅、频率和加速度的异常情况。

静应力和动应力：通过布置应变传感器测点，采集液压启闭机主要受力部件的静应力和动应力数据，分析启闭机结构强度的安全性。

系统压力：通过布置压力变送传感器测点，采集液压系统的压力值，分析系统压力的变化情况。

4. 压力钢管在线监测项目

在线监测系统根据压力钢管的型式和工作状况，对下列状态监测量进行实时采集和分析，当出现数据异常或超限时，给出报警信号并分析异常原因。

静应力和动应力：通过布置应变传感器测点，采集压力钢管、钢岔管、伸缩节主要受力部位的静应力和动应力数据，分析压力钢管、钢岔管、伸缩节结构强度、刚度的安全性。

结构振动：通过布置低频加速度传感器测点，采集压力钢管、钢岔、伸缩节管运行状态的动态响应数据，分析和判断压力钢管、钢岔管、伸缩节运行的稳定性。重点监测结构动态响应的振幅、频率和加速度的异常情况。

外水压力：通过布置压力传感器测点，采集洞内埋管的外水压力，监测外水压力变化趋势。

缺陷扩展：通过布置声发射传感器测点，采集压力钢管、钢岔管、伸缩节运行状态缺陷扩展的数据，分析和判断压力钢管的安全性。

（四）测点的布置

1. 应变测点

应变测点应布置在主要部件的最大应力分布区域，可根据结构分析的应力云图、计算书给出的最大应力位置、测试构件轴向的表面应变量等确定。对称结构应布置冗余测点，进行测试数据分析比对。

2. 振动测点

结构类的振动测点应布置在梁、支臂、机架、平台等特征部位；机械类振动测点应布置在传动机构的支承座、齿轮箱轴承座等特征部位；管道类振动测点应按测试截面的圆周方向布置；振动测点应避开筋板、支撑、连接板、加劲环等结构的变化部位。

3. 门叶运行姿态测点

门叶运行姿态测点宜布置在距离底面门叶高度的 1/3 处，并按实际布置高度计算允许偏斜值（偏斜角度），测点的垂直轴应在门叶中心截面上。

4. 转角测点

弧形闸门的支铰轴和液压启闭机吊耳轴（含支铰轴）转角测点应布置在支铰轴端面。

5. 声发射测点

闸门等结构类的声发射测点应布置在承重、支承、轴承等特征部位；启闭机等机械类的声发射测点应布置在传动机构的支承、齿轮箱轴承座等特征部位；管道类的声发射测点宜按测试里程的轴线方向等距分布。

6. 钢丝绳缺陷监测测点

钢丝绳缺陷监测测点布置在定滑轮侧时，属于固定式监测点；测点布置在卷筒侧时，属于随动式监测点，应设置随动机构保证钢丝绳收放时传感器的跟踪监测。

7. 钢丝绳拉力监测测点

钢丝绳拉力监测测点布置在承载钢丝绳悬挂端，固定式监测点。

8. 位移测点

根据位移特征布置监测点，传感器安装在固定基准上监测对象的位移值为绝对位移，传感器安装在移动基准上监测对象的位移值为相对位移。

9. 主梁挠度测点

在主梁适当位置布置挠曲变形测点，监测主梁挠度的变化过程。

10. 压力脉动测点

根据闸门的类型布置监测点，传感器布置在门叶面板的背水面，采用小孔测压。

11. 外水压力测点

根据压力钢管埋管形式，主要选择在下平段、伸缩节上游布置监测点，传感器布置在压力钢管的外壁，并应符合设计的要求，监测钢管与外包混凝土接触缝隙间的外水压力。采用防护罩和保护套管对传感器、线缆进行防护。

第七节　安全监控设备

一、监控内容

按照《大型起重机械安装安全监控管理系统实施方案》(国质检特联〔2011〕137 号)要求，桥式起重机、100 t 及以上通用门式起重机、升船机等应装设安全监控管理系统，安全监控管理系统与起重机械控制系统宜互相独立。起重机安全监控管理系统是由传感器、信号采集器、控制执行器、显示仪表、监控系统等组成，将显示、控制、报警、视频监控等功能集于一体。以成都众柴科技有限公司、徐州电子技术研究所为代表生产在线监测设备和安全监控设备在水利水电工程中获得了广泛应用。

安全监控内容包括运行参数监控和状态监控(含视频监控)。参数监控包括起重量、起重力矩、起升高度/下降深度、运行行程、幅度、大车运行偏斜、水平度、风速、回转角度、同一或不同一轨道运行机构安全距离、操作指令、支腿垂直度、工作时间、累计工作时间、每次工作循环。状态监控包括起升机构制动器状态、抗风防滑状态、联锁保护、工况设置状态、供电电源卷筒状态、过孔状态、视频系统。其中，视频系统监控包括大车轨道及周边环境、小车轨道及周边环境、机房内部环境、起升机构、自动挂脱梁水下穿轴等。

二、基本要求

(一)功能要求

安全监控系统应具有对采集的信息进行处理及控制的功能；应具有对起重机械运行状态及故障信息进行实时记录的功能；应具有对起重机械运行状态及故障信息进行历史追溯的功能；应具有故障自诊断功能。在开机时应有自检程序，对警报、显示等功能进行验证。在系统自身发生故障而影响正常使用时，能立即发出报警信号。系统发生故障时，除发出报警外还应具备止停功能。安全监控系统与启闭机控制系统互相独立，数据采集站采集的数据可以通过有线和无线方式传输至中控室并实时显示，安全监控系统具有预警、报警的功能。

安全监控系统对信息的采集应满足实时性要求，储存应满足原始完整性要求。系统储存的数据信息或图像信息应包括数据或图像的编号、时间和日期。系统的信息存储单元在关闭电源或供电中断之后，其内部的所有信息均应被保留。系统能在存储容量达到设定的存储时间前提示管理人员提前备份保存，在运行周期内系统的采样周期不应大于100 ms。数据存储时间不应少于 30 个连续工作日，视频存储时间不应少于 72 h。系统应具有起重机械作业状态的实时显示功能，能以图形、图像、图表和文字的方式显示门机的工作状态和工作参数，显示的文字应采用简体中文。报警装置应能向起重机械操作者和处于危险区域内的人员发生清晰的声光报警。通信协议应是对外开放的，应符合国家现行标准的规定。

在实际使用工况下，起重量、幅度、起重力矩的综合误差分别不应大于5%。控制信号宜选用双绞屏蔽线，远距离传输或强干扰环境时可选用光缆方式。采用变频器驱动的起重机械中，应采取对信号线的抗干扰措施，避免变频器的谐波及电磁辐射干扰。系统的连续作业工作时间不应低于16 h或工作循环数次不应低于20次。

（二）配置要求

起重机的运行参数和状态监控（不含视频系统）由传感器、工控机、网线及其他配件等组成。门机的主要传感器（起重量、起升高度/下降深度、风速等）通过PLC和网线、其他传感器直接通过网线将信号传输、存储在工控机上，并通过工控机电脑实时显示监控状态。传感器安装在各监测部位，工控机安装在司机室内。

工控机采用一体化嵌入式，硬盘容量不应小于1 T，带网卡和10.4 in工业平板电脑。为实现工控机与PLC间的通信、采集主要传感器信号，需在机房PLC现地控制柜中设以太网通信模块，该模块必须与PLC型号相匹配。每个传感器通过网线与工控机相连，网线具有防晒、防水功能。

（三）视频监控

视频监控系统由摄像机（含电源防雨盒和支架）、硬盘录像机、监视器、网线及其他配件等组成，视频信号通过网线存储在硬盘录像机上，并通过监视器实时显示视频状态。摄像机安装在各个视频监控区域，硬盘录像机、监视器安装在司机室内。

摄像机采用工业用360°网络红外高清球型摄像机，图像传感器200万像素，CMOS传感器，逐行扫描。摄像机应选用国内外知名品牌产品，每台单向门机的摄像机数量不宜少于3台，每台双向门机的摄像机数量不宜少于5台，另外，每根自动挂脱梁宜设2台水下高清摄像机。

硬盘录像机的硬盘容量不小于2 T，音视频输入不少于8路，支持多屏显示，支持1/4/6/8分割画面，支持POE供电，自带交换机功能，具有及时回放、多路同步倒放功能。监视器的尺寸不小于19 in，屏幕比例16∶9，分辨率不小于1 280×1 024。

第五章　检测、评价与维护

第一节　耐久性

一、合理使用年限

水利水电工程及其水工建筑物合理使用年限是指水工建筑物建成投入运行后，在正常运行使用和规定的维修条件下，能按设计功能安全使用的最低要求年限。水工金属结构作为水工建筑物的重要组成部分和关键运行设备，其合理的使用年限和耐久性要求见《水利水电工程合理使用年限及耐久性设计规范》（SL 654—2014），各阶段的设计文件中应明确合理使用年限。对于重要的工程或有特殊要求的工程，其合理的使用年限和耐久性应按照要求进行专门论证。当水工建筑物达到合理使用年限后，如需继续使用，应进行全面安全鉴定，必要时应采取加强措施，重新确定继续使用的年限。

水工建筑物中各结构或构件的合理使用年限可不同，水工金属结构因可大修、更换，其合理使用年限可比主体结构短。水工金属结构耐久性设计除应考虑侵蚀因素外，还应考虑磨蚀、气蚀、振动、疲劳等因素对结构的影响。

闸门的合理使用年限根据永久性水工建筑物中级别确定。1 级、2 级永久性水工建筑物中闸门的合理使用年限为 50 年，其他级别的永久性水工建筑物中闸门的合理使用年限为 30 年。除液压启闭机外，固定卷扬机、移动式启闭机和螺杆式启闭机的合理使用年限由设备利用等级和荷载状态综合决定。压力钢管的合理使用年限与所属水工建筑物的使用年限一致。

二、耐久性设计

（一）材料

水工金属结构应根据受力状况、环境条件及工作部位、工作性质、运行方式及可更换条件等不同情况选择合适的材料，以满足结构合理的使用年限和耐久性要求。承重结构应根据闸门工作条件和工作计算温度选用符合质量要求的钢材，承受动荷载的闸门和压力钢管的焊接结构钢材应具有相应计算温度下冲击试验的合格保证，焊接结构的母材应保证有良好的焊接性能。

（二）防腐蚀

水工金属结构的钢闸门、阀门、拦污栅、压力钢管、启闭机、清污机等，长期处于大气、水下、干湿交替环境中，直接受大气、日光、温度和水生物的侵蚀，以及泥沙、冰凌和其他漂浮物的冲击、冲刷，钢材表面极易发生腐蚀，应根据各设备所处的环境和使用条件进行防腐蚀设计。钢闸门、拦污栅通常采用热喷涂锌、铝或锌铝合金保护，喷涂后用涂料封闭；阀门、启闭机、清污机结构件通常采用涂料防腐;压力钢管通常采用重防腐涂料或化工材料防腐。对于处于严寒地区的工程,闸门应专门进行防冰冻设计。

第二节　报废标准

水工金属结构具有合理的使用年限,大中型水利水电工程的金属结构设备的报废按照《水利水电工程金属结构报废标准》(SL 226—98)执行。水工金属结构在规定的各种工况下不能安全运行或对操作、维修人员的人身安全有威胁,且经过改造仍不能满足要求时,应报废;因设计、制造、安装等原因造成设备本身有严重缺陷或因技术落后、耗能高、效率低、运行操作人员劳动强度大,经改造仍不能有效改善,应报废;因工程运行条件改变或经大修、技术改造、遭遇意外事故破坏而不能修复,应报废;设备超过规定折旧年限,经检测不能满足安全运行条件,应报废。

整扇闸门、拦污栅因腐蚀条件需要更换的构件数达到30%以上时,应整扇报废;因强度条件需要更换的构件数达到30%以上时,应整扇报废;因刚度条件需要更换的构件数达到30%以上时,应整扇报废;因腐蚀、强度、刚度等条件需要更换的构件数达到30%以上时,应整扇报废。闸门、拦污栅轨道严重磨损,或接头错位超过2 mm且不能修复,应报废;埋件出现严重锈损,应报废;埋件的腐蚀、空蚀、泥沙磨损等面积超过30%以上时,应报废。

阀门的阀体活动部分及外壳蚀余厚度小于6 mm,阀体应报废;当阀门主要构件腐蚀与空蚀严重,实测应力及计算应力均达到设计容许应力的,阀体应报废;阀门在运行中振动剧烈且关闭困难,阀体应报废;经检测阀门启闭力安全系数小于或等于1.05,又无改造可能,操作系统必须报废。

压力钢管的某段钢管的蚀余厚度小于6 mm或小于构造要求的厚度时,该段钢管应报废;某段钢管的管壁厚度已减薄2 mm以上,经计算复核和实测钢管应力不能满足设计要求,该段钢管应报废;某段钢管因有裂纹、意外事故、地震等作用而失稳,该段钢管应报废。

卷扬式启闭机经复核计算和实际检测,闸门的启闭力大于启闭机额定启闭能力或检测的实际启闭能力时,应整机报废。

门式启闭机、台车式及固定式启闭机的机架、卷筒、传动齿轮若报废,应整机报废。

液压启闭机的缸体或活塞杆产生裂纹、活塞杆变形超标或下滑自动复位量超标,油缸应报废;液压元件出现50%以上的磨损、老化、泄漏严重、动作失灵、运行时噪声超过85 dB,液压元件应报废。

螺杆式启闭机的机座、箱体若报废,应整机报废;螺杆、螺母若报废,应整机报废;经检测、复核,闸门启闭力大于启闭机额定启闭能力或检测的实际启闭能力,应整机报废。

第三节　产品检测

一、基本要求

水工金属结构设备制造、安装过程中需严格按照相关规范进行检测，对钢闸门、压力钢管检测内容主要包括形位检测、材料化学成分和力学性能检测、焊缝无损探伤检测、防腐蚀质量检测，对启闭机、清污机检测，除上述内容外，还需对传动机构、液压系统、电气控制系统等进行检测。

水工金属结构产品检测的传统方式为企业自检和监理抽检。企业自检要求企业内部质量检测部门对所有项目逐一检测，对重要部位应进行复检，重要设备或质量有疑问的设备，宜由具备资格的第三方检测机构对设备质量进行复检。第三方复查检测项目和复查比例由相关各方协商确定，批量设备的复查比例不宜少于30%。对检测不合格部位应按相关规定进行返工、返修或报废处理。

近年来，随着对金属结构产品质量要求的提高，很多大中型水利水电工程、航电枢纽工程在招标阶段即要求金属结构设备进行第三方检测，由第三方检测单位出具独立的第三方检测报告。第三方检测单位应通过计量认证（CMA）或实验室认可，且认证或认可的范围覆盖水工金属结构产品。

水工金属结构设备制造、安装的检测人员应具备水工金属结构基本知识，熟悉相关产品标准，具备专项检测技能。无损检测人员应经过技术培训，取得相应资格证书，各级无损检测人员应在其资格证书准许范围内开展检测工作。

二、检测方法

产品抽样采用在工厂车间或现场随机抽样法，抽样人员根据企业生产该品种规格产品的数量确定抽样基数，但至少为1套。在同一类产品品种内，应抽取企业最大规格的产品作为样品。具有覆盖关系的产品品种，允许抽取覆盖品种作为其代表样品，但该样品在产品规格上也必须覆盖。如果同规格产品中有参数不同的两种或两种以上的产品，应抽取产品参数较大的产品。如果同规格同参数的产品有两套或两套以上的，可随机抽样一套。

代表样品检测合格后，不再对其覆盖范围内的产品进行抽样检测。如企业申请大型岔管和钢管，则可抽取大型岔管作为代表样品；如企业申请中型岔管和大型钢管，则中型岔管不能作为代表样品，应分别抽取中型岔管和大型钢管作为样品。企业抽样检测后应出具独立报告书。

产品检测时，若检测的结果未满足规范或设计文件的要求，检测人员应再检一次；若检测的结果仍未达到规范要求，可由企业人员进行复检。如对复检结果仍有异议，则由双方共同检查全部检测程序和仪器设备，确认正常后再次复检，直至双方确认无误；必要时应请企业代表在原始记录上对确认的数据签字或提出文字说明。

三、检测设备和计量器具

产品检测所使用的仪器、量具应是有绿色"合格证"或黄色"准用证"。检测设备和计量器具包括：卷尺、钢直尺、游标卡尺、塞尺、直角尺、外径千分尺、焊缝检测尺、环规、水准仪、粗糙度检测仪、硬度计、噪声计、百分表、兆欧表、电流表、接地电阻仪、涂层测厚仪、表面粗糙度样板、粗糙度仪、结合力划格器、超声波探伤仪、磁粉探伤仪、射线探伤机、液压油污染度检测仪等。所有检测设备和计量器具应满足对应检测项的量程、准度、分辨率等指标要求，并应经过授权的计量检定部门定期检定与校准合格。

四、检测注意事项

产品检测工作一般应在成品防腐涂装前进行，包括几何尺寸检测、焊接质量检测等，涂装质量检测在防腐涂装后进行。受检产品的检测工作必须在完成整体拼装后进行，受检产品应经受检企业检测达到合格水平，并附有工厂检测记录、检测资料等文件。检测人员在对产品进行检测前，应对上述文件进行认真的审查，必要时应提出质疑。

产品放置的场地应有坚实地坪，无阳光直射，场地应清扫干净；在受检产品的周围至少应留有 1 m 的间隙，并有架设水准仪或经纬仪的位置；环境温度不低于-10 ℃且不高于35 ℃，环境噪声应不大于 70 dB(A)，风力不大于 4 级，无雨雪。当受检产品必须从存放地点运至检测现场、而检测现场的环境温度与产品存放地的温度又相差 5 ℃以上时，应在检测前 4 h 将受检产品运到检测现场，所用的检测仪器、量具应在检测前 1 h 携带至现场，以适应温度的变化。

受检产品应安放牢固、稳定，并经过调整校平。检测开始前和检测完毕后，都应按仪器、量具规定的使用方法逐项进行性能检查，并把检查结果记录下来。若在检测开始前的检查中发现仪器、量具有异常，应进行校准和调整，使其恢复正常；若在检测完毕后的检查中发现仪器、量具有异常，应重新进行校准和调整，在其恢复正常后，重新开始检测。应按规定的方法正确使用仪器、量具。通常用钢卷尺作几何尺寸测量时，应按检定证书规定的值对钢卷尺施加拉力，进行测量读数，并注意对读数值进行修正，检测的实际尺寸=钢卷尺读数值+检定修正值。

若在检测过程中发现首次测量尺寸超差或检测结果离散太大，应停止检测，重新检查的安放及校平情况，检查检测仪器、量具是否有异常；在排除所有的异常后，方可再进行检测。若在检测过程中发现产品损坏、仪器或量具异常、照明断电、人身或设备发生事故等非常情况，应立即停止检测，进行妥善处理。

五、检测机构

水利工程质量检测是指水利工程质量检测单位依据国家有关法律、法规和标准，对水利工程实体以及用于水利工程的原材料、中间产品、金属结构和机电设备等进行的检查、测量、试验或者度量，并将结果与有关标准、要求进行比较以确定工程质量是否合格所进行的活动。2008 年 11 月 3 日，水利部印发《水利工程质量检测管理规定》(令〔2008〕36 号)，要求水利工程质量检测单位实行资质等级管理制度，检测单位应当取得相应资质，并在资质等级许可的范围内承担质量检测业务。

金属结构设备安全检测的机构应具有国家市场监督管理总局或省级市场监督管理部门颁发的计量认证合格证书(CMA),资质认定证书有效期6年。授权的范围应覆盖金属结构设备,无损检测人员应持有相应的资格证书,安全检测使用的仪器应符合国家关于计量器具检定与校准的规定。检验检测机构应在设备安全检测报告中对设备的安全等级进行评定,并对设备的维护、检修、改造、更新等提出建议。

承担水利工程质量检测的检测单位资质分为岩土工程、混凝土工程、金属结构、机械电气和量测共5个类别,每个类别分为甲级、乙级2个等级,检测单位必须取得《水利工程质量检测单位资质等级证书》(简称《资质等级证书》)方可对外开展检测业务,《资质等级证书》有效期为3年。取得甲级资质的检测单位可以承担各等级水利工程的质量检测业务。大型水利工程(含一级堤防)主要建筑物及水利工程质量与安全事故鉴定的质量检测业务,必须由具有甲级资质的检测单位承担。取得乙级资质的检测单位可以承担除大型水利工程(含一级堤防)主要建筑物外的其他各等级水利工程的质量检测业务。水利部负责审批检测单位甲级资质;省、自治区、直辖市人民政府水行政主管部门负责审批检测单位乙级资质。

金属结构类甲级检测单位的主要检测项目和参数共38项,乙级检测单位的主要检测项目和参数共18项。金属结构类主要检测项目和参数见表5-1。

表5-1 金属结构类主要检测项目和参数

资质	主要检测项目和参数	
甲级	铸锻、焊接、材料质量与防腐涂层质量检测,16项	铸锻件表面缺陷、钢板表面缺陷、铸锻件内部缺陷、钢板内部缺陷、焊缝表面缺陷、焊缝内部缺陷、抗拉强度、伸长率、硬度、弯曲、表面清洁度、涂料涂层厚度、涂料涂层附着力、金属涂层厚度、金属涂层结合强度、腐蚀深度与面积
	制造安装与在役质量检测,8项	几何尺寸、表面缺陷、温度、变形量、振动频率、振幅、橡胶硬度、水压试验
	启闭机与清污机检测,14项	电压、电流、电阻、启门力、闭门力、钢丝绳缺陷、硬度、上拱度、上翘度、挠度、行程、压力、表面粗糙度、负荷试验
乙级	铸锻、焊接、材料质量与防腐涂层质量检测,7项	铸锻件表面缺陷、钢板表面缺陷、焊缝表面缺陷、焊缝内部缺陷、表面清洁度、涂料涂层厚度、涂料涂层附着力
	制造安装与在役质量检测,4项	几何尺寸、表面缺陷、温度、水压试验
	启闭机与清污机检测,7项	钢丝绳缺陷、硬度、主梁上拱度、上翘度、挠度、行程、压力

六、安全检测

(一)基本要求

大、中型水利水电工程在役钢闸门和启闭机安全检测内容和技术要求按《水工钢闸门和启闭机安全检测技术规程》(SL 101—2014)执行。安全检测机构应具有水利部或省级水行政主管部门颁发的金属结构检测资质证书,证书授权的检测产品或类别、检测项目或参数、检测范围应满足安全检测要求。

安全检测是为鉴定设备的安全状态而开展的技术活动,其内容包括现场检测、复核计算、安全评价。现场检测是安全检测最重要的环节,其主要内容包括巡视检查、外观与现状检测 2 项必检项和腐蚀检测、材料检测、无损检测、应力检测、振动检测、启闭力检测、启闭机运行状况检测与考核试验 7 项抽检项。必检项应逐孔进行检测,抽检项应根据同类型设备的数量,按比例抽样检测,抽样检测比例见表 5-2。

表 5-2　抽样检测比例

闸门扇数或启闭机台数	抽样检测比例(%)
1~10	100~30
11~30	30~20
31~50	20~15
51~100	15~10
100 以上	10

闸门和启闭机投入运行后 5 年内应进行首次检测,以后每隔 6~10 年应进行定期检测。运行期间如果发生下列情况之一,应及时进行特殊情况检测。

(1)超设计工况运行。

(2)误操作引发重大事故。

(3)遭遇不可抗拒的自然灾害。

(4)主要结构件或主要零部件存在影响安全的危害性缺陷和重大隐患。

(5)出现明显异常,影响工程安全运行。

(二)现场检测

1. 外观检测

闸门外观状况主要检测门体结构、支承行走装置、止水装置、埋件、平压设备、锁定装置、腐蚀、变形、扭曲、焊缝缺陷、损伤、老化、磨损和运行状况。

启闭机外观状况主要检测结构件的腐蚀状况、损伤、变形、焊缝缺陷、机械传动装置的表面缺陷、润滑状况、啮合状况、液压系统的泄漏、保护及控制装置的老化状况、接地系统可靠性和运行状况。

压力钢管外观状况主要检测钢管结构、支承装置、埋件、腐蚀、渗水、变形、扭曲、焊缝缺陷、损伤、老化和运行状况。

对设备制造安装时存在缺陷(已经处理)的部位或零部件、运行时曾经发现异常的部位或零部件应重点检测。外观与运行状况检测可采用卷尺、直尺、测深仪、深度游标卡尺等量测仪器和量测工具进行。检测结果应及时记录，必要时可采用摄像、拍照等辅助方法进行记录和描述。

2. 腐蚀量检测

腐蚀量检测前应对被检部位表面进行清理，去除表面附着物、污物、锈皮等。检测断面应位于构件腐蚀相对较重部位，检测时宜除去构件表面涂层，对于构件的隐蔽部位和严重腐蚀区域，宜适当增加检测截面和测点数量。

检测结果应取得腐蚀量及其频数分布状况，构件（杆件）的平均腐蚀量、平均腐蚀速率（mm/a）、最大腐蚀量等成果。腐蚀量检测可采用测厚仪、测深仪、深度游标卡尺等量测仪器和量测工具进行。

3. 材料检测

现场条件允许取样时，按机械性能试验要求取样进行机械性能试验，同时分析材料的化学成分，确定材料牌号和性能；现场条件不允许取样进行机械性能试验时，可采用光谱分析仪或在受力较小的部位钻取屑样分析材料的化学成分和硬度，经综合分析确定材料牌号和性能。

对存在严重质量问题的设备，应在构件和零部件上直接取样进行机械性能试验、化学成分分析和金相分析，确定材料牌号和性能。发生破坏事故后，应在破坏构件和零部件上直接取样进行机械性能试验、化学成分分析和金相分析，确定材料牌号和性能。

4. 无损检测

焊缝表面有疑似裂纹缺陷时，可选用磁粉检测或渗透检测，焊缝内部缺陷可选用射线检测或超声波检测。当采用某种检测方法对所发现的缺陷不能准确定性和定量时，应采用其他无损检测方法进行复查。同一焊接部位或同一焊接缺陷，若采用两种及两种以上无损检测方法检测，应分别按各自的检测标准进行评定，全部合格方为合格。

前次检测发现超标缺陷的部位或经修复处理过的缺陷部位，应在下次检测时进行100%的复测。当发现某条焊缝存在裂纹等连续性超标缺陷，应对整条焊缝进行检测。对于无损检测发现的裂纹或其他超标缺陷，应分析其产生原因，判断发展趋势，对缺陷的严重程度进行评估，并提出处理意见。

5. 应力检测

应力测点应具有代表性，高应力区域和复杂应力区域均应布置足够数量的测点，传感元件应粘贴牢固并做好绝缘防潮处理。传感元件处于水下时，应做好防水处理。检测宜在设计工况下进行。若无法实现，则应充分利用现场条件，尽可能使检测工况接近设计工况。

6. 振动检测

结构振动检测应包括位移、速度、加速度、动应力、自振频率、阻尼比、振型等。结构振动检测可采用位移传感器、速度传感器、加速度传感器和电阻应变计等。振动检测的测点应布置在振动响应较大的位置，测振传感器的测振方向应与结构的振动方向一致。振型检测的测点布置应根据结构型式确定。自振特性的检测可采用激振器激励、冲击激励等方法使结构产生振动；振动位移、振动速度、振动加速度响应宜采用测振传感器测量。对实测数据进行必要的预处理后，应进行时间域和频率域分析处理。

7. 启闭力检测

启闭力检测包括启门力检测、闭门力检测和持住力检测。启闭力检测宜符合或接近设计工况。根据启闭机的型式和现场条件，启闭力检测可采用直接检测法或间接检测法。直接检测法宜采用测力计或拉压传感器直接测量启闭力。间接检测法宜采用动态应力检测系统，通过测量吊杆（吊耳）、传动轴的应力换算得到启闭力。对于液压启闭机，宜通过测量液压缸的油压换算得到启闭力。

检测应重复进行3次。检测时，各测点的应力应变数据应连续采集，以得到完整的启闭力变化过程线，确定最大启闭力。当检测工况与设计工况相差较大时，应根据检测数据，推算设计工况的启闭力。推算时，应考虑止水装置和支承装置局部损坏对启闭力的影响。

8. 启闭机性能状态检测

启闭机检测宜在设计工况下进行。若无法实现，则应充分利用现场条件，尽可能使检测工况接近设计工况。当检测工况与设计工况相差较大时，应根据检测数据，推算设计工况的启闭力。推算时，应考虑止水装置和支承装置局部损坏对启闭力的影响。

启闭机性能状态检测主要检测启闭机的运行噪声，制动器的制动性能，电动机的电流、电压、温升、转速，滑轮组的转动灵活性，车轮啃轨和转动灵活性，液压系统的泄漏量，双吊点的同步偏差保护，控制装置的精度及可靠性和运行可靠性等。

（三）安全评定

金属结构设备应根据设备安全检测结果进行安全评定，评定安全等级分为“安全”“基本安全”“不安全”三个等级。安全等级为“安全”的设备，其现状是可以正常运行，只需对设备进行日常维护即可正常运行。安全等级为“基本安全”的设备，其现状是带病可以工作，应根据缺陷性质做技术经济分析，经检修维护可恢复安全性能正常使用的设备，应检修维护；不便检修或检修后仍不能满足安全性能要求的设备，应对部分非关键部件改造。安全等级为“不安全”的设备，设备经检修维护难以恢复安全性能，需对设备的部分关键部件进行改造，或者是根据经济分析结果，对设备进行报废更新。对上述的各项，需在更新改造报告中列出，以作为更新改造的依据。有成熟可靠的技术方案且工程造价较经济时，宜采用改造措施消除设备的不安全因素。

第四节　安全评价

一、大坝金属结构安全评价

（一）基本要求

根据2003年水利部修订的《水库大坝安全鉴定办法》（水建管〔2003〕271号），水库大坝全面推行安全鉴定制度，首次大坝安全鉴定应在工程竣工验收后5年内进行，以后每隔6~10年进行一次。运行中遭遇特大洪水、强烈地震、工程发生重大事故或出现影响安全的异常现象后应组织专门的安全鉴定。大坝定期安全鉴定制度已经成为水库大坝安全管理的重要制度之一，是掌握和认定水库大坝安全状况，采取科学调度、控制运用、除险加固或降等报废等安全措施的重要依据。

大坝安全评价是大坝安全鉴定的主要技术工作。对坝高 15 m 及以上或库容 100 万 m^3 及以上的已建水库大坝的安全评价按照《水库大坝安全评价导则》(SL 258—2017)执行，小型水闸和水利部门管理的水闸可参照执行。大坝安全评价工作内容包括基础资料收集、现场安全检查与安全检测、工程质量评价、运行管理评价、安全复核评价、综合评价。金属结构安全评价的重点工作是安全检测和安全复核。大坝安全评价单位应具有与水库大坝级别相适应的资质，评价完成后应编写专项评价报告和安全综合评价报告。

(二)评价内容

1. 基础资料收集

金属结构基础资料是工程基础资料的重要组成部分，应收集初始建设时期的设计图纸，设计变更资料，制造安装资料，设计审查意见和批复意见，设备验收资料，改扩建和历次除险加固的设计、施工、验收资料，大坝调度运行、设备维修养护、运行大事记资料，重点收集历次大坝安全鉴定和鉴定处理情况，以及运行中暴露的质量缺陷、安全隐患、事故处理情况等资料。

2. 现场安全检查与安全检测

金属结构现场安全检查应检查闸门、拦污栅、压力钢管、启闭机、清污机等设备的外观状况、漏水情况、锈蚀情况、运行振动和噪声等，编制现场安全检查报告。

金属结构安全检测应检测闸门、拦污栅、压力钢管、启闭机、清污机等设备的外观尺寸、材料、腐蚀厚度和分布情况，焊缝无损探伤结构应力、结构振动、结构变形，启闭力，启闭机运行状况，保护装置和液压系统，电气系统的灵敏性和可靠性等。安全检测按相关规定确定检测项目、抽样比例、检测手段。安全检测完成后应编制安全检测报告。

3. 工程质量评价

金属结构质量评价作为工程质量评价的重要组成部分，应重点复核闸门、拦污栅、压力钢管、启闭机、清污机等设备的制造、安装是否符合相关规范的规定，编制工程质量评价报告。工程质量评价结论分为“合格”“基本合格”“不合格”。

当工程质量满足设计和规范要求，且运行中未暴露明显质量缺陷的，工程质量可评为“合格”；当工程质量基本满足设计和规范要求，且运行中暴露局部质量缺陷，但尚不严重影响工程安全时，工程质量可评为“基本合格”；当工程质量不满足设计和规范要求，且运行中暴露严重质量缺陷和问题，安全检测结果大部分不满足设计和规范要求，严重影响工程安全运行时，工程质量应评为“不合格”。

4. 运行管理评价

金属结构运行管理评价作为工程运行管理评价的重要组成部分，应重点复核闸门、拦污栅、压力钢管、启闭机、清污机等设备的调度运用、维护养护、闸门操作的规范性和技术档案的完整性，编制运行管理评价报告。运行管理评价结论分为“规范”“较规范”“不规范”。

当运行管理做得好，水库能按设计条件和功能安全运行时，大坝运行管理评价可评为“规范”；当运行管理做得好，水库基本能按设计条件和功能安全运行时，大坝运行管理评价可评为“基本规范”；当运行管理做得不好，水库不能按设计条件和功能安全运行时，大坝运行管理评价应评为“不规范”。

5. 安全复核评价

金属结构安全复核目的是复核闸门、拦污栅、压力钢管、启闭机、清污机等设备在现状下能否按设计要求安全与可靠运行。应重点复核闸门的强度、刚度和稳定性、压力钢管的强度和抗外压稳定性、启闭机和清污机的承载能力和供电安全，在现场安全检查基础上，结合安全检测成果，进行计算分析与专项评价，编制安全评价报告。对于投入使用时间超过报废折旧年限的设备，应做进一步的安全检测和分析。

金属结构专项评价结论分为A、B、C三级，A级为安全；B级为基本安全，但有缺陷；C级为不安全。金属结构设备布置合理，设计、制造、安装符合规范要求；安全检测结果为“安全”，强度、刚度及稳定性复核计算结果满足规范要求；供电安全可靠；未超过报废折旧年限，运行与维护状况良好时，可认定金属结构安全，评为A级。金属结构安全检测结果为“基本安全”，强度、刚度及稳定性复核计算结果基本满足规范要求；有备用电源；存在局部变形和腐(锈)蚀、磨损现象，但尚不严重影响正常运行，可认定金属结构基本安全，评为B级。金属结构安全检测结果为“不安全”，强度、刚度及稳定性复核计算结果不满足规范要求；无备用电源或供电无保障；维护不善，变形、腐(锈)蚀、磨损严重，不能正常运行，应认定金属结构不安全，评为C级。

6. 综合评价

大坝安全评价根据工程质量、运行管理情况和专项评价结论，对大坝安全状况进行综合评价，综合评价结论分为一类坝、二类坝、三类坝。当防洪能力、渗流安全、结构安全、抗震安全、金属结构安全等各项评价结果均达到A级，且工程质量合格、运行管理规范时，可评为一类坝；有一项及以上是B级的，可评为二类坝；有一项及以上是C级的，可评为三类坝。综合评价完成后应编制安全综合评价报告。

一类坝安全可靠、能按设计正常运行；二类坝基本安全，可在加强监控下运行；三类坝不安全，属病险水库大坝，应进行除险加固或降等、报废。

二、水闸金属结构安全评价

(一)基本要求

根据2008年水利部颁发的《水闸安全鉴定管理办法》(水建管〔2008〕214号)，水闸实行定期安全鉴定制度，首次安全鉴定应在工程竣工验收后5年内进行，以后每隔10年进行一次全面安全鉴定。运行中遭遇特大洪水、强烈地震、增水高度超过校核潮位的风暴潮、工程发生重大事故后，应及时进行安全检查，若出现影响安全的异常现象，应组织及时进行安全鉴定。闸门等单项工程达到折旧年限，应按有关规定和规范适时进行单项安全鉴定。

水闸安全评价是水闸安全鉴定的主要技术工作，对大、中型水闸的安全评价按照《水闸安全评价导则》(SL 214—2015)执行，小型水闸可参照执行。水闸安全评价工作内容包括现状调查、安全检测、安全复核和安全评价。金属结构安全评价的重点工作是安全检测和安全复核。水闸安全评价单位应具有与水闸级别相适应的资质，评价完成后应编写安全评价报告。

(二)评价内容

1. 现状调查

现状调查内容包括工程技术资料收集、现场检查和现状调查分析。

金属结构技术资料是工程技术资料的重要组成部分,应收集初始建设时期的设计图纸,设计变更资料,制造安装资料,设计审查意见和批复意见,设备验收资料,改扩建和历次除险加固的设计、施工、验收资料,水闸调度运行、设备维修养护、运行大事记资料,重点收集历次水闸安全鉴定和鉴定处理情况,以及运行中暴露的质量缺陷、安全隐患、事故处理情况等资料。

现场应检查闸门、启闭机等设备的外观状况、漏水情况、锈蚀情况、运行振动和噪声等。现状调查完成后编制现状调查分析报告,初步分析缺陷问题产生的原因和对工程安全运行的影响,提出需要进一步检测和复核的内容和要求。现状调查分析评定根据管理到位、制度落实、设施完好情况,评定为“良好”“较好”“差”。

2. 安全检测

金属结构安全检测包括闸门、启闭机等设备的外观尺寸、材料、腐蚀厚度和分布情况,焊缝无损探伤结构应力、结构振动、结构变形,启闭力,启闭机运行状况,保护装置和电气系统的灵敏性和可靠性等检测。安全检测按相关规定确定检测项目、抽样比例、检测手段。安全检测完成后应编制安全检测报告。

水闸安全检测作为工程质量评价的重要组成部分,应根据水工建筑物和金属结构的安全检测情况进行评定,评价结论分为A级、B级、C级。当检测结果均满足标准要求,运行中未发现质量缺陷,且现状满足运行要求的,工程质量可评定为A级;当检测结果基本满足标准要求,运行中发现的质量缺陷尚不影响工程安全的,工程质量可评定为B级;当检测结果不满足标准要求,或工程运行中已发现质量问题,影响工程安全的,工程质量应评定为C级。

3. 安全复核

金属结构安全复核应重点复核闸门的强度、刚度和稳定性,启闭机的承载能力和供电安全,在现场安全检查基础上,结合安全检测成果,进行计算分析与安全评价,编制安全复核报告。

金属结构安全评定结论分为A、B、C三级。当金属结构满足标准要求,运行状态良好时,可评定为A级。当金属结构满足标准要求,存在质量缺陷尚不影响安全运行时,可认评定为B级;当金属结构不满足标准要求,或不能正常运行时,应评定为C级。

4. 安全评价

水闸安全类别主要根据安全检测评价的工程质量和安全复核分析的安全性分级结果进行综合评价,综合评价结论分为一类闸、二类闸、三类闸、四类闸。当工程质量与各项安全性分级均为A级时,可评定为一类闸;当工程质量与各项安全性分级有一项为B级(不含C级)时,可评定为二类闸;当工程质量与抗震、金属结构、机电设备三项安全性分级中有一项为C级时,可评定为三类闸;当防洪标准、渗流、结构安全性分级中有一项为C级时,可评定为四类闸。安全评价完成后应编制安全评价报告。

一类闸按常规维修养护即可保证正常运行,二类闸经大修后可达到正常运行,三类闸经除险加固后才能达到正常运行,四类闸需降低标准运用或报废重建。

三、泵站金属结构安全评价

(一)基本要求

泵站安全鉴定分为全面安全鉴定和专项安全鉴定。在泵站建成投入运行达到20~25年或泵站全面更新改造投入运行达到15~20年,以及在此之后5~10年,应进行全面安全鉴定。当泵站拟列入更新改造计划,需要扩容增容,建筑物发生较大险情,主机组及其他主要设备状态恶化,规划的水情、工情发生较大变化影响安全运行,遭遇超设计标准的洪水、地震等严重自然灾害,设备需报废或有其他需要时,应进行全面安全鉴定或专项安全鉴定。

泵站安全评价是泵站安全鉴定的主要技术工作。对用于灌溉、排水、调(引)水及工业、城镇供(排)水的大、中型泵站及安全有大中型机组的小型泵站,其安全评价参照《泵站安全鉴定规程》(SL 316—2015)执行。由多级或多座泵站联合组成的泵站以及由共用进出水口建筑物的两个及以上机房组成的泵站,可按一处泵站进行安全评价和鉴定。

泵站安全评价工作内容包括现状调查分析、现场安全检测、工程复核计算分析和安全类别评定。金属结构安全评价的重点工作是现场安全检测和工程复核计算分析。泵站安全评价单位应具有与泵站级别相适应的资质,评价完成后应编写安全评价报告。

(二)评价内容

1. 现状调查分析

现状调查内容包括工程技术资料收集和现状调查。

金属结构技术资料是工程技术资料的重要组成部分,应收集初始建设时期的设计图纸,设计变更资料,制造安装资料,设计审查意见和批复意见,设备验收资料,改扩建和历次除险加固的设计、施工、验收资料,泵站调度运行、设备维修养护、运行大事记资料,重点收集历次泵站安全鉴定和鉴定处理情况,以及运行中暴露的质量缺陷、安全隐患、事故处理情况等资料。

现场应检查闸门、阀门、拍门、拦污栅、压力钢管、启闭机、清污机等设备的外观状况、漏水情况、锈蚀情况、运行振动和噪声等。现状调查完成后编制现状调查分析报告,全面反映金属结构设备的工作状态、存在的主要问题及安全状态初步分析、措施与建议等。

2. 现场安全检测

金属结构质量评价作为工程质量评价的重要组成部分,应根据安全检测情况进行评定,金属结构安全检测应检测闸门、阀门、拍门、拦污栅、压力钢管、启闭机、清污机等设备的外观尺寸、材料,腐蚀厚度和分布情况、焊缝无损探伤结构应力、结构振动、结构变形,启闭力,启闭机运行状况,保护装置和电气系统的灵敏性和可靠性等。安全检测按相关规定确定检测项目、抽样比例、检测手段。单项设备安全等级评价分为一类、二类、三类、四类。现场安全检测完成后应编制现场安全检测报告。

3. 复核计算分析

金属结构安全复核应重点复核闸门、阀门、拍门、拦污栅的强度、刚度和稳定性,压力钢管的强度和抗外压稳定性，启闭机和清污机的承载能力和供电安全，在现状调查分析基础上，结合现场安全检测成果，进行复核计算分析与专项评价，编制复核计算分析报告。单项设备安全等级评价分为一类、二类、三类、四类。

4. 安全类别评定

泵站金属结构安全类别根据各单项主要金属结构的评定结果进行评定，评定结论分为一类设备、二类设备、三类设备、四类设备。当设备零部件完好齐全，能保证安全运行时，可评定为一类设备；当设备零部件齐全，虽存在一定缺陷但不影响安全运行时，可评定为二类设备；当设备主要零部件有损坏，存在影响安全运行的缺陷或事故隐患，但经大修能保证安全运行时，可评定为三类设备；当设备严重损坏，存在影响安全运行的重大缺陷或事故隐患，经大修不能保证安全运行以及需要报废或淘汰的设备时，可评定为四类设备。

一、二类设备按常规维修养护即可保证正常运行，三类设备经大修、加固后才能达到正常运行，四类设备经更新改造、降低标准运用或报废重建。

第五节　设备操作、维修养护和改造更新

一、基本要求

大、中型水利水电工程在役钢闸门和启闭机的安全运行管理内容和技术要求按《水工钢闸门和启闭机安全运行规程》(SL 722—2020)执行。运行管理单位应根据工程及运行特点制定相应的运行操作制度、安全管理制度、设备保养和检修管理制度，并制订设备安全运行的专项应急预案。

设备运行维修养护包括检查、维护、检修三类。其中，检查分为日常检查、定期检查和特别检查；检修分为故障检修和计划检修。执行维修养护工作宜采用工作票制。日常检查间隔一般不超过1个月；定期检查每年两次，宜在汛期前后或供水期前后检查，对无防汛功能的工程可根据工程运行情况每半年安排一次检查。特别检查应在设备运行期间发生影响设备安全运行的事故、超设计工况运行、遭遇不可抗拒的自然灾害等特殊情况后进行。设备维护每年应不少于一次，维修养护工作宜采用工作票制。当设备运行性能下降或存在故障，经检查或维护后无法恢复正常工作时，应进行检修；当设备出现影响其安全运行的事故时，应及时检修。设备检修后应进行试运行，试运行的各项参数满足设计要求时，方可投入正常运行。

有资质要求的维修养护工作，应由具备相应资质的单位承接维修养护工作，并应有具备相应资格的人员。维修养护中使用的计量器具应经过计量检定合格，其性能和技术参数满足使用要求。设备检查、维护中发现的问题，应及时向设备管理部门报告并提出检修建议，待设备管理部门确认后予以检修。

二、设备操作

设备操作前宜开具工作票和操作票。核对工作票的工作要求、安全措施以及操作票

的工作要求和操作项目。操作前应核对操作指令,保证通信畅通,并消除运行涉及区域内可能存在的安全隐患。操作前应检查设备各机构工作状态和动作灵活性,检查供电和应急电源状况,检查监视设备显示、远程控制和数据通信的稳定性。

闸门启闭发生卡阻、倾斜、停滞、异常响声等情况时,应立即停机,并检查处理;闸门不得停留在异常振动或水流紊乱的位置。启闭机运转时各仪表应反应灵敏、显示正确,如有异常响声应停机检查处理。当不具备无人值守条件的或用应急装置、手摇装置操作闸门时,现场应有人值守。压力钢管检修完充水应按设计要求控制充水速度,避免管内出现负压失稳。

三、维修养护

(一)设备检查

闸门及拦污栅检查主要检查闸门及拦污栅附着物和污物、滚轮运转及润滑、结构件、埋件和支铰有无变形、螺栓有无松动、涂层有无开裂、闸门封水性、通气孔畅通性、闸墩和牛腿等混凝土结构剥蚀及裂缝等情况。

启闭机检查主要检查机房、机室、机罩等完好无漏水,涂层有无开裂,各传动机构外观,液压泵站、电气设备和各种保护装置工作状况,计算机通信及数据传输正常性,自动挂脱梁装置灵活可靠性,启闭运行平稳性,备用电源、应急装置或手摇装置及联锁机构的工作可靠性等情况。

(二)设备维护

闸门及拦污栅梁格排水孔堵塞时,应及时清理;结构件防腐蚀涂层发现起皮、脱落时,应修复;连接螺栓变形、损伤或脱落,应更换;止水橡皮老化、变形或破损,应更换。

启闭机结构件防腐蚀涂层发现起皮、脱落时,应修复;润滑脂、润滑油、液压油品质不满足要求时,应更换;双吊点高差大或不同步时,应调整;应急装置或手摇装置工作不正常时,应调整或修复;密封件老化时,应更换;电气及自动化监控设备工作异常时,应修复或更换元器件。

(三)设备检修

闸门及拦污栅发生下列情况之一时应进行检修:设备运行故障,进行维护后仍不能使其正常工作;埋件变形、损伤或脱落;主要受力构件有变形或损伤;焊缝有撕裂、裂纹;运转部件经维护后仍不能正常运转;闸门更换止水橡皮后漏水仍然较严重;充水阀或闸门旁通管路充水系统异常;防腐涂层大面积失效。

启闭机发生下列情况之一时应进行检修:主要构件或部件达到报废;电气及自动化监控设备老化;视频监视系统异常;设备运行故障,进行维护后仍不能使其正常工作;应急装置或手摇装置异常;防腐涂层大面积失效。

四、改造、更新

大中型水利水电工程钢闸门、启闭机、压力钢管的改造、更新按《水电工程金属结构设备更新改造技术导则》(NB/T 10791—2021)执行。改造、更新方案应充分利用原有水工设施和设备,采用新工艺、新材料、新设备、新技术和新产品,满足安全、节能、环保要求,做到安全可靠、技术先进、经济合理;不应影响原有水工建筑物安全;不得使用国家明令淘汰的产品。明确进行改造或更新的设备,不再开展安全监测。改造、更新设计应满足相关设备在结构尺寸上合理衔接、性能匹配的要求,并应与水工建筑物协调。对重大技术问题,应开展专项研究。

(一)设备改造

1.闸门及拦污栅改造

闸门及拦污栅出现以下情况,且经检修不能消除时,应进行改造:闸门及拦污栅启闭时与水工建筑物有干涉;孔口内混凝土有严重剥蚀、淘空或裂纹,对闸门及拦污栅埋件造成安全隐患;闸门及拦污栅有严重的卡阻、偏斜、振动、异常响声等运行故障;闸门更换止水装置后漏水仍然严重或出现严重损伤;主要结构件、吊耳计算超标、有超标变形、损伤;滚轮、支铰等支承、运转部件不能正常工作;一类、二类焊缝存在超标缺欠、有裂纹或开裂;埋件偏差超标,影响闸门及拦污栅安全运行。

2.启闭机改造

启闭机出现以下情况,且经检修不能消除时,应进行改造:启闭机主要结构件、吊具或主要机械传动部件计算不足或存在安全隐患;卷筒表面磨损严重或出现裂纹、传动齿轮断齿或出现裂纹;启闭机自动挂脱梁不能正常工作;缸体或活塞杆产生裂纹或活塞杆变形超标;液压系统严重泄漏或液压元件出现故障,不能正常工作,螺杆式启闭机座或箱体出现裂纹、螺杆螺母或蜗轮蜗杆断齿或出现裂纹;电气控制系统老化,安全保护功能缺失。

3.压力钢管改造

压力钢管出现以下情况,且经检修不能消除时,应进行改造:钢管、岔管有局部超标变形或失稳;伸缩节渗水或位移量不满足要求;支承结构变形、移位或不均匀沉降;进人孔及其他开孔或接管密封不严密;排水设施异常;一类、二类焊缝存在超标缺欠、有裂纹或开裂。

(二)设备更新

1.闸门及拦污栅更新

闸门及拦污栅出现以下情况,且难以改造或经改造不能消除时,应进行更新:需更换或改造的主要构件数达到总数的30%;埋件因严重腐蚀、空蚀、磨损,影响闸门安全运行,且难以改造;埋件偏差超标,影响闸门安全运行,且难以改造。

2.启闭机更新

启闭机出现以下情况,且难以改造或经改造不能消除时,应进行更新:实测启闭力或计算启闭力大于启闭机的额定启闭能力的5%;卷扬式启闭机的主要结构件、卷筒和主要机械传动部件不满足安全运行条件;液压启闭机油缸不易修复或修复不经济;液压系统中50%以上元件出现磨损、老化、泄漏严重,动作失灵,运行时噪声超过90 dB(A);螺杆式启闭机机座损坏或螺杆螺母不能正常工作。

3.压力钢管更新

压力钢管、岔管整体不满足强度或稳定性要求的压力钢管,且难以改造或经改造不能消除时,应进行更新。

第六章　设计要点与工程质量问题分析及处理

第一节　设计要点

一、闸门设计要点

(一)标准化设计、材质和外购件选择

水利水电工程闸门由于孔口尺寸、设计水头、运行条件各不相同,门叶结构很难做到标准化设计,但止水装置、滑块装置、定轮装置、支铰装置、顶底枢装置、支枕垫装置、锁定装置等附件可以采用标准化系列设计,不同闸门选用不同的附件系列,以提高设计效率。门叶结构和埋件使用的钢板、型钢、止水橡胶等的规格尺寸尽量少,以便于制作方采购。设计时,对于加工精度以满足使用要求为宜,不宜做过高要求。主要受力构件受强度控制时,宜选用高强度材质;受刚度控制时,宜选用低强度材质;受稳定性控制时,宜选用薄板密加劲肋结构。对于工作闸门或其他有动水操作的闸门,滑块、滚轮等零部件不能选用铸铁材料,以避免产生振动开裂破坏。

对于外购件品牌,应按招标文件要求择优选用,设计人员应根据选定的外购件厂家提供的技术参数进行零部件设计,应提出对外购件的材质、承载力、摩擦系数、使用寿命等主要技术指标的要求。

(二)钢板贴合处理

当主梁前翼缘与面板贴焊或加固工程中主梁后翼缘贴板补强时,当贴合面大于 200 mm 时,应进行塞焊处理,以增强两块板的整体性,达到一块厚板的效果。当不进行板间塞焊处理时,应对贴合后的板厚予以一定的计算折减,并宜进行有限元计算分析。

(三)吊点中心线

平面提升式闸门的吊点中心线理论上应与启闭机的起吊中心线一致,以实现闸门能够垂直起吊,有利于闸门进出门槽。闸门设计时因无法准确计算出吊点中心线位置,只能根据设计图纸初步计算吊点中心线位置,在安装现场进行闸门启闭机联合调试时,通过静平衡试验,在闸门上加配重块调整重心。对于变截面闸门或小型闸门,在前期设计阶段可简化布置,将闸门的吊点中心线与启闭机的起吊中心线重合布置,施工图阶段再调整吊点中心线或调整二期混凝土尺寸。

(四)吊耳孔

对于使用移动式启闭机自动挂脱梁分节启闭的检修闸门,每节叠梁门叶的吊耳孔均应设计成梨形,以便于自动挂脱梁穿轴。当使用同一根自动挂脱梁启闭各节叠梁时,每节叠梁的穿轴定位销长度以及吊耳孔中心线至上主梁面的距离宜相同;当各节叠梁高度相

差较大、无法设计成吊耳孔中心线至上主梁面的距离相同时,应通过加不同高度的底座调整每节叠梁的穿轴定位销长度,以保证自动挂脱梁下降定位要求。

(五)止水布置

对于多泥沙河流的工作闸门、检修闸门以及封堵闸门,闸门宜采用上游止水布置,以避免泥沙淤积在梁格内,启闭机容量应充分考虑泥沙荷载,应留有较大裕度。工作闸门和事故闸门采用上游止水布置时,可减小闸门动水关闭过程中门底水流紊乱对梁格的扰动和振动影响。对于潜孔式闸门的顶梁以及下沉式闸门的底梁,应进行挡水工况挠度计算,避免因顶梁或底梁变形过大导致该处漏水或射水引起闸门振动,该梁可单独设计成大刚度截面以减小挠度,并宜适当增加止水橡胶预压缩量。

(六)拉杆锁定梁

提升式平面闸门当设有多节拉杆时,闸门启闭或出槽检修时中需对拉杆进行逐节拆装、倒换,此时应对拉杆两侧用锁定梁进行多次锁定。对于拉杆设在两侧边柱处的双吊点闸门,当锁定梁工作时,闸门和拉杆自重通过锁定梁传递到两侧闸墩上;对于单吊点闸门或拉杆设在孔口中的双吊点闸门,当锁定梁工作时,闸门和拉杆自重通过锁定梁传递到闸顶孔口中间的支承板梁上,此支承板梁结构设计时应充分考虑拉杆传递的集中荷载,常规的混凝土板无法满足受力要求,应设计成梁结构。

(七)闭门方式

深孔闸门的自重往往难以满足闭门力要求,一般采用加重或水柱闭门方式。当加重量不大时,宜采用滚轮支承配加重块方案,增加动水闭门的可靠性。当加重量太大时,可考虑水柱闭门方案,并宜优先选用全水柱闭门方案,以减小设计、制造难度。

对于设有水柱的工作闸门或事故闸门,当动水启门时,启闭机容量由启门力控制,闸门可设计为滚轮支承,并根据需要调整水柱大小,以减小启闭机容量;当采用充水阀平压启门时,此时启门力一般不会太大,启闭机容量由持住力控制,闸门可设计为滑块支承,并根据需要调整水柱大小,以减小启闭机容量;采用水柱闭门的闸门,对闸门和对胸墙体型要求很高,应严格按规范设计,必要时进行相关门楣通气和减压模型试验研究。

(八)充水阀

事故闸门和检修闸门操作方式为静水启门,需设充水平压设施。充水方式分为充水阀充水、节间充水、小开度启门充水、旁通阀充水等多种,充水阀因结构简单、操作方便、使用安全、对闸门运行影响小等优点,获得广泛应用。高水头充水时流道宜设钢衬或采用高标号抗冲耐磨混凝土,流速大于 20 m/s 时宜采用错距门槽。

对于下游止水闸门,通常采用平盖式或柱塞式充水阀,对于上游止水闸门通常采用闸阀式或柱塞式充水阀。充水行程一般为 100~200 mm。

节间充水不设充水阀,利用分节闸门门叶间隙充水,适用于中小型分节闸门。采用节间充水时,应分别计算整扇闸门静水启门力和上节闸门动水启门力,并宜使二者相差不大,以最大化均衡启闭机容量。

小开度启门充水实质上是短时间动水启门,利用缝隙充水平压后再开启闸门。对于平面闸门,小开度启门是利用门底缝隙充水;对于三角闸门,小开度启门是利用斜接柱中缝缝隙充水。

旁通阀充水早期工程的电站尾水闸门中应用较多,因需要设单独的阀室和复杂的充水管路,现已很少采用。

(九)封堵闸门支承

当封堵闸门无法确定最高挡水位或最高挡水位低于正常蓄水位不多时,宜按最高挡水位设计,以确保在各施工期均可安全挡水。封堵闸门主支承采用滚轮还是滑块应根据所受荷载、启闭机容量和土建投资进行综合选择。当封堵闸门考虑二次下闸时,若二次启门水头较高,滑块作为主支承需要较大的启闭机容量,而滚轮又无法承受全部荷载,此时可同时使用滑块和滚轮,按联合支承设计,滚轮踏面比滑块面略为突出,二次启门前的水压力由滚轮承受;当下闸成功水库蓄水时,随着水位逐渐上升,滚轮承压逐渐加大直至压馈,此后由滑块承受水压力,这种联合承载设计在满足承载力的同时减小了启闭机容量。

(十)人字闸门底枢

底枢是人字闸门中重要的、最为复杂的部件之一,它主要承受闸门的自重以及由于自重而产生的水平推力。底枢的结构型式必须满足三个条件:①作用在闸门上的水压力只通过支、枕垫传到闸墙混凝土。②闸门绕底枢中心旋转开启时,支、枕垫接触面应能很快脱离。③当支、枕垫产生磨损以及产生径向变位时,底枢应避免承受过大的横向水平荷载。底枢常用的型式有微动式和固定式两种,微动式底枢承轴台的可动部分可以向任意方向做微小移动,但不能避免支、枕垫磨损或径向变位时产生的水平荷载,并且作用在底枢上的荷载是不固定的,这种底枢一般应用在分段式支承上。固定式底枢的蘑菇头被紧固在承轴台上,底枢不能移动,顶、底枢轴中心始终保持在一条垂线上,这种底枢一般应用在连续式支承上。国内几个已建工程的下闸首人字闸门底枢参数见表 6-1。

表 6-1　人字闸门底枢参数

参数	大藤峡船闸下闸首	三峡永久船闸第二级下闸首	飞来峡二三线船闸上闸首	红花船闸下闸首	白石窑船闸下闸首
孔口尺寸(宽×高,m)	34×47.5	34×38.5	34×19.67	18×21.8	14×15.2
门叶厚度(m)	3.234	3.0	3.018	1.5	1.04
设计水头(m)	40.25	21.4	14.44	17.71	12.7
底枢型式	固定式	固定式	固定式	固定式	可动式
蘑菇头直径(mm)	1 200	1 000	940	500	270
蘑菇头材料	G105	35 钢表面堆焊不锈钢	35 钢表面堆焊不锈钢	35 钢表面堆焊不锈钢	35 钢表面堆焊不锈钢
支承型式	连续式	连续式	连续式	连续式	分段式

大中型人字闸门底枢首先应考虑自润滑,以减轻维修工作量,目前普遍采用的球瓦材料是金属基体镶嵌固体润滑剂,正常运行期不需加油,仅在安装时在球瓦内表面涂一层锂基润滑脂。国内部分重要工程出于安全性考虑,采用了自润滑和油润滑两套润滑系统,以自润滑系统为主,油润滑系统作为备用,当自润滑系统失效时,启用油润滑系统。油润滑系统是在球瓦内表面开设若干油槽,油槽以进油孔为中心向四周均匀放射分布。润滑油由设在门顶的干油泵加压,经过敷设在门轴柱上游侧的油管进入底枢上盖和球瓦油槽。

使用油润滑系统时，需定期加油，避免油在球瓦中硬化，同时应设回油管，形成润滑油路，不能直接将润滑油排入水中污染水质。

（十一）栅条荷载

拦污栅布置由水工布置确定。当拦污栅布置成斜栅时，清污耙斗以栅条作为支承行走。当斜栅清污耙斗采用分块清污时，应考虑耙斗工作时行走轮对栅条的荷载，此时应加厚可能作为支承的各栅条。当斜栅清污耙斗采用全跨清污时，由于耙斗在栅槽内位置已固定，可只加厚作为支承的栅条。当拦污栅布置成直栅并配清污耙斗时，直栅宜采用全跨清污，在拦污栅槽前应另设耙斗导向槽，此时拦污栅不承受耙斗荷载。

（十二）通气孔

闸门门后通气是闸门设计规范的强制性要求，引水发电管道快速闸门门后通气孔面积可按发电管道面积的4%～7%选用，事故闸门的通气孔面积可酌情减少。检修闸门门后通气孔面积，可根据具体情况选定，不宜小于闸门上的充水管面积。对于动水启门的闸门，闸门门后通气孔面积要足够大，否则会产生很大下吸力，引起启闭机容量不足。

通气孔下部位置应尽量布置在流道压坡段首部高处，上部位置应设在闸顶面或侧面，通气口应高于最高库水位，避免产生气爆管，通气口外露面应设防护网保护。对于上游止水的平面闸门因门后存在空腔可实现自然通气，不必另设通气孔。

（十三）大件运输

闸门设计应便于制造、安装、运输和运行维护。对于大尺寸门叶结构，应根据制造、运输、安装条件合理分块，运输单元不宜大于交通主管部门规定的最大外形尺寸和最重件重量的限制要求，运输分块宽度不宜超过3.5 m，不应大于4 m。同时，应尽量减少分块数量，以减少现场安装焊缝或连接螺栓数量。公路运输尺寸受限时可采取水路运输，如浮坞式闸门、反弧形闸门需整体制作、整体运输，当闸门尺寸较大时，可采取水路运输。

（十四）检修平台

平面提升闸门可整扇或逐节提出孔口，在门槽顶或门库内即可进行检修、防腐、更换零部件等工作。底孔弧形闸门底止水可提出门槽检修，顶止水和侧止水检修需将门楣以上的胸墙侧面和闸墙侧面收缩，形成检修平台，并与外界设有交通通道。表孔弧形闸门支铰和油缸上支承点的检修需在闸墙侧面设检修平台，检修平台经爬梯与闸顶相通。检修平台的设置高程应避免受门后高水位冲击破坏。弧形闸门检修平台见图6-1、图6-2。

图6-1　南沙水电站底孔弧形闸门检修平台

图6-2　石虎塘航电枢纽表孔弧形闸门检修平台

(十五)门栅槽布置

对于变截面的平面提升式闸门,门槽顶部的板梁开口尺寸应充分考虑闸门外形影响,尤其是变截面尺寸影响,避免最大截面构件无法出槽。当清污耙斗进出坝面时,拦污栅栅槽上游开口应足够大,以满足耙斗张开进出栅槽的空间要求。

对于将吊耳设在两侧门槽内的闸门,当动滑轮直接与闸门相连时,应充分考虑动滑轮最大外形尺寸,保证动滑轮能入槽,同时应注意闸门处于任意位置时,动滑轮钢丝绳均不得与门槽产生摩擦干扰。

(十六)门槽一期直埋

门槽埋件通常采用二期混凝土埋设,安装时埋件通过搭接件和法兰螺丝与一期混凝土中的插筋连接、调整,在安装精度满足要求后再浇筑二期混凝土。有些工程为了赶工期,门槽埋件安装简单地改用一期直埋,其优点是缩短了安装工期,省去了一期混凝土表面凿毛和二期混凝土模板装拆,减少了二期混凝土质量缺陷处理;缺点是难以保证门槽埋件的安装精度,可能产生永久性安装缺陷。

随着门槽一期直埋设备的发展,目前已出现了门槽安装云车和配套的安装技术,使得门槽一期直埋质量得到可靠保障。安装云车由钢桁架和自动爬升系统组成,类似于滑模施工,钢桁架实质是主轨和反轨的内衬模板,其外形宽度现场调整与门槽宽度相同,高度为9~12 m,闸墩一期混凝土浇筑分仓高度为3~6 m。当主轨和反轨混凝土浇筑到钢桁架上部时,钢桁架由上部的电动葫芦自动爬升到下一个高度,依次向上浇筑混凝土,如此形成门槽。云车带有在线监测系统,在爬升过程中时时监测主轨、反轨的垂直度和跨度,并上传云端,自动生成报表。该技术已在锦屏一期、乌东德、白鹤滩、黄登等水电站,以及大藤峡水利枢纽进水口、潼南航电枢纽尾水成功应用,加快了施工进度,取得了明显的经济效益。安装云车见图6-3。

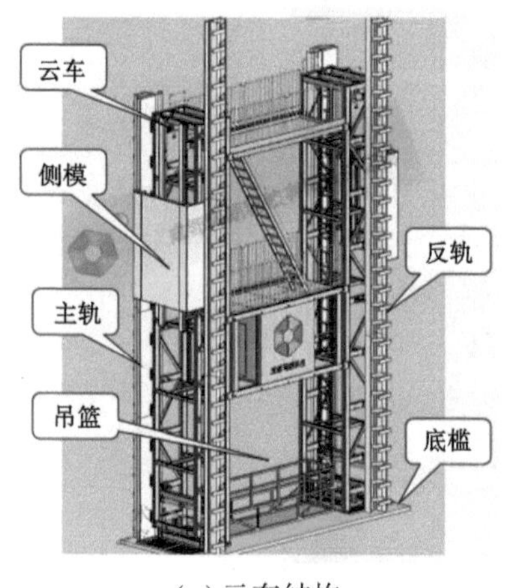

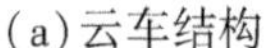
(a)云车结构

(b)云车施工现场

图6-3 乌东德水电站门槽安装云车

设计门槽埋件时,二期混凝土强度等级根据计算需要确定,通常高于一期混凝土强度等级。当使用云车安装主轨、反轨时,难以做到在不同部位浇筑不同强度等级混凝土。为便于施工,闸墩混凝土宜按二期混凝土强度等级统一设计,浇筑过程中应严格控制混凝土分层浇筑的高度和龄期。

二、启闭机、清污机设计要点

(一)设备布置

启闭机、清污机的总体布置应考虑闸门、门库空间和布置、机房空间和布置以及水工建筑物、运输通道、吊物孔、电缆沟、油管沟等的合理布置。近年来,水利工程对景观要求逐年提高,启闭机、清污机的布置尚应与周围配套设施相协调,并服从于景观总体布置和需要。

(二)启闭荷载

启闭荷载是启闭闸门过程中启闭机所受的最大荷载,是选择启闭机容量的主要依据,启闭机容量通常大于启闭荷载,并宜优先选用系列标准中参数。固定卷扬式启闭机、移动式启闭机和清污机的启闭荷载计算至动滑轮吊轴,液压启闭机和螺杆式启闭机的启闭荷载计算至活塞杆、螺杆的下吊轴。当移动式启闭机通过自动挂脱梁与闸门连接时,启闭荷载宜计算至启闭机动滑轮与自动挂脱梁连接的吊轴;若将启闭荷载计算至自动挂脱梁与闸门连接的吊轴,则在选择启闭机容量时,应在计算的启闭荷载上增加自动挂脱梁重量。

(三)扬程、行程

启闭机的安装高程应满足安全运行要求,工作扬程应满足启闭闸门的要求,并有适当的裕度,同时宜优先选用系列标准中参数。考虑水工建筑物的施工误差和设备的安装误差,卷扬式启闭机、清污机最大扬程的富余量不宜小于 1 m,液压式启闭机和螺杆式启闭机最大行程的富余量不宜小于 0.2 m,耙斗式清污机的最大扬程宜能够使耙斗下降到底板位置。

扬程、行程尚要满足更换闸门止水的需要,避免出现过由于扬程、行程裕度不足导致投入运行后更换闸门水封困难。对于工作闸门,启闭机的扬程、行程尚宜满足闸门可提出最高溢流水面线以上 1~2 m 要求,避免闸门受水面漂浮物的撞击。对于事故闸门和检修闸门,启闭机的扬程、行程宜满足闸门可提出检修平台以上 0.5~1 m,以满足闸门检修空间要求。当移动式启闭机通过自动挂脱梁与闸门连接时,轨上扬程宜计算至启闭机动滑轮与自动挂脱梁连接的吊轴,即包括自动挂脱梁高度;若将轨上扬程计算至自动挂脱梁与闸门连接的吊轴,则在计算门架高度时,应在计算的轨上扬程上加上自动挂脱梁高度。

(四)速度

操作闸门、拦污栅的卷扬式启闭机的启闭速度通常为 1~3 m/min,高扬程启闭机和清污机的启闭速度可适当加大,以减少单次操作时间。液压启闭机的启闭速度通常为 0.5~1 m/min,螺杆式启闭机的启闭速度通常为 0.15~0.3 m/min。对于电站进水口快速闸门和泵站出水口快速闸门,由于需要保护机组,对孔口关闭有时间要求,快速闸门的下降速度应严格控制。根据工程实践经验,当闸门接近底槛时,下降速度不宜大于 5 m/min,速度过大易对闸门底槛产生冲击甚至破坏,速度过小则快速保护作用不明显。对快速卷扬式启闭机应设有限速装置,对液压启闭机应设有缓冲装置。

(五)电机功率

启闭机进行电机功率计算时,宜使按额定速度计算的电机功率略小于功率系列,以最大化利用电机功率。对于常用的 1:10 变频调速电机,应以电机 50 Hz 频率对应的启门速度作为额定启闭速度计算电机功率。当启闭机兼有清污功能时，宜以电机 50 Hz 频率作为额定速度清污，以电机 5~50 Hz 中的某一频率作为启门速度或启栅速度，根据最大启闭荷载和额定速度计算电机功率。启闭闸门时使用低速挡操作，清污时使用高速挡操作，并分别设有不同容量的荷载限制。为提高清污效率，可选用 1:20 变频电机，以电机 50 Hz 频率作为清污耙斗重载提升速度，以电机 100 Hz 频率作为清污耙斗空载下降速度。

（六）启动方式

启闭机直接启动时的电流为正常运行电流的 6~8 倍，尤其是对大容量启闭机来说，对电网冲击非常大，需要用到降压启动、变频启动和软启动等更加安全的启动技术。

1. 降压启动

降压启动是利用启动设备将电源电压适当降低后加到电机定子绕组上启动，以减小启动电流，待电机转速升高后再将电压恢复至额定值。鼠笼式电机传统的降压启动方式有 3 种：①电阻降压启动，电阻损耗大，不能频繁启动，较少采用。②自耦变降压启动，启动电流与电压平方成比例减小，较常采用，不宜做频繁启动。③“Y-△”星三角启动，用于定子绕组星接法启动的电机，设备简单，常采用，可做频繁启动。

2. 变频启动

卷扬式启闭机由于荷载较大、冲击性大，常用变频启动。其原理是用变频器启动变频电动机，工作运行中是变频调速，可以对电动机进行正转调速、制动、反转调速、变频运行等工作，其输出不但改变电压而且改变频率。变频是通过改变频率来启动，它可以带载启动，不会有大的冲击电流。变频电动机的变频范围通常为 5~50 Hz 或 5~100 Hz，在 5~50 Hz 频率范围内可以实现恒转矩连续调节转速，在 50~100 Hz 频率范围内可以实现恒功率连续调节转速。

3. 软启动

液压启闭机常采用软启动。软启动是利用固态继电器或双向可控硅，通过移相触发或过零触发，进行电动机的调压调速，实际上是个调压器。软启动是通过降低电压来启动电动机，输出只改变电压不改变频率，启动力矩会受一定影响，有一定的冲击电流。软启动的电压由零慢慢提升到额定电压，启动电流由过去过载冲击电流不可控制变成为可控制，根据需要调节启动电流的大小，电机启动的全过程是平滑的启动运行，不存在冲击转矩。

（七）双吊点同步性

液压启闭机采用液压纠偏同步，设计时一般按闸门的允许偏斜值确定双缸同步允许偏差值，采用比例泵或比例阀进行纠偏和闭环同步偏差控制回路实现双缸同步。卷扬式启闭机同步措施有机械同步和电气同步两种，可根据启闭机的类型、布置方式、重要性等情况选定。对于操作重要闸门和高扬程闸门的启闭机，宜采用中间轴作为机械同步，主要是考虑机械传动同步的可靠性，中间轴宜按单边传递全扭矩计算。对于操作普通检修闸门启闭机，尤其是导流洞封堵闸门的临时性启闭机，可采用电气同步简化设备、减小投资，但应配置变频器和 PLC 以便于实现同步调速。

启闭机各部分的误差，如卷筒直径的误差、钢丝绳的直径和张紧度误差、油管设置长度的误差、阀件控制精度的误差等，均会影响闸门双吊点的升降速度，在设计时应对制造、安装和调试过程中可能使两吊点升降速度不一致的因素进行严格控制，防止因各部分误差累积而影响闸门同步运行。对于卷扬式启闭机,通过定期测量,人工调整左右吊点钢丝绳长度实现双吊点同步;对于液压启闭机,通过行程检测装置和液压系统自动实现双吊点同步。

(八)折线绳槽

近些年来,一些高坝大库工程不断涌现,愈来愈多采用带有折线绳槽卷筒的高扬程卷扬式启闭机,其相应的设计和制造能力也有了很大提高。采用高扬程启闭机外形尺寸太大,在运行中不再需要反复装拆拉杆,大大降低了劳动强度,同时改善了闸门存放条件,深受工程运行单位的欢迎。

折线绳槽是一种适合钢丝绳多层卷绕的绳槽形式,折线绳槽的斜绳槽和直绳槽交替出现,这样在卷筒表面上就出现了2个斜绳槽区和2个直绳槽区。斜绳槽与卷筒母线斜交,直绳槽与卷筒母线直交或与法兰平行。斜绳槽约占圆周长的20%,直绳槽约占圆周长的80%。日本的水工起重机械上,折线绳槽卷筒的钢丝绳最粗为60 mm,卷筒直径最大达2 400 mm,卷绕的层数最多达到了10层。

(九)门机布置和轨道型式

对于操作不同部位、多扇闸门的坝顶门机,宜选用双向门机,简化设备布置,做到一机多用。当受坝面布置或投资限制时,也可选用单向门机,此时应将要操作的各闸门吊点中心线布置在一条直线上,当闸门吊点中心线与门槽中心线偏离不大时,为简化布置,可将闸门吊点中心线布置与门槽中心线重合,闸门设计时通过配重调整两中心线重合。

设计门机行走机构时,应对行走轮数量与轨道型号、长度、轨道梁等进行经济比选。对于走行距离长的门机宜增加车轮数量,减小轨道型号;对走行距离短的门机宜减少车轮数量,加大轨道型号。对于QU120轨道,最大静轮压不宜大于100 t;对于QU100轨道,最大静轮压不宜大于80 t;对于QU80轨道,最大静轮压不宜大于60 t。门机试验处的轨道轮压尚应考虑1.25倍静荷载试验和1.1倍动荷载试验要求。

当门机轨道与道路交叉、有过车要求时,轨道可布置成下沉式,以减小轨头突出地面高度,有利于行车。但固定轨道的二期混凝土应留有排水坡度,避免槽内积水。下沉式轨道见图6-4。

(a)轨道和防撞架

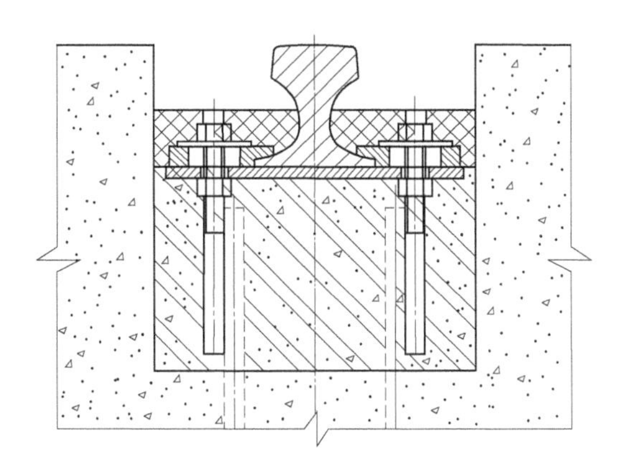

(b)轨道剖面

图6-4　门机下沉式轨道

（十）启闭机锚定

水利水电工程移动式启闭机大多位于深山峡谷大坝上，室外作业易于遭受大风突袭，除了设有可自动进行操作的制动器、夹轨器、顶轨器、支轨器等，还要装设牵揽式、插销式或其他形式的锚定装置，锚定装置应能独立承受起重机在非工作状态下的暴风荷载。锚定装置通常设置在靠近轨道端头或门库等部位。当启闭机由于各种原因未处于锚定位置时，锚定装置不起作用，非工作状态抗滑稳定仍依靠夹轨器等承担，设计时不能因为设置了锚定装置而减小夹轨器的制动力。锚定装置应与移动式启闭机工作互为闭锁，防止在未解除锚定的情况下操作移动式启闭机。

（十一）油品

饮用水源、饮用水调水工程中使用的启闭机，在液压油缸、齿轮箱轴承、滑轮组轴承和吊头轴承等部位，首次安装和运行过程中需添加润滑油脂。对于浸入水中的钢丝绳，为避免润滑脂对水质造成污染，宜使用水利工程专用的食品级润滑脂。食品级润滑脂的选用参照《水利水电工程食品级润滑脂应用指导》（T/CWEA 17—2021）。

1. 液压油

液压油应选择低温、无灰抗磨液压油。油品应无腐蚀作用、不破坏密封材料，并有一定的消泡能力；应具有适当的黏度、优异的低温流动性、良好的润滑性、稳定性、耐腐蚀和抗氧化性。液压油品的选择应根据油泵类型、系统压力、工作温度、使用环境等条件确定。液压油技术指标见表6-2。

表6-2 液压油技术指标

项目	技术指标
黏度指数	110
运动黏度（40 ℃）（mm^2/s）	46
闪点（开口）（℃）	223
倾点（℃）	−27
热氧稳定性（h）	6 600

2. 轴承油脂

轴承油脂应具有优良的极压抗磨性可有效减少磨损，延长轴承使用寿命；应具有优异的防护性能，能有效保护轴承，防止轴承因长时间接触水汽而导致生锈；应具有优异的耐高温性和低温性，要求使用温度范围较宽，在较冷的冬天也可保证轴承启动运转良好；应具有优异的氧化安定性，可延长使用寿命，延长加脂周期，降低用脂量，减少维护工作量。若使用食品级润滑油脂，应无毒无害，可显著降低水源污染风险。轴承油脂技术指标见表6-3。

3. 钢丝绳表面润滑脂

钢丝绳表面润滑脂应具有优异的抗水性，防止润滑脂被水冲刷带走，引发润滑失效；应具有优异的防锈性，保护钢丝绳不被锈蚀；应具有优异的高低温性，使用温度范围较宽；应具有优异的黏附性，能够保证润滑脂黏附在钢丝绳上不脱落。若使用食品级润滑脂，应无毒无害,可显著降低水源污染风险。钢丝绳表面润滑脂技术指标见表6-4。

表6-3　轴承油脂技术指标

项目	指标
工作锥入度(0.1 mm)	265~295
滴点(℃)	≥260
防腐蚀性(52 ℃,48 h)	合格
盐雾试验(45号钢,7 d,5%NaCl溶液)(级)	≤A
极压性能(四球法)烧结负荷(PD值)(N)	≥1 961
抗磨性能(磨痕直径)(mm)	≤0.6
重金属测试	合格
急性经口毒性试验	无毒
涉水试验	合格

表6-4　钢丝绳表面润滑脂技术指标

项目	技术指标
工作锥入度(0.1 mm)	220~295
滴点(℃)	≥260
防腐蚀性(52 ℃,48 h)	合格
盐雾试验(45号钢,7 d,5%NaCl溶液)(级)	≤A
低温性能(-40 ℃,30 min)	合格
滑落实验(80 ℃,1 h)	合格
重金属测试	合格
急性经口毒性试验	无毒
涉水试验	合格

(十二)弧形闸门卷扬机布置

弧形闸门卷扬机动滑轮钢丝绳从机架梁预留洞口穿出,钢丝绳工作时呈斜拉状态,容易与机架上游梁发生干涉,设计时应将洞口向上游加大,同时机房排架柱和机架连接螺栓应充分考虑卷扬机传递的水平荷载。对大型弧门来说,机房排架柱所受的水平荷载很大,设计时要充分引起注意。弧形闸门卷扬机布置见图6-5。为消除此种布置带来的不利影响,并提高坝面整体景观,有的工程将弧形闸门卷扬机布置在闸顶机房内,通过滑轮组转向实现水平后拉,将钢丝绳倾斜运动转化为水平运动。水平后拉式卷扬机布置见图6-6。

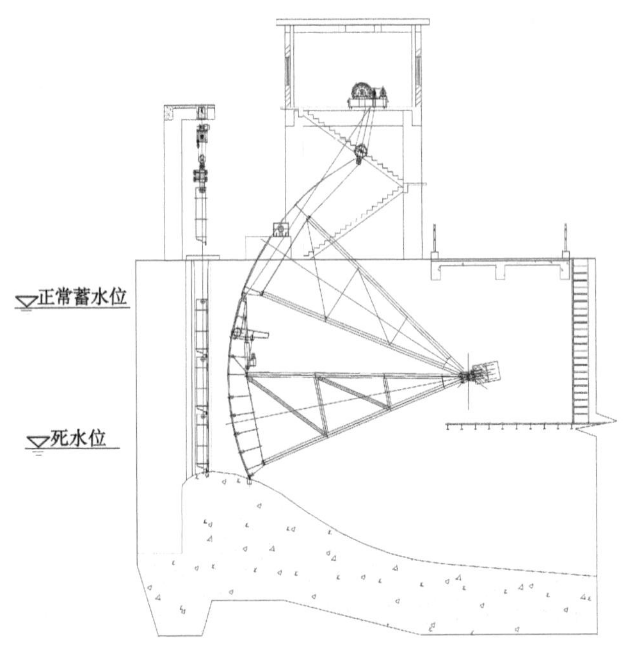

图 6-5　刚果布水电站弧形闸门斜拉式卷扬机

图 6-6　赤田水库弧形闸门水平后拉式卷扬机

（十三）液压启闭机

大坝弧形工作闸门和电站平面快速闸门通常采用液压启闭机操作。对于工作闸门通常布置成一门一机，即每扇闸门配一套液压启闭机和液压泵站；对于事故闸门和快速闸门可多台液压缸共用一套液压泵站，此时液压控制系统、电气控制系统和液压泵站及管路的设计与配置应确保各液压缸的控制互相隔离，并满足任一套液压缸及其控制阀组检修时，确保其他液压缸及控制阀组仍能正常工作的要求。对于需要高保证率运行的液压启闭机，应将控制阀组设计成互为备用，当 1 台液压启闭机的控制阀组出现故障时，可人工切换到其他阀组工作。

液压泵站内的油泵电机组通常设两套，互为冷备用，当一套油泵电机组发生故障时，另一套油泵电机组可自动工作，两套油泵电机组在电气控制上可实现自动切换。对于大容量液压启闭机，可设三套油泵电机组，两用一备，以减小单台油泵的排量，减小液压启闭机综合造价。对于中小型工程当对闸门启闭速度要求不高时，也可将两套油泵电机组互为热备用，平时两套油泵电机组同时工作，当一套油泵电机组发生故障时，另一套油泵电机组继续工作，此时启闭速度减半。

液压启闭机油缸安装高程宜高于校核水位，避免油缸泡水引起的腐蚀、密封失效等问题。对于弧形闸门，液压启闭机应计算闸门开启过程中的启门力包络线。闸门全开时，油缸宜呈正向布置。对于闸门顶部的排漂舌瓣小门采用分体式液压启闭机操作时，闸墩至油缸之间的油管应使用软管以适应油缸偏摆，也可采用集成式液压启闭机简化管路布置。快速闸门宜选用单吊点液压启闭机，以避免闸门快速下落时双吊点液压启闭机频繁纠偏引起故障。当快速闸门液压启闭机的液压泵站布置低于油缸时，应设高位补油箱实现快速自动补油。当双吊点液压启闭机行程不超过 2 m 时，也可不设行程检测装置，由溢流阀等量分配双缸进出油量。

(十四)油缸上支承

表孔弧形闸门油缸上支承为带肋圆形钢筒,预埋在闸墩二期混凝土内,油缸荷载通过钢筒外露耳板传到闸墩。钢筒为悬臂结构,外悬部分受油缸拉力,为集中荷载;埋入部分受混凝土压力,为非均布荷载,钢筒与闸墩边墙接触处承受压应力最大,设计时对该处需做好处理,避免边墙混凝土压馈。钢筒埋入部分上翘对二期混凝土形成上抬力,对于大容量液压启闭机,该上抬力很大,设计时应保证上支承点具有足够埋深,同时二期混凝土中应配受力钢筋网,必要时预埋型钢与钢筒焊接传力。液压启闭机油缸上支承见图6-7。

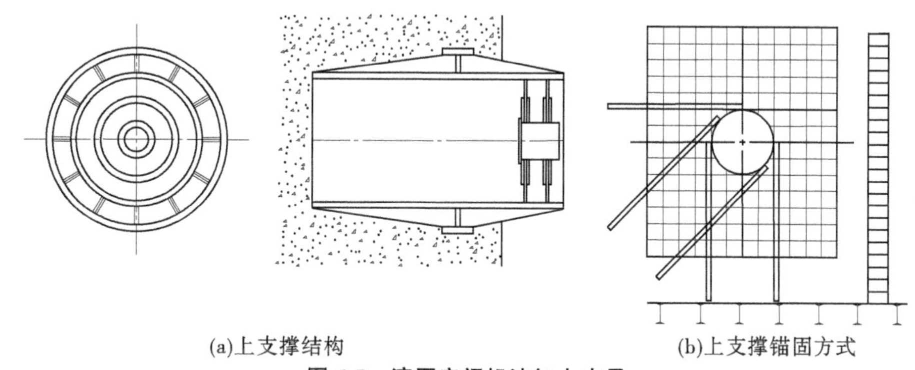

(a)上支撑结构　　(b)上支撑锚固方式

图6-7 液压启闭机油缸上支承

(十五)中小型启闭设备

水利水电工程中常采用电动葫芦作为中小型闸门和拦污栅的启闭设备,起重量大多数在20 t以下,常用的速度有0.8 m/min和8 m/min两种,启闭闸门时使用低速挡,吊运小件时使用高速挡。电动葫芦在不做特殊要求的情况下只设有荷载极限保护,不设开度指示器和荷载指示器,无法取得过程中的开度和荷载值。对起吊单吊点闸门的电动葫芦或用于门机回转吊上的电动葫芦应选用双联卷筒,对称出绳,保证吊钩提升重物时,吊钩不发生水平偏移。

对于需要启闭中小型闸门、检修小型设备或有吊运小件要求的门机,可在门架上设小型移动式启闭设备或起重设备作为副起升机构,不必每次使用主起升吊运,尤其适用于垂直进厂安装期频繁、灵活吊运进厂设备。

近几年,由江苏武东机械有限公司开发的直联卷扬式启闭机和江苏水利机械有限公司开发的星联集驱卷扬式启闭机,均采用在卷筒内部设置行星减速机,具有起重量大、传动比大、传动效率高、运行平稳、外形尺寸小、布置灵活等特点,已获得水利部新产品鉴定。这种新型传动启闭机分为地面式、悬挂固定式、悬挂移动式等多种,也可整套作为门机、台车的起升机构,标配带有各种机械、电气保护,工作安全可靠,可实现远程自动化控制,在水闸、电站、泵站中已得到使用。

(十六)自动挂脱梁

自动挂脱梁是一种自动抓取平面提升闸门、拦污栅的设备,属于启闭机吊具,其上吊头与移动式启闭机连接,下吊头与闸门、拦污栅连接,适用于使用1台移动式启闭机操作多孔口平面闸门、拦污栅的情况。自动挂脱梁设有支承行走和导向限位装置,可沿门槽、栅槽上下运动,并能在水下安全工作。

闸门使用自动挂脱梁操作时,宜设计为上游止水,自动挂脱梁可在无水环境下工作,提高操作闸门的可靠性；若设计为下游止水，应论证水流扰动和水中污物对自动挂脱梁水下工作可靠性的影响，同时应避免污物缠绕或泥沙淤堵闸门吊耳，影响正常挂脱钩动作。

根据启闭机和闸门连接的吊点数，自动挂脱梁分为单上吊点对单下吊点、单上吊点对双下吊点、双上吊点对单下吊点、双上吊点对双下吊点四种类型。当自动挂脱梁需操作多扇闸门或拦污栅时，在自动挂脱梁安装完毕应逐孔做试槽和挂脱钩动作试验。布置移动式启闭机时，应注意自动挂脱梁的水平运动不得与门机大梁、台车排架横梁相干涉。

自动挂脱梁分为液压式和机械式两种。液压式是利用小型油泵电机组驱动油缸水平移动销轴进入或脱开闸门、拦污栅的吊耳孔，从而操作闸门，适用于水下操作各种型式闸门。这种型式自动挂脱梁是 20 世纪 60 年代从苏联引入的，首先使用在三门峡水利枢纽中。液压自动挂脱梁穿轴信号分为电感式和全行程式，以模拟量或数字量显示，以全行程式模拟量显示最为直观。液压自动挂脱梁通过在挂脱梁底设对位套筒与闸门上的对位销进行水平方向定位，通过下降就位传感器辅助梁体竖向定位。穿轴工作流程为：液压自动挂脱梁沿着门槽、栅槽下降，在套筒进入对位销后完成水平定位，当挂脱梁继续下降至下降就位传感器与闸门吊耳顶部限位板接触并压缩 50～100 mm 后，完成竖向定位，此时挂脱梁停止下降，接着液压缸推动销轴进入闸门吊耳。液压自动挂脱梁的泵站通常设在梁体上，随梁下水工作，油泵电机组装置和电线接线盒，必须有可靠的密封装置和防水插座，防止电气部分浸水失效，并保证信号发送器的正确可靠。自动挂脱梁的供电电缆宜通过变频电机驱动电缆卷筒实现其收放速度与起升机构同步。当启闭扬程较高时，电缆强度应能承受电缆自身的重量，否则在升降过程中，电缆易拉断，此时可使用钢芯复合电缆增加强度。液压自动挂脱梁虽然结构相对复杂，维护不便，造价较高，但其启闭力大，水下工作可靠性高。近年来，已有工程在挂脱梁底装设水下高清摄像头监控自动挂脱梁的工作状态，提高了液压自动挂脱梁的工作可靠性。以郑州尼林自动化科技有限公司为代表生产的液压自动挂脱梁在水利水电工程中获得了广泛应用。液压式自动挂脱梁见图 6-8。

图 6-8　液压式自动挂脱梁

机械式自动挂脱梁分为压簧式、重锤式、吊环式、挂脱自如式等多种，通过机械装置自动对闸门进行自动挂脱钩，适应于操作露顶式闸门或上游止水的潜孔闸门。机械式自动挂脱梁具有结构简单、操作方便、便于维护、价格低等特点，但因无法设行程传感器和荷载限制器，信号无法传输到地面操作人员，工作可靠性相对较差，往往需挂脱钩多次才能成功，操作双吊点闸门时存在单边起吊风险。因此，机械式自动挂脱梁水下操作闸门时应慎用,必要时应装设视频监控。机械式自动挂脱梁见图 6-9、图 6-10。

图 6-9 重锤式自动挂脱梁

(a)挂钩与闸门连接

(b)挂脱梁

图 6-10 吊环式自动挂脱梁

(十七)悬挂式启闭机预埋件

对于中小型检修闸门,由于所需的启闭设备容量不大,为简化布置、节约投资,常采用悬挂型移动式启闭机。启闭机常选用直联式卷扬机或电动葫芦,启闭机行走机构沿着工字钢行走,工字钢通过预埋件固定在混凝土梁底。预埋件常用的型式有埋板焊接式、埋板螺栓连接式和挂板式。当轨道梁较长时,预埋件沿梁长度方向分块设置,中心距一般为 1~2 m;当轨道梁较短时,预埋件可通长设置,但应控制好长度的制造、安装精度和运输变形。埋板焊接式和埋板螺栓连接式预埋件见图 6-11,挂板式轨道预埋件见图 6-12。

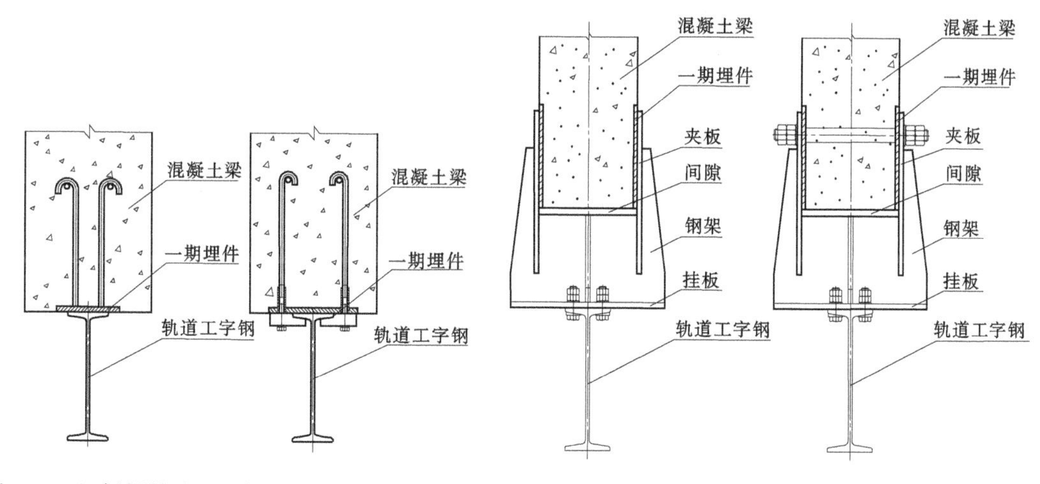

图 6-11 埋板焊接式和埋板螺栓连接式轨道预埋件

图 6-12 挂板式轨道预埋件

埋板焊接式、埋板螺栓连接式在中小梁跨中较为常用,埋板上焊有锚筋,埋板外露表面与混凝土梁底齐平。当混凝土轨道梁与排架梁等高连接时,对跨度较大的混凝土梁来说,由于梁自身挠度较大,再加上混凝土浇筑过程梁底容易跑模,往往导致梁下挠幅度较大,埋板下表面和工字钢梁底不在同一水平面上,对双吊点移动式启闭机的行走会造成一定的行走阻碍,设计时应控制启闭机满载工作时混凝土轨道梁的跨中挠度不得超过跨度的1/400~1/500,且不宜超过30 mm,以便于双吊点移动式启闭机正常行走。实际安装过程中出现这类问题通常采用加塞垫板调平埋板的方法进行处理,但在现场施工较为困难,且难以保证焊接质量。设计时也可将双吊点启闭机按2台独立设备分别行走,中间不设刚性同步轴,通过电气同步以减小混凝土梁的变形对启闭机行走造成的影响。

挂板式埋件先在混凝土梁中预埋水平螺栓和钢板,安装时通过两侧夹板和钢架及挂板相连,钢架与混凝土梁底留有30~80 mm间隙,通过调整钢架高低,保证挂板安装在同一高程。这种型式可调整混凝土轨道梁与排架梁的高差,并可消除混凝土轨道梁下挠的影响,但钢架外露对整体外观有一定影响。

采用埋板焊接式、埋板螺栓连接式时,若混凝土轨道梁与排架梁为不等高连接,现场可在轨道梁底接短钢柱调整梁高差,可消除混凝土轨道梁下挠的影响,但短钢柱现场施工质量较难保证,且短钢柱外露对整体外观有一定影响。启闭机预埋件使用短钢柱调整梁高差见图6-13。

(a)泄水闸下游全貌

(b)启闭机预埋件

图6-13　潼南航电枢纽泄水闸下游检修闸门

(十八)大件运输

启闭机设计应便于制造、安装、运输和运行维护,零部件应尽量选用标准化、定型化产品。大尺寸门架、机架应根据制造、运输、安装条件合理分块,运输单元宜不大于交通主管部门规定的最大外形尺寸和最重件重量的限制要求,运输分块宽度不宜超过3.5 m,不应大于4 m,并应尽量减少分块数量,以减少现场安装焊缝或螺栓连接数量。公路运输尺寸受限时可采取水路运输。

(十九)安全距离

对于动滑轮组和钢丝绳都要进入闸门门槽的启闭机,动滑轮组和钢丝绳在任意位置与门槽之间的净距离不宜小于50 mm。若配合不好,很容易与门槽发生干扰,难以入槽,特别是操作将吊耳设置在闸门边柱上的启闭机更容易出现与门槽干涉问题。若闸门门槽较小,对固定式启闭机宜将闸门吊点向孔口中间靠拢布置;对移动式启闭机可将动滑轮布置在孔口中部,通过自动挂脱梁或平衡梁改变下吊点中心距。

门机轨道内侧平台为工作区域,除交通桥设在大跨度门机跨内的情况外,一般不作为外部交通使用。门机行走机构设有“三合一”减速机,减速机、梯子、平台外飘设置,水工建筑物布置应充分考虑门机下部外形尺寸影响,避免产生干涉。坝顶公路、坝面栏杆应与门机“三合一”减速机、梯子平台、锚定装置、滑线沟等留有足够空间,必要时设活动栏杆。门机下部结构及外形见图 6-14。

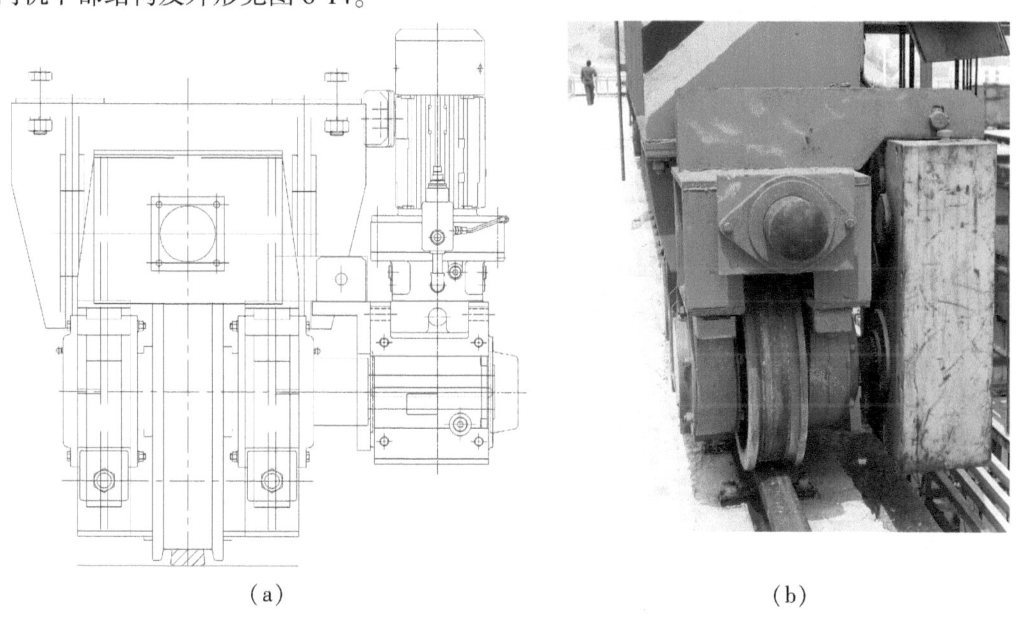

(a) (b)

图 6-14 门机下部外形

门机轨道外侧检修通道宽度不宜小于 0.6 m。考虑门机外形较大,从轨道中心线到检修平台外边缘距离不宜小于 1.5 m。当距离太小时,可设外飘式栏杆以增大检修平台宽度。门机外侧平台见图 6-15、图 6-16。

图 6-15 南沙水电站尾水门机

图 6-16 赤田溢洪道改造新增门机

移动式启闭机运动至任何位置与周边建筑物轮廓边缘的净距离不宜小于 50 mm,与建筑栏杆或扶手的净距离不宜小于 100 mm。对于运行在泄水闸、厂房进水口的门机,考虑到门腿和上平台外悬尺寸影响,门机轨道中心线与启闭机房或厂房边墙等建筑物的净距在初步布置时不宜小于 2 m,以保证门机行走时与相邻建筑物不发生干涉。门机与建筑物关系见图 6-17～图 6-20。当两台门机共轨布置或门机设有主副小车时,应在两台门机间或主副小车间设接近开关或红外测距设备,避免相撞。

图 6-17 黄田水电站坝顶门机布置

图 6-18 蓬辣滩水电站坝顶门机布置

图 6-19 刚果(布)电站进水口门机布置

图 6-20 新干航电枢纽进水口门机布置

(二十)门机安装、检修平台

在枢纽布置允许时,应为门机设置安装、检修平台,该平台常设在靠岸边的连接坝段上,为实体结构。该平台除用作闸门和门机自身安装、检修外,还可作为荷载试验平台使用。

闸门和垂直进厂的机组大件在该平台卸车后,用门机可直接运输至工作位置,不需汽车吊在坝面二次转运,该平台尤其适用于汽车吊无法到达闸门井段的情况,如电站尾水闸门。门机安装平台见图 6-21～图 6-23。

图 6-21 红花水电站坝顶安装平台

图 6-22 八字嘴航电枢纽进水口安装平台

(a)尾水安装平台

(b)尾水门机

图 6-23　石虎塘航电枢纽尾水安装平台

小型悬挂式移动式启闭机也宜设检修平台,以便于机械和电气设备检修。检修平台见图 6-24。

(a)平台外观

(b)平台内部

图 6-24　界牌航电枢纽电动葫芦检修平台

(二十一)泵站取水口设备布置

泵站取水口通常布置有拦污栅和检修闸门,配有相应的启闭机和清污机,当门和栅均采用悬挂式设备时,两设备运行不应产生干扰,轨道最小中心距应根据设备外形要求确定,并不宜小于 1 m,最小净距不应小于 0.2 m。当清污机容量满足提栅要求时,也可不设启闭机,由清污机配吊梁或挂钢丝绳提栅,此时清污机动滑轮钢丝绳需向下游倾斜操作,应做好相应安全措施。启闭机和清污机布置见图 6-25。

泵站取水口拦污栅需设有卸污平台和对外交通道路,可在岸边一侧加设一跨梁柱和轨道,清污机在孔口段工作,在端跨卸污,见图 6-26。当检修闸门与拦污栅共槽时,检修闸门宜设门库,门库可设在岸边另一侧,便于检修闸门操作,见图 6-27。

(a)启闭机

(b)清污机

图 6-25　八字嘴航电枢纽泵站启闭机和清污机布置

图 6-26　新干打新电排站清污机设卸污平台

图 6-27　新干佬上电排站进水间门栅共槽

(二十二)进水口清污平台

电站进水口栏污栅与检修闸门之间的水域相对静止,该处容易聚积水面漂浮物。该处的进水口平台宜设活动盖板,当需要集中清污时,可将盖板打开,采用人工或机械清污。进水口平台见图 6-28。

(a)运污平台

(b)人工清污口

图 6-28　石虎塘航电枢纽进水口平台

对于污物较多的电站,进水口应设专用的卸污平台和运污通道,便于高效卸污、运污。运污通道的布置应能将运污车直接开到清污机卸料口位置,避免污物二次转运。运污通道见图6-29。

图6-29　石虎塘航电枢纽上游运污通道

(二十三)启闭机房

固定卷扬式启闭机和液压启闭机泵站应设置在机房内。机房高度不宜小于4 m,机房宽度应满足设备的安装、检修和维护的要求,通道宽度不宜小于0.8 m,并应与闸门通气孔分开设置,机房开门位置应便于人员进出。在风沙严重地区,机房应有防风沙措施;在炎热和严寒地区,机房应有温度调节和保温措施。启闭机机房见图6-30、图6-31。

图6-30　民生水闸固定卷扬式启闭机机房

图6-31　峡江水利枢纽液压启闭机机房

固定卷扬式启闭机机房内宜设检修设备,其容量应满足启闭机最重件吊装要求,小型工程可预埋吊环和锚钩,便于卷筒、电动机、减速机等检修吊装。检修设备可根据需要选用单梁电动葫芦、双梁电动葫芦,对于小容量吊车可选用双轨悬挂式,能节省空间,便于水工布置。机房地面应在合适位置处设吊物孔,方便设备检修时可直通到坝面,并便于检修吊车在坝面做荷载试验。固定卷扬式启闭机机房检修吊车见图6-32。布置在室外的固定卷扬式启闭机,应根据环境条件设置活动机罩,设在机罩内的电气设备应具有防尘、防潮和防雨等措施,电气设备应要求较高的防护等级。机罩见图6-33。

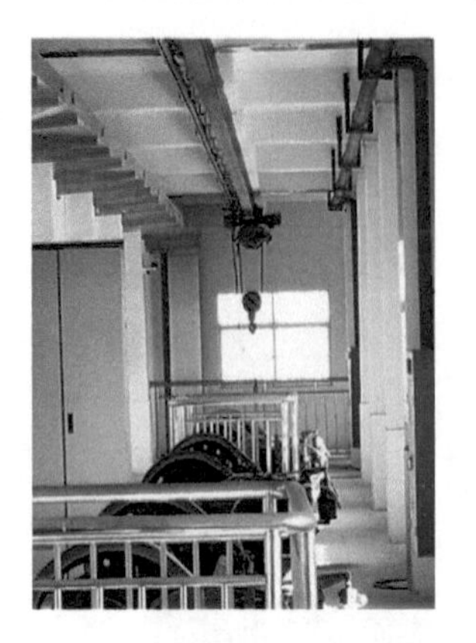

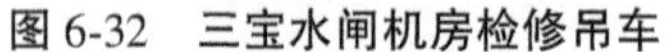

图 6-32　三宝水闸机房检修吊车　　　　图 6-33　沙公堡新闸机罩

表孔弧形闸门机房可设在坝顶、墩尾或坝内。当表孔弧形闸门全开露出坝面较多时，可将机房设在坝顶，在机房孔口侧外表面埋设钢板作为闸门侧向支承兼行走导向，见图 6-34。当表孔弧形闸门全开露出坝面不多时，也可将机房设在墩尾，见图 6-35。为便于布置液压泵站和检修通道，机房宽度不宜小于 3 m，长度根据设备布置需要确定。当闸墩太薄时，机房可向外悬挑以增加内部宽度。当闸墩较厚时，为提升闸顶整体景观效果，可将机房设在闸墩内，但应做好防雨、防潮、通风和对外交通，见图 6-36。

图 6-34　栗子园水库表孔弧形闸门机房

图 6-35　百色水利枢纽表孔弧形闸门坝后机房

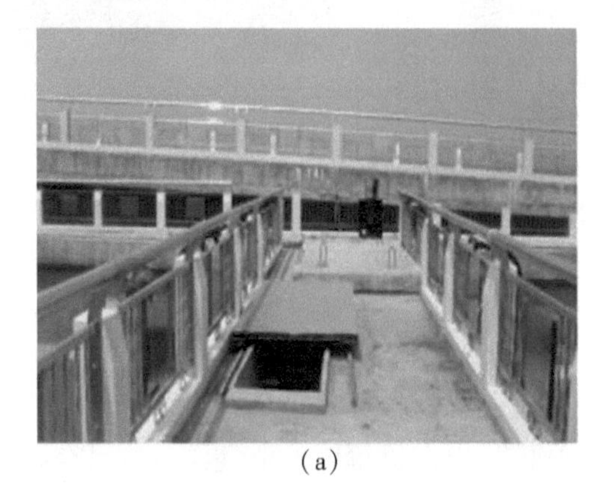

(a)

(b)

图 6-36　石虎塘航电枢纽表孔弧形闸门坝内机房

三、压力钢管设计要点

（一）钢管壁厚

钢管设计板厚为理论值，实际采购的钢板会由于不同厚度偏差而出现实际壁厚比设计壁厚小得较多的情况，故设计应对钢板厚度允许偏差提出要求，宜按《热轧钢板和钢带的尺寸、外形、重量及允许偏差》(GB/T 709—2006)的B类偏差进行要求。

在钢管设计计算时，尤其对于地下埋管会出现内压控制和外压控制两种情况，两种情况下钢管的强度和稳定性计算采用不同强度指标的钢材会直接影响钢管的壁厚，进而影响工程的经济性。一般来说，内压控制时宜选用强度指标较高的钢材，减小管壁厚度；外压控制时宜选用强度指标较低的钢材，适当增加管壁厚度，提高管壁刚度和抗外压稳定能力。

（二）厚钢板抗撕裂性能

由于钢板中硫含量越高，钢板越厚，顺板厚方向拉伸的塑性越低，发生层状撕裂的倾向越大。压力钢管中常用到的沿厚度方向受拉的厚钢板为月牙肋岔管的月牙肋板和三梁岔管的加强梁，《水利水电工程压力钢管设计规范》(SL/T 281—2020)和《水电站压力钢管设计规范》(NB/T 35056—2015)均对沿厚度方向受拉的构件钢板做出规定，要求符合《厚度方向性能钢板》(GB/T 5313—2010)的要求，并且要求每张钢板均应进行检查。设计图纸上应对厚钢板提出Z向性能要求：当板厚度小于35 mm时，Z向性能可不做要求；当板厚度为35~70 mm时，Z向性能不宜低于$Z15$；当板厚度为70~110 mm时，Z向性能不宜低于$Z25$；当板厚度大于110 mm时，Z向性能不宜低于$Z35$。

景洪水电站升船机的进出水管道有6个钢岔管，主管内径2.5 m，管壳壁厚18 mm，外加强梁最大宽300 mm，厚48 mm。按照明钢岔管设计，钢材为16MnR，外包C20钢筋混凝土，设计内压0.9 MPa。2008年4月出现焊接裂纹，现场看到U型梁从厚度中间开裂，属于典型的钢材层间撕裂，最后全部更换外加强梁。

（三）加劲环抗外压计算

《水利水电工程压力钢管设计规范》(SL/T 281—2020)和《水电站压力钢管设计规范》(NB/T 35056—2015)对明钢管和地下埋管加劲环间管壁临界外压P_{cr}采用经典的米赛斯公式，该公式与加劲环间距L密切相关，但与加劲环自身的截面尺寸无关。明钢管加劲环自身的临界外压P_{cr}计算公式有两个，$P_{cr1}=(3E_s \cdot I_R)/(R^3 \cdot L)$和$P_{cr2}=(\sigma_s \cdot A_R)/(r \cdot L)$，明钢管要求取二者结果小值，地下埋管则直接采用$P_{cr2}$。实际应用过程中，往往出现两个公式结果差别较大，且加劲环自身临界外压小于环间管壁临界外压情况，有的甚至小于光面管的临界外压，加劲环自身临界外压计算公式还有待进一步分析研究。

出现这种情况可能有两个原因：一是环间管壁稳定计算时，应以加劲环能够提供足够的刚度为前提，即认为加劲环自身应首先满足稳定性。因此，加劲环若断面偏小、刚度不够，起不到足够的加劲作用，环自身稳定算不过，环间管壁的稳定即使满足也是虚假的，故应加大环断面，缩小间距以使环自身稳定满足要求；二是计算P_{cr}用到的L参数取值影响，规范指明L是加劲环间距，但从查阅相关国外文献来看，L取管壁受加劲环影响的区域范围环两侧管壁各$0.78(r \cdot t)^{1/2}$更加合适，此区域之外按环间管壁抗外压计算，这与俄国斯沃伊斯基提出的公式$L=1.556(r \cdot t)^{1/2}+a$是一致的，用此方法算出的临界压力值提高较多，且与实际情况更为接近。若加劲环前、后距离不等，此时 L 应取该加劲环与前、后相邻加劲环距离和之半。

(四)波纹管伸缩节

在水电站、长距离输水工程中，压力钢管往往直径很大、内压很高。为适应温度变化、基础不均匀沉降、地震、区域活动性断裂带等地质条件变化，需要对钢管进行柔性处理，最常用的措施就是设置伸缩节。

在水利水电行业，20 世纪 90 年代以前，伸缩节主要以套筒式伸缩节为主，但在使用过程中容易因钢管制作安装精度和止水材料性能老化影响，产生不同程度漏水，使用周期短，运行维护困难，且较难适应多向变形要求。而波纹管伸缩节完全封闭，内部可设置导流板，防漏水条件好，水头损失较小，在充分考虑了结构和材料的安全性条件下，可按免维护设计，在工程运行期限内一般不需要更换或维修，不影响工程效益正常发挥，被越来越多的工程应用。波纹管伸缩节型式多样，可适应多向变形，波纹管伸缩节根据波纹管使用数量分为单式及复式。其中，单式主要型式有单式轴向型、单式铰链型、单式万向型，复式主要型式有复式自由型、复式铰链型、复式拉杆型、复式万向型，设计可根据具体条件进行选择。单式轴向型可适宜于高温差地区明钢管管道位移补偿，复合型有较强的角变位能力，利用中部连接管段长度调节，具备较强的三维变形能力，可同时适应温度变化和地基不均匀变化、跨越活动断裂所引起的径向位移，还可用于使用安装过程的错位纠偏。

波纹管伸缩节主要应用场合：

(1)坝后式水电站的厂坝分缝处，位于坝后压力钢管下游近蜗壳的下平段上，用以补偿温度引起的轴向位移和地质不均匀沉降引起的压力钢管位移变化。如长江三峡水电站(ϕ12.4 m)、向家坝水电站(ϕ12.2 m)、亭子口水电站(ϕ8.7 m)、缅甸 YEYWA 水电站(ϕ6.8 m)、西藏藏木水电站(ϕ6.1 m)等。

(2)引水式或混合式水电站引水管道上，主要用于补偿压力钢管因温度变化和地质变化引起的位移。如四川姚河坝水电站(ϕ4.0 m、2.5 MPa)、甘肃黑河西流水水电站(ϕ5.4 m、2.5 MPa)、西藏羊卓雍湖抽水蓄能电站(ϕ2.3 m、6.5 MPa)、刚果布水电站(ϕ2.3 m、1.0 MPa)等。

长距离引水管线管桥或倒虹吸跨越沟谷，穿越地震区或区域活动断裂带时，需进行多向的柔性处理，对伸缩节的要求也更高。如云南掌鸠河引水供水工程，管线在厂口隧洞段穿越普渡河断裂带(活断层)，该隧洞段管线长 450 m，布置 10 套复式波纹管伸缩节，ϕ2.0 m-0.5 MPa，轴向和径向位移均为±100 mm；云南洗马河赛珠水电站，引水压力钢管穿越普渡河断裂带(活断层)，穿越段管线长 354 m，布置 14 套复式波纹管伸缩节，ϕ2.7 m-1.3 MPa，轴向和径向位移均为±150 mm；云南牛栏江—滇池补水工程，在小龙潭倒虹吸和新春邑倒虹吸分别经过小江断裂带(活断层)，其中小龙潭倒虹吸段长 287 m、新春邑倒虹吸段长 924 m，共布置 25 套复式波纹管伸缩节，ϕ3.4 m-3.5 MPa，轴向位移和径向位移均为±100 mm；贵州朱昌河水库工程上游刘官镇方向供水管道明管段、管桥段为适应温度变化和不均匀沉降，也设置了 52 套复式波纹管伸缩节，伸缩节内径统一为ϕ1.2 m，压力等级为 4.0 MPa 和 2.5 MPa，轴向位移补偿量为±50～±80 mm，径向位移为±40 mm，角度补偿量为±1°。

工程设计时,伸缩节的型式及各项补偿量的确定是关键。设计周期内地质条件产生的位移量、工程所在地最大温差、镇墩间的布置间距等,都是补偿量的确定条件,一定要分析清楚。

(五)垫层管

在坝后式电站中,由于大坝和电站主厂房变位和沉陷不同,往往在厂坝连接处出现应力集中和破坏,一般在该处设永久纵缝。压力钢管穿过该纵缝处,易因温度荷载、坝体位移和厂坝不均匀沉陷等因素影响产生轴向变位差和径向变位差,早期工程通过设伸缩节来解决,如刘家峡、龙羊峡、乌江渡、五强溪等电站。但因伸缩节存在造价高、制造、安装、维修不便、使用中易漏水等缺点,经对现有伸缩节的长期观测并结合有限元计算,一些电站取消了伸缩节,改用垫层管,如安康、漫湾、岩滩、水口等电站。三峡工程因其重要性,有20台机组引水钢管仍保留伸缩节,仅在靠左岸的6台机组引水钢管取消了伸缩节。钢管过缝处设垫层管取代伸缩节已成为今后发展趋势。

垫层管可适应结构不均匀变位和温度变化影响,其长度一般不小于钢管直径。垫层管的通常做法是在厂坝分缝处设宽约20 mm的预留环缝,外加套管,管外包裹弹性垫层,垫层管上下游设止浆止水环。待大坝和厂房浇筑基本完成、水库初期蓄水后,建筑物结构自重和水压力荷载已经施压,分缝处坝体变位和厂、坝不均匀沉陷已基本完成,再选择稍低于年平均气温的时段焊接此环缝。后期变位由垫层管外的弹性垫层承担,钢管和弹性垫层间设隔热层,避免环缝封闭施焊过程中烤伤弹性垫层。

垫层管段与混凝土间不做接触灌浆,也不设加劲环和锚筋,安装时采用专门的临时支架托住钢管,分层浇筑混凝土,以保证垫层管安装完成后可在轴向和径向允许有微小变位。

坝内埋管和坝后背管混凝土裂缝开展深度可通过设置弹性垫层予以限制,并根据不同的设置方式采取不同的设计方法。钢管过缝处的垫层管和主厂房下的坝内埋管,不允许混凝土内圈开裂,管壁全断面包裹弹性垫层,按明管设计。对副厂房或厂坝间平台下的坝内埋管,一般允许混凝土内圈部分开裂,可在混凝土内圈外部上半圈包裹弹性垫层,限制混凝土裂缝向上扩展影响上部结构的安全。

(六)明钢管滑动支座

水利水电工程中明钢管直径大于4 m时宜采用滚动支承或摇摆支座。但滚动支座和摇摆支座的结构复杂,制造和安装难度较大。随着桥梁工程中盆式支座在水利水电工程中的应用,滑动支座已经突破了钢管直径为4 m的限制。盆式橡胶支座是国外于20世纪50年代末开发的一种新型桥梁支座;我国从20世纪70年代末期开始使用,目前盆式橡胶支座已经广泛运用于我国的公路、铁路大跨度桥梁上。水利水电工程的使用首先用于渡槽,其结构型式及受力特性与桥梁基本无异,最典型项目为南水北调工程,后续掌鸠河引水工程及牛栏江—滇池补水工程也相继采用。考虑大型项目倒虹吸建筑物运行维护的要求,跨河沟多采用桥式跨越,管道结构受力及抗震也与渡槽无异,在山区引调水倒虹吸钢管道上也逐渐普及应用。

盆式橡胶支座由顶板、不锈钢冷轧钢板、聚四氟乙烯板、中间钢板、黄铜密封圈、橡胶板、钢盆、防尘圈及防尘围板组成。类型主要有双向活动支座、单向活动支座、固定支座、减震性固定支座及减震性单向活动支座。盆式橡胶支座滑动摩擦系数一般小于0.06,在润滑条件下，其滑动摩擦系数甚至小于 0.01，摩擦力为支墩正常运行条件，摩擦系数越小，越利于支墩的整体稳定。盆式橡胶支座承载能力高，最大可达 60 MN，基本可满足现有水利水电工程大型管道的承载能力要求。盆式橡胶支座能适应一定的竖向转动，完全可适用正常情况下压力钢管的变形要求，同时对存在地质不均匀沉降问题的压力钢管道适应性较好。盆式橡胶支座滑动部件采用整体密封结构，且滑动部件一般采用不锈钢材料，与传统支座相比，不易发生磨损锈蚀，运行维护简单，可采用免维护设计。

盆式橡胶支座可按《公路桥梁盆式支座》(JT/T 391—2019)选用定型产品，共分为 33 个级别，可满足普通水利水电工程选型要求。盆式橡胶支座的选用原则：单一温度位移或不均匀沉降一般选用单向活动盆式橡胶支座；高支墩抗震明管可选用减震型单向活动盆式橡胶支座，或采用由盆式橡胶支座演变而来的球形橡胶支座；跨越活动断裂时，利用双向滑动盆式橡胶支座、减震性固定盆式橡胶支座进行组合使用，匹配适应断裂蠕滑变形的复式波纹管伸缩节对管道系统进行柔性处理。盆式橡胶支座一般由专业厂家制作，可选用定型产品或提供参数定制，一般提供轴向位移量、横向位移量、竖向荷载、水平向荷载等。阿根廷孔多克里夫水电站压力钢管的内径为 9 m，采用支承环式滑动支承，支座采用盆式支座，见图 6-37。

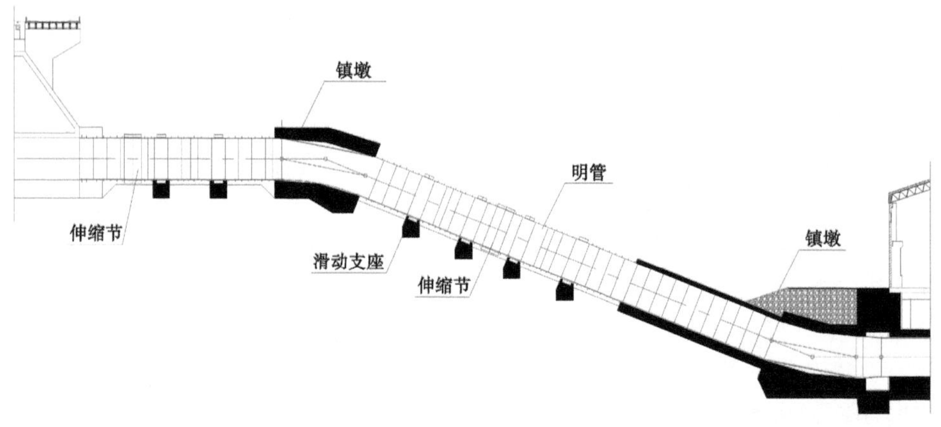

图 6-37　阿根廷孔多克里夫水电站压力钢管纵剖图

(七)地下埋管外水压力

规范规定，地下埋管的外水压力应全部由压力钢管承担，地下埋管承受的地下水压力值，应根据勘测资料并计及水库蓄水和引水系统渗漏、截渗、排水措施等因素确定。地下埋管前期地勘资料外水压力一般只有天然地下水位线，无蓄水后的水位线，有些工程即使提供推测的蓄水后的地下水位线，水库放空检修工况下，地下埋管抗外压稳定计算外水压力是否折减一直存在争议，是直接按提供的外水水头进行抗外压稳定计算，还是参考隧洞设计规范取一定的折减系数？至今争议较大。

由于国内不少工程之前出现过地下埋管抗外压失稳的事故，应予以充分重视。美国《土木工程导则——水道》提出，作用在隧洞钢衬上的外水压力可能来源于隧洞竣工后重新调整的地下水和穿过或绕过钢衬端部的灌浆帷幕流到钢衬段的水，同时认为最大外水压力一般不超过该部位距地面的距离。

由于水工隧洞为透水性结构，故隧洞设计时根据围岩类别进行外水压力折减是合理的;但钢管为不透水结构,隧洞渗出的外水压力如果无法保证及时排走,将会作用在管壁上形成外压,故不能折减,外压应采用实测压力值或蓄水后推测最大压力值的大值。若外压大于 200 m,则建议设外排水洞,外排水洞的外压可根据折减系数折减,排水洞距钢管中心的高度即为设计外压值。如三亚市西水中调工程,无条件打外排水洞排水,则需要提高钢管自身结构的抗外压能力。总之,抗外压稳定安全系数严格满足规范要求。当外水压力较高时,钢管壁厚计算往往由抗外压稳定性控制。

(八)地下埋管围岩联合承载

埋藏式岔管的应力分布和明岔管相比,因围岩与岔管的联合作用,岔管的变位受到围岩的约束,使得岔管的各部分应力均匀化且数值也明显降低。埋藏式岔管应力分布均匀化主要体现在管壳应力在空间上分布趋于均匀,同时岔管内、外壁应力差减小,即管壳侧向弯曲应力更接近膜应力状态。

围岩弹性抗力系数与围岩分担比例呈非线性关系,当围岩弹性抗力小于某一数值即临界值时,围岩分担内水压力作用的影响是明显的;而当围岩弹性抗力大于临界值时,围岩分担作用的影响不大。

缝隙大小对地下埋藏式岔管的应力状态的影响十分敏感,岔管应力随缝隙值的增大而增大,当缝隙值大到一定程度时,岔管受力状态接近明管状态。严格控制缝隙不超过设计值对埋藏式岔管的安全是非常重要的。

一般情况下,随着围岩单位抗力系数的增加,联合承载的钢管需要的钢衬厚度逐渐减小,钢衬厚度控制逐渐变为明管校核。当围岩类别较好时,可根据围岩的不同类别采用相应的围岩承载比,而不是采用 30%的定值,同时要求保证钢管或钢岔管回填混凝土的浇筑质量,做好回填灌浆和接触灌浆,工程上常使用微膨胀混凝土以减小初始缝隙值。

(九)地下埋管截水、排水设施

地下埋管钢管起始端与混凝土连接处应有不少于 1 m 的搭接长度,在混凝土衬砌末端应配置过渡钢筋,在钢管始端应设置截水环防止内水外渗,必要时做防渗帷幕灌浆。截水环一般设置 3 道,环高 250~500 mm,第一道距管首距离 200 mm 左右。截水环兼有防止钢管端部因长期水流冲击或施工安装过程中翘曲的作用。

外水压力较大的地下埋管,应设置可靠的管外排水系统,有条件的情况下,应设置排水洞。四川官帽舟水电站工程为地下埋管,为降低钢管外水压力,钢管设管壁外排水系统。排水系统由管首截水环、管壁环向集水槽钢、纵向排水角钢及镀锌钢管组成。在主管管首,设置 3 道截水环,截水环高度 400 mm,环距 500 mm,在截水环后管壁上每隔 10 m 左右在加劲环上设置 1 道环向集水槽钢,槽钢外包严麻绳,再涂工业肥皂,防止灌浆时浆液进入排水管发生堵塞。纵向排水角钢沿主、支管管壁各设 5 条,在钢管外壁间断焊固定,跳焊长度 20 mm,间隔 500 mm,非跳焊部位用工业肥皂涂封后再回填混凝土,遇环向集水槽钢断开。直径 100 mm 镀锌钢管在主管段下方设 1 根,左右支管段下方各设 1 根,用来收集环向集水槽钢中的水。主管段管外集水在下平段主洞与 4#支洞交汇处分出 2 条镀锌排水管,顺 4#施工支洞两侧排水沟引至支洞进口排出。支管段管外集水均引至主厂房上游侧排水沟再汇入渗漏集水井,2 根排水管末端各装设 1 套 DN100-PN6 球阀,阀门常开状态,当水量过大,厂房排水出现临时故障时,可临时关闭阀门。

云南普渡河鲁基厂水电站工程为地下埋管，为降低钢管外水压力，钢管设管壁外排水系统。排水系统由管首截水环、管壁环向集水槽钢、纵向排水角钢及镀锌钢管组成。在首端设了3道截水环，环高400 mm，环距500 mm。在沿管线方向设了排水系统，通过纵、横向排水系统将外水汇入管底ϕ100 mm主管再排入厂房排水沟内。具体做法与官帽舟水电站相似。

（十）地下埋管灌浆

关于地下埋管各种灌浆的必要性，行业内有不同的看法。若经论证需要灌浆，则应按回填灌浆、固结灌浆、接触灌浆的顺序进行。回填灌浆、固结灌浆、接触灌浆可在同一孔中分序进行。若围岩很完整，不做固结灌浆，或者在钢管安装前对围岩进行无盖重固结灌浆，可采用在管外设置纵向管路系统的方式进行回填灌浆。

灌浆方式一般是在钢管管壁上预设灌浆孔，一般管线较长时采用这种方式。灌浆孔沿轴向间隔3 m左右，梅花形布置，每个断面根据管径大小设置4~8个孔。通常在管壁上预留ϕ60 mm左右的孔，外部搭接焊一块带M50左右管螺纹的补强板。补强板周围与管壁夹紧焊牢，灌浆前旋紧堵头螺栓，灌浆时取下堵头，安上螺纹保护套管以保护螺纹。灌浆完毕，取下保护套管，将堵头螺栓上的螺纹部分拧入补强板，再将堵头上的焊接坡口与管壁焊接，应按水密焊接接头要求设计，不要求整个管壁厚度焊透。灌浆后，应仔细检查，确保全部灌浆孔均严密封堵，防止漏封部分孔而导致内水外渗。当地下埋管采用高强钢时，不宜开设灌浆孔，宜在管外设置纵向管路进行混凝土回填和回填灌浆，并使用微膨胀混凝土。

（十一）地下埋管安装方式

大直径的地下埋管的运输及安装一直是水电工程的一大难题。传统的水电工程规划往往要根据引水钢管的需要建设大件运输道路，并且需要在施工现场布置建设大大小小的钢管制造厂。在高山峡谷中的水电站工程，大型运输道路、现场堆放区及现场制造厂的布置场地都十分困难。随着钢管制造安装技术的日益成熟与进步，大型智能化钢管组焊设备成功应用在梨园、黄金坪、锦屏一级、乌东德等水电站中，施工时是以管节瓦片为运输单元，将智能化焊接车间直接搬到洞内，使用组焊台车进行钢管自动化焊接，实现智能化高效高质量的安装。压力钢管组焊台车见图6-38、图6-39。

(a)

(b)

图6-38　锦屏一级水电站压力钢管组焊台车

(a)

(b)

图 6-39　乌东德水电站压力钢管组焊台车

(十二)回填管设计要点

1. 柔性管和刚性管的判别

我国给水排水领域认为,当管道在管顶及两侧土压力的作用下,管壁中产生的弯矩、剪力等内力由管壁结构本身的强度和刚度承担时,管顶处的最大变位不超过 0.01D,属于刚性管。如果管道在管顶上部垂直压力作用下,管壁产生的竖向变位导致水平直径向两侧伸长,管道两侧土体产生的抗力来平衡该变形,这类由管土共同支承管顶上方荷载的管道属于柔性管。在《给水排水工程管道结构设计规范》(GB 50332—2002)中,采用管道结构刚度与管周土体刚度的比值 α_s 来判断管道是按柔性管道还是刚性管道,$\alpha_s \geqslant 1$ 时,按刚性管;$\alpha_s < 1$ 时,按柔性管。美国给水工程协会(AWWA)根据管道的柔度将管道分为三类:刚性管,其横截面形状不能充分改变,当其纵向或横向尺寸变化大于 0.1%时钢管就会损坏;半刚性管,其横截面形状可以充分改变,当其纵向或横向尺寸变化大于 0.1%但小于 3%时钢管不会损坏;柔性管,其横截面形状可以充分改变,钢管损坏前当其纵向或横向尺寸变化甚至可以大于 3%。而在实际设计中,常根据管材来确定管道是刚性管还是柔性管。一般钢管、球铁管可按柔性管设计,而混凝土管、钢筋混凝土管、灰口铸铁管按刚性管设计。

2. 设计压力确定

《给水排水工程埋地钢管管道结构设计规程》(CECS 141:2002)规定,埋地钢管的设计压力 P_d 的取值原则:当管道工作压力 $P_w \leqslant 0.5$ MPa 时,$P_d = 2P_w$;当 $P_w > 0.5$ MPa 时,$P_d = P_w + 0.5$ MPa,且给水工程设计压力不低于 0.9 MPa。由于输水工程在前期设计时工期要求,方案存在变动,经常来不及进行水力过渡过程计算,一般按此原则确定管道设计压力,是偏保守的。但对于重大工程,还应进行管道系统的水力过渡过程计算,确定一个水锤压力的包络线,与上述规范确定的设计内压进行比较,取两者大值。

3. 管壁稳定性和竖向变形

《给水排水工程埋地钢管管道结构设计规程》(CECS 141:2002)规定,管壁截面的稳定性验算考虑竖向土压力、放空真空压力及地面车辆或堆积荷载，要求管壁截面的临界压力大于上述压力之和的2倍，即2倍的安全系数。规范规定，当管道内防腐为水泥砂浆时，最大竖向变形不应超过(0.02~0.03)D；当内防腐为延性良好的涂料时，最大竖向变形不应超过(0.03~0.04)D。无论是稳定性验算公式还是竖向变形验算公式，都与管道自身刚度和截面特性、土体刚度密切相关。规范未提及管壁抗外压稳定措施采用加劲环，市政工程埋地钢管提高抗外压稳定主要采用增加管壁厚度，提高管道管侧土的综合变形模量E_d来实现。提高E_d值主要从回填土的压实密度、回填土的类别、选择更好的原状土的变形模量来实现，同时可提高管道的刚度，减小其最大竖向变形。埋地钢管设加劲环反而会限制钢管变形恢复，不利于钢管抗外压稳定，所以埋地钢管一般不设置加劲环。

4. 管侧土的综合变形模量

管侧土的综合变形模量E_d是柔性管道设计的重要参数，在强度验算公式、稳定验算公式和竖向变形验算公式里均起到关键的作用。管侧土的综合变形模量E_d，不能直接采用回填土本身的变形模量，实际上，该变形模量与回填土的土质、压实度和沟槽两侧原状土的土质有关，应综合评价确定。具体确定时应根据相关试验数据或规范及不同土的类别推荐的原状土和回填土变形模量，结合相关公式进行估算。

(十三)顶管设计要点

长距离输水工程穿越道路、穿越河道或在市区走线时经常会用到顶管型式。顶管的设计计算按照《给水排水工程顶管技术规程》(CECS 246:2008)进行，公式中考虑了顶拱的作用。顶管施工完对管周土做注浆处理，以提高管周土的变形模量，从而降低钢管应力，提高钢管刚度，但需控制注浆压力。东莞水库联网供水水源工程环湖路至松木山村市场顶管段，第一根管顶进过程中地面出现大范围塌陷，顶管上部土层出现塌陷，塌陷土层对顶管已不能完全形成土拱，将大大增加管顶土压力，对顶管施工期和运行期的安全性极为不利。此时顶拱作用失效，已不能按顶管进行计算，应按埋地钢管进行复核计算。

(十四)水压试验

《水利水电工程压力钢管设计规范》(SL/T 281—2020)规定，明管和回填管宜做全长整体水压试验。管道较长、内压变化较大的钢管可做分段水压试验。新型构件、新型结构和采用新工艺或特殊工艺制作的管节应做水压试验；岔管宜在工厂内进行水压试验。水压试验压力不应小于1.25倍正常运行情况最高内水压力，也不应小于特殊工作情况最高内水压力，并应符合以下规定：考虑围岩分段内水压力的岔管，水压试验的压力值应根据地下埋藏式岔管体形、试验条件以及水压试验工况允许应力，通过计算确定；水压试验应分级加(卸)载，缓慢增(减)压。各级稳压时间及最大试验压力下的保压时间，不应短于30 min，加、减压速度宜不大于0.05 MPa/min；岔管水压试验宜进行两个完整的压力循环过程。

《给水排水管道工程施工及验收规范》(GB 50268—2008)对水压试验的压力与《水利水电工程压力钢管设计规范》(SL/T 281—2020)不同，试验压力按P+0.5 MPa且不小于0.9 MPa，水压试验判定合格依据为允许压力降为0。《给水排水管道工程施工及验收规范》(GB 50268—2008)要求给水管道必须水压试验合格,并网运行前进行冲洗与消毒,经检验水质达到标准后,方可允许并网通水投入运行。回填管进行水压试验前,除接口处管道顶部回填土留出位置以便检查渗漏外,其余部位管道两侧及管顶以上回填高度不应小于0.5 m。在特殊条件下,不做验收性水压试验前提条件是:设计合理;钢材符合要求;事先审查施工组织设计;对焊接焊工、监理、工程管理人员做专业培训;要求100%超声波探伤,20%射线探伤,无损检测一次合格率达99%;监理旁站、有完整记录,证明实际焊接过程得到严格控制(焊接间隙、预热、清根、焊接线能量、层间温度、后热);采取合适的清除焊接残余应力的措施(如振动法、爆破法);专家评审、报规范管理部门备案。《给水排水管道工程施工及验收规范》(GB 50268—2008)规定的各种管材水压试验压力见表6-5。

表6-5　各种管材水压试验压力　(单位:MPa)

管材种类	工作压力	试验压力
钢管	P	P+0.5,且不小于0.9
球墨铸铁管	$P \leqslant 0.5$	$2P$
	$P>0.5$	P+0.5
PCCP管	$P \leqslant 0.6$	$1.5P$
	$P>0.6$	P+0.3
现浇钢筋混凝土管	P	$1.5P$
化学建材管	P	$1.5P$,且不小于0.8

(十五)管线沿线阀门的供电

山区部分长距离输水工程管道沿线设置有检修阀、流量计等,需要电动操作时,往往出现供电困难的情况。目前解决方案主要两种方式,针对管线上的检修阀,启闭机会较少,可配置电动头,采用移动式柴油发电机进行临时供电;而管线上的流量计,由于长期在线运行,采用较多的是风光互补供电,可用直流供电。风光互补供电系统主要由风力发电机、太阳能电池板、控制器、逆变器、蓄电池组、电缆及支撑和辅助件组成一个发电系统。夜间和阴雨天无阳光时由风能发电,晴天由太阳能发电,在既有风又有太阳的情况下,两者同时发挥作用,实现全天候的发电功能,带有LCD显示型控制器可直观显示系统运行参数,可在阴雨天连续供电5~7 d,并可防雷,有条件时可优先选用。

(十六)调流调压阀型式的选择

长距离输水工程管道末端(高位水池、水厂)前,经常需要设置调流调压阀。调流调压阀型式多样,最常用的是活塞阀和固定锥形阀,自带一体化电装。实际设计选用时,应根据各种类型的调流调压阀的特性和适用条件进行选择,当调流调压阀和流量计配合使用时,阀通过PLC控制柜接收流量计信号,自动调节阀开度。以某阀厂的调流调压阀产品为例,不同型式调流调压阀特性见表6-6。

表 6-6　不同型式调流调压阀特性

位置	消能方式	阀门型式	最大口径(mm)	适用最大压差(m)	排放系数/流阻系数	最大流速(m/s)	已运行最大口径(mm)及压力等级(MPa)	已运行最大压力等级(MPa)及口径(mm)	驱动方式及各驱动方式分类界限
管道末端	淹没扩散消能	淹没式固定锥形阀	3 600	300(超过150不宜常开)	最大排放系数0.8	22	DN2600-PN6	DN300-PN64	DN1000及以下手动或电动,DN1000以上液动
		45°固定锥形阀	2 000	300(超过150不宜常开)	最大排放系数0.7	15	DN1600-PN16	DN800-PN25	DN1200及以下手动或电动,DN1200以上液动
		淹没式多喷孔套筒阀	1 800	600	最大排放系数可设计为0.9	9	DN1200-PN16	DN300-PN64	电动
		普通型活塞阀	2 000	200(超过150不宜常开)	最大排放系数0.46	10	DN800-PN10	DN800-PN25	电动
	对空扩散消能	排放型固定锥形阀	3 600	450(超过150不宜常开)	最大排放系数0.8	22	DN3000-PN16	DN400-PN40	DN1000及以下手动或电动,DN1000以上液动
	对撞消能	角式多喷孔套筒阀	1 800	根据空化系数计算	最大排放系数0.5	6	DN1200-PN16	DN1200-PN16	电动
管中	管中调压调流	管中型固定锥形阀(低压差)	600	根据空化系数计算	最小流阻系数0.6	9	DN2200-PN6	DN1800-PN10	电动
		普通型活塞阀(低压差)	2 000	根据空化系数计算	最小流阻系数2.2	5	DN1600-PN10	DN1600-PN10	电动
		鼠笼型活塞阀(高压差)	2 000	根据空化系数计算	最小流阻系数12	5	DN1800-PN10	DN1800-PN10	电动
		多喷孔套筒阀(高压差)	2 000	根据空化系数计算	最小流阻系数8	6	DN2200-PN10	DN800-PN40	电动

第二节　抗震设计

一、地震调查

2008年汶川大地震发生后，国家电监会就其监管的震区15座大中型水电站（不含紫坪铺工程）开展了震后损坏情况的实地调查，位于震中的岷江10座水电站大坝共计44扇闸门，在特大地震后只有7扇发生故障，其中4扇发生损毁。其中的渔子溪电站3扇闸门是早期投产，闸门设计标准低于现行标准，闸门受震变形。太平驿电站1扇闸门的支铰被飞石砸坏，在余震中被冲毁。映秀湾2号闸门是早期投产，闸门设计标准低于现行标准，闸门变形被卡。另有一座电站的2扇闸门现场更换部件修复。受特大震影响不大的闸门的坝高均在30 m左右或更低，说明现行闸门、启闭机设计规范的规定对中低坝工程的金属结构设备是合理、可靠的。

工作在地震烈度7度及以上地区的启闭机，地震发生时会承受较大的冲击荷载。根据2008年“5·12”汶川大地震后紫坪铺水利枢纽溢流坝工作闸门2×3 600 kN卷扬式启闭机的破坏情况的调查，发现启闭机上采用铸铁材料的零部件多有损坏，有些损坏严重，如卷筒轴承座底板断裂，卷筒轴向严重变形，卷筒轴承震损，轴承端盖破碎甩出，减速电机外壳整体断裂等。其原因是卷扬装置在地震中产生轴向水平惯性力，致使两侧轴承计算承载力、轴承闷盖计算应力以及轴承座固定螺栓计算剪应力因超出许用值而损坏，铸铁材料的脆性较大，遭受剧烈冲击荷载后易产生裂纹，反复冲击后继而引起断裂。因此，承载零部件不宜采用铸铁类材料。在地震烈度大于7度时，为防止启闭设备由于地震破坏无法操作闸门而导致严重后果，对一些重要的闸门，启闭设备应配无电应急启闭设备。

二、地震荷载

（一）闸门水平地震荷载

目前闸门抗震计算没有专门设计规范，只能参照相关建筑物设计抗震设计规范。《水工建筑物抗震设计规范》（GB 51247—2018）规定：建筑物不同高度作用于质点i的水平向地震惯性力代表值：$F_i = \alpha h \alpha_i \varepsilon G_i / g$。当大坝上游面垂直时，用拱坝公式；当大坝上游面倾斜或倾斜面超过1/2坝高时，用重力坝公式。钢闸门作为水工建筑物的一部分，地震工况计算将地震作为特殊荷载组合，地震荷载按《水工建筑物抗震设计规范》（GB 51247—2018）计算，容许应力可按《水利水电工程钢闸门设计规范》（SL 74—2019）提高15%。日本《水工建筑物闸门及压力钢管技术规范》规定地震工况下容许应力可提高50%，但合成应力不得超过屈服点应力的90%。

以某大坝孔口尺寸14 m×18 m的表孔弧形工作闸门为例，计算地震荷载占静水压力的比值。大坝为重力坝时，水平地震荷载占静水压力的比例见表6-7。大坝为拱坝时，水平地震荷载占静水压力的比例见表6-8。

表 6-7　重力坝表孔弧形工作闸门水平地震荷载占静水压力的比例

地震烈度	坝高(m)				
	20	50	100	150	200
7 度	3.74%	7.24%	11.38%	11.63%	15.72%
8 度	7.48%	14.48%	22.76%	23.26%	31.44%
9 度	14.96%	28.96%	45.52%	46.52%	62.88%

表 6-8　拱坝表孔弧形工作闸门水平地震荷载占静水压力的比例

地震烈度	坝高(m)				
	20	50	100	150	200
7 度	15.03%	21.26%	26.24%	30.07%	36.83%
8 度	30.06%	42.52%	52.48%	60.14%	73.66%
9 度	60.12%	85.04%	104.96%	120.28%	147.32%

从表 6-7、表 6-8 可以看出，在相同地震烈度和相同坝高下，按拱坝计算的闸门地震荷载是按重力坝计算的闸门地震荷载的 2~4 倍。地震烈度越大或坝高越高，闸门所受的地震荷载占静水压力的比例就越大。对于 8 度及以上烈度地区或 100 m 以上拱坝，地震荷载占静水压力的比例达到 50%以上，必须高度重视，闸门设计时应专门进行抗震计算，必要时开展抗震专题研究。

(二)启闭机水平地震荷载

《水电工程启闭机设计规范 第 2 部分：移动式启闭机设计规范》(NB/T 10341.2—2019)规定："当启闭机工作地区的抗震设计烈度大于或等于 7 度时，应考虑地震水平荷载的作用"。日本在其《起重机钢结构部分计算标准》中提到"对运行起重机、固定式起重机的地震荷载，均按 20%自重的水平载荷考虑，但不考虑用钢丝绳悬吊的物品的水平载荷"。苏联 1971 年出版的《起重机手册》中提到："在地震区安装高架起重机应考虑水平地震荷载作用。水平地震荷载系数，地震 7 度区取 0.025，8 度区取 0.05；9 度区取 0.1"。水平地震荷载系数见表 6-9。

表 6-9　水平地震荷载系数

地震烈度	苏联	日本
7 度	0.025	0.2(不考虑钢丝绳悬挂物品的水平荷载)
8 度	0.05	
9 度	0.1	

以白鹤滩水电站为例，经计算，溢洪道表孔弧形工作闸门液压启闭机的水平地震荷载约为设备自重的 0.1 倍；深孔弧形工作闸门液压启闭机的水平地震荷载约为设备自重的 0.055 倍。由于液压启闭机计算水平地震荷载时只需计及液压缸及机架的自重惯性力，

且设备自重均不大,一般容易满足抗震要求。

对门机的抗震设计重点是复核其稳定性,相当于自重0.1倍的水平地震荷载往往较难满足规范要求;但考虑在发生地震时,事故闸门并没有关闭的必要,因此可以认为门机不必进行运行条件下的抗震复核,但要做好停机状态下的防倾覆措施。

三、抗震措施

(一)闸门抗震措施

闸门抗震措施为:水闸优先选用缝墩配弧形闸门,当为孔口中间分缝时宜选用平面闸门;尽量降低排架高度和启闭机自重,可采用升卧式闸门或双扉式闸门;闸门宜存放门库或孔口顶部锁定牢固。抗震结构设计遵循"强柱弱梁、强剪弱弯、强节点弱连接"的原则,并考虑疲劳破坏。

(二)启闭机抗震措施

启闭机抗震措施为:启闭机基础牢固;受力构件不得使用铸铁材料;带有悬伸布置的启闭机尚应计及地震水平荷载和垂直荷载的综合作用,采取相应的减震或加强措施;重要工作闸门的启闭机要有备用电源或无电应急启闭设备;移动式启闭机应设有锚定装置,卷扬式启闭机应设有钢丝绳防脱槽保护装置;电气设备及元器件应考虑地震的不利影响,采取相应的减震或加强措施。

第三节　防腐蚀设计

一、防腐蚀现状

水工钢闸门、拦污栅及其门(栅)槽埋件、阀、压力钢管等,有的长期泡在水中,有的处于干湿交替状态,直接受到水流冲刷、泥沙冲刷、水中漂浮物的撞击及水生物的侵蚀。启闭设备、清污设备则直接受到日光、大气紫外线暴晒、空气中SO_2和酸雨的侵蚀,这些都使钢材表面极易发生腐蚀,使钢结构承载强度逐渐降低,严重影响工程的安全运行。为了有效地控制钢材的腐蚀,延长钢结构的使用寿命,必须采取有效的防腐措施,合理选用耐蚀材料和防腐工艺技术,对于延长设备和构件的使用寿命有着十分重要的意义。

水工金属结构设备防腐蚀从20世纪50年代开始研究,最初是采用红丹底漆、醇酸磁漆等,后来发展为环氧沥青、改性环氧、环氧云铁、氯化橡胶、聚氨酯等,涂料质量获得大大提高。在施工工艺上,表面预处理技术采用了喷砂、喷丸技术,大大提高了除锈质量;在涂装技术上,采用了高压无气喷涂设备,进一步增强了涂层与钢材的附着力。金属热喷涂技术是目前获得公认的长期有效的防腐保护方案,采用热喷涂锌(铝)加涂料封闭的复合保护方法使得钢材表面防腐蚀的保护年限达到25年以上。

一般来说,经常处于水下或干湿交替环境的水工钢闸门、拦污栅及其门(栅)槽埋件,应选用喷锌或喷铝,并用具有良好的耐水性和耐蚀性的涂料保护,如采用环氧云铁封闭,外加改性环氧或氯化橡胶面漆保护。对于多沙河流,面漆宜选用超强耐磨环氧、环氧石英砂等。而经常处于水上的水工钢闸门则宜进行金属热喷涂后,选用耐候性和耐蚀性良好的涂料封闭,如采用环氧云铁保护,外加聚氨酯面漆保护。启闭设备由于处在水上,原则上可不进行金属热喷涂,表面预处理后直接用具有良好的耐候性和耐蚀性涂料保护,常用配套为环氧富锌底漆、环氧云铁中间漆、聚氨酯面漆。至于阴极保护方法,由于水工金属结构受条件限制,在淡水中牺牲阳极保护效果不明显,且管理上存在一定困难,因此未能获得推广使用。压力钢管内壁一般采用厚浆型油漆、环氧粉末等防腐,外壁采用喷锌、玻璃纤维布、3PE 等防腐。

二、表面预处理

水工金属结构在涂装之前必须进行表面预处理,表面预处理的工作环境必须满足空气相对湿度低于 85%,基体金属表面温度不低于露点以上 3 ℃。在不利的气候条件下,应采取有效措施,如遮盖,采暖或输入净化、干燥的空气等措施,以满足对工作环境的要求。

表面预处理方法有喷射和抛射两种方法,抛(喷)射处理所用的磨料必须清洁、干燥,应根据基体金属的种类、表面原始锈蚀程度、锈蚀方法和涂装所要求的表面粗糙度来选择磨料种类和粒度。在进行喷(抛)射处理之前,必须仔细地清除焊渣、飞溅等附着物,并清洗基体金属表面可见的油脂及其他污物,各种清洗方法及适用范围见表 6-10。

表 6-10　各种清洗方法及适用范围

清洗方法	适用范围	注意事项
溶剂法(如汽油)	清除油脂、可溶污物	溶剂和抹布要经常更换
碱性清洗剂(如氢氧化钠、磷酸钠、碳酸钠和钠的硅酸盐等溶液)	清除油脂、可溶污物	清洗后要充分冲洗,并做干燥处理
乳化剂(如 OP 乳化剂)	清除油脂和其他污物	清洗后用水冲洗并做干燥处理

表面预处理的质量评定应包括表面清洁度和表面粗糙度两项指标。喷(抛)射处理后,基体金属的表面清洁度等级不宜低于《涂覆涂料前钢材表面处理　表面清洁度的目视评定　第 1 部分:未涂覆过的钢材表面和全面清除原有涂层后的钢材表面的锈蚀等级和处理等级》(GB/T 8923. 1—2011)中规定的 Sa2. 5 级;水上结构及设备(如启闭机等)在使用油性涂料时,其表面清洁度等级应不低于 Sa2 级。喷(抛)射处理后的表面粗糙度 Ry 值应在 40~100 μm 的范围之内,可根据涂层厚度和涂层系统等的具体情况,涂层系统和涂层厚度与表面粗糙度见表 6-11。

表 6-11　涂层系统和涂层厚度与表面粗糙度

涂层系统	常规涂料	厚浆型腐涂料	金属热喷涂	环氧粉末
涂层厚度(μm)	100~200	250~500	100~200	250~500
表面粗糙度 Ry(μm)	40~70	60~100	60~100	40~100

三、涂料

用于水工金属结构防腐蚀的涂料,宜选用经过工程实践证明其综合性能良好的产品;

对于新产品，应确认其技术性能和经济指标均能满足设计要求，方可选用。防腐蚀涂层系统应由与基体金属附着良好的底漆和具有耐候性、耐水性的面漆组成，中间漆宜选用能增加与底、面漆之间结合力且有一定耐蚀性能的涂料。构成涂层系统的各层涂料之间应有良好的配套性。

经常处于半浸没状态的水工金属结构，宜选用具有良好的耐候性和耐干湿交替的防腐蚀涂层系统；经常处于浸水或潮湿状态的水工金属结构，宜选用具有良好的耐水性和耐蚀性的涂层系统；启闭机等水上设备及结构宜选用耐候性和耐蚀性良好的涂层系统；用于压力钢管内壁的涂料宜选用耐水性和耐磨性良好的厚浆型重防腐涂料。

随着技术的发展，高固体分、无溶剂涂料以其优良的性能得到快速应用。涂料中溶剂含量应越少越好，涂料含量直接影响着涂层的致密度和针孔的数量，还关系到涂敷遍数、工效、工期、人工和机械的费用。在选购涂料时，应首选溶剂含量低、固体分含量高的涂料。溶剂在漆膜干燥过程中应全部挥发，造成浪费、污染和危害，并使干膜厚度减少。一般溶剂含量20%以上的涂料，一遍漆干膜厚度在40~80 μm，若按最低要求的防腐层厚度300 μm计算，至少要涂4遍以上。第一遍漆膜表干后，方可涂第二遍漆，若每遍间隔2~6 h，涂敷300 μm厚的防腐层，施工周期要2~4 d，工效远远低于可一次性厚涂的无溶剂液体环氧漆。更要指出的是涂层致密性的问题，因涂料中含溶剂，在漆膜干燥过程中，溶剂挥发会产生针孔和表面缺陷。为了消除针孔和增加防腐层厚度，要涂敷第二遍涂料，把上遍涂膜的针孔大部分覆盖，只有少量重叠，靠这样多层的涂敷才能达到无针孔的防腐层。可是，第一层、第二层及以后涂的若干层中留下前层的隐蔽下的针孔，又称为盲孔。在表层留下的针孔称为显孔。盲孔、显孔和隐藏的裂痕缺陷造成涂层致密性差，在今后的使用中，遇到化学介质的长期浸渍，腐蚀性的酸、碱、盐会进入缺陷中并存留，造成涂层电性能下降、强度降低，先失去防腐作用。因此，施工相同厚度的防腐层，用无溶剂涂料比用有溶剂涂料涂敷的防腐层在质量上要优异。金属结构防腐常用以下几类涂料。

（一）环氧树脂涂料

环氧树脂的种类繁多，区别起见，常在环氧树脂的前面加上不同单体的名称。如二酚基丙烷（简称双酚A）环氧树脂（由双酚A和环氧氯丙烷制得）；甘油环氧树脂（由甘油和环氧氯丙烷制得）；丁烯环氧树脂（由聚丁烯氧化而得）；环戊二烯环氧树脂（由二环戊二烯环氧化制得）。通常所说的环氧树脂就是指双酚A型环氧树脂。双酚A型环氧树脂的分子结构决定了它的性能具有以下特点：

（1）是热塑性树脂，但具有热固性，能与多种固化剂、催化剂及添加剂形成多种性能优异的固化物，几乎能满足各种使用要求。

（2）树脂的工艺性好，固化时基本上不产生小分子挥发物，可低压成型，能溶于多种溶剂。

（3）固化物有很高的强度和黏结强度。

（4）固化物有较高的耐腐蚀性和电性能。

（5）固化物有一定的韧性和耐热性。

（6）主要缺点是：耐热性和韧性不高，耐湿热性和耐候性差漆膜在户外易粉化失光又欠丰满，不宜做户外用涂料及高装饰性涂料之用。但杂环及脂环族环氧树脂制成的涂料可以用于户外。

(二)溶剂液体环氧防腐涂料

在我国20世纪80年代前,用中分子环氧树脂和部分高分子环氧树脂加入25%以上的溶剂,制成溶剂型液体环氧涂料,在90年代改进成溶剂含量小于20%的厚浆型环氧涂料,在20世纪末研制并生产出无溶剂液体环氧涂料,该涂料不含挥发性的、有毒性的苯类稀释剂,固体含量接近100%。液体环氧涂料性能的优劣主要由两大因素决定,其一是环氧树脂含量,其二是溶剂含量。经试验研究,环氧树脂含量最少不应低于25%。涂料中环氧树脂含量高,防腐层黏结力大,机械强度高,涂敷时固化速度快,涂层密实,可以得到性能优良的防腐层。无溶剂液体环氧涂料可以一次性厚涂达到2 000 μm以上,工效高,涂敷速度快,提高质量、提高功效、降低成本、环保、节能、无污染,是引领涂料工业发展方向的新产品、新技术。

(三)环氧云铁漆

环氧云铁中间漆(底漆)是以灰色云母氧化铁为颜料,以环氧树脂为基料,聚酰胺树脂为固化剂等组成二罐装冷固化环氧涂料。由于云母氧化铁及环氧树脂的优越性能,漆膜坚韧,具有良好的附着力、柔韧性、耐磨性和封闭性能等。可做高性能防锈底漆的中间层,如环氧铁红底漆、环氧富锌底漆、无机锌底漆,以保护底漆漆膜,增强整个涂层的保护性能。

(四)氯化橡胶漆

氯化橡胶漆的优点是耐水、耐酸碱、重涂性能好、干燥温度不限制,漆膜的水蒸气和氧气透过率极低,仅为醇酸树脂的1/10,因此具有良好的耐水性和防锈性能。这也是其能在船舶涂料领域大显身手的主要原因。氯化橡胶在化学上呈惰性,因此具有优良的耐酸性和耐碱性,可以用在混凝土等碱性底材上面,主要表现为混凝土桥梁的防腐涂层。氯化橡胶涂料有着很好的附着力,它可以被自身的溶剂所溶解,所以涂层与涂层之间的附着力很好,涂层即使过了一两年,其重涂性仍然很好。这也是其被广泛用于船舶涂料的原因之一,修补性能好。氯化橡胶涂料干燥快,可以在低温下施工应用,不受环境温度的限制,可以在冬天使用。缺点是耐热温度只有60~70 ℃,氯化橡胶涂料由于是热塑性涂料,在干燥环境下130 ℃时即会分解,潮湿环境下60 ℃时就开始分解,所以使用温度不易高于60~70 ℃。耐油性能较差,氯化橡胶不耐芳烃和某些溶剂,氯化橡胶涂料能耐矿物油,但是长期接触动植物油和脂肪等,漆膜会软化膨胀,氯化橡胶,化学品的浸润会破坏漆膜。

环保性能是氯化橡胶漆应用范围逐渐缩小的一个重要原因,由于传统氯化橡胶是将橡胶在四氯化碳中通氯后再在水中析出,其成品往往残留较多的四氯化碳,污染大气,目前受到各国的环保限制。根据修订后的“蒙特利尔议定书”规定,2000年起禁止生产和使用四氯化碳。发达国家已从1995年起开始关闭以四氯化碳生产氯化橡胶的装置,以水相悬浮法、非四氯化碳溶剂法等新技术替代,新生产工艺已经解决了氯化橡胶漆的环保问题。

(五)聚氨酯涂料

聚氨酯涂料是较常见的一类涂料,可以分为双组分聚氨酯涂料和单组分聚氨酯涂料。

双组分聚氨酯涂料一般是由异氰酸酯预聚物(也叫低分子氨基甲酸酯聚合物)和含

羟基树脂两部分组成，通常称为固化剂组分和主剂组分。这一类涂料的品种很多，应用范围也很广，根据含羟基组分的不同分为丙烯酸聚氨酯、醇酸聚氨酯、聚酯聚氨酯、聚醚聚氨酯、环氧聚氨酯等品种。一般都具有良好的机械性能、较高的固体含量、各方面的性能都比较好，是很有发展前途的一类涂料品种。双组分聚氨酯涂料具有成膜温度低、附着力强、耐磨性好、硬度大以及耐化学品、耐候性好等优越性能，广泛作为工业防护、木器家具和汽车涂料。水性双组分聚氨酯涂料将双组分溶剂型聚氨酯涂料的高性能和水性涂料的低 VOC 含量相结合，成为涂料工业的研究热点。水性双组分聚氨酯涂料是由含-OH 基的水性多元醇和含-NCO 基的低黏度多异氰酸酯固化剂组成，其涂膜性能主要由羟基树脂的组成和结构决定。

单组分聚氨酯涂料主要有氨酯油涂料、潮气固化聚氨酯涂料、封闭型聚氨酯涂料等品种。应用面不如双组分涂料广，主要用于地板涂料、防腐涂料、预卷材涂料等，其总体性能不如双组分涂料全面。

（六）丙烯酸聚氨酯涂料

丙烯酸聚氨酯涂料是以高级丙烯酸树脂、颜料、助剂和溶剂等组成的漆料为羟基组分，以脂肪族异氰酸酯为另一组分的双组分自干涂料。丙烯酸聚氨酯涂料的防腐性能好、耐候性强、施工方便。涂层具有良好的附着力、韧性、耐磨性、弹性和耐酸、耐碱、耐盐、耐油、耐石油产品、耐苯类溶剂和耐水、耐沸水、耐海水及耐化工大气性；涂层具有良好耐候性、保光保色性、高光泽性和装饰性，还有较好的耐温性（可耐 160 ℃）；干燥速度快，在 0 ℃时也能正常固化，一次成膜厚，施工道数少，采用通用施工方法即可。

四、金属热喷涂

金属热喷涂保护系统包括金属喷涂层和涂料封闭层，必要时在涂料封闭后涂覆面漆形成复合保护系统。封闭涂料应具有下列特性：①能与金属喷涂层相容；②在所处的环境中，必须具有耐蚀性；③黏度较低，易渗入金属涂层的孔隙中去。

用于淡水环境中的水工金属结构，金属热喷涂材料宜选用锌、铝、锌铝合金或铝镁合金；用于海水及工业大气环境中则宜选用铝、铝镁合金或锌铝合金。金属涂层类型与厚度见表 6-12。

表 6-12　金属涂层类型与厚度

所处环境	设计寿命 T（年）	热喷涂金属涂层类型	最小局部厚度（μm）
大气	$T \geq 20$	锌	120
		铝	120
	$T \geq 10$	锌	100
		铝	100
淡水	$T \geq 20$	锌	160
	$T \geq 10$	锌	120
海水	$T \geq 20$	铝、铝镁合金	160
	$T \geq 10$	锌、锌铝合金	200

热喷涂金属涂层(包括金属粉末喷涂、金属线材料涂)的涂层结构都为多孔结构,为提高涂层的耐腐蚀性能,必须进行封孔,以杜绝腐蚀介质通过涂层孔隙对基体的浸蚀。封闭剂需具备良好的渗透封闭性能和与金属涂层间良好的附着性能,以及与外层复合防腐涂层良好的衔接适应性。热喷涂金属涂层表面采用环氧类涂料涂装时可选用环氧锌铬黄或环氧磷酸锌作为封孔,采用聚氨酯类涂料涂装时可选用聚氨酯锌铬黄或聚氨酯磷酸锌作为封孔剂。也可选用经稀释的环氧类、聚氨酯类清漆或涂料作为封孔剂。封孔剂宜黏度小、易于渗透,干膜厚度不宜大于 30 μm。

五、环氧粉末

环氧粉末通常用于钢质管道内表面防腐,环氧粉末内防腐层宜为一次成膜的环氧粉末层结构。普通级环氧粉末内防腐层的最小厚度为 300 μm,加强级环氧粉末内防腐层的最小厚度为 500 μm,环氧粉末涂料性能见表 6-13。

表 6-13　环氧粉末涂料性能

序号	试验项目		质量指标	试验方法
1	外观		色泽均匀,无结块	目测
2	固化时间(min)		符合粉末生产厂家给定的值±20%	划格法
3	热特性	ΔH(J/g)	≥45	差示扫描量热法
		T_{g3}(℃)	≥98 且高于运行温度 40	
4	胶化时间(s)		符合粉末生产厂家给定的值±20%	GB 713
5	不挥发物含量(105 ℃)(%)		≥99.4	GB 713
6	烧烤时质量损失(230 ℃,5 min)(%)		≤1.0	GB/T 21782.7
7	粒径分布(%)		150 μm 筛上粉末≤3.0 250 μm 筛上粉末≤0.2	GB/T 21782.1
8	密度(g/m^3)		1.3~1.5	GB/T 4472
9	磁性物含量(%)		≤0.002	JB/T 6570

环氧粉末内防腐层涂敷前,应对钢管均匀加热至 200~275 ℃,加热不应导致钢管表面氧化,涂敷后的保温时间应满足环氧粉末涂料的固化要求,固化后的环氧粉末内防腐层采用空气冷却或水冷却。环氧粉末内防腐层的补口可采用冷涂双组分无溶剂液体环氧涂料,也可采用补口机热涂熔结环氧粉末、机械压接法、内衬短管节等补口方式。环氧粉末内防腐层性能见表 6-14。

表 6-14　环氧粉末内防腐层性能

序号	试验项目	质量指标	试验方法
1	热特性 ΔT_g(℃)	≤5 且符合粉末生产厂家给定的特性	差示扫描量热法
2	阴极剥离(65 ℃,-1.5 V,48 h 或 65 ℃,-3.5 V,24 h)(mm)	≤6.5	SY/T 0315
3	断面孔隙率(级)	1~3	SY/T 0315
4	黏结面孔隙率(级)	1~3	SY/T 0315
5	抗 3° 弯曲(-30 ℃)	无裂纹	弯曲试验
6	抗冲击(8 J)	无漏点	冲击试验
7	附着力(95 ℃,24 h)(级)	1~2	SY/T 0315

六、聚乙烯防腐层

聚乙烯通常用于埋地钢质管道外表面防腐,挤压聚乙烯防腐层分为二层结构和三层结构两种。二层结构的底层为胶黏剂层,外层为聚乙烯层;三层结构的底层为环氧粉末涂层,中间层为胶黏剂层,外层为聚乙烯层。DN500 以上管道宜采用三层结构聚乙烯防腐层。三层结构聚乙烯防腐层最小厚度见表 6-15,胶黏剂性能见表 6-16,聚乙烯专用料性能见表 6-17。

表 6-15　三层结构聚乙烯防腐层最小厚度

钢管公称直径 DN(mm)	环氧粉末涂层(μm)	胶黏剂层(μm)	最小总厚度(mm)	
			普通级(G)	加强级(S)
DN≤100	≥120	≥170	1.8	2.5
100<DN≤250			2.0	2.7
250<DN<500			2.2	2.9
500≤DN<800	≥150		2.5	3.2
800≤DN≤1200			3.0	3.7
DN>1200			3.3	4.2

表 6-16　胶黏剂性能

序号	试验项目	质量指标	试验方法
1	密度(g/m^3)	0.92~0.95	GB/T 4472
2	熔体流动速率(190 ℃,2.16 kg)(g/10 min)	≥0.7	GB/T 3682
3	维卡软化点(A50,9.8 N)(℃)	≥90	GB/T 1633
4	脆化温度(℃)	≤-50	GB/T 5470

续表 6-16

序号	试验项目	质量指标	试验方法
5	氧化诱导期(220 ℃)(min)	≥30	氧化诱导期测定试验
6	含水率(%)	≤0.1	塑料含水率测定试验
7	拉伸强度(MPa)	≥17	GB/T 1040.2
8	断裂标称应变(%)	≤20	GB/T 1040.2

表 6-17　聚乙烯专用料性能

序号	试验项目	质量指标	试验方法
1	密度(g/m³)	0.94~0.96	GB/T 4472
2	熔体流动速率(190 ℃,2.16 kg)(g/10 min)	≥0.15	GB/T 3682
3	碳黑含量(%)	≥2.0	GB/T 13021
4	含水率(%)	≤0.1	塑料含水率测定试验
5	氧化诱导期(220 ℃)(min)	≥30	氧化诱导期测定试验
6	耐热老化(100 ℃,4 800 h)(%)	≤35	GB/T 3682

用无污染的热源对钢管加热至确定的涂敷温度,环氧粉末均匀涂敷在钢管表面,黏结剂和聚乙烯在环氧粉末固化过程中涂敷。聚乙烯层包裹后应用水冷却至钢管温度不高于60 ℃,并确保熔结环氧涂层固化完全。挤压聚乙烯防腐钢管的现场补口可采用环氧底漆/辐射交联聚乙烯热收缩带的补口方式。聚乙烯防腐层性能见表 6-18,成品管防腐层整体性能见表 6-19。

表 6-18　聚乙烯防腐层性能

序号	试验项目		质量指标	试验方法
1	拉伸强度	轴向(MPa)	≥20	GB/T 1040.2
		周向(MPa)	≥20	
		偏差(%)	≤15	
2	断裂标称应变(%)		≥600	GB/T 1040.2
3	压痕硬度	mm(23 ℃)	≤0.2	压痕硬度测定试验
		mm(60 ℃或 80 ℃)	≤0.3	
4	耐环境应力开裂(F50)(h)		≥1 000	GB/T 1842
5	热稳定性(ΔMFR)(%)		≤20	GB/T 3682

表 6-19　成品管防腐层整体性能

序号	试验项目	质量指标		试验方法
		二层结构	三层结构	
1	剥离强度(20 ℃±5 ℃)(N/cm)	≥70	≥100(内聚破坏)	剥离强度测定试验
2	剥离强度(60 ℃±5 ℃)(N/cm)	≥35	≥70(内聚破坏)	
3	阴极剥离(65 ℃,48 h)(mm)	≤15	≤5	阴极剥离测定试验
4	阴极剥离(最高运行温度,30 d)(mm)	≤25	≤15	
5	环氧粉末底层热特性玻璃化温度变化值(ΔT_g)(℃)	—	≤5	热特性测定试验
6	冲击强度 J(mm)	≥8		冲击强度测定试验
7	抗 3°弯曲(-30 ℃,2.5 ℃)	聚乙烯无开裂		抗弯曲测定试验
8	耐热水浸泡(80 ℃,48 h)	翘边深度平均≤2 mm 且最大≤3 mm		耐热水浸泡测定试验

七、活塞杆陶瓷涂层

水利水电工程中使用在海水、污水和其他高污染环境下的液压启闭机活塞杆通常采用喷涂陶瓷防腐,即在活塞杆母材表面用热喷涂工艺熔结耐磨、耐腐蚀的陶瓷涂层。陶瓷涂层由金属黏结层和工作层组成,金属黏结层材料为自熔合金粉末,应具有较好的耐蚀性,宜选择 Ni 基、Co 基合金和 Fe 基合金,厚度为 100~150 μm;陶瓷粉末工作层应具有较高的耐磨性、抗弯曲强度,宜选择 Al_2O_3 系列、Cr_2O_3 系列、WC 系列、Cr_3C_2 系列陶瓷粉末,厚度 150~200 μm。

黏结层、工作层可采用超音速火焰(HVOF)、大气等离子(APS)方法之一进行喷涂。当陶瓷工作层材料为 Al_2O_3 系列时,涂层表面硬度不小于 750 HV;当陶瓷工作层材料为 Cr_2O_3 系列时,涂层表面硬度不小于 950 HV;工作层材料为 WC 系列时,涂层表面硬度不小于 1 100 HV。涂层表面硬度不宜大于 1 200 HV,涂层与母材结合强度不小于 30 MPa,涂层抗冲击值不小于 2.5 J。

涂层喷涂后应进行封孔处理。封孔剂应具有很好的渗透性、耐蚀性、与涂层的适应性、施工环保性能。封孔剂可采用石蜡、热可塑性树脂系列、热硬化性树脂系列、环氧清漆、硅酸盐系列、水玻璃、硅酸钠等,可采用喷涂或刷涂方法施工,封孔完成后应进行磨削处理。

第四节　工程质量问题分析及处理

一、平面闸门工程

(一)闸门主轮轴承振动破坏

广西壮族自治区某大型水电站泄水闸堰面为驼峰堰,孔口尺寸(宽×高)16 m×17.8

m,闸门为露顶式平面定轮钢闸门,错距门槽,主支承为 16 套后座式ϕ900 mm 简支轮,铜基镶嵌自润滑关节轴承,偏心轴套调整,轮材料 ZG35Cr_1Mo,轴径ϕ200 mm,材料为 40 Cr。反向支承采用铰式弹性反轮。闸门操作为动水启闭,有局部开启要求,启闭机为 2×2 000 kN-36 m 固定卷扬机,一门一机布置。泄水闸工作闸门见图 6-40。

(a)闸门拼装

(b)闸门下游全貌

图 6-40　泄水闸工作闸门

该闸门孔口尺寸在同类型中属超大型,闸门局部开启运用频繁,流激振动现象特别严重,致使闸门运行不到一年,于 2006 年出现部分主轮轴承端盖碎裂、轴承压溃事故,见图 6-41。

(a)主轮

(b)轴承损坏

(c)端盖破裂

图 6-41　工作闸门主轮轴承端盖碎裂、轴承损坏

分析原因为:主要是闸门流激振动现象严重,在强振动区长时间停留控泄,现场可见钢丝绳抖动剧烈,伴随闸门剧响;其次是由于安装工期短,多主轮共面性安装未达到规范要求,引起部分主轮超载运行以及轴承端盖为铸铁材质,抗振性差。针对以上问题,采取措施为:全部更换轴承端盖为 Q355B,并加密连接螺栓;加大并更换关节轴承尺寸至 220 mm,提高轴承安全系数,同时主轮轮毂内孔按轴承外径扩孔;对闸门安装重新进行检测,调整多主轮共面度;提高运行单位管理水平,闸门不应做长时间局部开启,运行中应严格避开强振区。经过以上处理后,工作闸门至今运行正常。

（二）闸门外形与启闭机排架干涉

贵州省某中型航电枢纽工程泄水闸启闭机排架柱净距 15 m，工作闸门宽度 15.4 m，高度 14.5 m，分 5 节制作。2019 年闸门分节吊装入槽拼装，分节吊装时采用吊车和固定卷扬机配合完成，难以做到将闸门斜向进入。因闸门宽度大于柱距，闸门无法水平就位，见图 6-42。考虑到闸门面板和边柱翼缘突出边柱腹板的部分作用不大，遂将上述突出部位每边割除 25 mm，方可用吊车和固定卷扬机水平吊装就位。

（a）闸门拼装

（b）闸门就位

图 6-42　工作闸门现场吊装

（三）闸门不能关闭到位

广东省某大型水利工程布置有泄水闸和 1 座闸室宽度 12 m 的船闸，坝顶设 1 台 2×250 kN 双向门机，带 100 kN 回转吊，操作各部位检修闸门。船闸闸室宽度 12 m，船闸上闸首检修闸门分为 7 节浮体叠梁，顶节作为压重，每节中间设有 11 m 长的密封腔，每节均可在水中自由浮起，7 节叠放在一起可靠自重关闭。2009 年检修闸门安装完成，初期使用时发现闸门不能靠自重关闭到位，经现场察看，发现制造厂将边柱误做成了密封结构，致使单节浮力增大较多。后按图纸要求将边柱开孔，破坏密封腔，在低水位时可闭门，但在正常蓄水位时仍不能闭门，尚需 1.5 t 加重。由于该检修闸门由门机回转吊配专用自动挂脱梁操作，自动挂脱梁自重为 2.3 t，将自动挂脱梁作为闸门加重件，压在门顶辅助闸门方可全部关闭，见图 6-43。

图 6-43　门机自动挂脱梁辅助检修闸门关闭

（四）电排站清污和闸门运行问题

江西省某大型航电枢纽工程库区中的某个电排站建成于 2019 年，电排站前池设有拦污栅、清污机和启闭机,进水间设有检修闸门和启闭机。运行管理单位反映有以下问题:前池未设检修闸门,不便于检修前池,且前池未设卸污平台,清理出来的污物无法装车,见图 6-44。经现场察看分析,采取以下解决措施:前池可增设检修闸门,与拦污栅共槽使用,检修闸门需另找存放点;清污机排架柱可向岸边增加 1 跨作为卸污平台,并延长清污机轨道。

运行管理单位还反映进水间检修闸门漏水严重,见图 6-45。进水间检修闸门采用的是上游止水,要求闸门止水安装时有预压缩,现场检查发现门槽宽度较大,施工安装精度未达到设计要求,闸门止水未形成预压缩,从而引起顶止水和侧止水漏水;同时,闸门底坎淤泥较厚,闸门难以落到底,引起底止水漏水。处理措施是按设计图纸要求调整止水预压缩量,关闭闸门前提前清理门底淤泥。另外,为提高泵站机电设备检修保证率,在进水间增设 1 扇下游止水的检修闸门,与原检修闸门共槽设置。

图 6-44　电排站前池

图 6-45　电排站进水间

二、弧形闸门工程

(一)闸门受胸墙"水-气锤作用"失事

广东省某大型水库建于 1959 年,溢洪道上设置了 5 扇 10 m×4. 5 m 的潜孔式弧形工作闸门,闸门设计水头为 5. 3 m,启闭设备为 2×75 kN 弧形闸门启闭机。弧形闸门胸墙底高程为 39. 7 m,水平长度 1 m。溢洪道弧形工作闸门布置见图 6-46。

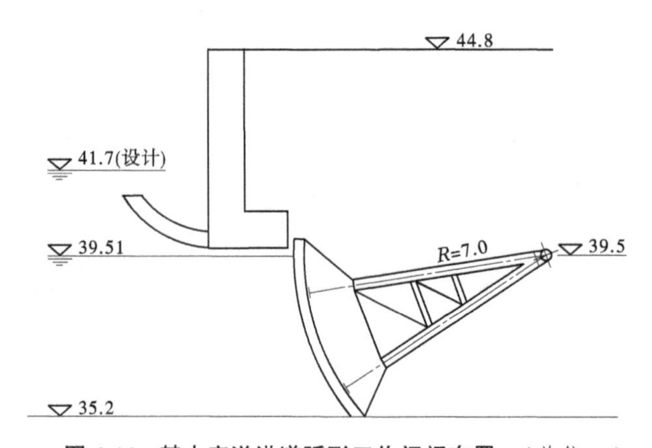

图 6-46　某水库溢洪道弧形工作闸门布置　(单位:m)

1965 年 3 月,为了加大泄流系数,增加孔口泄流量,在胸墙前加设了一个水平长度 1 m 的混凝土圆形导流板。1966 年 3 月 18 日 16:00,库水位达到 39. 54 m,库区风力达到 6

级北风,水面浪高 0.6 m,波浪反复冲击闸门,每冲击一次,闸门都会产生很大的响声和振动,门叶向上跃起 3~7 cm,水花从门顶喷出 4~5 m,两支臂随着波浪冲击而发生抖动,支铰拉杆像琴弦一样高频率上下振动致使外轮廓无法看清。17:40 发现 3#弧形闸门左上支臂发生纵向弯曲,事后测量最大挠度达 35 mm。接着又发现 2#弧形闸门左上支臂中间右侧翼缘发生褶皱,褶皱长度 10~15 mm,并承受着波浪的不断冲击,变形迅速增大。17:50 刹那间发生一声巨响,2#弧形闸门左上支臂发生折断,整扇闸门崩溃。

闸门出事后,有关部门迅速组织人员开展事故调查和分析,认为主要原因是:胸墙底部空腔容易产生"水-气锤作用",这种现象在胸墙前增设导流板后更加严重,增加了闸门动水压力,恶化了闸门受力状况;再加上支臂断面偏小,结构过于单薄,实际的主梁与支臂的刚度比高达 25,远超规范规定的 4~10。

考虑到今后水库运行水位不能避免在胸墙底部波动这一情况,以及运行检修方面的需求,水库管理局在胸墙前结合防浪,增设了一道叠梁检修闸门,平时将叠梁闸门放在上游检修槽内,用以承受风浪压力,使门后胸墙底部空腔水面平静,消除"水-气锤作用";并且重新制作了 2#弧形闸门外,对其他 4 扇尚未破坏的闸门进行了补强门叶主梁、增加门叶次梁、加大支臂断面等加固处理。经改造后 5 扇弧形闸门至今运行正常。

(二)闸门因结构薄弱、安装质量和运行条件差失事

湖南省某水库溢流坝上设置了 5 扇单宽 10 m 的双扉式工作闸门,闸门由两部门组成:下部为 10 m×9 m 潜孔式弧形闸门,实腹式主横梁,斜支臂结构,球形铰支承;上扉为 10 m×4 m 弧面定轮闸门,兼作下扉门的活动胸墙,上下扉门之间通过铰链式止水衔接,启闭机为 2×375 kN 弧形闸门启闭机。闸门操作程序:首先开启下扉门,至开 7.5 m 左右开度后,下扉门吊座接触下扉门底部,托住上扉门一起向上开启;闭门时,上下扉门一起下降至上扉门全关位置,上扉门停住,下扉门继续下降至全关位置。溢洪道弧形工作闸门布置见图 6-47。

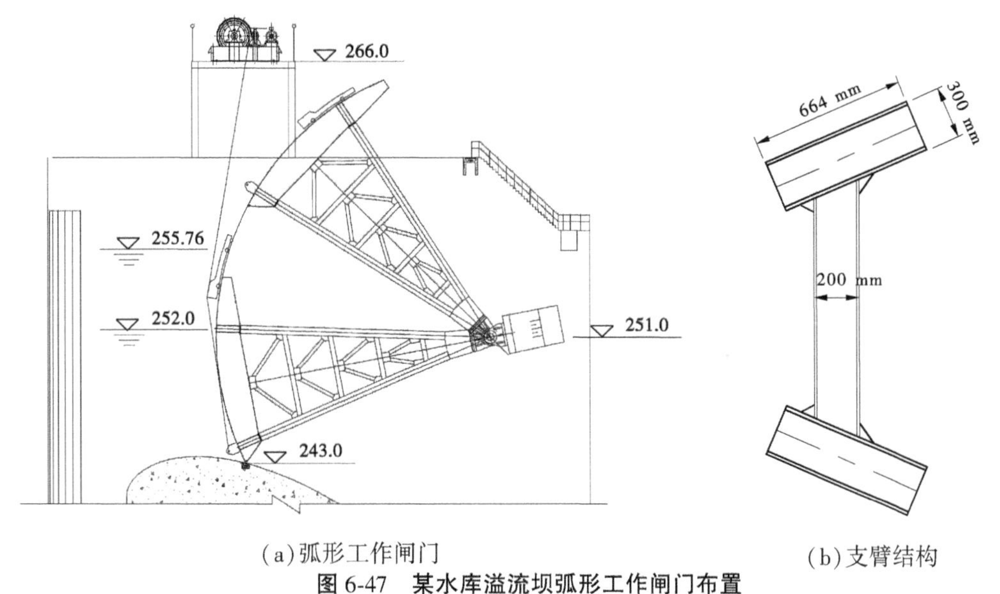

(a)弧形工作闸门　(b)支臂结构

图 6-47　某水库溢流坝弧形工作闸门布置

该水库为不完全季调节水库,需经常开启泄洪以控制库水位。由于水库调度和下游防冲刷要求,水库管理局一直采用多孔局部开启泄洪的运行方式,5扇闸门局部开启特别频繁。闸门自1970年冬投入运行以来至失事,5#闸门共操作587次,运行了10 480 h,3#闸门共操作961次,最后分别于1976年和1981年先后失事。

1976年10月20日21时许,5#闸门在255.76 m的库水位开启,此时水头12.76 m。当闸门开至0.76 m开度时,突然"轰"的一声巨响,下扉门右支臂的上下支腿在距主梁一端3.5 m处向下弯曲破坏,左支臂随之受扭破坏,两支臂与支铰的连接螺栓全部拉断,两个吊耳因被启闭机钢绳吊住,从门叶上撕裂下来,于是门叶翻转,连同支臂一同被冲到下游河道。失事之后对事故原因进行了初步分析,当时因情况不明,又未发现闸门结构有明显缺陷,故按原设计图纸重建了5#闸门,仅对较为单薄的弧形闸门吊耳做了局部加固处理,未从根本上解决问题,闸门仍处理带缺陷工作。

1981年7月2日晚上8时许,水库水位已达正常高水位并仍有上涨趋势,于是水库管理局开闸泄洪。首先将2#闸门下扉门开启0.5 m,接着开启3#闸门下扉门。当3#闸门下扉门开启到0.34 m时,也是突然一声巨响,3#闸门下扉门右支臂的上下支腿在距主梁一端3.5 m处向下弯曲、断裂,随之左支臂在距主梁一端3 m处分别向上、向下弯折破坏,左支臂与支铰的6个连接螺栓拉断了5个,仅留下1个将残留的左支臂挂在牛腿上,右支臂与支铰的连接螺栓则全部拉断。门叶连同支臂一同被冲到下游河道。两个吊座上的钢丝绳也从启闭机卷筒上扯下来,以致启闭机卷筒钢丝绳压板转向90°,同时两牛腿均有深度不大的裂纹。

事后,工程技术人员对失事情况分析认为,两次失事均系闸门开启时,支臂在不同闸门的同一部位发生平面内的弯曲破坏,闸门发生破坏的主要原因如下:

(1)上下支腿间连接弱。上下支腿均为箱形结构,为减小支腿杆件在支臂平面内的计算长度,两支腿间设有4根平行的竖向连接杆,它们在支臂平面内的刚度仅为箱形支腿的1/141,两者刚度悬殊,而且连接竖杆是直接焊在刚度很小的支腿杆腹板上,这样往往难真正起到约束作用,从而使支腿稳定性计算长度大大增加,危及支腿杆件的稳定性。

(2)闸门支铰安装精度超标。在闸门实际运行中,还存在动水压力、吊座上的启闭力、支铰摩阻力等作用,均会在支臂结构中产生弯曲应力。闸门失事后,对所有弧形闸门的安装情况进行了复测,发现3#闸门和5#闸门的两支铰不同心,铰轴倾斜,其误差值均超过安装允许值,是5扇闸门中安装误差最大的两扇,这将必然在门体和支臂中产生相应的安装应力。可以断定,在上述各附加力作用下,支臂实际工作应力已超过了材料的容许应力值,闸门在超允许应力的状态下运行肯定是不安全的。

(3)闸门启闭频繁。闸门长期在局部开启工况下运行,容易产生振动,将在闸门中产生一定的动应力或疲劳应力,这不仅加刷了支臂应力的紧张,而且直接影响支臂杆件的稳定性,是支臂丧失稳定性的诱发因素。

(4)下层双扉闸门在启门过程中由于卡住半沉木使启门力超载,弧形闸门吊点拉脱,是造成支臂失稳的又一诱发因素。

事后对3#闸门进行了重建,改进了支臂结构,大大提高了新支臂的结构强度,后来又更换了其余4扇闸门的支臂,减小了局部开启运行时间。自此,闸门运行至今基本正常。

(三)闸门因安装质量失事

广西壮族自治区某水库1966年建成,溢洪道位于大坝上游约7 km处,设4扇12 m×9.3 m的露顶式弧形工作闸门,闸门为实腹式主梁、斜支臂结构,球形铰支承,启闭设备为2×500 kN固定卷扬机。工程建成后逐步蓄水,最高蓄水位达184.2 m,正常蓄水位为185.0 m。溢洪道弧形闸门于1971年投入运行,期间启闭频繁,且多为0.5 m左右开度局部开启运行,其中2#闸门开启次数较多,有时局部开启运行持续达1个多月之久。4扇闸门失事前运行情况良好,仅在2.0~2.5 m开度内有振动现象。

1978年8月9日下午9时许,库水位达到184.1 m。水库管理所接防汛指挥部通知,开闸泄洪。由两人同时开启2#、3#闸门,一人站在下游闸墩上监护。当两扇闸门刚开启10 cm时,2#闸门突然发生很大的巨响,操作人员立即停机,此时监护人员发现2#闸门门叶中部的拼接焊缝开裂,两支臂在靠近主梁一端弯曲变形,门叶向左侧倾斜。之后,随着水流的不断冲击,门叶不断向下游推移,支臂与支铰连接螺栓被剪断,最后一声巨响,支臂弯折、扭曲,门叶面板向上扑倒在溢流面上。整个破坏过程历时约10 min,由于启闭机钢丝绳未断,钢丝绳拖曳着闸门,启闭机受水流冲击闸门的拖动,产生强烈振动。

后来检查发现:门叶右端沿拼接焊缝被撕裂5.28 m;面板左下部被支臂戳穿一直径约1.25 m的大洞,露出支臂杆件长度88 cm;所有纵梁沿拼接焊缝折断,并不同程度地错位,上下错位最大达30 cm,水平错位达15 cm;右支臂弯曲,左支臂断裂;启闭机机房地面、大梁出现多处裂缝。经分析,2#闸门门叶断裂的主要原因是:

(1)节间拼接焊缝质量太差。拼接焊缝是结构主要受力部位,现场多处采用单面焊接,甚至有连续点焊;很多部位在焊缝中填塞码钉、钢筋或钢条,焊缝本体未与线材充分焊透、熔合。这样,拼接焊缝成为结构中最危险部位,在动荷载作用下,门叶断裂破坏。

(2)上下主梁间的纵向次梁断截面太小,中间纵向次梁跨中最大应力部位恰是门叶拼接处,此处应力破坏时达142 MPa;纵向次梁跨中最大应力破坏时达240 MPa,已达材料屈服极限。门叶破坏时,所有纵向次梁毫无例外地在跨中折断。

事后处理:未破坏的其他3扇闸门的拼接焊缝铲除重焊,对错位大的接口部位重新进行了加固,并加大了纵向次梁截面;重新制作2#闸门。经处理后,闸门至今运行正常。

(四)闸门因违规操作失事

海南省某大型水库溢洪道上布置了6扇12 m×6.3 m的露顶式弧形工作闸门,闸门为实腹式主梁、斜支臂结构,启闭设备为300 kN固定卷扬机,通过滑轮转向进行启闭。溢洪道闸门于1967年投入运行,使用多年,失事前运行正常。

在1982年11月25日晚上10时许,水库库区因连续降水,库水位涨至21.9 m,高出正常蓄水位0.7 m,闸门顶部过水深度0.4 m。管理处决定开闸泄洪,但恰巧启闭机操作人员因事不在,其他人员对启闭机操作不熟悉,无法开启闸门,当时亦未将此情况向上级报告,因而库水位继续上涨,至26日凌晨,库水位已涨至23.0 m,达千年一遇校核洪水位标准。此时闸门顶部过水深度达1.5 m。此时再度开启闸门,因水压力超载较多,启闭机电机无法启闭,因而改用手摇强行开启闸门。首先开启2#闸门,当开启约30 cm高度时,钢丝绳突然松弛,操作人员意识到出现了问题,但不明情况,未做检查仍接着去手摇开启3#闸门。到次日天亮后发现2#闸门钢丝绳拉断,闸门被冲到下游130 m处。事后检查发现,闸门主梁和面板出现多处变形和断裂,最大裂缝长度达2.9 m,两支臂均扭转断裂。事后核算2#闸门结构强度较为富余,启闭机安装精度也满足要求。

事后分析失事原因主要是运行人员对闸门操作不当导致,且手摇操作时间过长,闸门长时间停留在不利的水流条件中。水库管理部门经常为了多发电,有意识地抬高水位,迫使闸门挡超高水位,门顶年年过水,严重违反设计条件和运行操作规程,闸门运行工况恶劣。2#闸门开启时超载较多,开启后门顶和门底同时过水,门后空气被下泄水流封闭,内部水流紊乱,产生较大负压和振动诱发闸门失事。

(五)闸门边柱补强处理

广东省某大型水利枢纽工程溢流坝设有带双胸墙的泄水潜孔,孔口尺寸(宽×高)14 m×12.592 m,设计水头14 m。闸门采用潜孔式弧形钢闸门,斜支臂,面板曲率半径20 m,双主横梁采用变截面,跨中梁高1.5 m,边柱梁高0.6 m。支铰轴承采用圆柱铰,ϕ500 mm铜套。闸门自重204 t/扇,由2×1 250 kN双吊点斜拉式固定卷扬机启闭。弧形工作工作闸门见图6-48。

图6-48 某水利枢纽溢流坝弧形工作闸门

泄水闸弧形工作闸门于1997年安装完毕,后经复核认为边柱结构偏薄弱。为确保闸门使用安全,由制造单位按1:1制作单边支臂和边柱进行闸门模拟受力试验,在相应位置贴应变片,通过加载测试结构应力。试验结果显示,边柱应力较大,虽未超过但接近允许应力。考虑闸门运行过程中可能存在较大的流激振动,产生较大动应力危害闸门运行安全,最终在现场采用边柱后翼缘贴钢板补强处理,有效地降低了边柱应力。此种用钢板补强方法简单有效,实用性强。

(六)闸门支臂未焊透处理

海南省某大型水利枢纽工程溢洪道堰面为WES堰型,孔口宽度14 m,设置4扇弧形工作闸门,设计最大挡水水头14.5 m,单扇闸门重量156 t。闸门采用双主横梁、斜支臂结构,面板曲率半径为18 m,主梁变截面形式,中部梁高1.6 m,端部梁高1.0 m。支臂截面高度1.15 m,均为焊接工字形截面。支承铰采用ϕ460 mm圆柱形球面轴承支铰,铜基镶嵌自润滑关节轴承。启闭机为2×1 600 kN-8.6 m液压启闭机。弧形工作闸门见图6-49。

(a)溢洪道全貌

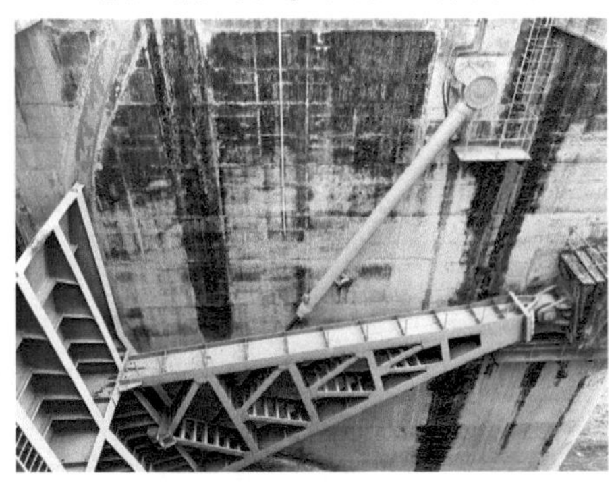

(b)闸门支臂

图6-49　某水利枢纽溢洪道弧形工作闸门

2006年8月经第三方超声波探伤检测,发现支臂腹板与翼缘的组合焊缝存在1~3 mm未焊透,与设计图纸要求焊透不符。为此,项目部于2006年9月邀请行业内知名金结专家在现场召开专家咨询会议,评估焊缝质量及对运行的影响。专家组经过察看现场和检查资料,认为该组合焊缝采用自动埋弧焊,焊缝焊角高度达10~12 mm,可满足等强度使用要求。该组合焊缝经超声波探伤检测,结果满足《水电水利工程钢闸门制造安装及验收规范》(DL/T 5018—2004)"组合焊缝可以不要求全焊透,未焊透深度不得大于4 mm"的规定,因此该组合焊缝评定为合格。因工作闸门动水运行时该组合焊缝承受动荷载,为提高闸门工作安全性,专家组提出焊角高度加大到16 mm,在运行过程中应加强调度管理,闸门不得在强振区停留等可行措施。闸门经上述处理,至今运行正常。

(七)弧形闸门运行异响

广西壮族自治区某大型航运枢纽工程泄水闸弧形工作闸门孔口尺寸22 m×14 m,设计水头14 m,弧形闸门曲率半径20 m,支铰为圆柱铰,ϕ630 mm铜基镶嵌自润滑关节轴承。闸门自重324 t/扇,由2×3 600 kN-10.5 m端部支承式液压启闭机操作。一期泄水闸弧形工作闸门于2014年安装完成,2017年开始在启闭过程中出现异响。经现场察看,发现响声是由支铰轴承处引起,轴承两侧外密封已破损,见图6-50。

(a)闸门全貌

(b)支铰、橡胶损坏

图6-50　某航运枢纽泄水闸弧形工作闸门

分析原因，原设计要求轴承为进口件，外圈材质为铜，内圈材质为不锈钢，设有外密封，未设内密封。由于制造安装工期紧，进口件供货周期长，后改用国产件代替，内圈材质改为轴承钢，未设内密封。经过几年运行后，外密封破损，内圈发生锈蚀，导致支铰运转不畅引起闸门出现异响。解决措施为更换外密封橡胶件，更换轴承内圈为不锈钢，并增设内密封。

（八）闸门支铰二期插筋安装调整

江西省某大型航电枢纽工程泄水闸表孔弧形工作闸门孔口尺寸 20 m×10.3 m，设计水头 10.3 m，弧形闸门半径 15 m，支铰为圆柱铰，ϕ460 mm 铜基镶嵌自润滑关节轴承。闸门自重 170 t/扇，由 2×2 000 kN-8.4 m 中间支承式液压启闭机操作。支铰埋件采用焊接钢板，外露埋板尺寸 1.16 m×1.4 m，安装方式采用在闸墩牛腿一期混凝土中预埋插筋，再与埋件的螺栓或加劲板焊接。

一期泄水闸 7 扇弧形工作闸门于 2010 年开始安装。由于铰座尺寸较大，且插筋布置很密，安装空间太小，现场施工困难，安装人员无法按设计要求逐根与埋件搭接焊，搭接焊缝长度普遍不够，且焊缝质量难以保证，见图 6-51。后设计修改安装方案，根据需要适当减少搭接件数量，增大搭接件断面，严格保证搭接焊缝长度和质量，严格保证二期混凝土强度等级和施工质量。按修改方案简化了支铰座安装，同时加快了安装进度。

（a）闸门全貌

（b）支铰安装

图 6-51　某航电枢纽泄水闸弧形工作闸门

（九）闸门支铰摩擦

江西省某大型航电枢纽工程泄水闸弧形工作闸门经过近 9 年运行后，2019 年闸门支铰出现异响，主要出现在左岸一期安装的 7 孔中。经现场检查，弧形闸门左右两个支铰均有不同程度向闸墙侧移位。现场将 1#孔闸门支铰吊出拆开检查，发现关节轴承闸墙侧的隔套长度比设计图纸要求的短，闸门经过长期运行后，活动支铰与固定支铰侧壁发生接触，产生摩擦，引起支铰异响，见图 6-52。处理措施是按照设计图纸要求更换隔套长度，并将活动支铰厚度加工减薄 10 mm，以保证较大的运动间隙。支铰经过处理后，活动支铰与固定支铰不再发生接触，异响问题得以解决。

(a)支铰

(b)铰座摩擦

图 6-52　某航运枢纽泄水闸弧形工作闸门支铰摩擦

三、人字闸门工程

(一)门轴柱端板与枕垫干涉

广东省某大型水利枢纽工程设有 1 座通航等级为 1 000 t 级的船闸,闸室宽度 23 m,通航净空 10.0 m,闸室有效尺寸 180.0 m×23.0 m×3.5 m(长×宽×槛上水深)。上下闸首工作闸首均为人字闸门,上闸首人字闸门高度 9.52 m,下闸首人字闸门高度 15.99 m,采用连续刚性支承兼侧止水。2011 年人字闸门现场安装前,设计单位复核图纸发现闸门不能完全打开,原因是门轴柱上游端板太宽,闸门在到达全开位置前端板与枕垫产生干涉。因端板外缘外露长度仅为 30 mm,即使将外露部分全部割除,仍无法避免干涉问题,后将门轴柱支垫用钢垫块加高 100 mm,解决了闸门旋转时端板与枕垫的干涉问题,人字闸门至今运行正常。人字闸门见图 6-53。

(a)人字闸门

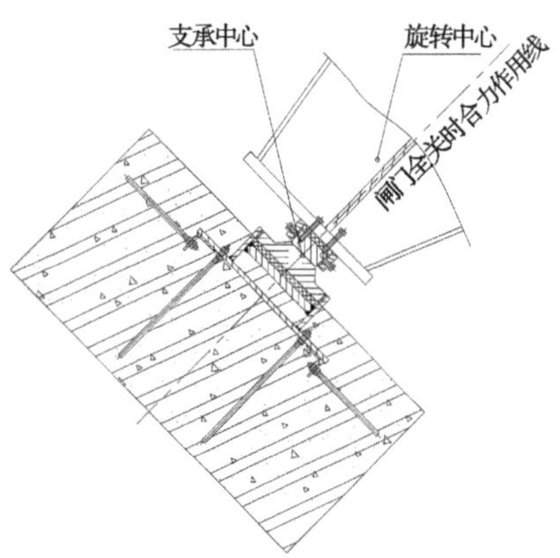

(b)门轴柱支枕垫

图 6-53　某水利枢纽船闸人字闸门

(二)顶枢轴耳板拉断

2019 年,上述工程上闸首人字闸门在开启过程中顶枢轴的耳板突然拉断,闸门向外侧倾斜,见图 6-54;同时液压启闭机活塞杆产生弯曲,见图 6-55。事故发生后紧急停航,分析原因是由人字闸门启门水头差过大引起的。后经更换、加厚重新制作的顶枢三角联板,更换活塞杆,重新进行安装调试,经 1 个月的处理后,人字闸门险情排除,船闸恢复通航。

(a)人字闸门顶枢轴的耳板拉断

(b) 液压启闭机活塞杆弯曲

图 6-54　某水利枢纽人字闸门和液压启闭机受损

(三)人字闸门动水关闭受损

某大型某航电枢纽工程设有 1 座通航等级为 1 000 t 级的船闸,闸室宽度 23 m。2020 年,由于闸室意外泄水,此时上闸首人字闸门处于全开状态,运行人员为了切断库水位通过上闸首外泄,动水关闭人字闸门。随着两片门叶逐渐合拢,门后水位逐渐降低,人字闸门承受的水头差越来越大,待两片门叶合拢前,左门叶的液压启闭机油缸被拉断,该门叶被冲过全关位置,右门叶立即原地停机,见图 6-55。

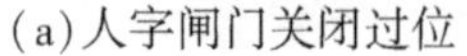

(a)人字闸门关闭过位

(b)油缸拉断

图 6-55　某航电枢纽人字闸门和液压启闭机受损

事故发生后,关闭上闸首检修闸门,经抽干闸室检查,发现左侧门叶底部的防撞限位块被剪掉,底枢上盖破裂,门轴柱下部支枕垫外移,左门叶发生变形。分析原因主要是违规操作人字闸门,导致左门叶受水压力过大,油缸被拉断,底枢旋转中心外移,从而导致左门叶发生变位和变形。处理措施是抽干闸室,现场顶升左门叶进行变形调整和维修,同时更换液压启闭机油缸。经上述处理后问题得以解决,人字闸门至今运行正常。

四、拦漂排工程

(一)拦漂排拉断

广东省某中型航电枢纽工程设有2台灯泡贯流式机组,在电站进水口前缘设置了一道拦漂排。拦漂排轴线长度55 m,与水流夹角61°。拦漂排设置在拦沙坎上,高出拦沙坎顶2 m。拦漂排由9个钢质双浮筒串连组成,中间用十字铰连接,上下游两端用自浮式锚头嵌在混凝土墩中。2012年3月,电站3台机同时发电运行时,拦漂排发生翻转断排事故,见图6-56。经现场察看,发现断排位置发生在靠上游浮体连接处,连接拉杆扭成麻花状,见图6-57。经现场察看和分析,主要原因是由于排轴线与水流夹角太大,排前污物未能及时清理,进而急剧增大阻水面积;同时拦沙坎处水流紊乱,浮体承受超设计荷载而断排。处理措施是在每节双浮筒浮体后再增加1个平衡浮筒,形成三浮筒结构,增加浮体稳定性。

图6-56　拦漂排增加平衡浮筒

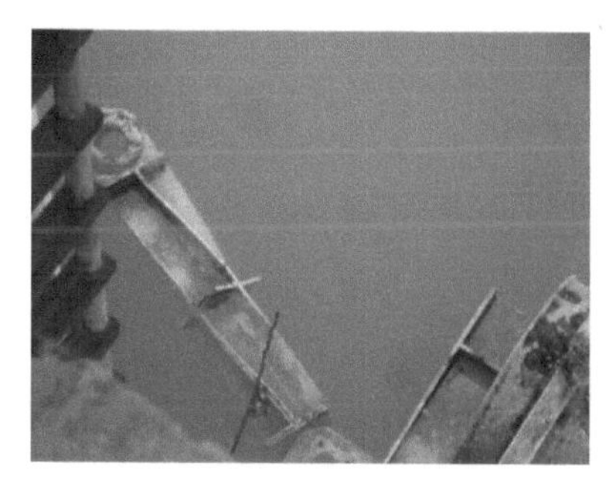

图6-57　节间拉杆扭曲

2013年5月增加平衡浮筒改造完成,运行2个月后上游第2节拉杆上吊耳被拉断,见图6-58。经现场察看,吊耳破断口处断面不规则,且生锈严重,应为长期裂纹锈蚀,再加上未及时清污,导致受力过大所致。处理措施是加大拉杆吊耳断面和轴径,重新制作拉杆,及时清理排前污物,减小排前荷载。

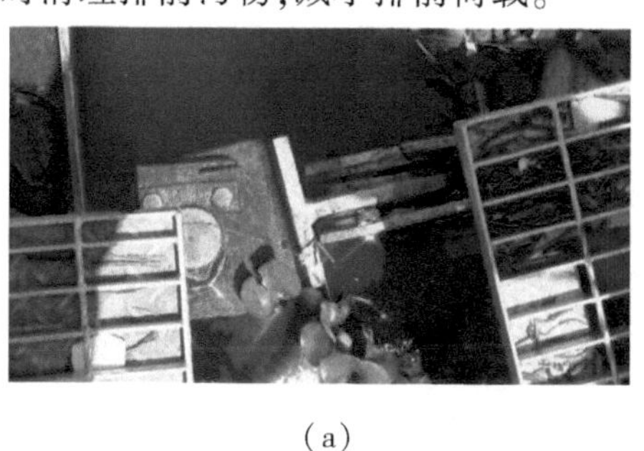

(a)

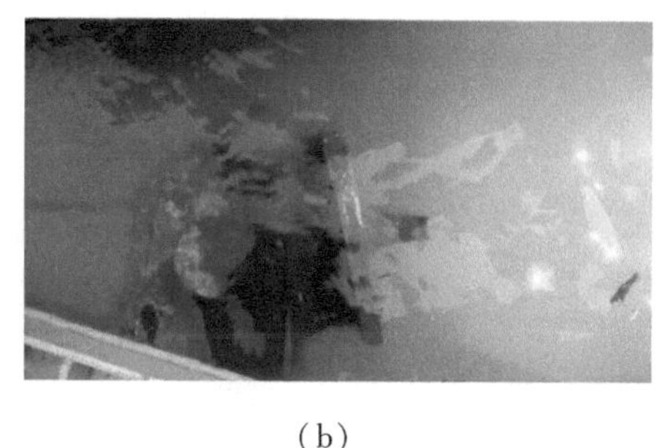

(b)

图6-58　节间拉杆吊耳拉断

(二)拦漂排翻转

某大型航电枢纽工程设有河床式电站,设有7台灯泡贯流式机组。为改善监控泄水闸侧的机组取水效果,在厂坝连接的导墙上设了2扇补水拦污栅。拦漂排采用若干个钢浮箱,中间用十字铰连接,端部用自浮式锚头嵌在混凝土墩中。拦漂排在布置上分为两跨,上跨长度158 m,排轴线与水流方向夹角49.2°;下跨长度255 m,排轴线与水流方向夹角 17.1°。拦漂排在布置上无法避开拦沙坎，水工模型试验未能模拟出电站在不同水位发电情况下，进水口前缘水流对拦漂排运行的影响。2019 年 6 月底泄水闸开启泄洪，电站初期低水位运行，运行水位低于正常蓄水位 2 m 左右，考虑排漂污物拥堵后的拦沙坎上水深不足 3 m，运行不久即出现下跨拦漂排翻转现象。经现场察看，下跨拦漂排整体翻转，部分挂栅被冲掉，上跨拦漂排呈倾斜状态拦污。下跨拦漂排翻转见图 6-59。

(a)边孔机组导墙补水栅

(b)下跨拦漂排翻转

图 6-59　某航电枢纽下跨拦漂排翻转

分析原因主要是 7 台机组在泄水闸开启泄洪后处于低水位运行，受拦沙坎影响，侧向水流流速远大于正常发电流速且流态紊乱，加上排前污物未能及时清理，边孔机组导墙补水栅堵塞未能及时有效补水，造成排前后水头差过大，诸多因素引起下跨拦漂排翻转。处理措施是先停机，将拦漂排翻转归位；及时清理拦漂排和补水拦污栅前污物；在低水位运行时取掉挂栅，仅使用浮箱拦漂，以增大过水断面，减小排前荷载；在正常蓄水位运行时根据需要再加上挂栅，恢复原状使用。

(三)拦漂排锚墩翻倒

广东某中型水电站设有河床式电站厂房，进水口设有 1 道拦漂排。拦漂排长度 55 m，与水流夹角 66°，浮体为双浮筒拉杆连接，上下游锚头为自浮式浮筒，上锚头设在上游锚墩内，下锚头设在靠近厂坝导水墙的锚墩内。2004 年蓄水初期，电站运行后，拦漂排下游锚墩发生倾覆，见图 6-60。

(a)泄水闸全貌

(b)锚墩倾覆

图 6-60　某水电站拦漂排上游锚墩倾覆

分析原因主要是拦漂排与水流夹角太大，过排水流紊乱；拦漂排下游端墩为悬臂结构，与厂坝导水墙结构分开设计，承受较大的水平荷载；下游锚墩底部受水流长期冲刷，淘空基础。处理措施是重新施工下游锚墩和基础，与厂坝导水墙浇筑成整体结构，同时做好抗冲刷措施。

五、卷扬式启闭机工程

(一)固定卷扬机卷筒绳槽加工反向

海南省某大型水利枢纽工程引水式电站引水洞进水口设 1 扇事故闸门,孔口尺寸 4 m×5 m,设计水头 44.156 m,采用全水柱闭门,启闭设备为 1 台 1 600 kN-52 m 固定卷扬机。卷筒直径 1.8 m,长度 3.01 m,采用双联、双层缠绕,两端压绳。左半部分绳槽绕绳方向应为右旋,右半部分绳槽绕绳方向应为左旋,见图 6-61。

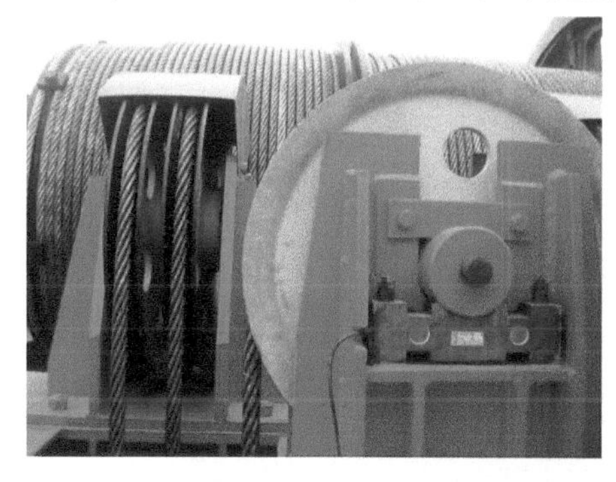

(a)改造前两端压绳

(b) 改造后中间压绳

图 6-61　某水利枢纽固定卷扬机卷筒

2007 年,安装完卷筒后空载试运行时发现提升时无法缠绳,经现场检查发现螺旋绳槽旋向设置与设计图纸相反,后由安装单位现场处理,对卷筒进行改造,将两端压绳改为中间压绳,问题予以解决。

(二)门机起升机构轴承座破裂

江西省某大型水利枢纽工程坝顶共设 3 台单向门机,其中泄水闸门机容量 2×630 kN,电站进水口门机容量 2×1 250 kN,电站进水口门机容量 2×2 000 kN。进水口门机和尾水门机于 2013 年 4 月安装完成后,门机起升机构陆续出现卷筒轴承座破裂现象,见图 6-62。

(a)坝顶门机

(b)轴承座破裂

图 6-62　某水利枢纽门机起升机构卷筒轴承座破裂

经现场检查判定为起升机构电动机启动瞬间,安全制动器未能及时松开抱闸,无信号反馈至现地 PLC,未能及时断电停机,造成轴承座承受很大的上抬力。由于轴承座采用铸铁材质,受拉性能弱,轴承座一侧受到很大的拉力从而产生破裂。处理措施是将轴承座材质更换为铸钢,并调试、恢复好安全制动器开合闸的时间控制和信号传输,轴承座工作正常,问题予以解决。

(三)门机行走机构减速箱破裂

云南省某大型水电站设有溢流坝、泄水底孔和坝后式电站厂房,坝顶配有 1 台 2×1 000 kN 双向门机用来操作坝面所有检修闸门和事故闸门,门机轨距 14 m,上、下游各带 1 套 250 kN 回转吊,上游回转吊携带液压耙斗垂直清污,下游回转吊用于检修表孔弧形闸门液压启闭机油缸。公路设在门机跨内。坝顶门机大车行走机构 16 个车轮,共设 8 个主动车轮和 8 台“三合一”减速机,2008 年门机安装完成,空载行走时减速机外壳发生破裂,经更换后仍出现破裂,见图 6-63。

(a)门机行走机构

(b)减速机外壳破裂

图 6-63　某水电站坝顶门机行走机构

分析原因主要是减速机安装电气不同步导致行走不同步,减速机受较大的扭矩。处理措施是拆除一半减速机后,保留 4 台减速机,门机行走基本正常,但行走速度减为原速度的一半,门机使用效率虽受到一定影响,但基本可以满足使用要求。

(四)起升机构钢丝绳与门架干扰

广东省某大型拦河坝布置 12 孔泄水闸和 1 座闸室宽度 12 m 的船闸,坝顶设 1 台 2×250 kN 双向门机,带 100 kN 回转吊。门机小车轨道正中布置在门架上,升机构卷筒采用中间压绳,钢丝绳双层缠绕在卷筒上,见图 6-64。

(a)坝顶门机

(b)门机主小车

图 6-64　某拦河坝坝顶双向门机

2009 年门机安装完成,初期使用时钢丝绳在返回角位置与小车主梁下翼缘发生直接摩擦,现场测量最大干扰量达 20 mm。分析原因是小车采用正轨布置时,设计未对钢丝绳缠绕至端部时进行放样。处理措施是在小车主梁下翼缘增设钢丝绳导向辊子,将滑动摩擦转化为滚动摩擦,有效地解决了摩擦问题,延长了钢丝绳的使用寿命。

(五)门机回转吊使用范围受限

广西壮族自治区某大型航运枢纽工程右岸电站进水口设 1 台双向门机,主起升容量 2×1 000 kN,副起升容量 2×500 kN,轨距 13.5 m;中间泄水闸设 1 台双向门机,主起升容量 2×500 kN,轨距 6.5 m,该门机下游左侧设 1 套容量 200 kN 的回转吊,回转半径 16 m。2 台门机轨距不同,不共轨运行,以厂坝边墩作为分界,见图 6-65。2014 年在泄水闸门机安装过程中发现,回转吊无法吊到边孔液压启闭机的右侧油缸。分析原因,泄水闸门机回转吊装设在左侧,回转角度 180°,当门机运行至最右端时,由于厂坝门机不共轨,回转吊勉强可以吊到泄水闸临近电站边孔液压启闭机的左侧油缸,无法吊到该孔右侧油缸。右侧油缸需要检修时只能用其他临时设备操作。

(a)电站进水口门机

(b)泄水闸门机

图 6-65　某航运枢纽电站进水口门机和泄水闸门机

(六)门机回转吊清污不便

云南省某大型水电站设有溢流坝、泄水底孔和坝后式电站厂房,坝顶设有 1 台 2×1 000 kN 双向门机用来操作坝面所有检修闸门和事故闸门,门机轨距 14 m,上、下游各带 1 套 250 kN 回转吊,上游回转吊携带液压耙斗垂直清污,下游回转吊用于检修表孔弧形闸门液压启闭机油缸。公路设在门机跨内。坝顶门机见图 6-66。

图 6-66　某水电站带有双回转吊的坝顶门机

电站投产发电后,门机即承担进水口频繁的清污任务。在门机使用过程中发现上游回转吊清污很不方便,清污耙斗由于是单吊点,出槽时容易打转,每次入槽时需要人工辅助对位。处理措施是在清污耙斗吊钩上加设定位插销以减小耙斗打转,并在每孔拦污栅孔口处设行程开关,用于门机大车行走精确定位。

清污耙斗最初采购的是单联卷筒电动葫芦,由 1 根钢丝绳缠绕在卷筒上,耙斗升降时钢丝绳会向一个方向移动,从而吊点发生偏移影响耙斗升降,后按设计要求应用改换双联卷筒电动葫芦,对称出绳,保证了耙斗在升降过程中的吊点恒定,便于清污耙斗工作。

(七)清污机耙斗与水工大梁干涉

贵州省某中型航电枢纽工程电站装机 2 台灯泡贯流式机组,进水口布置 4 扇露顶式垂直拦污栅,孔口尺寸 5.6 m×18.50 m,栅槽前设有 1 道清污耙斗导向槽。拦污栅单独设有 1 台 2×160 kN 全液压耙斗式清污机,清污机轨上扬程 8 m,总扬程 44 m,清污速度 4 m/min,轨距 4.5 m。清污耙斗宽度 5.6 m,全跨清污,耙斗开合由 2 根液压油缸操作。2019 年清污机安装完成后,试运行时发现清污耙斗与上游宽度 760 mm 的混凝土人行桥发生干涉,无法入槽。经现场测量,发现人行桥与耙斗导向槽中心距离不足 1 m,人行桥与清污机闭耙运行时干涉长度达 430 mm,与开耙运行时干涉长度达 680 mm,耙斗无法入槽,见图 6-67。

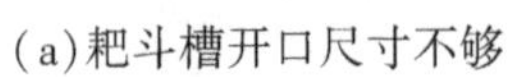

(a)耙斗槽开口尺寸不够　　(b)耙斗无法入槽

图 6-67　某航电枢纽清污机耙斗无法入槽

分析原因是布置人行桥时未充分考虑到清污耙斗的外形尺寸以及工作空间。由于改造清污机工作量太大,而人行桥作用不大,且为简支结构,处理措施是将人行桥吊离,增大耙斗工作空间,清污耙斗得以正常入槽。

六、液压启闭机工程

(一)液压启闭机活塞杆爬行

广西壮族自治区某大型水电站设有1座1 000 t级船闸,上下闸首均设有人字闸门,各配1台2×1 250 kN卧式液压启闭机,行程3.4 m。人字闸门见图6-68。2005年船闸通航前进行门机联调中发现下闸首人字闸门在运行过程中振动严重,底枢处出现剧响,出现此种情况通常是底枢润滑不畅或是液压启闭机爬行造成的。现场解开闸门和启闭机连接轴,液压启闭机活塞杆空载行走爬行明显,初步判断油缸内密封安装太紧。后由生产厂家更换密封圈,振动和响声消除,人字闸门运行至今正常。

图6-68　某水电站下闸首人字闸门

(二)液压启闭机振动

江西省某大型航电枢纽工程泄水闸表孔弧形工作闸门孔口尺寸20 m×10.3 m,闸门自重170 t/扇,由2×2 000 kN-8.4 m中间支承式液压启闭机操作。受水工结构限制,液压启闭机采用中间支承型式,中间支铰采用ϕ 850 mm高分子材料自润滑轴套,这种型式在国内大容量液压启闭机布置中极少用,其优点是减小了闸墩长度和高度,缺点是由于中间支铰的转动半径大,中间支铰结构大且复杂,安装精度要求高,油缸需承受较大的弯矩,对支铰轴承性能和油缸强度、刚度要求高。

一期泄水闸7扇弧形工作闸门于2010年开始安装,2011年闸门启闭机联调后逐渐出现启闭机工作异常,主要表现在闸门普遍存在振动,以6#、7#孔最为严重,4#、5#孔次之。经现场检查,闸门振动是由液压启闭机支铰振动引起的,表现为:启闭机左右支铰振动程度不同;活塞杆出现秒针跳动现象;支铰处出现摩擦异响,小开度时最为严重,大开度时逐渐减轻。现场将1#孔支铰埋件吊出检查,发现轴承已出现塑性变形,供货清单中显示轴承摩擦系数为0.18,大于设计要求的0.12,见图6-69。

经专家组现场和分析,主要原因是由轴承性能不稳定,支铰摩阻力太大引起的。处理措施是先将一期泄水闸液压启闭机支铰轴套全部更换为高性能的工程塑料合金自润滑轴套,并修改尚未施工的二期泄水闸16台液压启闭机为同样材料。支铰轴套经更换后,液压启闭机振动情况明显改善,液压启闭机运行至今未发生大的振动,闸门和启闭机总体运行安全。

(a)液压启闭机油缸支铰

(b)支铰轴套拆开检查

图6-69 某航电枢纽泄水闸液压启闭机油缸中部支铰

七、压力钢管工程

(一)地下埋管灌浆孔封堵困难

广东省某水电站装机3台,压力钢管为地下埋管,主管直径3 m,通过2个卜形月牙肋岔管分出3条ϕ1.5 m进水支管,主管沿圆周方向设4个灌浆孔,排距3 m,呈梅花形交错布置。2005年机组启动运行后,对引水隧洞进行检查,发现部分灌浆孔向内射水。地下埋管见图6-70。

图6-70 某水电站地下埋管放空检查

分析原因是隧洞地下水位较高,成洞后的洞身渗水严重,钢管灌浆完毕封孔时,难以在干燥环境施工,从而引起封孔焊缝开裂,引起钢管内水外渗,现场无条件对封孔焊缝做全面处理。处理措施是钢管放空检修时,必须严格控制、放缓放水速度,减小钢管承受外压,避免失稳,同时对开裂的封孔焊缝先烘干再焊接,并做无损探伤检查。

(二)回填管爆管

贵州省某中型水利工程自水库取水,供水灌溉输水干管总长22.95 km,干管主要采用DN600~DN1 600的玻璃钢夹砂管,架管和部分高压埋管采用钢管,见图6-71。玻璃钢夹砂管在试通水过程中直段和转弯处多次发生爆管,致使镇墩被高压水流冲开推翻,见图6-72。

图 6-71　某水利枢纽输水干管

(a)玻璃钢夹砂管破裂

(b)玻璃钢夹砂管爆管

(c)镇墩受损

图 6-72　某水利枢纽玻璃钢夹砂管爆管

经现场察看和分析，主要原因是复合式排气阀未按设计要求的型式和技术要求采购，运行过程中未能做到高压自动排气和补气，致使管道中产生较大的水锤，排气阀见图 6-73；其次是玻璃钢夹砂管的环刚度较小，无法承受较大的水锤升压；玻璃钢夹砂管现场糊口处施工质量差，多数爆管发生在糊口处；充水过程不规范，流量和流速偏大等因素所致。更换新的复合式排气阀和破损的玻璃钢夹砂管后，并全线检查玻璃钢夹砂管施工质量，爆管问题基本解决。

(a)排气阀漏水

(b)排气阀外观

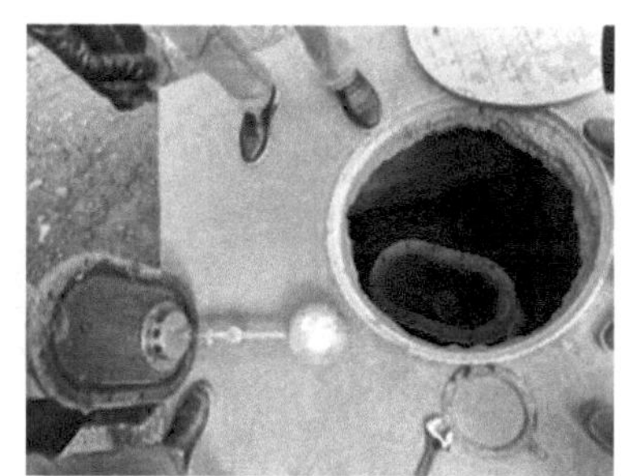

(c)排气阀内部结构

图 6-73　某水利枢纽管道排气阀

(三)放水阀出流干涉建筑物

贵州省某中型水库引水洞进口采用分层取水,出口设有 1 套 DN1400-PN6 手电两用固定锥形阀,阀体 45°斜向下安装。该阀可以调节开度,控制取用水量,可远程控制。阀前设有空气阀、检修闸阀和电磁流量计,锥形阀后接带有顶板的消力池。锥形阀见图 6-74。

(a)锥形阀全貌

(b)出口水流冲撞顶板

图 6-74　某水库引水管出口锥形阀

引水洞通水后,锥形阀泄流时水流冲撞消力池顶板。分析原因是锥形阀布置时为避免出口受淹,安装高程设计过高,阀出口基本与消力池顶板齐平且距离很近,锥形阀泄流时水流扩散冲撞消力池顶板。可在阀出口增加导向罩约束水流,或凿除干涉的消力池顶板。

(四)放水阀阀型

海南省某大型水利枢纽工程电站机组供水方式为单管多机形式,1 条ϕ 3.3 m 主管分出 2 条ϕ 2.2 m 进水管和 1 条ϕ 1.6 m 灌溉旁通管,旁通管末端设有阀控制。运行上要求工作阀动水启闭,承受 45 m 水头,过阀流量可调,具有高流通能力、密封性好、能有效避免 20 m/s 高速水流产生的气蚀、震动和噪声,并具有抗磨损和抗冲击性能。设计最初选用蝶阀,后对设计工况和阀型进一步分析,发现放空时管道流速达到蝶阀 20 m/s 以上,远超蝶阀正常工作流速不超过 5 m/s 的要求。后重新比选了环喷式调流阀和活塞式调流阀,因 DN1 600 调流阀已达国内运用的最大规格,为安全起见,最终选取了质量可靠的德国原装进口 VAG 活塞调流阀,配进口一体化电动装置,公称压力 1 MPa,在下游过渡锥管段设有 4 根补气管,补气管顶高程高出尾水最高水位。活塞式调流阀见图 6-75。

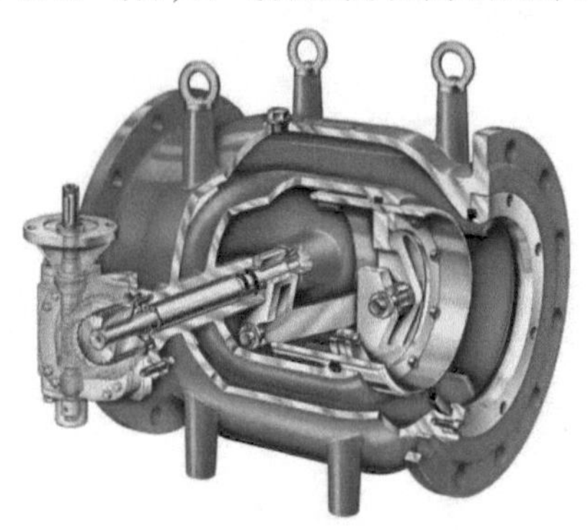

(a)阀剖面

(b)阀体

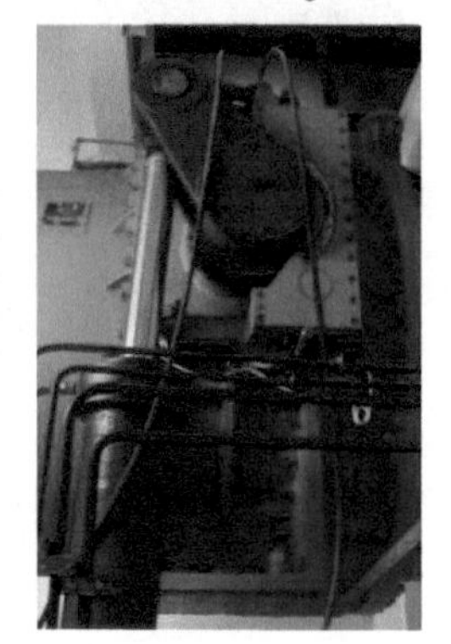

(c)操作结构

图 6-75　某水利枢纽旁通管活塞式调流阀

第七章　典型工程简介

第一节　国内外典型水闸

一、英国泰晤士河挡潮闸

泰晤士河挡潮闸位于英国伦敦泰晤士河入海口,其功能是在洪潮期关闭挡水,保卫伦敦市区免受洪潮灾害,工程于1984年建成投入使用。挡潮闸由泄水孔和通航孔组成,通航闸共有4孔,孔口宽度为61 m,上下游设计水位差9 m,闸门型式为下卧式大跨度扇形闸门。门叶重量1 500 t/扇,支臂重量1 100 t/扇,支铰轴径ϕ1 100 mm,重量125 t;轴承外径ϕ1 500 mm,宽度620 mm;每扇闸门承受荷载5 000 t。闸门由液压启闭机驱动四联杆机构操作,启闭机容量6 000 kN,每扇闸门设有4根油缸。闸门关闭时间30 min。

该闸突出的特点是孔口尺寸大、闸门型式非常有特色,开创了大跨度弧形下卧闸门的先河。英国泰晤士河挡潮闸见图7-1。

图7-1　英国泰晤士河挡潮闸

二、荷兰马斯兰特阻浪闸

马斯兰特阻浪闸位于荷兰鹿特丹附近的马斯兰特地区新沃特伟赫河上,用于阻挡洪潮,保卫鹿特丹及周边地区免受洪潮灾害,工程于1997年5月建成投入使用。水闸共1孔,宽度360 m。阻浪闸由2扇水平桁架式弧形闸门组成,门高22 m,弧长214 m,弧形半径246 m,门叶厚度15 m,单扇重量为15 000 t。支铰采用球形轴承,轴径10 m,闸门内部设有浮箱和充放水设备。闸门平时停放在河两岸的门库内,河道敞开通航;需要关闭时,闸门排水浮起，两岸启闭机驱动门顶齿条绕支铰旋转至河道中间，两片闸门合龙后形成三角拱结构，充水下沉至底槛关闭河道挡潮，形成全断面挡水屏障。闸门由齿轮齿条式启闭机驱动，关闭时间约 5 h。

荷兰马斯兰特阻浪闸孔口宽度、设备规模、启闭机型式都是超常规的。该闸突出的特点是孔口尺寸巨大、结构简单，闸门型式非常有特色，景观性较好，开创了大跨度水平双开闸门的先河。但该闸造价高、运行时间长，两岸门库所需占用的空间巨大。荷兰马斯兰特阻浪闸见图 7-2。

图 7-2　荷兰马斯兰特阻浪闸

三、南京外秦淮河三汊河口水闸

三汊河口水闸位于江苏省南京市外秦淮河东支流三汊河口入长江处，上游距新三汊河大桥约 300 m，下游距河口约 150 m。三汊河口闸的主要功能是非汛期关闸蓄水，抬高外秦淮河水位，解决枯水期外秦淮河水很低，甚至干涸的问题，同时形成亲水景观，改善城市水环境和城市形象。汛期来临则打开闸门放水，不影响外秦淮河行洪。河口闸兼顾旅游、景观功能，不考虑外秦淮河的航运功能。三汊河口闸正常蓄水期的过流量为 30 m^3/s，非汛期关闸溢流行洪流量为 80 m^3/s，汛期行洪流量为 600 m^3/s。工程等别为Ⅱ等，建筑物按地震烈度 7 度设防。工程于 2005 年完工，投资 1 亿元，现由南京市水利局三汊河管理处运行管理。

三汊河口水闸共 2 孔，单孔净宽 40 m，闸室采用整体坞式结构，在中墩处分缝，中墩厚 7 m。底板地基处理采用钻孔灌注桩。闸门采用双拱护镜式，呈半圆形三铰拱结构，门高 6.5 m，拱内圆半径为 21.2 m，拱外圆半径为 22.8 m，吊点距 42 m，采用 2×1 500 kN 盘香式卷扬启闭机操作，闸门全开时斜向上翻起 60°。启闭机机房位于闸墩上的排架上，该闸门型与荷兰海捷斯坦因闸类似。闸门主门上部设 16 扇平面下沉式小门，每扇由 1 台 2×200 kN 液压启闭机操作，通过改变小门开度调节秦淮河水位区间 5.5~6.65 m，门顶溢流形成瀑布景观。三汊河口水闸见图 7-3。

该闸门为国内最大跨度双孔护镜式闸门，闸门目前运行正常，运行单位每年进行正常检修维护。

(a)水闸全貌

(b)水闸启闭机

图 7-3　南京外秦淮河三汊河口水闸

四、江门江新联围挡潮闸

江新联围挡潮闸位于广东江门市珠江出海口,设有龙泉、三江口、大洞口 3 座大型挡潮闸,挡潮闸兼有通航功能,分别设有 1 孔×40 m、1 孔×60 m、2 孔×55 m 通航孔,三闸结构基本相同,闸门型式均为平面下卧式。闸门为平面翻板钢闸门,门叶底部两侧设有悬臂轮支承在闸墩上的门槽中,闸门由双吊点液压启闭机操作。门叶底部中间设有 4 个简支轮,与悬臂轮同轴线布置。闸门上部设有悬臂轴与液压启闭机连接,悬臂轮轴一端设有吊耳,另一端设有一正交轴,使得悬臂轮可以绕正交轴旋转 180°后隐藏在门叶中,需要使用时经旋转就位成为门叶的上支承轮。

闸门需要翻出水面检修时,处于关闭位置,先将闸门上悬臂轮旋转就位,上悬臂轮与闸墩上的轨道接触,闸门就成为升卧式闸门。解开液压启闭机与门叶吊耳的连接,调整启闭机吊头上的水下穿轴装置,改换到与门叶上的吊耳相连,将闸门升卧到水上平台检修。闸底板设有冲淤设施。江新联围挡潮闸见图 7-4。

该闸门为国内最大跨度平面下卧兼上翻式闸门,由于冲淤泵功率较小,未能实现有效冲淤,目前闸底板淤积较严重,闸门全开时无法完全平卧,运行单位每年需用清淤船进行定期清淤。

五、合肥塘西河河口闸

塘西河河口闸地处安徽省合肥市塘西河河口,是塘西河综合治理泵闸站工程重要组成部分,工程等别为 I 等。闸孔净宽 30 m,选用立式双向旋转钢闸门,是国内外首次采用。塘西河河口闸站枢纽工程于 2010 年 5 月建成,建成后不仅防止巢湖洪水对塘西河沿线的威胁,全面提高塘西河流域的防洪标准,并起到阻止巢湖蓝藻倒灌,维护塘西河中心湖及塘西河生态水环境的作用。

塘西河河口闸立柱式双向水平旋转钢闸门主要由上下游 2 扇弧形门体和左右 2 个浮箱组成,上游门体设有 4 个溢流孔。中心立柱装设有支铰,通过支臂与门体相连,闸门可绕中心支铰旋转,旋转直径 50 m。关闸时上下门体正对河道挡水,两浮箱在闸室内;开闸时闸门旋转 90°,两门体旋转到闸室内,此时两浮箱正对河道,浮箱下部空腔成为过水通道。闸门需要检修时,将闸门旋转回到全关位置,上下游 2 扇弧形门体互为检修。闸门由

(a)闸门启闭机

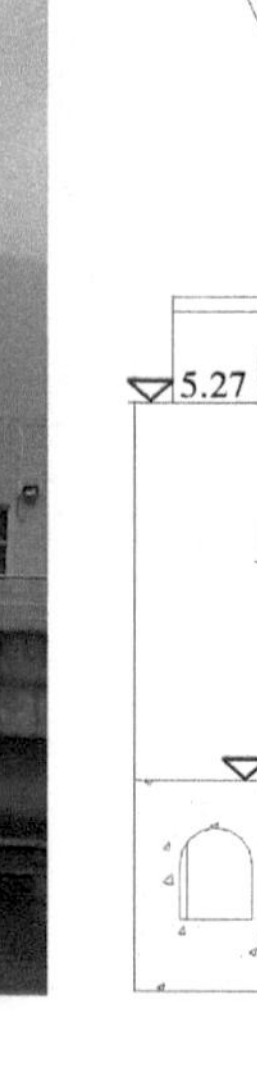

(b)挡潮闸布置横剖面

图 7-4　江新联围挡潮闸

卷扬式启闭机操作。塘西河河口闸见图 7-5。

该闸门为国内最大跨度双向水平旋转钢闸门，目前运行正常，运行单位每年进行正常清淤和维护。

六、上海苏州河河口水闸

苏州河河口水闸位于上海市中心外白渡桥下，是苏州河环境综合整治第二期工程中一项标志性工程，工程建成后可满足防洪挡潮、引清调水、通航等多功能要求，工程等别为Ⅰ等。水闸包括两侧闸墩、闸底板、防冲护坦、防撞墩、钢闸门、启闭设备及冲淤系统等，施工过程采用钢闸底板连同闸门、底轴等主体金属结构件整体浮运至现场沉放，外江侧设钢防撞墩，可抵御 1 000 t 级船舶撞击。工程于 2005 年 12 月竣工，总投资 2 亿元，现由上海市堤防(泵闸)设施管理处运行管理。

苏州河上游最高内河水位 3. 5 m，外江最高潮位 6. 26 m。水闸共设 1 孔，孔口尺寸 100 m×9. 766 m，闸门型式采用巨型底轴驱动下卧式钢坝闸门，双向挡水，高潮位时挡外江校核高潮位 8. 18 m。闸门启闭由 2 台 2×6 300 kN 液压启闭机驱动连接在底轴上的曲柄拐臂旋转，机房设在右岸堤下，周边绿化遮蔽。液压启闭机单侧设 2 台独立泵站，主泵站 2 用 1 备，副泵站无备用，在闸室底部外江侧面设有 2 排冲淤设施。上海市苏州河河口水闸见图 7-6~图 7-8。

该闸门为国内最大跨度钢坝闸，闸门全开时下卧在水下，闸门关时顶部可形成人工瀑布，在满足使用功能的前提下，对周围景观几乎没有影响。但由于闸门长期处于水下，无检修条件，在后期运行过程中闸门难以维护。水闸经十多年运行后，淤积逐渐加重，上游河床断面测量表明，岸墙淤积在 1 m 以上，河床中部最大淤积 0. 67 m，主要原因是闸底板高程较原河床低，容易滞留淤泥，且闸门底轴穿墙处渗水量较大。运行单位对漏水、淤积问题采取多种处理措施：①利用闸室底板已有冲淤设施，定期冲淤，但效果不显著；②由于

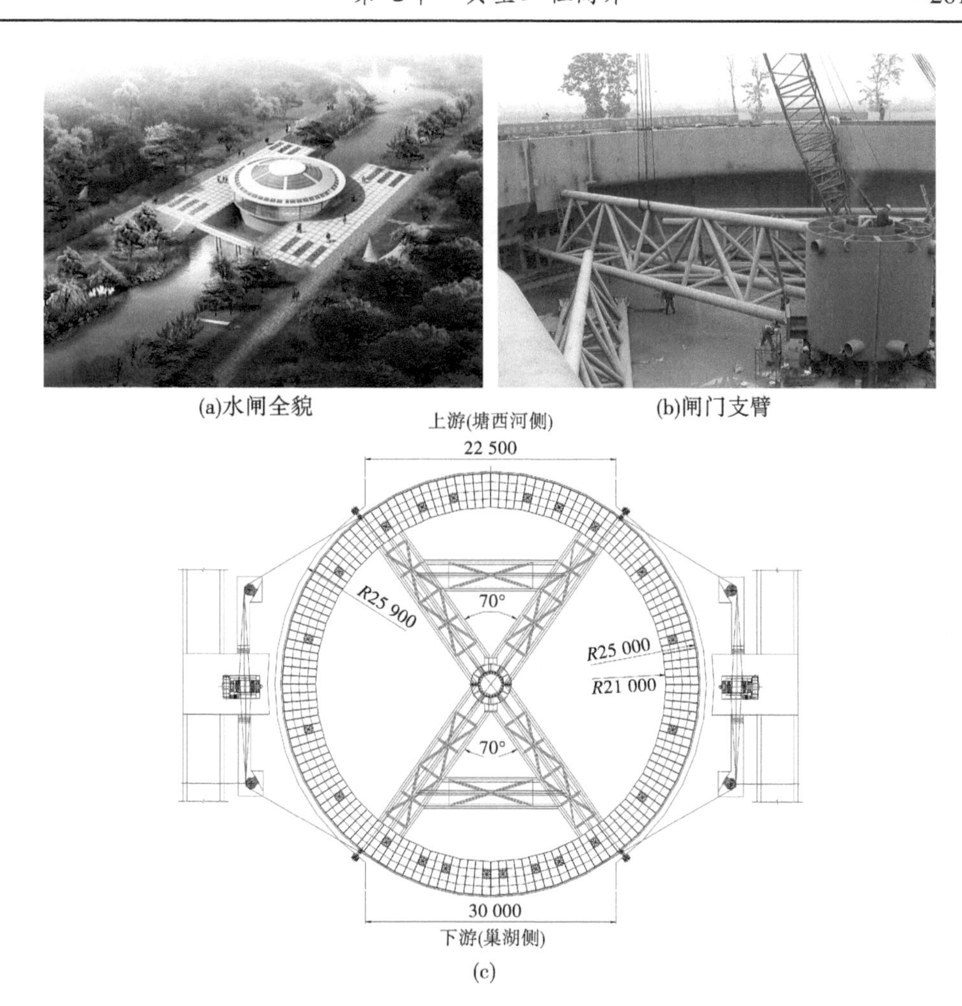

(a)水闸全貌　　(b)闸门支臂

(c)

图 7-5 塘西河河口闸结构 （单位:mm）

图 7-6 上海市苏州河河口水闸外江全貌

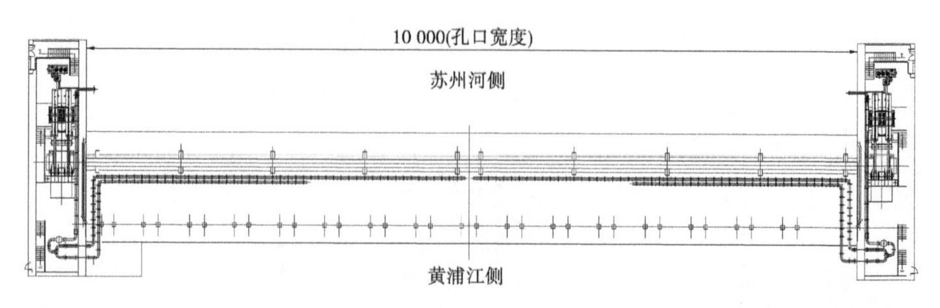

图 7-7 水闸纵剖面 (单位:mm)

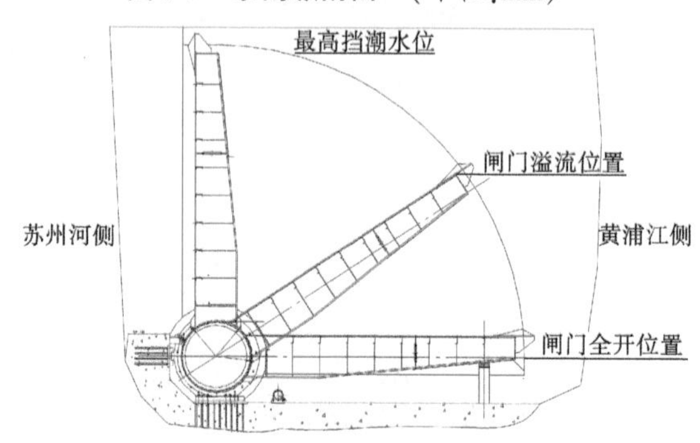

图 7-8 水闸横剖面图

日潮差可达 2.5 m 以上,每日利用潮差开、关闸两次进行冲淤;③每年采取冲、吸、潜水员等多种措施定期人工清淤两次。目前,水闸基本能够正常运行,但清淤工作量较大,维护成本较高,运行单位计划在上游增设检修闸门,以便对工作闸门进行彻底检修和维护。

七、常州钟楼控制闸

钟楼防洪控制闸位于常州市钟楼区西林街道境内,是京杭运河常州市区段改线后,在太湖流域武澄锡西控制线上新增的防洪控制性工程,在大洪水期关闭闸门挡洪,非洪水期开闸通航。工程为Ⅱ等工程,按湖西 50 年一遇洪水位设计,历史最高洪水位校核。闸底板顶面高程-1.5 m,河床高程 0.0 m。闸上设计洪水位 5.38 m,校核洪水位 5.98 m。工程于 2008 年 11 月建成投入使用,总投资 1 亿元,现由太湖流域管理局运行管理。

闸孔设 1 孔,宽度 90 m,闸门型式采用有巨型有轨水平弧形双开钢闸门,单向挡水,门高 7.5 m,门厚 3.5 m,闸门总重约 1 700 t,闸底板顶面高程-1.5 m,略低于原河床。闸门由 1 台 600 kN 单根钢丝绳双向出绳固定卷扬机启闭操作,闸门在启闭过程中始终在底轨上滑行,通过对门叶内部抽水形成空箱减少运行摩阻力,闸门关闭就位后通过向门叶内部充水确保闸门与底坎接触。闸门在启闭过程中利用门头“刀”形结构及门头设置的高压水枪对底轨进行清淤和冲淤。两岸设有门库和检修闸门,可满足闸门全开时在干地检修。常州钟楼控制闸见图 7-9。

该闸门为国内最大跨度平面双开闸,水闸经十多年运行后,闸底部虽有淤积,但并不严重,运行单位对闸门每年运行 2~3 次,每年清淤 1 次,效果良好。

图 7-9　常州钟楼控制闸

八、常州新闸

常州新闸防洪控制工程位于常州市大运河钟楼区段，德胜河河口连江桥以东 660 m 的大运河上，是京杭大运河(长江以南段)上的首座防洪控制性建筑物，主要承担常州市运北片防洪、排涝、引水和改善城市水环境的任务，在洪水期关闸挡外江洪水，非洪水期开闸正常通航。工程于 2002 年 5 月投入运行，总投资 6 810.4 万元，现由常州市水务局运行管理。常州新闸见图 7-10。

图 7-10　常州新闸

主体工程为一座单孔宽度 60 m 的防洪闸，闸门型式采用巨型旋转浮箱式钢闸门，平面尺寸为 64 m×8.5 m×10 m(长×高×厚)，单向挡水，自重约 2 300 t，闸底板略低于原河床。在闸门一端设有固定旋转铰，可将闸门旋转启闭，挡洪时旋转至闸孔位置锁定闸门后挡水，通航时将闸门旋转至门库存放。浮箱钢闸门总高 8.5 m，下部浮船高度 4.2 m，上部设有 10 扇液压翻板门，作为闸门启、闭时的平压设施。闸门启、闭由两岸各 1 台固定卷扬机启闭牵引，闸门启、闭过程中通过对门体内部抽水形成空箱减少摩阻力，闸门关闭就位后通过向闸门内部充水下沉与底坎接触。

该闸门为国内最大跨度浮式闸，闸底板未设冲淤设施，每年需清淤 2 次，运行基本正常。该闸的现状问题是闸门启、闭就位困难，每次启、闭和充水历时长达 2.5 h 以上。由于开闸用的岸边启闭机使用不便，现已废弃。运行单位的解决措施是关闸时直接用拖船牵引就位，拟在原址结合排涝泵站将该闸改建成常规提升节制闸。

九、绍兴曹娥江大闸

曹娥江大闸位于浙江省绍兴市境内，是我国第一河口大闸，工程以防潮（洪）、治涝、水资源开发利用为主，兼顾改善水环境和航运等综合利用功能。枢纽主要由挡潮泄洪闸、堵坝、导流堤、鱼道、闸上江道堤脚加固以及环境与文化配套等工程组成，为大（1）型工程。工程于 2008 年 12 月 18 日下闸蓄水，总投资 12.38 亿元，现由绍兴市曹娥江大闸管理局运行管理。

大闸按 100 年一遇挡潮设计，500 年一遇挡潮校核，最高潮位 8.18 m，设计过闸流量 11 030 m^3/s。水闸总净宽 560 m，共设 28 孔，闸孔净宽 20 m，闸上交通桥空箱内布置电气设备和启闭机油压设备及管道。大闸两侧各设置一条鱼道，未设通航设施。闸门型式采用潜孔提升式鱼腹异形圆管桁架式钢闸门，门高 5 m，双向挡水，止水和面板均设在上游侧。闸门操作方式为动水启闭，由 2×1 600 kN 液压启闭机垂直操作，闸室底部侧面设有冲淤设施。绍兴曹娥江大闸见图 7-11。

(a)闸顶全貌

(b)闸门

图 7-11　绍兴曹娥江大闸

该闸门为国内最大跨度鱼腹异形圆管桁架闸门，由于日潮差可达 6 m 以上，且闸底板高出原河床 2.5 m，运行后基本无淤积，仅液压启闭机陶瓷活塞杆发生锈蚀，运行单位已于 2018 年陆续更换活塞杆，目前闸门运行正常。

十、上海新石洞水闸

新石洞水闸位于上海市宝山区，工程任务是以防洪挡潮、排水除涝、趁潮引水为主，兼顾环境景观，改善内河水环境。外江按设计高潮位取 200 年一遇 6.28 m，内河常水位

2. 50~2. 80 m,控制最低水位 2. 0 m,设计最大排水流量 182 m^3/s,最大引水流量 155 m^3/s,工程等别为Ⅰ等。工程于 2017 年 6 月完成金属结构设备安装调试,总投资约 5 000 万元,现由上海市堤防(泵闸)设施管理处运行管理。

水闸共设 1 孔,宽度 20 m,门高 7. 775 m,门型采用双向旋转弧形闸门,双向挡水、动水启闭、可局部开启调节流量。闸门自重 150 t,采用 1 台 2×1 600/2×630 kN 液压启闭机操作。闸门全开时平卧在水底,挡水时旋转 90°直立,检修时通过更换闸门吊点将闸门旋转 180°翻出水面。水闸利用潮差门缝泄水冲淤,不另设冲淤设施。上海新石洞水闸见图 7-12。

(a)安装期

(b)运行挡水

图 7-12　上海新石洞水闸

该闸门为国内最大跨度双向旋转弧形闸门,目前运行正常,运行单位每年进行定期清淤和维护。

第二节　澳门内港挡潮闸

一、工程概况

挡潮闸一般建立在江河出海口咸潮上溯段,其特点是河口较宽、基础松软、泥沙淤积问题十分严重,闸门功能主要是挡潮,部分兼有蓄淡、引水要求。城市中的挡潮闸在满足使用功能的前提下,对生态和景观等方面常常提出很高的要求,大跨度挡潮闸已成为当今发展趋势。大跨度挡潮闸的闸门体型巨大,结构设计复杂,制造、安装精度要求高,运输困难,金属设备运行受泥沙淤积影响大。因此,闸门选型已成为工程布置和运行安全的制约因素,在工程初期应进行深入论证比选。

澳门内港挡潮闸工程位于珠江河口澳门附近水域湾仔水道出口,东面为澳门半岛西侧的内港海傍区,西面为珠海市香洲区湾仔城区,处于粤港澳大湾区的核心位置。澳门内港海傍区经济发达、历史人文资源丰富,但地势低洼且沿岸防护标准低,常受风暴潮、天文大潮与暴雨的影响,特别是 2017 年 8 月 23 日受台风“天鸽”影响,浸水深度高达 1~2. 58 m,居民生命和财产遭受重大损失。经国务院同意,澳门政府已于 2017 年正式启动澳门内港挡潮闸工程的可行性研究性研究工作。澳门内港挡潮闸位置见图 7-13。

二、设计方案

工程建设的主要任务为挡潮、排涝、航运等综合利用,防洪(潮)标准采用 200 年一

图 7-13　澳门内港挡潮闸位置

遇，外江最高潮位 3.71 m，闸内控制水位推荐 1.8 m。工程等别为Ⅰ等，主要建筑物为 1 级，闸址区主要分布淤泥、淤泥质砂等软土；地震基本烈度为 7 度。枢纽由船闸、通航闸、泵站、泄水闸等组成。通航孔按现状布置在主航道上，需满足珠江三角洲至港澳线内河 1 000 t 级内河船通行，并兼顾 1 000 t 级海轮乘潮通行要求。按通航标准计算，通航孔宽度应不小于 120 m(单孔)或 2×60 m(双孔)。按这两种宽度要求，常规的提升闸门、弧形闸门、横拉闸门等均无法满足闸孔宽度和工程景观要求。鉴于国内外大跨度闸门的成功应用经验，重点对双孔弧形旋转下卧门方案和单孔弧形水平双开门方案的水工建筑物位置和布置、闸门型式进行比选。

下卧门方案闸轴线长 542 m，双开门方案闸轴线长 660 m，下卧门方案闸轴线位于双开门方案闸轴线上游 123 m。下卧门方案枢纽建筑物从左至右依次布置有应急船闸、泵站、2 孔通航孔、6 孔泄水孔，双开门方案枢纽建筑物从左至右依次布置有应急船闸、1 孔通航孔、泵站、6 孔泄水孔。泄水孔和通航孔所有闸门平时处于常开状态，满足正常泄水和通航要求，在每年天文大潮和风暴潮来临期间提前关闸挡潮，闸门每年挡潮次数为 2~3 次，每次挡潮时间不超过 24 h，潮水退后即开闸恢复天然河道。船闸布置在左岸，为风暴潮期间应急救援船只过闸使用。泵站用于抽排风暴潮期间的上游来水，控制闸内水位近期不超过 1.5 m，远期不超过 1.8 m。下卧门方案和双开门方案枢纽平面布置见图 7-14~图 7-16。

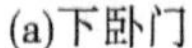
(a)下卧门

(b)双开门

图 7-14　下卧门和双开门效果

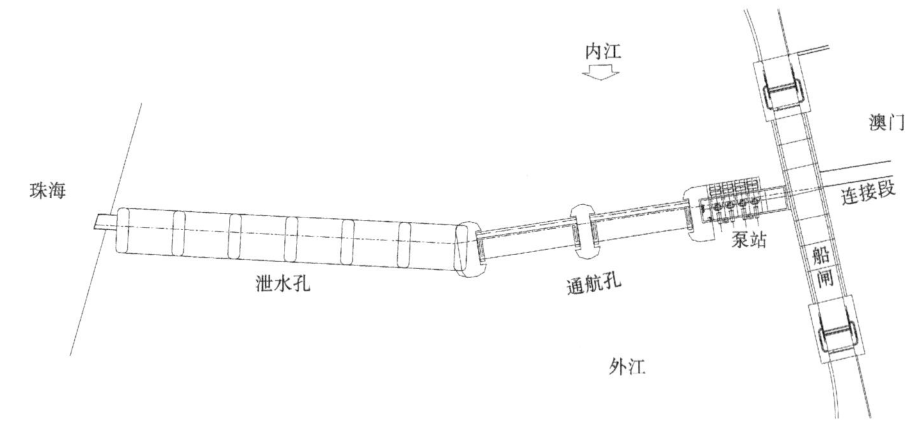

图 7-15　下卧门方案枢纽平面布置

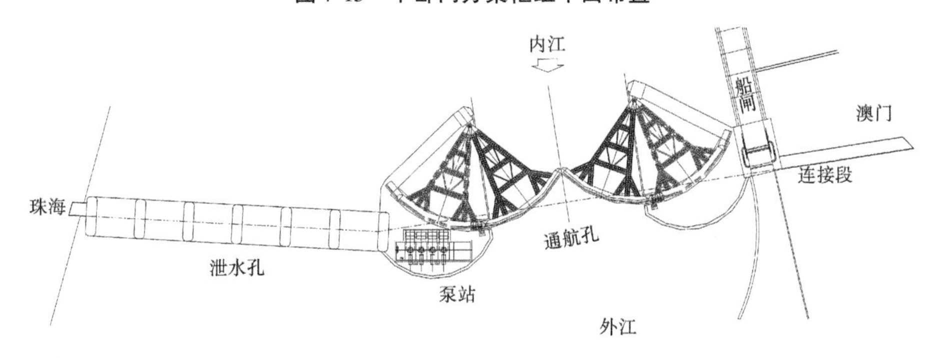

图 7-16　双开门方案枢纽平面布置

通航孔跨度大,是控制性闸孔,具有以下主要特点:①通航孔孔口宽度大,闸门规模大;②闸址位于河口处,且闸底板低于原河床,易产生回淤,增大泥沙淤积量;③闸址处多年平均潮差仅 1.03 m,自冲淤水动力不足;④澳门方对水闸景观要求高,要求水上建筑物要少,尽可能水域开阔。在河口建闸的关键性技术难题是解决泥沙淤积问题,应深入研究防淤、冲淤、清淤等多种措施并行的方案,降低淤积对水闸运行的不利影响,并尽可能为闸门和辅助设施创造检修条件。

三、通航孔闸门设计

(一)闸门型式比选

1. 下卧门方案

下卧门方案通航孔采用弧形旋转下卧式钢闸门,共 2 孔,单孔净宽 60 m,底槛高程 -5.5 m,闸门高度 11 m,闸室 30 m,闸底板设有冲淤廊道和交通廊道。闸门断面为月牙形,由门叶、支臂圆盘和支铰等组成,启闭设备驱动闸门两侧的圆盘支臂绕水平铰轴旋转。闸门面板外缘曲率半径为 19 m,面板设在外江侧,门叶最大厚度 4 m,单扇闸门自重 3 800 t。门体采用密封箱结构,利用浮力平衡部分门重。支臂采用圆盘形密封箱结构,圆盘直径 19 m、厚 2.8 m,支铰采用定轴和自润滑轴套,支铰中心高程 0.0 m。启闭设备采用多齿轮同步驱动,单边驱动力为 2×4 500 kN。闸底板设有弧形门库和集淤槽,闸门全开时与门库最小间隙为 0.3 m。由于闸门全开时平卧在河底,受泥沙淤积影响大,应采取可靠的冲淤、清淤措施。

该方案优点为:①闸门能承受双向水压;②闸门可旋转出水面检修;③闸门平卧在水下,不影响通航;④海面水域开阔,便于景观布置。缺点为:①闸门对变形控制要求严格,制造、安装难度大;②闸门启闭力大,启闭机械型式和布置复杂,同步性要求高;③闸门运行受泥沙淤积影响大,运行风险较大,后期运行成本高。

2. 双开门方案

双开门方案通航孔采用有轨弧形水平双开钢闸门,共 1 孔,孔宽 120 m,底槛高程同原河床,取-5.5 m,考虑浪高,闸门高度取 11 m。闸门挡水面为圆弧形,由门叶、圆管支臂和支铰等组成,启闭设备驱动门体绕竖直铰轴旋转。闸门弧形面板外缘曲率半径为 80 m,面板设在外江侧,门叶厚度 6 m,两片闸门共重 4 500 t。门体采用浮箱结构,内部设有充、排水装置,以减小闸门运行过程中自重对启闭力的影响,并保证闸门在启闭过程中其底部始终在底轨上滑行。支臂采用空心圆管桁架结构,支铰采用自润滑关节轴承,支铰中心高程 2.15 m。启闭设备采用多齿轮同步驱动,单边驱动力为 3×1 000 kN。由于双开门在运行过程中门叶与水闸底坎接触面较小,对淤泥淤积不敏感,故闸底板未设冲淤设施,闸门在启闭过程中利用“刀”形门头部和门体两侧设置的冲淤设施对底轨进行定期冲淤,闸底板采用船舶进行定期清淤,基本可以解决泥沙淤积问题。在门库段临河道侧各设 1 扇叠梁式检修闸门,用船吊启闭操作,检修闸门平时关闭挡水,检修平台底高程-1.0 m。

该方案优点为:闸门能承受双向水压,止水效果好;闸门制造方便,可在门库中安装和检修;闸门启闭力较小,启闭机械型式和布置简单,同步性要求不高;闸门平时存放在岸边门库内,不影响通航;运行受泥沙淤积影响小,运行风险小,后期运行成本低。缺点为:两岸门库占用水域面积大,影响枢纽建筑物布置;两岸门库对整体景观有一定影响;门库底板长期处于水下,底板上堆积的泥沙难清除,可能影响闸门进出门库。

3. 门型选定

根据国内外大跨度闸门已建工程实际运行情况,并结合各方要求,从技术、经济、运行、景观等多方面综合比选,通航孔门型最终选定为 2 孔单宽 62 m 的下卧式闸门。为达到建筑物景观协调一致,便于运行管理的目标,右岸 6 扇泄水孔闸门也选用下卧式闸门。针对泥沙淤积现状,提前开展冲淤模型试验研究,闸门运行采用定期启闭、外动力冲淤和与清淤船清淤相结合的方式解决泥沙淤积问题。

(二)闸门设计

1. 闸门结构设计

通航孔下卧式闸门设计挡水工况水位组合为:外海潮水位 3.85 m,考虑跃浪门顶超高取 1.65 mm,内河取低水位 0 m。挡潮期间当内河水位达到 1.5 m 时,排涝泵站开机抽排,避免澳门内陆受淹,排涝泵站最大抽排流量 42 m^3/s。运行工况为:关闸时先关 2 孔通航孔,后关 6 孔泄水孔;开门时先开 6 孔泄水孔,平压后再开 2 孔通航孔,闸门启闭操作水位差控制在 0.5 m 以内。闸门面板设在外海侧,曲率半径为 9.5 m,全关挡水时倾斜角度为 75°。门叶弧形面板厚度为 40 mm,主梁腹板厚度为 30 mm,后翼缘厚度为 40 mm,中部主梁最大梁高 4 m。门体内部设有密封腔,填充低密度的憎水材料,通过调整密封腔空间以平衡部分自重。支臂采用带有密封腔的圆盘形结构,圆盘直径 19 m。支铰中心高程根据布置需要取-0. 5 m,支铰轴采用固定式,轴为带肋空心钢筒,外径 2. 5 m,埋入闸墩混凝土深度 4 m,外伸 3. 5 m,轴外伸部分与支臂圆盘间设有自润滑关节轴承。闸门结构件材质为 Q390B,埋件外表面材质为双向不锈钢。闸门侧水封采用"D"形止水,底水封采用"P"形止水,闸门全关时底止水最大压缩量可达 60 mm,底止水性能应能适应闸门跨中变形影响。在闸门顶部、底部和两侧分别设有挡沙板,可减少泥沙进入门库和两侧的凹槽影响闸门运行。闸门结构见图 7-17。

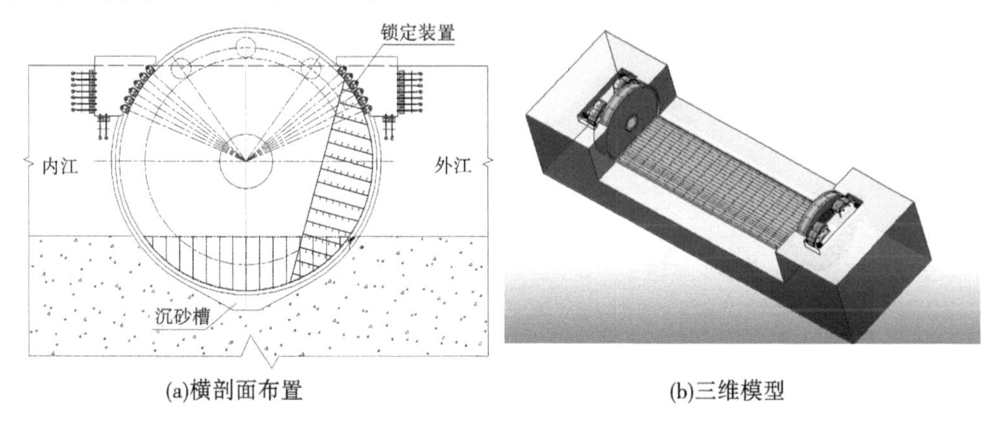

(a)横剖面布置　　(b)三维模型

图 7-17　闸门结构

2. 闸门有限元分析

闸门结构计算分析采用 ANSYS 有限元数值分析方法,在两端支撑轴的轴套外表面施加固定约束,在驱动齿轮处约束圆周切向的自由度。前后面板、主梁、隔板、圆盘等均采用 shell181 单元模拟;次梁、槽钢均采用 beam188 单元模拟;支撑轴、轴套、关节轴承均采用 solid186 单元模拟。在 shell 单元和 solid 单元连接处,由于单元自由度不一致,需进行自由度耦合。关节轴承之间的摩擦接触采用 targe170 和 conta175 单元模拟,摩擦系数取 0. 15,其余连接均采用刚接。

闸门有限元分析考虑的荷载有:闸门自重、浮力、静水压力、动水压力、波浪压力、泥沙压力、风荷载、摩阻力、启闭力、温度荷载、地震荷载等,并根据不同荷载组合成 7 大工况计算,闸门计算工况见表 7-1。

表 7-1　闸门计算工况

工况	闸门状态	计算条件
1	闸门全关挡水	按止水有效和止水失效分别计算
2	闸门全开	按不同的温度变化、闸室无水和有水分别计算
3	闸门启闭运行	按额定启闭力作用下、闸门运行到不同位置分别计算
4	闸门扭转	两侧启闭机不同步输出启闭力,按闸室无水和有水分别计算
5	闸门侧止水卡阻	启闭机同步输出额定启闭力,按闸室无水和有水分别计算
6	安装	按闸门全开、一端轴套外表面固定约束,另一端轴套外表面自由,释放门叶轴向自由度计算
7	地震	对闸门全关状态进行固有频率计算和应力、变形校核

闸门受力计算以工况 1 最为不利,此工况的外海水位 3.85 m,内江水位 0 m,门顶跃浪 0.6 m,温度荷载取比安装时段低 10 ℃为最不利荷载组合。经对该工况各种荷载组合进行有限元计算分析得出的总位移云图见图 7-18,面板等效应力云图见图 7-19。

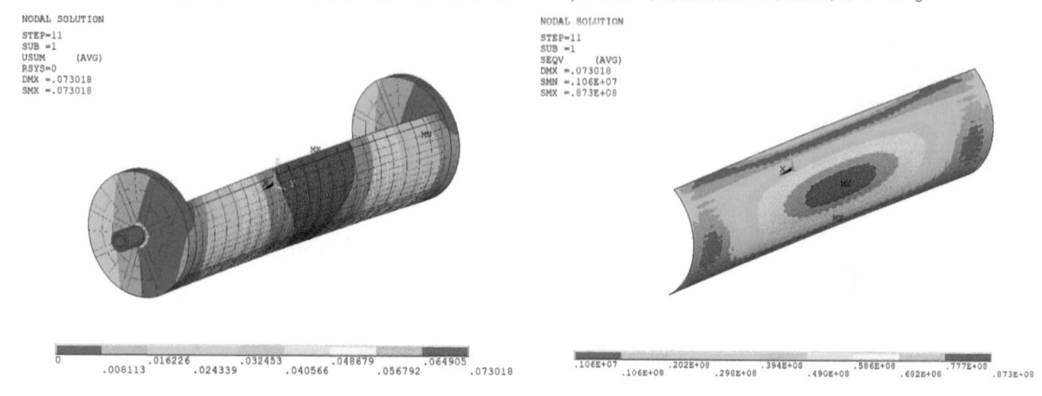

图 7-18　总位移云图　　　　**图 7-19　面板等效应力云图**

由总位移云图图 7-18 可知,面板最大位移值为 73 mm,出现在跨中底部;底止水最大位移值为 61.3 mm,出现在跨中位置;支臂圆盘最大偏转角为 0.154°,最大位移值为 25.5 mm,出现在圆盘顶部;支铰轴最大位移值为 1.3 mm,出现在轴伸出闸墙外的悬臂端。由面板等效应力云图图 7-19 可知,面板最大应力值为 87.3 MPa,出现在正中心位置;后翼缘最大应力值为 74.5 MPa,出现在底止水处后翼缘和支臂圆盘连接处;腹板最大应力值为 80.7 MPa,出现在底止水处腹板和支臂圆盘连接处;支臂圆盘最大应力值为 120 MPa,基本点大偏摆角 0.1°,出现在底止水处支臂圆盘和门叶后翼缘连接处;支铰轴最大应力值为 88.6 MPa,出现在轴伸出闸墙外的悬臂端。

经对闸门有限元分析,知:大跨度巨型闸门计算一般是由变形控制的,设计上要加强结构件刚度,设置足够的加强板梁以防止局部失稳,同时减小支臂圆盘偏转角;各工况组合下,除支铰轴穿墙处的外表面端部应力较大外,其余部位应力均不大。支铰轴结构应加强,可在外表面增加梁系改变轴表面的应力分布,或加大轴径,以减小外圈混凝土压应力;大跨度闸门易产生漏水和流激振动,需对闸门止水和流激振动做专门研究;现场安装时应选择合适的安装时段,宜取不高于当地年平均气温时段安装,以减小温度应力对闸门结构的不利影响;应严格控制两侧启闭机械运行同步性,控制启闭力差值,以减小闸门受扭引起结构和止水损坏,并宜考虑足够的启闭机容量富余度。

(三)闸门流激振动

通航孔闸门尺寸巨大,型式新颖,设计和运行无工程经验可借鉴,因此专门对通航孔闸门水力学和流激振动进行研究,根据闸门结构、不同运行水位和流量等工况采用专门设计的当量水弹性模型试验,模拟齿轮驱动系统,精细制作一个 1∶20 全相似水弹性物理模型。试验模拟闸门启闭运行时经历门顶溢流、底部缝隙过流等复杂流态,观测水流流态、门后旋滚、闸室流速分布、波浪形态等,以完整掌握通航孔闸门运行过程中的水流运动状况。观测水流脉动压力荷载以及其对门叶、支臂和支铰的作用,获取闸门运行过程中压力脉动量级,取得作用于闸门结构的全部荷载信息,为闸门振动分析、水力学边界体形改善和振源控制提供依据。通过闸门流激振动取得振动加速度、动位移等物理参数,获取振动类型、性质及其量级等,把握水动力荷载作用下闸门振动程度,确定闸门局部开启振动区域,分析判定闸门在运行过程中的安全性,提出减振措施和运行规定。

研究表明:闸门在不同开度条件下,闸室水流表面较大流速在1.6~3.49 m/s范围内变化,从总体上看闸室流速不大。对于外江水位1.5~3 m、内江水位0.5~2 m的水位组合,闸门在止水完好工况下作用于门顶溢流面上脉动压力均方根较大值在2.529~4.116 kPa和2.49~4.02 kPa范围内变化;而闸室凹面缝隙流部位的脉动压力均方根较大值在0.701 3~2.693 kPa和0.630 5~0.828 4 kPa范围内变化。门顶溢流面的较大脉动压力强度约为闸室凹面缝隙流部位的脉动压力的1.5~4.5倍,表明闸门水封对脉动压力作用有一定影响,尤其是下部脉动压力出现了明显下降。

对于外江水位1.5~3 m、内江水位0.5~2 m的水位组合,闸门在止水失效工况下闸门的三向振动加速度总体不大,最大振动加速度均方根值在0.001~0.135 m/s^2范围内变化;振动加速度谱密度反映出闸门振动能量主要集中在1.0 Hz以内的低频区,优势频率在0.5 Hz以内,属于低频振动。闸门的振动位移量随水位差的增加而增大,较大振动位移均方根值在0.015 7~0.031 mm范围内变动,闸门振动位移最大增幅达58%。由于闸门的振动量总体不大,水封对闸门流激振动的抑制作用未产生明显影响。

(五)启闭机械型式和布置

根据闸门运行情况,对两种控制工况分别计算启闭力。①安装工况:此时无水,闸门旋转90°呈直立状态,只考虑闸门自重,最大启闭力为2×7 100 kN;②运行工况:闸门从0°旋转呈75°,最大启闭力为2×2 800 kN。启闭机可选用液压启闭机和齿轮式启闭机。液压启闭机需设多连杆机构,操作闸门平衡,但无法实现闸门翻出水面检修要求,且油缸和多连杆机构体积大,影响景观布置,液压启闭机布置见图7-20。齿轮式启闭机借鉴石油钻井平台提升设备,该种设备广泛使用于石油钻井平台,可实现大容量、大扬程、多台同步提升,目前国内单台提升设备最大驱动力已达450 kN,由液压马达或电动机驱动,石油钻井平台提升设备见图7-21。

图7-20　液压启闭机布置

图7-21　石油钻井平台提升设备

综合闸门各种运行、检修工况以及启闭机工作特性,并结合工程景观要求,最终选用多台齿轮式启闭机同步驱动,这是首次在国内外水利水电工程中将齿轮式启闭机用于操作闸门。齿轮式启闭机的优点是设备输出力大、传动清晰简单、设备小便于布置、景观效果好,缺点是单齿受力大且受交变应力,材质要求高,齿轮啮合受闸门变形和基础不均匀沉降影响大,同步性要求高。齿轮式启闭机需进行结构仿真分析和相关模型试验研究,以解决传动方案、制造加工工艺、多机同步等技术难题,确保设备安全运行。齿轮式启闭机在每扇闸门单侧闸墩上各布置3台,单台容量2 000 kN,6台启闭机中的4台同步运行时可满足闸门正常运行要求,另2台作为备用,闸门安装无水调试可由吊车配合完成。齿轮式启闭机布置见图7-22。

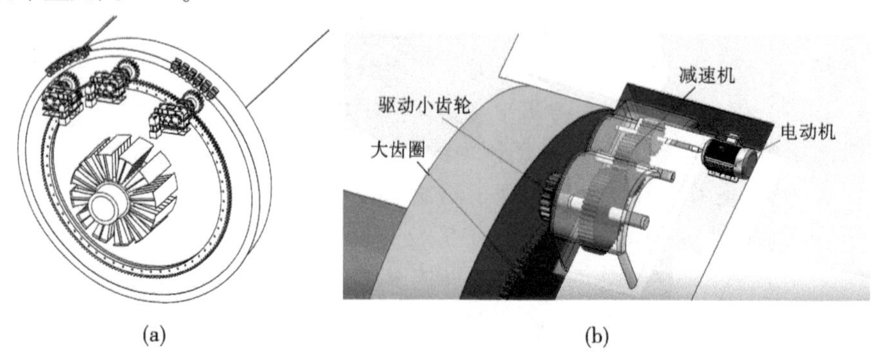

图7-22 齿轮式启闭机布置

启闭机设有电动机驱动平行减速机和行星减速机两级减速,通过小齿轮输出低速、大扭矩,小齿轮直接驱动闸门两侧支臂圆盘上的大齿圈操作闸门360°旋转。小齿轮设19个齿,齿厚360 mm,法向模数87;大齿圈设176个齿,齿厚260 mm,法向模数87,分度圆直径7.5 m。大齿圈与支臂圆盘间采用剪力套筒连接,支臂圆盘外圆上设有制动盘,与启闭机的液压盘式制动器相配,制动器采用轴向浮动式结构,沿支臂圆盘上半圈均布。

闸门启闭采用现地与远程集中控制相结合,现地控制为最高级,启闭机控制系统配有永久电源、柴油发电机备用电源,另外每组小齿轮配有1套应急启闭装置和1套动力单元,作为外电丢失或电控柜出现故障的应急动力。

(五)其他技术问题

1. 闸门变形对结构和启闭机的影响

通航孔采用下卧门时,闸门尺寸和自重大,应采取合理的分节运输和安装方案,减小闸门变形对铰轴和水封的影响。驱动系统采用多齿轮同步方式,启门力巨大,应重点研究闸门变形和基础不均匀沉降对齿轮啮合和同步性产生的不利影响。

2. 冲淤对闸门的影响

通航孔采用下卧门时,冲淤管出口流速近20 m/s,对闸门本体的冲刷会破坏防腐涂层,该部位可考虑采用不锈钢复合钢板;对闸室凹槽的冲刷,可考虑缩短凹槽冲淤时间,在表面采用高强度抗冲耐磨混凝土或采用钢衬保护,以确保闸室凹槽结构安全。

3. 检修闸门设置问题

通航孔采用下卧门时,工作闸门可旋转出水面进行检修,但冲淤系统常年在水下工作,应为其创造检修条件。由于孔口宽度达到60 m,挡水高度6.5 m,远超过国内外检修闸门规模,检修闸门的设计难度很大。若采用浮箱式闸门,相当于造了一艘大船;若采用全跨叠梁门,闸门受刚度控制,断面太大不经济;若采用分跨叠梁门,需将60 m孔口分成若干小孔口,每跨设活动式立柱和叠梁门,立柱平时存放在岸边,检修时再与基础吊装就位,但基础受淤积影响,立柱安装困难。检修闸门的型式和必要性还有待进一步研究。

4. 防腐蚀问题

闸门常年工作在水下,受海水侵蚀和水生物附着影响大。门体主要采用喷稀土铝和防水生物漆保护,部分直接受水流冲刷部位采用不锈钢复合钢板;埋件采用镍铬合金铸铁。门体和埋件上还独立装设阳极块和外加电流阴极保护系统。

四、泥沙淤积研究

(一)泥沙淤积现状

工程处于河口感潮河段,所在区域的泥沙含量较多,闸门下部及其周围水较深、流速较小,悬移质极易在该区域淤积,将阻碍闸门正常运行,泥沙淤积问题是闸门选型和工程安全运行的制约因素。对建闸后闸门常开工况采用经验公式和模型试验两种方法预测航道的淤积量,取得成果如下:湾仔水道出口至上游淤积速率随着时间推移逐渐减小,与现状的泥沙淤积分布规律一致;外江澳门侧航道泥沙淤积速率大于外江珠海侧航道;常年回淤经验公式计算出:珠海侧航道最大回淤强度为 1.2 m/a,平均回淤强度 0.85 m/a,澳门侧航道最大回淤强度为 1.47 m/a,平均回淤强度 0.86 m/a;常年回淤模型试验研究结论为:珠海侧航道最大淤积速率为 1.3 m/a,澳门侧航道最大淤积速率为 1.0 m/a,平均淤积速率为 0.8~0.9 m/a;闸址处现场泥沙采样分析大部分采样点的床沙成分为砂质粉砂,中值粒径多数在 0.009~0.075 mm。

(二)泥沙原型观测

为准确掌握建闸后闸址处的泥沙淤积情况,进行了泥沙淤积原型观测研究。原型观测钢板槽按 1:2制作,顺水流方向长度 20 m,垂直水流方向长度 5 m,断面呈倒梯形,底宽 1 m、深 1.65 m,上下游坡比 1:1.36,底板高程同建成后的闸底板高程,两侧设有挡沙钢板,防止两侧落沙入槽,原型观测沉箱结构见图 7-23。

钢板在陆上分片制作,于 2018 年 5 月 25 日整体船运至珠海侧 3#泄水孔位置,再用吊车沉放到预定高程,原型观测沉箱现场下水见图 7-24。泥沙淤积原型观测初定每隔 15 日进行一次淤积高程观测和泥沙取样,分析泥沙淤积厚度、固结程度及抗冲流速等主要数据。原型观测结果显示,首月平均淤积厚度约 20 cm,以后每个月平均淤积厚度在 10~15 cm 范围内,淤积速率基本稳定,与泥沙淤积分析预测结果基本一致。

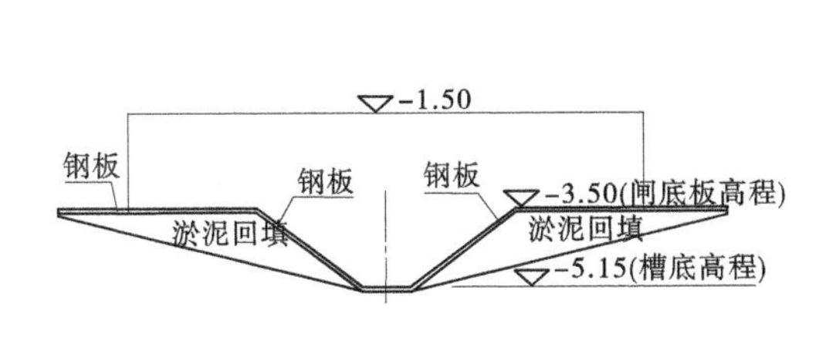

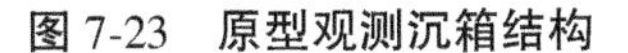
图 7-23　原型观测沉箱结构

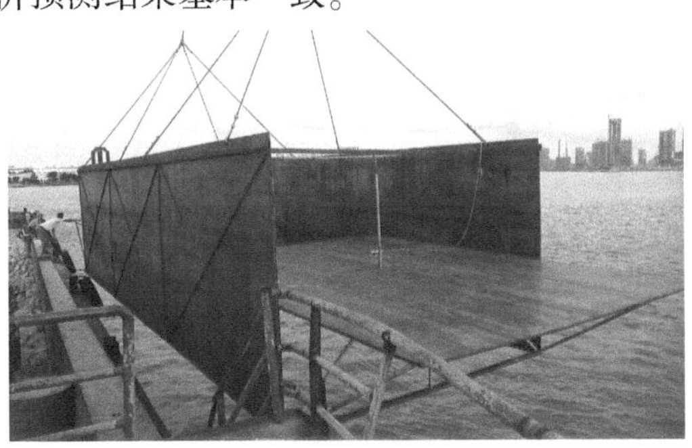

图 7-24　原型观测沉箱现场下水

(三)冲淤模型试验

国内目前对大跨度景观闸冲淤研究较少,尚无成熟经验可借鉴,门型比选时对上述两种门型进行泥沙冲淤模型试验研究。建立单孔整体物理模型,模型比尺 1∶20,在门坎、门体适当位置建立外冲淤系统,模型泥沙选取散粒体沙模拟现场具有板结能力的泥与沙的混合物。抗冲流速研究结果显示,河床泥沙抗冲流速为 0.76~0.88 m/s,个别试件在 1.1 m/s 左右,模型试验按抗冲流速 1.0 m/s 进行模拟,淤沙厚度按月最大淤积厚度 20~30 cm 模拟,进行管路布置、流量、扬程等多种组合工况模型试验。另外,还建立了模型比尺 1∶5、单宽 2 m 的局部放大模型,对冲淤管布置、喷嘴尺寸、管路数量等进行优化调整,并测量闸门启闭力,提出闸门和冲淤系统操作规程。

下卧门冲淤管初期分别布置在门体内和闸室固定边界上,试验过程中发现冲淤主管直径大,在门体内难以布置、喷口流速高会引起闸门流激振动、过多的冲淤管穿过门体易破坏门体的密封性能等诸多不利因素,经多次方案调整后,将冲淤管布置在闸室上下游底板和闸室凹槽内,分别用于闸门全开位门背和闸室凹槽冲淤。冲淤管每个断面设 4 个,直径 100 mm,排距 300 mm,上下游泵房内分别装设 8 台 1 m^3/s、扬程 50 m 的水泵,通过装在支管上的阀分批控制一定的冲淤宽度,模型试验见图 7-25。试验表明,淤沙厚度在 30 cm 以下时,采用 4 台水泵进行分批冲淤 22 min,闸门背板上约有 1/2 淤沙冲排不了,需进行对侧反向冲淤,避免泥沙板结。只要泥沙不形成板结,就可通过闸门关闭运行将门背上的淤沙滑落入集淤池,再集中清淤。

(a)

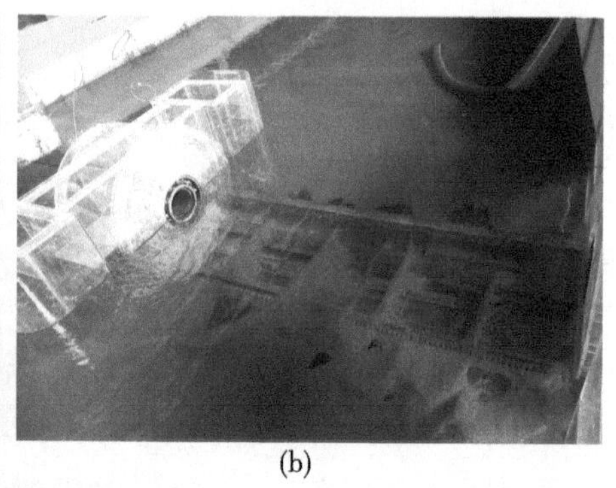
(b)

图 7-25　下卧门冲淤模型试验

(四)清淤技术

冲淤只能将泥沙搅动不形成板结或将泥沙冲出闸门运行范围外,但潮汐作用会使泥沙回淤,因此清淤才是最终解决方法。由于泥沙淤积范围大,设计按每次淤积深度不超过 300 mm 考虑,不适合使用搅吸式清淤船和耙吸式清淤船,只能根据工程特点研制专用的清淤船。清出的淤泥需外运至海事局划定的区域,运距达 35 km 以上,应优先考虑泥水分离方案。本次对比了 3 个方案:

(1)清淤船+泥驳分体不脱水外运方案,清淤船选用简易非自航驳船,专责清淤,通过泵直接将泥浆泵送至配套的自航式开底泥驳上再外运。

(2)清淤船+陆地脱水系统,清淤船同上述方案,泵送泥浆到岸上的脱水设备,脱水处理后汽车外运。

(3)清淤船+脱水装置+泥驳一体船方案,在自航泥驳船上装设清淤系统和离心机脱水系统,脱水后外运。该方案集清淤、脱水固化、运输功能于一身,清淤效率高,处理后的淤泥外运量小,投资适中,适用于本工程。一体化清淤船见图 7-26,脱水系统工艺流程见图 7-27。

图 7-26　一体化清淤船

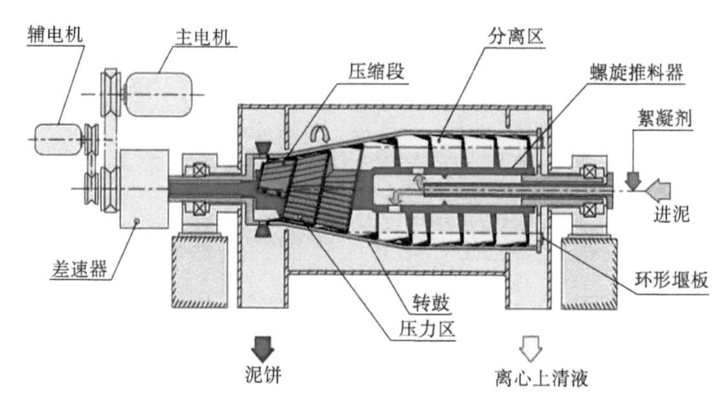

图 7-27　脱水系统工艺流程

第三节　海南大隆水利枢纽

一、工程概况

大隆水利枢纽位于海南省三亚市西部的宁远河中下游河段,是海南省南部水资源调配的重点工程。其工程任务是以防洪、供水、灌溉为主,结合发电等多目标开发综合利用。水库正常蓄水位 70.0 m,设计洪水位 70.73 m($P=1\%$),校核洪水位 74.58 m($P=0.05\%$),总库容 4.68 亿 m^3,近期供水规模 1.98 亿 m^3/a,规划灌溉面积 9.92 万亩,电站装机容量 3×2.3 MW。工程等别为Ⅱ等,工程规模为大(2)型。枢纽主要建筑物从左至右依次为左岸引水式电站、拦河土坝、右岸溢洪道。枢纽沿轴线全长 535 m,坝顶高程 76.5 m。工程总投资为 81 733 万元,施工总工期为 38 个月,工程于 2004 年 12 月开工建设,2008 年底通过竣工验收。大隆水利枢纽设计、施工质量优良,获中国水利优质工程大禹奖、国家优质工程鲁班奖、全国优秀水利水电工程勘测设计金奖等诸多奖项。大隆枢纽全貌见图 7-28。

图 7-28　大隆水利枢纽全貌

二、金属结构设备

(一)溢洪道金属结构

1. 溢洪道工作闸门及其启闭设备

溢洪道为 WES 堰型,设有 4 孔溢流表孔,孔口宽度 14 m,堰顶高程 56.0 m,设置 4 扇弧形工作闸门,工作闸门主要承担泄洪和调节水库水位等任务,调度运行上要求闸门动水启闭,汛期可做全开或局部开启运行。弧形工作闸门底槛高程 55.5 m,支铰中心高程 65.0 m,孔口尺寸 14 m×14.5 m(宽×高),闸门设计水头 14.5 m,门叶垂直高度 15 m,总水压力 16 810 kN。闸门重量 156 t/扇,门叶主要材质 Q345B。弧形工作闸门采用双主横梁、斜支臂结构,面板曲率半径 18 m。主梁和支臂截面均采用焊接工字形截面,刚度比 3.6。闸门吊点中心距 12.7 mm,支承跨度 9 m,支铰采用圆柱型铜基镶嵌自润滑关节轴承支铰,铰轴直径 460 mm。弧形工作闸门侧向支承采用 ϕ 300 mm 筒支式侧轮,每侧设 4 个。下沉式锁定装置设在两侧闸墩顶部一期混凝土槽内,锁定轴由电动推杆完成移轴动作。弧形工作闸门埋件除锁定埋件在一期混凝土中埋设外,其余均在二期混凝土中埋设。在启闭机房侧面埋设有钢板,作为闸门全开时的侧向导轨和支承。为便于支铰检修,在支铰下方 71.7 m 高程设有检修平台,通过爬梯连至坝顶。

每扇闸门由设于孔口两侧的 2×1 600 kN 液压启闭机操作。启闭机工作行程 8.6 m,最大行程 8.7 m,油缸内径 400 mm,外径 470 mm,活塞杆直径 200 mm,有杆腔工作压力 17.5 MPa,上支承点中心高程 73.607 m。启闭机油泵电机组设 2 套,互为备用,电机功率 45 kW,启闭机可现地控制,亦可在溢洪道左端控制室进行远方集中控制。机房设在每孔右闸墩顶 76.5 m 高程,油管沿机房后的工作桥铺设至各液压缸。溢洪道金属结构布置见图 7-29。

2. 上游检修闸门

上游检修闸门 4 孔共设 1 扇,门型为露顶式平面滑动叠梁钢闸门,底槛高程 55.92

(a)溢洪道全貌

(b)弧门支臂

图7-29　溢洪道金属结构布置

m,门槽宽度1.4 m、深度0.56 m。孔口尺寸14 m×14.08 m(宽×高),门体总宽14.92 m,总高14.6 m,闸门采用下游止水,设计水头14.08 m,总水压力13 996 kN。闸门重量98.1 t,门叶主要材质Q345B。为降低坝顶门机高度、减小启闭机容量,闸门分三大节叠梁制作,分节独立启闭吊运,上、中、下节叠梁高度分别为6.0 m、5.1 m、3.5 m。闸门支承跨度14.52 m,主滑块采用聚甲醛复合材料。闸门操作条件为静水启闭,平压方式为小开度提上节门叶充水平压,提门开度不超过0.1 m,闸门由工字钢分节锁定在孔口上方。

启闭设备为1台2×400 kN坝顶单向门机,门机装设在坝顶公路下游侧,行走距离68 m,其主要功能是承担溢洪道检修闸门的启闭、安装、存放和维修吊运任务。门机工作级别Q2-轻,轨上扬程:9 m,总扬程26 m,启闭速度2.16 m/min,电动机功率22 kW,大车轨距4 m,基距10.5 m,行走速度20 m/min,门机轨道QU80,最大静轮压300 kN。门机设有1套50 kN副起升机构采用移动式电动葫芦,扬程9 m。门机配有1套液压自动挂脱梁。

(二)引水发电系统金属结构

1. 引水洞进水口拦污栅

为减少水库污物进入引水隧洞、影响机组发电,在隧洞进口设1扇潜孔式平面滑动斜栅拦污栅,拦污栅倾斜角度80°,底槛高程27.0 m,操作平台高程43.0 m,孔口尺寸7 m×8.63 m(宽×高),过栅流速小于或等于1 m/s。拦污栅按4 m水压差设计。拦污栅重量20 t,栅叶主要材质Q235A。栅叶分三大节制作,每节高度3 m,中、下节结构相同,栅条净距50 mm,栅条底设有集污齿,外伸长度400 mm。吊耳设在上节栅叶边柱腹板上,吊点中心距7.3 m,支承跨度7.3 m,正反滑块均采用铸铁。拦污栅通过拉杆连至进水口平台并锁定,三节栅叶间用连接板连成整体,整扇启闭、分节出槽吊运。拦污栅在低水位时由2×200 kN临时启闭设备提至43.0 m高程进水口平台进行人工清污和检修工作。

2. 事故闸门及其启闭设备

由于引水隧洞长度仅300多m,且每台机组进水口采用液动蝶阀作为机组保护之用,故在引水洞进水口不设快速闸门,仅设事故闸门作为钢管和隧洞事故保护。事故闸门型式为潜孔式平面滑动钢闸门,底槛高程26.574 m,门槽宽度0.97 m,深度0.55 m。孔口尺寸4 m×5 m(宽×高),门体宽度4.99 m,高度6.2 m,设计水头44.156 m,总水压力9 103 kN。闸门重量18 t,门叶主要材质Q345B。闸门支承跨度4.62 m,主滑块采用聚甲醛复合材料。操作条件为动闭静启,利用水柱动水闭门,由门顶充水阀充水,平压水位差不超过 5 m,闸门平时用机械自动挂钩装置锁定在孔口顶部。启闭设备为 1 台 1 600 kN 固定卷扬式启闭机,其主要功能是承担事故闸门的启闭、安装、存放和维修任务,启闭机扬程 52 m,启闭速度 1. 42 m/min,极限吊距 3. 93 m,功率 55 kW,启闭机安装在进水口平台排架顶部 86. 7 m 高程机房内。在事故闸门前、后各设一套水位计,水位计放置在门槽二期混凝土埋管内。

3. 电站尾水检修闸门及其启闭设备

电站厂房为引水地面式,在机组尾水出口 3 孔设置 1 扇潜孔式平面滑动检修闸门,底槛高程 22. 76 m,尾水平台高程 31. 0 m,门槽宽度 0. 6 m、深度 0. 4 m。孔口尺寸 4. 59 m×1. 78 m(宽×高),门体宽度 5. 15 m、高度 2. 08 m,闸门采用上游止水,闸门设计水头 7. 24 m,总水压力 556 kN。闸门重量 3. 2 t,门叶主要材质 Q235A。闸门支承跨度 4. 92 m,主滑块采用聚甲醛复合材料。闸门操作条件为静水启闭,启门时由门顶充水阀充水,平压水位差不超过 1 m,闸门平时用工字钢锁定在孔口顶部。启闭设备为 1 台 2×100 kN 双吊点移动式电动葫芦配 6 节拉杆操作,电动葫芦安装在尾水 35. 6 m 高程排架梁,行走距离 27 m,扬程 5 m,功率 2×13 kW。电站尾水金属结构布置见图 7-30。

(a)电站尾水全貌

(b)尾水平台

图 7-30 电站尾水金属结构布置

4. 压力钢管

机组采用隧洞引水,隧洞末端至机组蝶阀之间设有压力钢管。机组供水方式为单管多机形式,主管轴线与支管轴线夹角 45°。压力钢管除满足机组引水发电外,尚需满足检修期引水灌溉要求。压力钢管包括主管、岔管、进水支管和旁通管,材料为 Q345C,在旁通管中后部设有放水阀控制流量。

主管直径 3. 3 m,全部为地下埋管,内压按 0. 75 MPa 设计,管壁厚度由外压计算控制为 18 mm,管节长度 2 m,每个管节中部设一个 18 mm×200 mm 的加劲环。管壁与洞身间采用混凝土衬砌和回填灌浆、接缝灌浆处理,回填灌浆压力不超过 0. 3 MPa。每节管壁开设梅花形布置的灌浆孔,每个断面设 3 个孔,排距 3 m,开孔处设有补强板和堵头螺栓封焊。在主管上游首节管节紧贴加劲环处设置 1 个集水槽,集水槽下部设有 2 根内径 ϕ 104 mm 的排水管,排水管出口设在旁通管放水阀室集水坑内。

岔管采用月牙肋型式,主、支管轴线夹角 45°,分岔角 49°。主管通过 3 个卜形岔管分出 4 条支管,其中 3 条引水给机组,1 条作为旁通管引水到灌溉引水渠。岔管按明岔管设计,安装完成后用大体积混凝土镇墩包裹。主岔管壁厚 22 mm,公切球直径 3. 9 m,月牙肋板厚 50 mm,最大板宽 1 100 mm。

机组进水支管设3条,直径2 m,旁通管1条,直径2.2 m,均按明管设计,壁厚14 mm,管节长度2 m,每个管节中部设一个14 mm×120 mm的加劲环。除弯管设混凝土镇墩外,其余外包混凝土。

旁通管放水阀设在旁通管末端阀室中,中心高程26.65 m,底板高程24.45 m。机组正常发电时,阀关闭,由机组尾水向下游渠道供水;机组不发电时,阀打开向下游渠道供水,要求满足在高水位叶泄流和低水位时向下游用水的要求。运行上要求阀动水启闭、过阀流量可调、具有高流通能力、密封性好,能有效避免气蚀、震动和噪声,并具有抗磨损和抗冲击性能,阀选用德国原装进口VAG活塞调流阀,其后设有伸缩节。阀公称直径1.6 m,公称压力1 MPa,阀前、后用过渡锥管与上、下游钢管用法兰连接,下游过渡锥管设有4条补气管。阀室设在副厂房安装间下方,吊物孔开孔尺寸为4.3 m×4.3 m,阀安装和检修由厂房内的1台容量为200 kN的桥机进行。

5. 导流洞封堵闸门

施工导流采取围堰一次断流、隧洞导流方式,在溢洪道具备过流条件、水库蓄水前,用混凝土堵头封堵该施工导流隧洞,在导流隧洞进口处设1扇潜孔式平面滑动封堵闸门,底槛高程14.0 m,操作平台高程23.0 m,门槽宽度1.2 m、深度0.6 m。闸门孔口尺寸5.1 m×6.1 m(宽×高),门叶宽度5.9 m、高度6.4 m。闸门采用下游止水,设计水头56 m,总水压力16 790 kN。闸门重量25.3 t,门叶主要材质Q345B。闸门支承跨度5.5 m,主滑块采用聚甲醛复合材料。后因考虑下游生态水要求,施工方在封堵闸门上装设了2套手动闸阀。

封堵闸门下闸标准原设计为2006年3月的10年一遇月平均流量$Q=5.5\ m^3/s$,此时对应的库水位为14.8 m,闸门操作水头为2.5 m,封堵时段最高挡水位为56 m。后由于施工进度原因,封堵时间调整为2006年11月,封堵时的下闸水位和操作水头不变,但封堵时段最高挡水位调整为70 m。因闸门已制作完成,经设计复核计算,仅对闸门主梁后翼缘做了贴板补强加固处理,即可满足调整后的受力要求。闸门于2006年11月中旬下闸,使用1台500 kN汽车吊一次封堵成功,封水效果良好,封堵完成后经12 h观察无异常后人员和设备才安全有序撤离。

第四节　云南马堵山水电站

一、工程概况

马堵山水电站坝址位于红河(元江)干流红河哈尼族彝族自治州的个旧市和金平县境内,是《云南省红河(元江)干流梯级综合规划报告》推荐的12级开发方案中的第10个梯级。马堵山梯级的开发任务以发电为主,为发展供水、库区航运创造条件。水库正常蓄水位217 m,死水位199 m,总库容5.51亿m^3。马堵山水电站为不完全年调节电站,电站装机3台,总容量288 MW。工程等别为Ⅱ等,工程规模为大(2)型。枢纽主要建筑物由挡水坝、溢流坝及底孔、冲沙孔和折线布置的左岸引水隧洞进水口、有压隧洞及地面厂房等组成。工程于2007年4月正式动工兴建,2011年2月底第一台机组发电,2021年3月完成竣工验收。

马堵山水电站金属结构设备主要包括溢流坝工作闸门、排沙底孔工作闸门、冲沙孔工作闸门和引水洞进口快速闸门，启闭设备为液压启闭机；溢流坝上游检修闸门、泄洪底孔进口检修闸门及事故闸门、左岸冲沙孔事故闸门，启闭设备共用坝顶双向门机；引水洞进口拦污栅启闭设备为耙斗式清污机；厂房尾水检修闸门启闭设备为单向门机，引水隧洞设有钢衬及压力钢管。马堵山水电站全貌见图 7-31。

图 7-31　马堵山水电站全貌

二、金属结构设备

（一）溢流坝表孔金属结构设备

溢流坝布置在河床中部，共设 4 孔溢流表孔，堰顶高程 200.0 m，孔口宽度 15 m，每孔设有 1 扇弧形工作闸门，一门一机布置，启闭设备为 4 台双吊点液压启闭机。按规范要求，并结合工程运行和下游淹没情况，在工作闸门上游只设检修闸门。检修闸门 4 孔共用 1 扇，兼有排漂功能，启闭设备为坝顶双向门机。溢流坝堰面因常年高于下游水位，不设下游检修闸门。马堵山水电站溢流坝见图 7-32。

工作闸门主要承担泄洪和调节水库水位等任务，调度运行上要求闸门动水启闭，并能做局部开启运行。闸门正常挡水位 217.0 m，汛期闸门可做全开或局部开启运行。工作闸门门型为露顶式弧形钢闸门，设计水头 17.5 m，总水压力 23 350 kN，采用双主横梁、斜支臂结构，面板曲率半径 21 m，支铰采用圆柱型球面轴承支铰，轴承选用维修方便、运行安全可靠、有自动调心作用的铜基镶嵌自润滑关节轴承。液压启闭机为单作用活塞式，额定启门容量 2×2 500 kN，闭门靠闸门自重，工作行程 10.4 m。开度仪采用外置钢丝绳式，油泵电机组设两套，互为备用。液压启闭机可现地控制，亦可在电站中控室实现远程集中控制，供电采用双回路、独立电源。

检修闸门门型为露顶式平面滑动叠梁钢闸门，孔口净宽 15 m，在上节叠梁中部设有排漂用插板门。检修闸门设计水头 17.045 m，总水压力 22 020 kN。主滑块采用了低摩阻、高承载的工程塑料合金，闸门操作条件为静水启闭，平压方式为小开度提上节叠梁充水平压，闸门平时分节放在右岸 14#坝段门库内。使用时由坝顶双向门机配液压自动抓

(a)溢流坝全貌

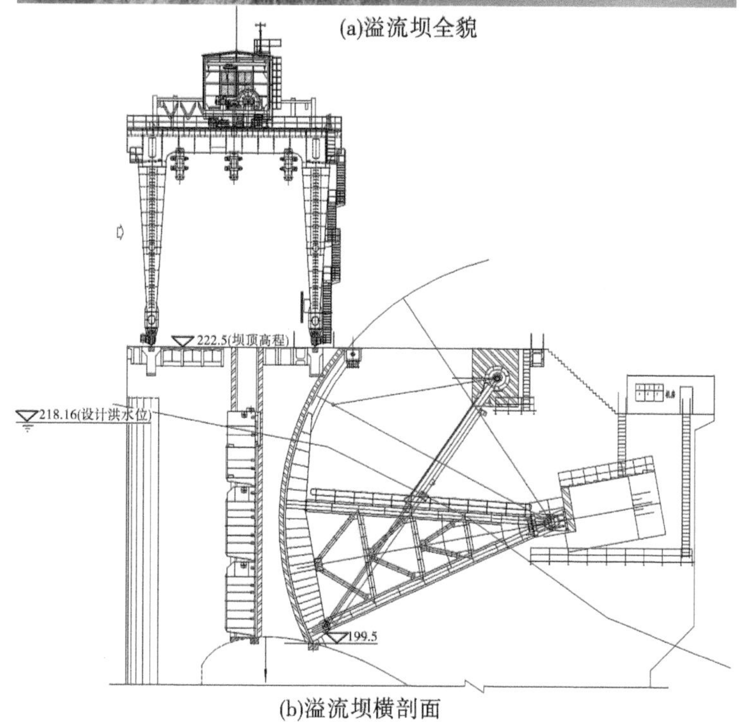

(b)溢流坝横剖面

图 7-32　马堵山水电站溢流坝

梁操作,插板门由门机配钢丝绳操作。坝顶门机容量 2×630 kN,总扬程 70 m,轨上扬程 15 m,轨距 13 m,轮距 10 m,运行距离 172 m,整机工作级别 Q2-轻,馈电装置采用电缆卷筒。

(二)泄洪底孔金属结构设备

泄洪底孔紧临溢流坝,左、右各设 1 孔。沿水流方向依次设置有 1 扇进口检修闸门、1 扇事故闸门和 2 扇出口工作闸门。工作闸门采用一门一机布置,启闭设备为 2 台单吊点液压启闭机。检修闸门和事故闸门各设 1 扇，启闭设备为坝顶双向门机。

检修闸门布置在进水口闸墩最前端，门型为潜孔式平面滑动反钩钢闸门，孔口尺寸(宽×高)7.0 m×10.9 m，设计水头 52 m，总水压力 37 200 kN。主滑块采用了低摩阻、高承载的工程塑料合金，闸门操作条件为静水启闭，平压方式为充水阀充水平压，闸门平时存放在右岸 13#坝段门库内，使用时由坝顶双向门机配液压自动抓梁操作。

事故闸门门型为潜孔式平面定轮钢闸门，孔口尺寸(宽×高)5.0 m×8.2 m，设计水头 53.16 m，总水压力 20 950 kN，采用定轮支承，共设 10 个大轮、2 个底小轮，轴承采用调心滚子轴承。闸门操作条件为动闭静启，平压方式为闸阀充水平压，闸门平时存放在右岸 13#坝段门库内，使用时由坝顶双向门机配液压自动抓梁操作，

工作闸门设在泄洪底孔出口，当水库水位超过正常蓄水位 217.0 m 时，闸门开启泄洪排沙。调度运行上要求闸门动水启闭，并能作局部开启运行。工作闸门门型为潜孔式弧形钢闸门，孔口尺寸(宽×高)5.0 m×7.0 m，设计水头 52 m，总水压为 25 065 kN。弧形工作闸门采用双主横梁、直支臂结构，面板曲率半径为 12 m，支承铰采用圆柱型球面轴承支铰，轴承选用高承载、低摩阻的铜基镶嵌自润滑关节轴承。液压启闭机为双作用活塞式，额定启门力 2 000 kN，闭门力 500 kN，工作行程 9.168 m。开度仪采用内置式，油泵电机组设 2 套，互为备用。液压启闭机可现地控制，亦可在电站中控室实现远程集中控制，供电采用双回路、独立电源。

(三)冲沙孔金属结构设备

冲沙孔紧临左泄洪底孔左侧，共 1 孔，与水流方向夹角 16.227°。沿水流方向依次设置有事故闸门和出口工作闸门，启闭设备为 1 台单吊点液压启闭机，事故闸门启闭设备为坝顶双向门机。事故闸门平时关闭挡沙。

事故闸门布置在冲沙孔中部，门型为潜孔式平面定轮钢闸门，孔口尺寸(宽×高)5.0 m×5.0 m，设计水头 53.16 m，总水压力 13 422 kN，采用上游止水，定轮支承，闸门共设 6 个大轮、2 个底小轮，轴承采用调心滚子轴承。闸门操作条件为动闭静启，平压方式为闸阀充水平压。门顶设有拉杆连至坝顶，闸门平时锁定在门槽顶部，使用时由坝顶双向门机配机械吊梁操作。

在冲沙孔出口设有 1 扇工作闸门，当水库水位超过正常蓄水位 217.0 m 时，闸门开启冲沙。调度运行上要求闸门动水启闭，并能做局部开启运行。工作闸门门型为潜孔式弧形钢闸门，孔口尺寸(宽×高)5.0 m×4.0 m，设计水头 52 m，总水压力 15 961 kN。闸门采用双主横梁、直支臂结构，面板曲率半径 7 m，支承铰采用圆柱型球面轴承支铰，轴承选用高承载、低摩阻的铜基镶嵌自润滑关节轴承。液压启闭机为双作用活塞式，额定启门力 1 250 kN，闭门力 400 kN，工作行程 5.898 m。开度仪采用内置式，油泵电机组设 2 套，互为备用。液压启闭机可现地控制，亦可在电站中控室实现远程集中控制，供电采用双回路、独立电源。

(四)引水发电系统金属结构设备

引水发电系统进水口布置在左岸，厂房装设有 3 台混流式水轮发电机组，3 台机组各自设有独立的引水发电隧洞和尾水道。从上游至下游依次设置有进水口拦污栅、快速闸门、引水隧洞和压力钢管、尾水检修闸门。拦污栅 6 孔设 6 扇，启闭、清污设备为 1 台清污

机;快速闸门 3 孔设 3 扇,启闭设备为 3 台单吊点液压启闭机;尾水检修闸门考虑施工期机组安装挡水需要,6 孔设 6 扇,启闭设备为 1 台单向门机。

拦污栅型式为潜孔式平面滑动直栅,孔口尺寸 7.55 m×11.0 m(宽×高),按 4 m 水压差设计。栅叶分 4 大节制作,栅条净距 150 mm,主滑块采用了低摩阻、高承载的工程塑料合金,拦污栅操作条件为静水启闭,分节启闭吊运。备用栅设 2 节,平时存放在右岸 13# 坝段门库内。拦污栅由 2×125 kN 清污机配液压清污耙斗完成清污、配液压自动抓梁完成提栅,清污机装设在进水口平台 222.5 m 高程,容量 2×125 kN,轨距 4.5 m,轮距 9 m,走行距离 88 m,起升、行走电动采用变频调速,整机工作机别 Q3-中。清污耙斗采用自动加压式全液压耙斗,全跨清污,清污动作按夹栅、插污、抓污的顺序进行,清污耙斗升降以耙斗导槽作为导向,清出的污物通过翻板机构卸污至下游轨道外装车运走。

快速闸门设在拦污栅后,型式为潜孔式平面定轮钢闸门,孔口尺寸 6.3 m×7.5 m(宽×高),设计水头 34.16 m,总水压力 15 000 kN。闸门采用定轮支承,轴承采用高承载、低摩阻的工程塑料合金。闸门平时悬挂在孔口上方 9.5 m 处,在 207.0 m 高程处设有检修平台,闸门启闭由液压启闭机配拉杆操作。液压启闭机为单作用活塞式,额定持住容量为 1 600 kN,启门容量为 1 250 kN,闭门靠闸门自重。工作行程 9.5 m,最大行程 9.7 m,闭门时间 2 min。开度仪采用内置式,油泵电机组设 2 套,互为备用。液压启闭机可现地控制,亦可在电站中控室实现远程集中控制,供电采用双回路、独立电源。泵站设在冲沙孔与 3#机之间的电气配电房内,在泵房内尚设有补油箱,油缸检修由临时设备吊完成。

尾水检修闸门设在电站尾水出口处,型式为潜孔式平面滑动钢闸门,孔口尺寸 6.36 m×5.502 m(宽×高),最高设计挡水位按施工期尾水闸前水位 158.3 m 设计,设计水头 30.96 m,总水压力 10 220 kN。主滑块采用了低摩阻、高承载的工程塑料合金,闸门操作条件为静水启闭,平压方式为充水阀充水平压,闸门平时锁定在孔口上方,使用时由尾水单向门机配液压自动抓梁操作。单向门机装设在尾水平台 165.0 m 高程,容量 2×200 kN,总扬程 42 m,轨上扬程 8 m,轨距 4 m,轮距 7 m,走行距离 62 m,整机工作机别 Q2-轻。

(五)引水隧洞钢衬及压力钢管

机组引水方式采用隧洞引水,机组供水方式为单管单机形式,主管全部为洞内埋管。隧洞进口段钢衬长度 12 m,水平布置,中心高程 187.75 m。钢衬起点为矩形断面,宽 6.3 m,高 7.5 m;终点为圆形断面,直径 7.5 m。钢衬分 6 节制作,每节长度 2 m,各断面间光滑过渡。钢衬材料 Q345R,厚度 20 mm。在距起点 100 mm、300 mm 和 750 mm 处分另设一道截水环,环断面 24 mm×400 mm;其后设有横向加劲板,加劲间距 500 mm。加劲板在引 0+016.2 至引 0+022.2 范围内断面为 24 mm×300 mm,在引 0+022.2 至引 0+028.2 范围内断面为 20 mm×300 mm。在四边中点分别设 1 根 20 mm×300 mm 的纵向加劲板,并在加劲板上焊有Φ 28@800、轴向间距 500 mm 的锚筋。钢管外配有Φ 28@200 的双层钢筋,并在角点处另配有钢筋。

隧洞进口段钢衬后接压力钢管,压力钢管分为水平管和斜管两段,设计外压(含放空负压)0.282 MPa,材料 Q345R,厚度 20 mm。单节管节长度 2 m,在每个管节中部设有 1 个 20 mm×200 mm 的加劲环。

隧洞出口段压力钢管 3 条长度不等,钢管最大设计内压考虑水锤压力后取 1.2 MPa,设计外压根据 3 条管的地下水位线分别确定,管壁厚度由外压控制分段计算。钢管内径首段 12 m 为 7.5 m,其余为 5.8 m,材料 Q345R。

外排水措施:在隧洞进口钢衬起点和终点附近分别设有 1 根环向集水槽钢,在钢衬周身设有 8 根纵向集水角钢,环向集水槽钢收集的外水通过纵向集水角钢进入 2 根 ϕ 100 mm 竖直排水管,再向上排到 202.0 m 高程平台上。在隧洞出口 3 条压力钢管轴线方向平段每隔 13 m、斜段每隔 18 m 设有环向集水槽钢,在钢衬周身设有 5 根纵向集水角钢,环向集水槽钢收集的外水通过纵向集水角钢进入管底外部 1 根 ϕ 100 mm 排水管,再向下游排到交通廊道。

灌浆措施:管壁与洞身间采用混凝土衬砌和回填灌浆、固接灌浆和接缝灌浆处理,回填灌浆压力不超过 0.2 MPa。管壁周身开设有 ϕ 70 mm 灌浆孔,其后设有补强板,每个断面均布开孔 6 个,排距 3 m,相邻排孔位呈梅花形布置。后因工程进度要求,取消了固结灌浆和接缝灌浆,管身不预先开设灌浆孔,回填灌浆采用在管顶部开洞待钢管多节安装完后回填管外微膨胀混凝土的方法。施工完后经现场敲击检查,少数管底回填混凝土浇筑不密实,出现了空洞,采取以下措施处理:灌浆孔遵循“少开、有效”原则,对单个空洞面积超过 1 m^2 的进行灌浆处理;灌浆压力不得超过 0.15 MPa,严防浆液进入管外排水系统通道造成排水系统失效。灌浆孔回填完毕应逐一用等厚钢板进行水密封焊,并进行 100%超声波探伤检查,以防内水外渗。压力钢管经补灌浆后运行正常。

三、设计优化

(一)排漂方式优化

根据上游南沙水电站运行经验,马堵山水电站经过南沙水电站的拦截,库区污物应该不多,可行性研究阶段未考虑排漂设备。施工图阶段考虑到电站在蓄水初期和洪水期污物较多,且运行期库区污物长期影响机组出力,故设置排漂设备。在排漂方案选择时比选了在工作闸门和检修闸门上设排漂门方案。马堵山水电站溢流表孔分 4 孔,若在弧形工作闸门上设舌瓣门排漂,需增加 4 扇舌瓣门和 4 台液压启闭机,将使液压启闭机液、电控制系统更加复杂化;若在检修闸门上设插板门排漂,将使布置大大简化,鉴于马堵山水电站排漂时污物不多、库水位变幅不大,最终选定在检修闸门上设排漂设备。设计方案为:检修闸门设计成 3 节叠梁,每节叠梁高度 5.85 m,在顶节叠梁的中上部设 1 扇宽 8.66 m、高 2.46 m 的插板门,插板门以主门为导向和支承,和主门共同挡水,排漂时由坝顶门机操作插板门。当需要在低水位排漂时,可将上节叠梁全部提起排漂。排漂设备由于是设置在检修闸门上,未增加投资。

(二)坝顶门机容量和布置优化

马堵山水电站坝顶泄水段共布置有 4 个检修和事故闸门井及 13#、14#坝段门库,检修闸门和事故闸门的安装、检修由坝顶门机完成,要想真正实现坝顶门机一机多用并降低设备投资,必须对各闸门和坝顶门机的选型进行通盘考虑,充分优化坝顶门机的容量和布置。

坝顶门机容量优化必须对各闸门启门力进行设计优化,具体方案为:溢流坝上游检修闸门分三节叠梁,主滑块采用工程塑料合金,启门容量由小开度提顶节叠梁控制;泄洪底孔进口检修闸门整扇启闭,主滑块采用工程塑料合金,门顶设充水阀充水平压,启门水头差不大于 1 m;泄洪底孔和冲沙孔事故闸门整扇启闭,采用调心滚子定轮支承,门顶设闸阀充水平压,启门水头差不大于 5 m。经过以上优化,各检修闸门和事故闸门启门容量相差不大,门机容量可控制在 2×630 kN。

坝顶门机轨距取决于各检修(事故)闸门的布置情况,坝顶门机布置受控于泄洪底孔进口检修闸门和事故闸门的布置。由于水工设计规范对泄洪底孔进口闸门井间的距离有一定要求,经水工多次对进口曲线进行布置调整,两闸门井间距离确定为 6.2 m。坝顶门机对大跨度门机和带悬臂门机两种型式做了比选:①采用大跨度门机布置方案,可将坝顶各检修闸门、事故闸门及公路桥全部置于跨内,这种布置方案的优点是闸门检修、安装方便,节约土建工程量,缺点是门机跨过公路给坝顶交通略带来不便。②采用带悬臂门机布置方案,需将泄洪底孔进口检修闸门和公路布置在门机跨外,其余闸门布置在跨内,这种布置方案的优点是坝顶交通方便,缺点是门机要设双小车或主小车需行至上游悬臂段工作,增加了门机设计、制造复杂性,门机和土建工程量增加较多。考虑到马堵山水电站两岸交通不频繁,门机使用频繁较小,为节约投资,最终选用大跨度门机方案,门机轨距确定为 13 m。

可行性研究阶段坝顶门机初选容量 2×800 kN,轨距 14 m,施工图阶段经对闸门主支承选用高承载、低摩阻滑块和滚动轴承以及对溢流坝上游检修闸门的合理分节和对水工建筑物的优化调整,门机容量优化为 2×630 kN,轨距优化为 13 m,共节约投资 200 万元。

(三)进水口设备选型和布置优化

马堵山水电站为引水式电站,采用筒阀作为机组防飞逸的事故保护,引水洞进口金属结构设备布置和选型在可行性研究阶段两种方案做了比选:①进水口设拦污栅和事故闸门,由 1 台大跨度门机或带悬臂门机完成启闭和清污,选用大跨度门机时,卸污通道需布置在门机跨内;选用带悬臂门机时,卸污通道可布置在上游悬臂段。这种布置方案优点是设备简化,缺点是设置事故闸门对工程运行安全性有所降低。②进水口设拦污栅、检修闸门和快速闸门,快速闸门由液压启闭机操作,进水口平台顶设 1 台大跨度门机或带悬臂门机完成启闭、清污和液压启闭机检修,这种布置方案优点是设备分工明确,设置快速闸门安全性高,缺点是坝面布置复杂、设备投资大。可行性研究阶段出于安全考虑,选用了第 2 种方案。

施工阶段对进水口设备进一步做了布置和选型优化,将上述两种方案做了综合,考虑到筒阀的安全可靠性、引水压力钢管的重要性、工程投资和坝面布置限制,保留了快速闸门,取消了快速闸门前的检修闸门。这样进水口只设有拦污栅和快速闸门,快速闸门兼作事故闸门使用,机组需要检修时由筒阀挡水,期间可检修快速闸门,不考虑埋件检修。进水口平台取消大门机,拦污栅设 1 台独立清污机,快速闸门设液压启闭机,液压启闭机检修由临时设备完成。这样既保证了工程运行安全性,又简化了进水口设备布置,金属结构经优化后至少节约投资 600 万元。

第五节　重庆潼南航电枢纽

一、工程概况

涪江干流梯级渠化潼南航电枢纽工程位于潼南县城区涪江大桥下游约 3 km 处，坝址以上控制流域面积 28 916 km^2。开发任务是以航运为主兼顾发电，修复涪江干流潼南县城段水生态系统。水库正常蓄水位 236.5 m，总库容 2.19 亿 m^3，船闸和航道等级为Ⅴ级，设计通航船舶吨级为 300 t，电站装机容量 3×14 MW。工程等别为Ⅱ等，工程规模为大(2)型。枢纽主要建筑物从左至右依次为左岸土坝连接段、发电厂房、泄水闸、船闸和右岸土坝连接段。枢纽沿轴线全长 685 m，坝顶高程 252.4 m。工程总投资 163 970 万元，施工总工期 44 个月，工程于 2014 年 11 月 20 日开工建设，2016 年 12 月 20 日一期工程第一台机组试发电，目前已完成竣工验收。潼南航电枢纽全貌见图 7-33。

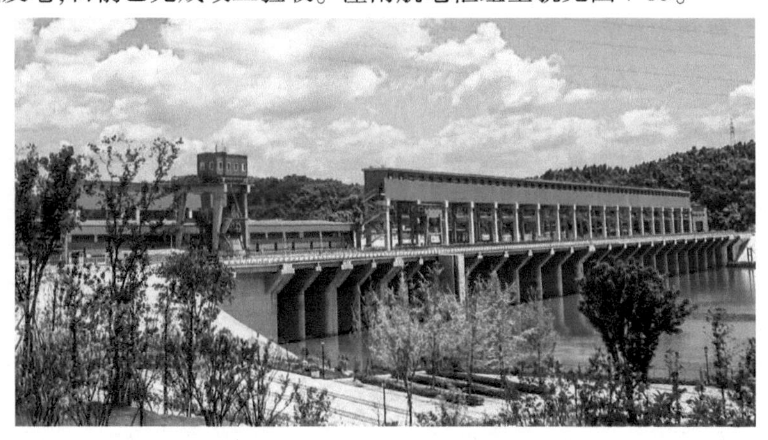

图 7-33　潼南航电枢纽全貌

二、金属结构设备

（一）泄水闸金属结构设备

泄水闸布置在河床中部，共设 18 孔泄水表孔，堰顶高程 225.0 m，孔口宽度 14 m，设有工作闸门、上下游检修闸门及相应的启闭设备。

工作闸门为平面定轮式，上游止水，孔口尺寸 14 m×11.5 m。闸门分 4 节制作，现场拼焊成整扇。门叶结构主要材料为 Q355B，主轮采用偏心轴结构，轮径 950 mm，轴承采用铜基镶嵌自润滑关节轴承；反向支承采用弹性滑块。启闭设备为固定卷扬机，1 门 1 机配置，用电功率 75 kW。闸门启闭采用现地控制与远程集中控制相结合，除配有柴油发电机作为备用电源外，每台启闭机另配有应急启闭设备，确保在失电情况下紧急启闭闸门。在机房内设置一套 100 kN 双梁桥机，便于设备检修。

上游检修闸门 18 孔共用 2 扇，门型为平面滑动叠梁式，下游止水，孔口尺寸 14 m×11.5 m。每扇闸门分为 3 节相同叠梁，可互换使用，顶节兼有排漂功能。门叶结构主要材料为 Q355B，主滑块采用工程塑料合金。闸门平时分节锁定在孔口上方。闸门操作方式为静水启闭,小开度提顶节门充水平压。启闭设备为2×400 kN-8/30 m单向门机,轨距4.0 m,基距10.5 m,用电功率30 kW,轨道型号QU80。

下游检修闸门18孔共用2扇,门型为平面滑动浮体叠梁式,上游止水,孔口尺寸14 m×4.95 m。每扇闸门分为5节相同叠梁,可互换使用,每节可在水中自由浮起,顶节作为压重使用。门叶结构主要材料为Q235B,主滑块采用工程塑料合金。闸门平时分节锁定在孔口上方。闸门操作方式为静水启闭,小开度提顶节门充水平压。启闭设备为移动式直联启闭机,用电功率37 kW,轨道型号工字钢56b。

(二)电站厂房金属结构设备

电站厂房位于枢纽左侧,装设3台贯流式灯泡机组,每台机组均设有独立的进水口和尾水道。电站系统金属结构设备根据机组特点布置设计,电站厂房前沿水域设置1道自浮式拦漂排,厂房顺水流方向依次设置进口拦污栅、进口检修闸门、尾水事故门及相应启闭、清污设备。

拦漂排共1跨,轴线长度227.2 m,与水流方向夹角7.5°,矢高21 m,主要材料为Q355B。浮体采用浮箱式,单个浮箱长度7.3 m,吃水深0.6 m,干弦高度0.3 m。浮箱上部设有人行桥和栏杆;前部设有拦污栅,拦污栅吃水深1.5 m。浮箱背水侧设有配重块。上下游锚头为自浮式,可随水位变化而自动升降;中部设固定式拉锚,用钢丝绳与浮体连接。排前污物用清漂船或人工打捞处理。

每个流道设有2扇拦污栅,栅型为露顶滑动倾斜式,倾角为80°,按4 m水头差设计。每扇闸门分为11节,单节高3.56 m。栅叶结构主要材料为Q355B,主滑块采用工程塑料合金。提栅、清污设备为2×160 kN液压耙斗式清污机,轨距4 m,基距8.6 m,用电功率60 kW,轨道型号P43。

进口检修闸门兼作施工期挡洪门,孔口尺寸12.64 m×15.66 m,3孔设3扇,其中1扇为永久设备,2扇为临时设备。门型为潜孔平面滑动式,下游止水,最大挡水水头31.28 m。门叶结构主要材料为Q355B,分7节制作,现场拼焊成3大节。主滑块采用工程塑料合金。永久闸门平时分节锁定在孔口上方。闸门操作方式为静水启闭,充水阀充水平压。启闭设备为2×630 kN-16/50 m双向门机,轨距10.5 m,基距10 m,用电功率60 kW,轨道型号QU100。

考虑灯泡机组具有导叶自关闭及重锤关闭等可靠的防飞逸措施,尾水闸门按事故闸门设计,兼作施工期挡洪门,孔口尺寸13.08 m×11.04 m,3孔设3扇。门型为双向支承的潜孔平面滑动定轮式,上游止水,最大挡水水头29.25 m,事故闭门时最大水头差8.2 m。门叶结构主要材料为Q355B,分5节制造,现场拼焊连接成整扇。上游主滑块采用工程塑料合金,下游主轮采用偏心轴结构,轮径700 mm,轴承采用铜基镶嵌自润滑关节轴承。闸门平时可悬挂或锁定在孔口上方。闸门操作方式为静水启闭,充水阀充水平压。启闭设备为固定卷扬机,1门1机配置,用电功率150 kW。闸门启闭采用现地控制与远程集中控制相结合,除配有柴油发电机作为备用电源外,每台启闭机另配有无电应急启闭设备,确保在失电情况下紧急关闭保护机组。

(三)船闸金属结构设备

船闸布置在枢纽右侧,为单线单级船闸,闸室有效尺寸为120 m×12.0 m×3.0 m(长×宽×槛上水深),通航净空8.0 m。船闸系统金属结构设备有上下闸首工作闸门、下闸首工作闸门、上下闸首检修闸门，输水廊道工作阀门及其上下游检修阀门、浮式系船柱及相应启闭设备。

上下闸首工作闸门门型为人字型，上闸首工作闸门兼有挡洪功能。工作闸门孔口净宽 12.0 m，关门时门轴线与闸室横轴线夹角为 22.5°。上闸首人字闸门设计水头差 4 m，门高 17.805 m；下闸首人字闸门设计水头差 9 m，门高 14.655 m。门叶结构主要材料为 Q355B，分节制造，现场拼焊连接成整扇。门轴柱和斜接柱采用连续式支枕垫，兼作刚性止水，材料为 ZG270-500。底枢采用固定式，蘑菇头直径 400 mm，材质为 35 锻钢表面堆焊不锈钢，球瓦采用铜基镶嵌自润滑材料。顶枢采用三铰联板式，设有花篮调节螺母。底枢检修考虑低位顶门方案，底止水在靠近底枢处设有活动底止水座板，底枢蘑菇头可从此处抽出。闸门操作方式为静水启闭，由输水廊道工作阀门充水平压，启闭设备为 2×630/2×400 kN 卧式液压启闭机，活塞杆表面镀铬防腐，行程检测采用外置钢丝绳型式。液压控制系统左、右各设 1 套，分别与左、右充水廊道工作闸门液压启闭机共用一套液压泵站，每个泵设 2 套油泵电机组，互为备用。闸门启闭采用现地控制与远程集中控制相结合，上闸首右侧机房第三层作为船闸中控室。

上下闸首检修闸门门型为平面滑动叠梁式，每扇闸门分为 2 节相同叠梁，每节 2.6 m，可互换使用。门叶结构主要材料为 Q355B，主滑块采用工程塑料合金。闸门平时分别存放在上下闸首右侧门库里。闸门操作方式为静水启闭，小开度提顶节门充水平压。上闸首检修闸门启闭设备与泄水闸共用单向门机，下闸首检修闸门启闭设备为 2×160 kN-18 m 移动式直联启闭机，用电功率 37 kW，轨道型号工字钢 56b。

输水系统采用双侧闸墙长廊道侧支管出水输水方式，工作阀门孔口尺寸均为 2.2 m×2.0 m，4 孔设 4 扇。门型为潜孔式平面定轮式，上游止水，最大挡水水头 9 m。门型为潜孔平面定轮式，最大挡水水头 9 m。门叶结构主要材料为 Q355B，主轮轮径 500 mm，轴承采用铜基镶嵌自润滑关节轴承。闸门平时悬挂在孔口上方。闸门操作方式为利用水柱动水启闭，启闭设备为 400 kN 液压启闭机，活塞杆表面镀铬防腐，行程检测采用外置钢丝绳型式。液压控制系统左、右各设 1 套，分别与左、右人字闸门液压启闭机共用一套液压泵站。

工作阀门上下游均设置检修阀门，充水廊道检修阀门孔口尺寸均为 2.2 m×2.5 m，泄水廊道检修阀门孔口尺寸均为 2.2 m×2.0 m。检修阀门门型为潜孔平面滑动式，最大挡水水头 15.5 m。门叶结构主要材料为 Q355B，主滑块采用工程塑料合金。闸门平时锁定在孔口上方。闸门操作方式为静水启闭，充水阀充水平压。启闭设备为 160 kN-16 m 移动式直联启闭机，用电功率 18.5 kW，轨道型号工字钢 56b。

在闸室两侧闸墙上各设 7 个可随闸室水位变化而自动升降的浮式系船柱，挂钩和缆绳的系缆力为 50 kN。系船柱内径 970 mm，上部设有进人孔。主轮轮径 300 mm，轴承采用工程塑料合金。浮筒升降幅度按满足最高、最低通航水位时的通航要求设定，以保证在充泄水过程中闸室内停泊船只的安全。

三、设计优化

（一）排漂方式优化

目前，国内水电站对水库污物的排放主要是通过泄水建筑物上的排漂闸门控制，排漂闸门在布置上通常采用两种型式:第一种是利用工作闸门排漂,适用于污物较多河段。当工作闸门为弧形闸门时,为减少弃水,通常在工作闸门上部中间区域设舌瓣门,舌瓣门和主门共同挡水。当需要排漂时,舌瓣门向下游卧倒,可根据需要调整舌瓣开度,舌瓣门一般由液压启闭机操作,与主门共用液压泵站;当工作闸门为平面闸门时,通常在工作闸门上部中间区域设插板门,插板门和主门共同挡水。当需要排漂时,插板门全开排漂,插板门一般由卷扬式启闭设备操作。第二种是利用检修闸门排漂,适用于污物较少河段。检修闸门一般为平面叠梁闸门,根据排漂要求设计各节叠梁高度,排漂时根据水位情况提起一节或多节叠梁排漂。

根据上游草街航电枢纽运行经验,潼南航电枢纽经上游草街的拦截,库区污物平时不多,仅在汛期污物量较多。潼南航电枢纽在电站进水口前沿水域设有自浮式拦漂排,污物集中在1#泄水孔排放。对排漂方案选择上比选了工作闸门和检修闸门作为排漂通道两种方案。工作闸门为平面定轮门,闸门全开排漂显然不经济,且在调度上不允许单独1孔全开运行。若设插板门需单独设1套启闭设备,操作复杂,且插板门的高度难以保证在低水位情况下的有效排漂。若利用上游叠梁检修闸门排漂,将使布置大大简化。为此,设计上将上游检修闸门采取了以下措施:将闸门设计成3节叠梁,每节叠梁高度4 m,顶节叠梁最大排漂高度3.5 m。需要排漂时,将2节叠梁放入1#孔,再提起1#工作闸门。排漂闸门设计时需按门顶过水考虑一定的动水压力。

(二)进水口门机布置优化

电站进水口设有1台独立式清污机和1台双向门机,双向门机的功能是启闭进水口检修闸门和安装、检修清污机。为减小进水口前缘长度,将清污机布置在双向门机跨内,门机轨距按最经济布置取10.5 m。该种布置大大缩短了进水口前缘,节约了土建投资,但在设计中应注意门机、清污机各自功能和运行空间要求,避免出现干扰。在2台设备安装后出现了设备间以及设备与水工建筑物间的布置干扰问题。门机与清污机下游轨道距离1.9 m,当清污机行至门机跨内时,清污机机房下游面外侧与门机下游支腿内侧几乎相碰。现场将清污机机房下游面向上游调整,并适当降低机房高度,使两设备错位安全距离达到100 mm以上。

安装间左岸连接段是填土基础,考虑节约投资,未设进水口双向门机安装、试验平台,未将轨道延伸到左岸连接段,这对门机自身安装、荷载试验和设备吊运非常不便。门机运行左极限位只能到达吊物孔处,仅满足机电设备垂直进出厂吊运要求,设备转运需另租吊车完成。机组安装过程中设备进厂频繁,有条件时应将轨道延长到岸边连接上,将大大提高设备吊运效率。电站进水口门机和清污机布置见图7-34。

(三)清污机设计优化

电站进水口拦污栅采用75°倾斜布置,设1台斜面耙斗式清污机,清污机轨距4 m。清污机是集清污、卸污、提栅等多功能于一体的复杂设备,与拦污栅、水工建筑物应协调布置。清污机布置设计存在问题:①清污耙斗和吊梁在清污和提栅工位处在不同位置,机架上的导向架常规设计是通过油缸前后平移到清污和提栅两个工位,引导耙斗和吊梁上行。由于清污机设计时将导向架兼作卸污翻板,上部用铰轴固定,下部设计成活动式,导向架在提栅工况时与栅面平行,在清污工况时与栅面呈一折角。耙斗运行过程中导轮在经过

图 7-34　电站进水口门机和清污机布置

此折角位置时会出现轻微振动。②集污斗出口距下游轨道中心线水平距离太小,不便于卸污。③清污机下游混凝土轨道梁太窄,不便于动力电缆走线。为此,拦污栅和清污机设计时做了以下优化:

(1)在清污耙斗导向轮对应位置设有粗栅条承受耙斗轮压,同时将上节栅的粗栅条顶部切斜角以减小耙斗运行到此处的振动。

(2)清污耙斗由主起升钢丝绳通过机架上的定滑轮转向,清污耙斗在下行时钢丝绳与拦污栅主梁发生摩擦。现场进行重新放样,将定滑轮向上游调整 750 mm,按耙斗运动轨迹线与栅面平行原则重新调整定滑轮位置,确保钢丝绳与栅面和胸墙等不互相干扰。

(3)清污机通过集污斗向下游卸污,集污斗出口距下游轨道中心线水平距离仅 1.02 m,不便于运污车集污,运污车需按此要求专门设计。

(4)拦污栅孔口段的清污机下游混凝土轨道梁顶宽 900 mm,动力电缆行走在孔口段时电缆极易悬空。现场在混凝土梁顶部增设 200 mm 宽的钢飘台和挡板,用膨胀螺栓固定,确保动力电缆行走时电缆不悬空。

(四)人字闸门检修方案优化

人字闸门检修最困难的部位在底枢,底枢检修必须抽干闸室,将门叶整扇顶起,传统检修方法一般采用高位顶门,即拆除顶枢 A、B 拉杆,将门叶整扇顶起,再将蘑菇头拉出。此种方法因拆除了门叶上部约束,门叶需采取一定的拉锚固定措施。高位顶门工作量大、耗时长、安全措施烦琐。下闸首人字闸门单扇门叶重 105 t,高度大,高位顶门方案时间长、风险大。人字闸门设计之初就考虑了低位顶门方案,不需拆除顶枢拉杆,仅将门叶顶升少许即可拉出蘑菇头。为适应此要求,闸门设计采取了以下优化方案:

(1)在两侧闸墙上埋设锚环,作为检修时的拉绳锚锭。检修时将门叶旋转至与闸墙夹角 15°,此位置闸底板埋设有两排检修安装座,用于放置千斤顶。

(2)在顶枢轴套和门叶耳板间上下各留有 13 mm 间隙,其间各设一块隔环。底枢蘑菇头与下盘间垫有 50 mm 厚的钢垫板,顶门前先松开底枢上盖与底主梁间的连接螺栓,门叶稍顶起后垫板上压力消除,垫板即可抽出,底枢蘑菇头连同球瓦、上盖一起下落量可达

63 mm。

(3)底枢下盘开口方向和开口尺寸也是底枢能否顺利出槽的关键。下盘开口方向与闸墙夹角取45°,开口处设4°扩口。由于门叶上的底止水座板下缘比底枢上盖低,高位顶门时每次拉出底枢时都要将碍事的底止水座板割除。因该段止水压板为弧面,还原及定位有一定难度,且经多次割焊后焊口质量难以保证,座板不能反复利用。本次设计将影响底枢出槽部分的底止水座板优化为活动式,与底主梁腹板间用螺栓连接,并设有抗剪板。

(4)底枢、底止水和门叶连接所用螺栓均为不锈钢材质,便于拆卸,螺栓拆除后,底枢蘑菇头连同上盖、球瓦整体出槽。底枢处二期混凝土顶面比底枢下盘低20 mm,方便底枢从此间拉出检修。

(五)机房检修吊荷载试验优化

泄水闸机房内设1台100 kN检修桥吊作为工作闸门启闭机的检修设备,桥吊运行距离340 m。桥机作为特种设备在安装完毕应进行现场荷载试验,许多工程设计中未考虑试验场地和试重块,致使荷载试验难以进行,影响设备取证使用。对机房检修吊试验方案做了以下优化:①由于泄水闸7#闸墩为中隔墩,宽度6 m,设计时将桥机试验场地选在7#闸墩顶部,相应在7#闸段启闭机房左侧楼板开设1个2.09 m×1.2 m的吊物孔。②桥机吊钩最大扬程按到达闸顶设计,除满足荷载试验要求外,还要将零星部件和工具直接吊到机房内,便于设备维护检修。③试重块利用闸门配重块和钢筋,放在现场临时吊篮内进行荷载试验,不需另租试重块。

第六节　云南新平县十里河水库

一、工程概况

云南省新平县十里河水库工程主要承担新平县城及新化乡的人畜供水,以及坝址下游戛洒镇的农业灌溉任务。水库工程由枢纽工程和输水工程两部分组成。枢纽工程为新建一座中型水库,总库容1 064万m^3,正常蓄水位1 947 m。枢纽主要建筑物从左至右依次为混凝土面板堆石坝、溢洪道、输水放空兼导流隧洞。

输水工程由供水工程和灌溉工程组成。在一般情况下,当有足够的可利用输水地形高差时,宜优先选择有压重力流输水方式。供水工程输水干管虽具备重力流输水水头,但输水干管有约20 km左右倒虹吸式跨越元江段,最低处管中心高程475 m,静水头高达1 300 m。为保证设计方案合理、运行安全和管道阀门及附属设备选用合理,供水工程进行了13.5 MPa高压重力流输水方案和6.3 MPa多级减压再多级加压输水方案比选,以确定经济、合理的方案。工程目前已完成可行性研究设计。

二、输水方案

(一)方案一——高压重力流输水方案

供水工程从十里河水库取水,采用有压重力流+泵站加压管道输水,十里河水库蓄水后正常蓄水位为1 947 m,供水受水点有两处,分别为近期受水点1 555 m高程的团结水库和远期受水点 2 015 m 高程的瓦白果水库，瓦白果水库需设加压泵站供水。工程全线采用压力钢管，以浅埋回填管为主，设计流量 0.308 m^3/s，管径 200~600 mm，供水管线平面长度 58.7 km（实际长度约 75 km）。由 1 根供水干管、1 根右支管、1 根左支管、2 个中间水池、2 个末端水池、1 个加压泵站组成，在十里河水库下游 1 775.0 m 高程处设 1 个减压池。供水工程跨元江段为倒虹吸型式跨越，最低处管中心高程为 475 m，最大静水压力 1 300 m，考虑水锤后的最大设计内水压力值为 13.5 MPa，阀最大公称压力为 16 MPa。

高压重力流输水方案布置示意图见图 7-35。

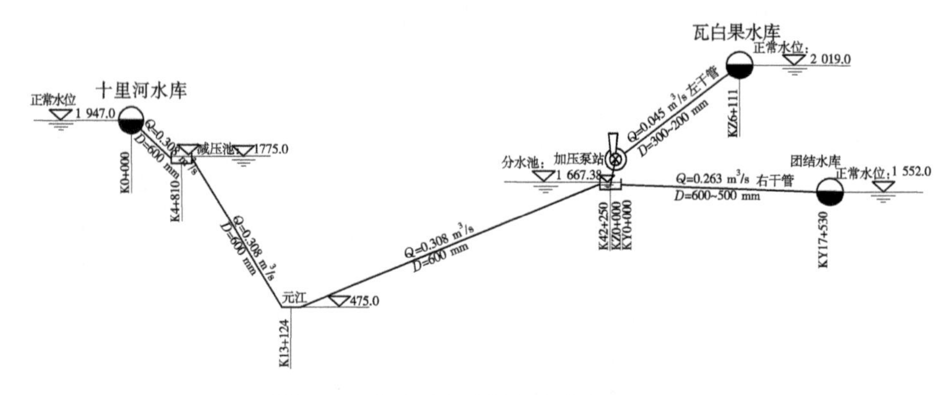

图 7-35　高压重力流输水方案布置示意图

（二）方案二——多级减压再多级加压输水方案

该方案在元江西侧输水管线最大静水压力为 500 m（高程 950 m）处设最下一级减压池，十里河水库 1947 m—元江西侧 950 m 高程的输水管段设六级减压池，单级减压水头控制在 180 m 以内。元江西侧 950 m 高程—475 m 高程—元江东侧 825 m 高程输水管段为重力自流段，元江东侧 825 m 高程—受水点 1 555 m/2015 m 高程为加压段，共设三级加压泵站。该方案管道和管道附件的最大设计内水压力考虑运行过程中可能产生的水锤压力后按照 6.3 MPa 设计。

多级减压再多级加压输水方案示意图见图 7-36。

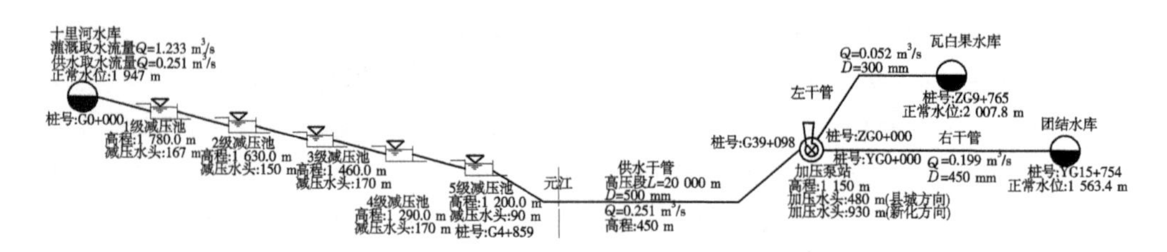

图 7-36　多级减压再多级加压输水方案布置示意图

（三）输水方案选择

方案一能够充分利用天然水头，减少泵站数量，降低运行费用，但输水管道设计压力在国内外长距离输水管线工程甚至在石油天然气行业均无先例。高压钢管采用高强钢、压制成型技术制作在虽然理论上可行，但径厚比已远远超出规范限值；且厚壁钢管现场焊缝的质量问题难以保证。国内大口径高压球阀在石化行业已属常用，但应用到水利行业，由于输送介质不同,阀门密封性能的保证可能存在差异。高压进排气阀、高压明管伸缩节等管道附件目前尚无15 MPa的制造经验,从工程运行角度来说风险极大,且管线充水、放水、分段检修操作程序复杂。总之,方案一管道内水压力超高,高压钢管、高压阀的设计、制造难度大,运行安全隐患大。

方案二受自动进排气阀制造水平限制,通过在沿线设多个减压池和减压阀减压削减了天然水头,控制最大设计内水压力为6.3 MPa,一方面是希望最大可能充分利用自然水头差,减少提水泵站的功率,达到最经济的目的;另一方面受管线自动进排气阀的发展现状制约,避免运行期管内积聚的气体无法及时排出可能引起爆管事故。

方案一降低了设计难度及运行风险,输水管道、阀门的安全性相对较高,设计、制造依据在规范范围内,但跨元江后又须设多级加压泵站提水到受水点以满足供水需要,浪费了水能,增加了运行管理难度和运行费用。

从充分利用天然地形高差以及后期运行管理方便的角度出发,方案一为宜选方案,但需解决超高压长距离输水管道一系列的技术问题。

三、高压管阀

本工程若采用高压重力流输水方案,虽然*HD*值不是太高,但13.5 MPa的超高压力在国内引调水工程、电站工程甚至石油天然气工程中绝无仅有。输水钢管属于长距离、超高压、小管径的输水管道工程,存在以下技术难题需要解决:高压管道材料选择,特别是高强钢的材质和焊接问题;高压钢管制作成型工艺选择;管道阀门布置选型,特别是高压进排气阀、爆管阀等的型式选择;爆管水力过渡过程问题。

(一)钢材选择

1.600 MPa级高强钢

随着我国已建、在建的高水头和大容量电站的增多,在部分已建水电站的钢管中已较多使用高强钢。如日本的SM570Q、美国的A537CL、A517Gr. F等。随着国产高强钢技术逐步发展,国内自主研发的600 MPa级CF钢的碳含量和焊接裂纹敏感性指标符合国际上对低焊接冷裂纹敏感性低合金高强度的要求,具有良好的焊接性能和韧性匹配、优良的低温冲击韧性和冷成型性,特别是≤50 mm钢板具有焊前可不预热或稍预热、焊后不需热处理的特点,简化了钢管的生产工序,节省了制作费用。国产800 MPa级CF高强钢已在乌东德水电站、白鹤滩水电站获得成功应用,但需进行焊前预热、焊后热处理,焊接工艺复杂,且对于小直径管道,过高的热处理温度会破坏现场环缝处的内防腐层。

《水利水电工程压力钢管设计规范》(SL/T 281—2020)和《水电站压力钢管设计规范》(NB/T 35056—2015)中推荐的600 MPa级高强钢有:压力容器用调质高强钢07MnMoVR(GB 19189)、低焊接裂纹敏感性高强钢Q500CF(YB 4137—2015),代表性材料有舞钢WDB620、宝钢B610CF、湘钢XDB620等。国内部分水电站工程压力钢管使用国产600 MPa级CF高强钢情况见表7-2。

2.管线钢

随着输气、输油管道输送压力的不断提高,输送钢管也相应地迅速向高钢级发展。20世纪60年代一般采用X52钢级,70年代普遍采用X60钢级,近年来以X70为主,X80也已开始试用。采用高压输送和选用高强度管材,可大幅度节约管道建设成本。

管线钢是从国外引进用于输送石油、天然气等管道所用的一类具有特殊要求的钢种,根据厚度和后续成型等方面的不同,可由热连轧机组、炉卷轧机或中厚板轧机生产,经螺旋焊接或直缝焊接形成大口径钢管。近年来,国产管线钢已研制成功并大规模批量生产,管线钢是高技术含量和高附加值的产品,管线钢生产几乎应用了冶金领域近 20 多年来的一切工艺技术新成就,具有高强度、高冲击韧性、低的韧脆转变温度、良好的焊接性能、优良的抗氢致开裂(HIC)和抗硫化物应力腐蚀开裂(SSCC)性能。

表 7-2　国内部分水电站工程压力钢管使用国产 600 MPa 级 CF 高强钢情况

序号	电站名称	最大作用水头(m)	管径(m)	钢管材料	管壁厚度(mm)	管型	建成年份
1	冶勒	700	3.4~2.2	Q355C、WDB620	22~70	地下埋管	2006
2	瑞丽江一级	413	5.2~4.2	16MnR、WDB620	18~48	地下埋管	2008
3	宝泉抽蓄	864.5	3.5~2.3	WDB620、WH80Q	48	地下埋管	2008
4	龙滩	400	10	16MnR、B610CF	18~52	地下埋管	2009
5	构皮滩	257.3	8.0	B610CF	34~52	地下埋管	2009
6	锦屏一级	250	9.0~7.0	16MnR、B610CF	24~44	地下埋管	2012
7	锦屏二级	410	6.5~6.0	16MnR、WDB620	20~56	地下埋管	2012
8	糯扎渡	336	8.8~7.2	ADB610D	40~56	地下埋管	2013
9	向家坝		14.4~11.4	07MnMoVR	40~48	地下埋管	2015

输送石油、天然气等管道常用的高强管线钢有 APISpec5L 标准的 X65、X70、X80 等,对应的 GB/T 9711 标准为 L450、L485、L555,钢级分为 PSL1 和 PSL2。X70 的化学成分和与 600 MPa 级高强钢略有区别,X70 的化学成分和力学性能分别见表 7-3、表 7-4。

表 7-3　部分 600 MPa 级高强钢的化学成分(%)

牌号	C	Si	Mn	P	S	Cu	Ni	Cr	Mo	V	Nb	B	P_{cm}
07MnMoVR	≤0.09	0.15~0.4	1.2~1.6	≤0.02	≤0.01	≤0.25	≤0.4	≤0.3	0.1~0.3	0.02~0.06		≤0.002	≤0.2
Q500CFC	≤0.09	≤0.50	≤1.8	≤0.02	≤0.01		≤1.5	≤0.5	≤0.5	≤0.08	≤0.1	≤0.003	≤0.2
WDB620C	≤0.07	0.15~0.4	1.0~1.6	≤0.02	≤0.01	≤0.3	≤0.3	≤0.3	≤0.3	≤0.08	≤0.08	≤0.003	≤0.2
B610CF	≤0.09	≤0.4	0.6~1.6	≤0.015	≤0.007	≤0.25	≤0.6	≤0.3	≤0.4	0.02~0.06		≤0.002	≤0.2
L485M/X70M	≤0.12	≤0.45	≤1.7	≤0.025	≤0.015								≤0.25

注:1. 当淬火+回火状态交货时,WDB620C 的碳含量上限为 0.14%;Q500CFC 的碳含量上限为 0.12%。

2. P_{cm} 为焊接裂纹敏感性指数(板厚≤50 mm)。

3. 淬火+回火交货时,WDB620C 的 P_{cm} 最大值为 0.25%。

4. L485M/X70M 为 PSL2 钢级热机械轧制交货状态。

表 7-4　部分 600 MPa 级高强钢的力学性能

牌号	板厚（mm）	拉伸试验（横向）			弯曲试验	夏比 V 型冲击（纵向）	
		屈服强度 R_{eL}（MPa）	抗拉强度 R_m（MPa）	断后伸长率 A（%）	弯曲 180° d=弯心直径 a=试样厚度	温度（℃）	冲击功吸收能量 KV_2（J）
07MnMoVR	10～60	≥490	610～730	≥17	$d=3a$	-20	≥80
Q500CFC	≤50	≥500	610～770	≥17	$d=3a$	0	≥60
WDB620C	≤80	≥490	620–750	≥17	$d=3a$	0	≥47
B610CFD	10～75	≥490	610～740	≥17	$d=3a$	-20	≥47
L485M/X70M	≤25	≥485	570～760	≥16	$d=2a$	-20	≥150

（二）成管工艺选择

国内钢管生产工艺目前主要有以下几种常见方式：无缝钢（SMLS）管、卷制焊接钢管、螺旋缝埋弧焊（SAWH）管、高频电阻焊（HFW）管、直缝埋弧焊（SAWL）管。本工程设计首次将石油、天然气管道钢管先进生产工艺引用到水利水电输水管道中，将管径 DN500 以下管道采用 SMLS 管或 HFW 管，管径 DN500 及以上管道采用 UOE 或 JCOE 成型的 SAWL 钢管。对于高压段 DN600 管径的高强钢管段，最大厚度 24 mm，径厚比为 25，大大超出压力钢管设计规范对径厚比不小于 48 的规定，且基本达到了 UOE 或 JCOE 的加工极限，需对成型后钢管的力学性能进行检测，分析径厚比对材质性能的影响。钢管单根生产长度可达 12 m，大大减少了现场环缝数量，现场环缝需进行焊前预热、焊缝保温处理。

（三）爆管防护措施

1. 爆管危害性

在爆管无防护工况下即阀门不动作和不增设空气阀防护时，爆管工况的发生首先将造成干管沿线管道水体大量漏损并且产生巨大的负压，经对全管线力过渡计算，考虑关阀水锤后的管道最大内水压力为 1 274 m，最大负压为-243.4 m，而实际上水体在-10 m 压力时就已经汽化。当爆管产生的降压波经上库反射为升压波后，到达汽化水体处会引发剧烈的弥合水锤，在管道中产生二次爆管极易造成多处破坏，对沿线管道主体产生巨大威胁，因此有必要也必须对爆管工况下的管道进行防护。

对于爆管工况的防护，可以采用的工程防护措施有：空气阀、单向塔、调压室、空气罐、爆管关断阀等；十里河干线输水工程正常运行工况管线高程最大落差达 1 300 m，如设置单向塔、调压室、空气罐等防护措施，需要设置的体积和高度参数过于巨大，需要的工程投资过多，不符合实际要求，故工程爆管工况的防护措施推荐为空气阀和爆管关断阀联合防护，该防护方案较为经济合理且能取得较好的防护效果。

管道沿线中心线高程最低点位于桩号 13+094 处，该点位于下陂段和上坡段的交汇处，若发生爆管，该点的水流从管道两侧流出，同时此处内水压力也最大，故桩号 13+094 处爆管为最危险爆管工况，因此以该点爆管为管道爆管的控制工况，复核输水系统中已有的真空破坏阀能否有效防范二次爆管。干线最危险爆管点位置见图 7-37。

2. 爆管防护措施

爆管将引起压力下降，主要防范的应该是第一波压降，只要第一波压降不达到汽化压

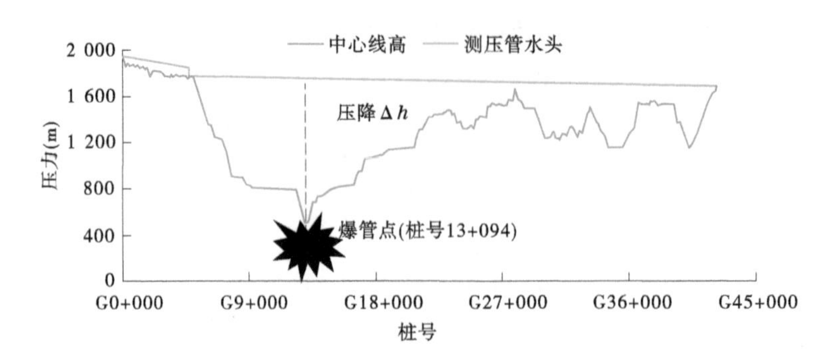

图 7-37　干线最危险爆管点位置

力,就能有效防止管道发生弥合水锤诱发二次爆管,因此只要管道的最小压力大于-10 m即能有效避免二次爆管,验证当前空气阀设置的合理性。为防护干线最危险爆管可能造成的危害,经分析,爆管最危险位置发生在最高压段桩号 13+000 与桩号 13+500 之间,因此在干管 5+990、13+000、13+500、21+752 处分别设有爆管关断阀,爆管关断阀布置见图 7-38。在干管沿线设置空气阀 22 个 DN100 进排气阀,空气阀布置见图 7-39、图 7-40。

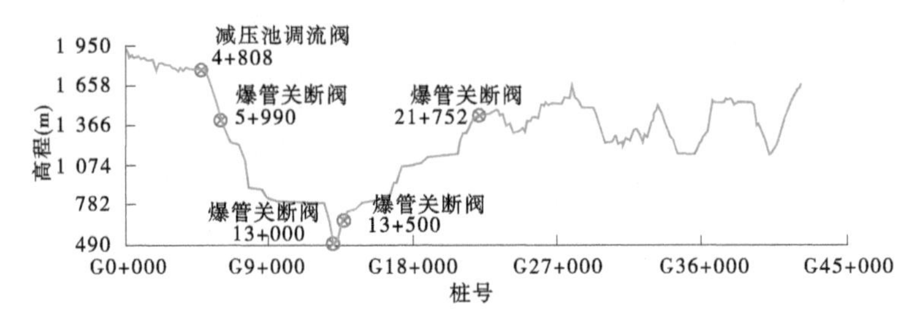

图 7-38　爆管关断阀布置

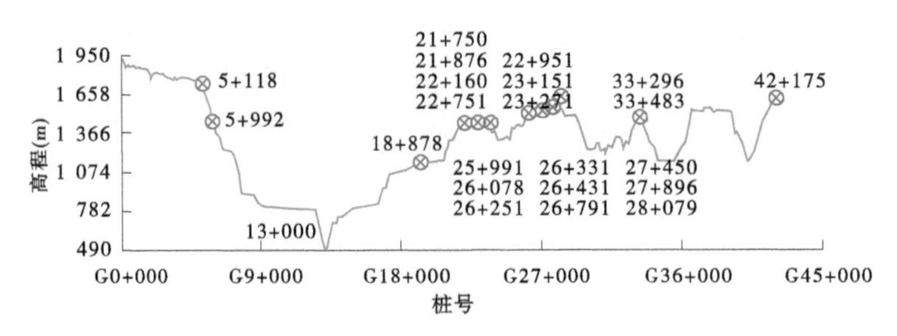

图 7-39　前段干管空气阀布置

爆管工况下各爆管关断阀动作规律为:爆管发生后 30 s,爆管点前后 13+000 处和 13+500 处以及管道 5+990 处和 21+752 处爆管关断阀开始动作,动作规律均为 1/240 s 一段直线关闭至 0 开度;爆管发生 120 s 后,管道 4+808 处减压池调流阀开始动作,动作规律为 1/240 s 一段直线关闭至 0 开度。爆管工况各阀门关闭规律见表 7-5。

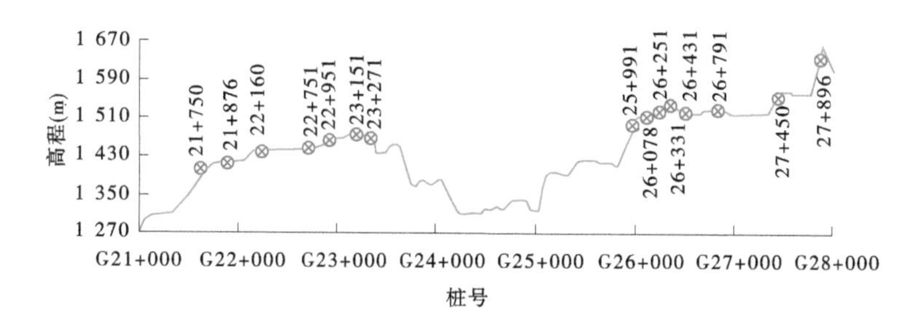

图7-40　后段干管空气阀布置

表7-5　爆管工况各阀门关闭规律

阀门	桩号	动作迟滞时间(s)	关闭规律
减压池调流阀	4+808	120	1/240 s
爆管关断阀	5+990	30	1/240 s
爆管关断阀	13+000	30	1/240 s
爆管关断阀	13+500	30	1/240 s
爆管关断阀	21+752	30	1/240 s

在实际动作中,爆管关断阀采用先快后慢两段式关闭规律对防护效果更为有利。初始动作速率较快能防止管道中的流速上升过大和水量损失过多,后段动作速率较慢能防止管道中的最大压力上升过大。管道压力、流量变化见图7-41～图7-43。

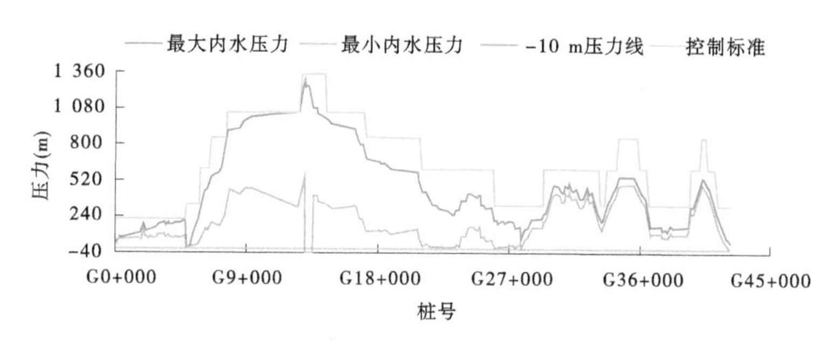

图7-41　防护方案下爆管工况最大、最小压力包络图

爆管工况分析表明:在桩号13+000至桩号13+500之间的管道沿线最小内水压力为-4 m,在桩号4+800至桩号5+250、桩号13+000至桩号13+500、桩号21+650至桩号23+250、桩号25+990至桩号26+430、桩号27+450至桩号27+580、桩号27+850至桩号28+050之间的管道出现0～-4 m负压,对以上管道应做进一步的负压防护加强,提高管道抗负压能力至-5 m。干线其他管段在设置22个空气阀的方案下,整个输水系统并未出现压力低于-2 m的情况,具有较好的防护效果。采用空气阀和爆管关断阀联合防护方案,对工程运行应急保护是安全经济可行的。

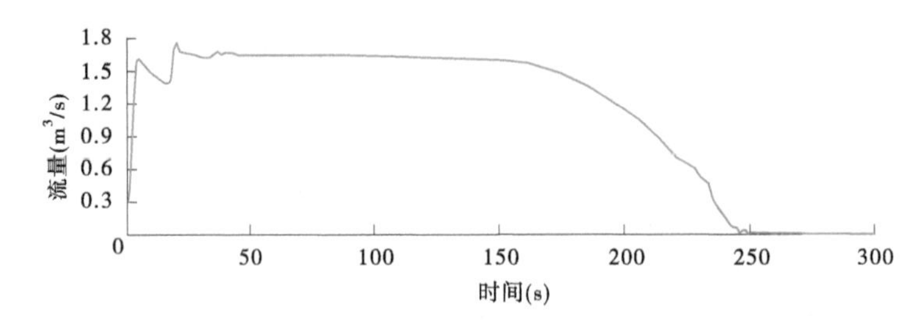

图 7-42　防护方案下爆管点流量变化

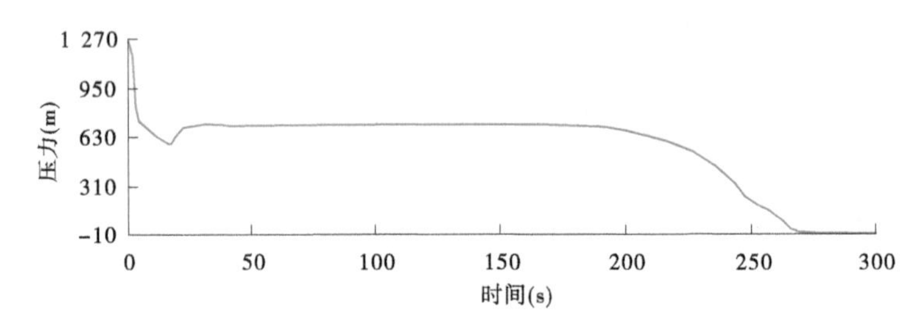

图 7-43　防护方案下爆管点压力变化

(四)高压阀选型

管线上设置的阀主要包括检修阀、泄水阀、调流阀、泄压阀、进排气阀、爆管关断阀等。本次设计管道沿线上的检修阀和泄水阀选用高压球阀,能满足公称压力 16 MPa 的要求,主阀设有旁通管和旁通阀用于阀前后平压。调流阀设在管道进入水池或水库的入口处,公称压力不超过 2.5 MPa,选用最后一级活塞阀,由水位计精确控制阀门开度从而控制水池或水库水位。泄压阀设在活塞阀前,由先导阀控制,泄压压力值根据需要现场调节。高压进排气阀和爆管关断阀是决定工程供水安全的关键设备,其选型设计是本次研究的重点。

1. 高压自动进排气阀

进排气阀采用防水锤型,口径取输水管道直径的 1/6,即 DN100。据了解,国内已建工程高压进排气阀使用压力达到 10 MPa 的仅有北京冬奥会工程、中天合创鄂尔多斯煤炭深加工工程等极少数工程,生产过高压进排气阀的厂家极少,比较知名的厂商有以色列 ARI 阀门(中国)有限公司、德国 BERMAD 阀门(中国)有限公司、武汉大禹阀门股份有限公司、武汉阀门水处理机械股份有限公司等,这些厂家分别生产过 5~10 MPa 的高压进排气阀。

高压自动进排气阀最大公称压力确定采用 10 MPa,阀按管道最大静压不超过 8 MPa 进行布置。对高压进排气阀专门进行了 1∶1产品研发,进行了耐压、高压密封、低压密封、排气量、补气量、负压开启等型式试验和性能检测,开发出了结构合理、安全可靠、性能稳定的产品。国内部分 5 MPa 以上的高压进排气阀应用情况见表 7-6。

表 7-6　国内部分 5 MPa 以上的高压进排气阀应用情况

应用工程	供货商	公称直径(mm)	公称压力(MPa)
北京中铁十八局冬奥会工程	武汉大禹阀门股份有限公司	50	10
云南大理海西直引水原水引水工程		80	6.3
内蒙古中天合创厂外输水工程		200	5
秘鲁 HUANZA 电站	武汉阀门水处理机械股份有限公司	150	12
重庆两会沱电站		150	6.4
四川理县绿叶电站		200	6.4
四川苗圃电站		200	6.4
云南清水河二级水电站	湖北高中压阀门有限公司	50	12
云南岩瓦河水电站		100	10
内蒙古乌审旗图克供水工程	VAG 水处理系统(太仓)有限公司	100	6.3
兰州市水源地建设工程		150	6.3
新疆和田河气田供水工程	以色列 BERMAD 阀门(中国)有限公司	50	6.4
云南玉溪大龙潭取水工程		50	6.4
云南玉溪大龙潭取水工程		150	6.4
内蒙古中天合创鄂尔多斯煤炭深加工项目	德国 ARI 阀门(中国)有限公司	50	10
内蒙古中天合创鄂尔多斯煤炭深加工项目		100	10
内蒙古中天合创鄂尔多斯煤炭深加工项目		150	10
内蒙古中天合创鄂尔多斯煤炭深加工项目		200	10

2. 高压手动进排气阀

输水管道和输油管道设计理念截然不同。石油输送管道沿途不设排气阀,其运行关键是首次充水时采取相关手段排尽管内气体,运行过程中通过监测管道压力,找到集气位置进行排气处理,以确保输油时基本不夹气,设计上不考虑气体的影响。输水管道按规范要求,需设进排气阀,以避免管道运行期间管口吸入气体、溶解气体和未排尽气体等易在管道内形成断塞流和弥合水锤,减小气体对管道结构和运行造成的安全影响。

本工程有 20 km 以上管线设计压力大于 10 MPa,对如此高压力的进排气阀因无阀可选,本次设计借鉴石油输送管道设计理念。石油输送管道沿途不设排气阀,首次排气采用压力水通球方法完成,正常运行时不再考虑管内气体的影响。

对设计压力 10 MPa 以上的高压管段选用高压手动球阀作为进排气阀,运行期间球阀关闭,依靠管线沿途设置的自动进排气阀实现排气和补气;检修时人工手动打开球阀进行排气和补气。高压手动球阀操作起来较为不便,需要多名运维人员现场协同操作,需制定和执行严格的操作规程。考虑到管道检修概率较低,压力高,本次设计在高压管段上选用高压手动进排气阀。为减小运行期管道内部气体的不利影响,设计上通过加大管道取水口处水深,在沿途设置足够的防水锤型进排气阀等多种措施,减小气体吸入量、水中溶解气体和未排尽气体在管道内可能形成的断塞流和弥合水锤,确保管道结构安全和运行安全。

3. 爆管关断阀

由于输水压力高、管线长,10 MPa 以上自动进排气阀设置受限,一旦爆管,产生的高压水流将对周边村庄、建筑物和人身安全造成很大破坏。为防止管道爆管造成的事故扩大,在穿越元江倒虹吸高压管段的下平段两侧和前后坡段各设置 1 套 D600-PN40 爆管关断阀,主阀选用球阀,事故时通过重锤或蓄能罐快速关闭。在阀后配套设置大口径真空补气阀,通过大量补气减小管内负压,以避免快速关阀时在阀后管道形成真空。

第七节　广东飞来峡二三线船闸

一、工程概况

飞来峡枢纽二三线船闸工程是北江(曲江乌石至三水河口)航道扩能升级工程中的主要组成部分,船闸建在已建飞来峡水利枢纽右岸,为新增双线单级船闸。二三线船闸通航等级为Ⅲ级,设计最大通航船舶为 1 000 t 级干货船、集装箱船,闸室有效尺寸为 220 m×34 m×4.5 m(长度×宽度×门槛水深)。设计洪水标准为 500 年一遇,校核洪水标准采用 5 000 年一遇。工程等别为Ⅰ等,工程规模为大(1)型。船闸承受单向水头,最大设计水头 14.44 m。工程于 2019 年 11 月完工通航。

根据工程前期研究及船闸输水系统水工模型试验研究,二三线船闸输水系统均采用闸底长廊道双明沟消能分散输水系统。为充分利用二三线船闸正反向运行时,同一时间两线船闸充、泄水方向需要的特性,布置了互灌水廊道。互灌水廊道结构布置在二线右侧和三线左侧闸室中间部位,挖通中部中隔墩建成。互灌廊道共两条,断面尺寸为 5.0 m×5.5 m(宽×高),中心线距离 9.0 m。互灌水廊道与二三线船闸输水系统廊道联通,是整个输水系统高程最低位置,此处布置了检修期排干闸室水体的排水廊道和集水井,并设抽水泵站。飞来峡二三线船闸见图 7-44。

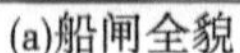

(a)船闸全貌

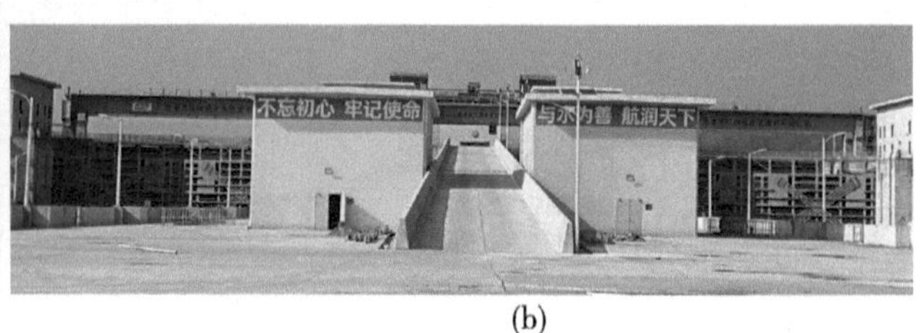

(b)

图 7-44　飞来峡二三线船闸

二、金属结构设备

二三线船闸金属结构设备布置相同,以二线船闸为例,金属结构设备有上闸首检修闸门、上闸首工作闸门、下闸首工作闸门、下闸首检修闸门；充水廊道进口拦污栅，充、泄水廊道工作阀门，充、泄水廊道上、下游检修阀门；在船闸闸室内还设有浮式系船柱，各闸门配有相应启闭设备。三线船闸除上闸首检修闸门和下闸首检修闸门与二线船闸共用外，其余金属结构设备与二线基本相同。每条互灌廊道设有二线侧检修阀门、二线侧工作阀门、三线侧工作阀门、三线侧检修阀门及相应启闭设备。

（一）上下闸首金属结构设备

1. 上闸首工作闸门及其启闭设备

上闸首工作闸门孔口净宽 34. 1 m，闸顶高程为 37. 31 m，门槛高程为 14. 31 m，上游最高通航水位为 24. 81 m，闸门挡洪水位为 33. 98 m。考虑超高及其他因素确定闸门总高为 20. 94 m。门型选用人字闸门。人字闸门一个孔口设一对门叶，单侧门叶尺寸为 20. 2 m×20. 94 m（宽×高），门体厚度为 3. 018 m，门叶轴线与闸室横轴线之夹角为 22. 5°。门叶梁系结构布置采用多主横梁式，门背设可调节预应力张拉被拉杆，支承型式采用连续支承结构；人字闸门上还设有导卡装置、防撞木等防护设备。

上闸首人字闸门在静水中启闭，启闭过程中水位差 $\Delta H \leqslant 0.15$ m，由 2 台 2 000 kN-7. 277 m 水平摇摆卧式液压启闭机操作，设在闸墩顶 34. 18 m 高程的机房内。该液压启闭机油缸为中部铰座支承式，液压控制系统左、右各设 1 套，分别与左、右充水廊道工作闸门液压启闭机共用一套液压泵站，每个泵设 2 台油泵电机组，互为备用。人字闸门 2 台启闭机采用电气同步，电气控制系统设在闸首机房内，采用 PLC 编程控制，可现地控制亦可在上闸首机房内实现集中控制。

2. 下闸首工作闸门及其启闭设备

下闸首工作闸门孔口净宽 34. 1 m，闸顶高程为 27. 31 m，门槛高程为 5. 87 m，上游最高通航水位为 24. 81 m，考虑超高及其他因素确定闸门总高为 20. 04 m。门型选用人字闸门，人字闸门一个孔口设一对门叶，单侧门叶尺寸为 20. 2 m×20. 04 m（宽×高），门体厚度为 3. 018 m，门叶轴线与闸室横轴线的夹角为 22. 5°。门叶梁系结构布置采用多主横梁式，门背设可调节预应力张拉被拉杆，支承型式采用连续支承结构。为保证门扇关闭到位准确，且防止门扇间产生相对错位，在人字闸门上还设有导卡装置、防撞木等防护设备。下闸首人字闸门启闭设备同上闸首。

3. 上闸首检修闸门及其启闭设备

为检修船闸上闸首人字闸门及其埋件，在上闸首人字闸门的上游需设置一道检修闸门。闸顶高程为 37. 31 m，底槛高程为 14. 31 m，检修水位为 24. 81 m，闸门设计水头为 10. 5 m，考虑超高后闸门总高度为 10. 8 m。闸门采用露顶式平面滑动叠梁钢闸门，每扇闸门分 4 节，每节高 2. 7 m，设计成相同结构，可互换使用，每节单独启闭吊运，方便调度。

闸门启闭设备闸顶 2×800 kN-24 m 台车配液压自动抓梁操作，闸门吊点距 20. 0 m。平时闸门存放在门库。起升机构为固定卷扬式，容量 2×800 kN，总扬程 24 m。自动抓梁设置有液压泵站、移轴装置、下降到位传感器和对位销座，其下吊耳与各节门叶吊耳相匹配，抓梁平时连在起升机构动滑轮上。台车梁采用钢梁，设有双向滑动型盆式橡胶支座，单根梁跨度 42 m，单根梁长 42. 94 m。钢梁采用箱字形组合截面，梁高 2. 8 m。

4. 下闸首检修闸门及其启闭设备

为检修船闸下闸首人字闸门及其埋件,在下闸首人字闸门的下游需设置一道检修闸门。闸顶高程为 27.31 m,底槛高程为 5.87 m,检修水位为 14.31 m,闸门设计水头为 8.44 m,考虑超高后闸门总高度为 9 m。闸门采用露顶式平面滑动叠梁钢闸门,每扇闸门分 3 节,每节高 3.0 m,设计成相同结构,可互换使用,每节单独启闭吊运,方便调度。下闸首检修闸门启闭设备同上闸首。

(二)输水廊道金属结构设备

1. 输水廊道进水口拦污栅及其启闭设备

为防止较大污物进入船闸输水廊道,在廊道进口各设置一道潜孔平面滑动直栅,将水流污物拦截,使其随水流排向下游。在平时则采用清漂船清除污物,输水廊道进口 10 孔 10 扇,孔口尺寸 4.0 m(宽)×5.5 m(高),底坎高程为 6.81 m,顶高程为 12.31 m,操作平台高程为 27.31 m。为降低启闭设备扬程,拦污栅分上、下两节,采用不同结构形式。拦污栅采用 2×50 kN 临时设备人工清污。

2. 输水廊道和互灌廊道工作阀门及其启闭设备

船闸上、下闸首两侧左右对称各布置 1 扇输水工作阀门,二三线之间设 2 条互灌廊道,每个廊道内设 2 扇工作阀门和 2 扇检修阀门,2 条互灌廊道共设 8 扇工作阀门。孔口尺寸均为 5.0 m×4.5 m(宽×高),阀顶高程为 34.18 m/27.31 m/27.31 m(上阀首/下阀首/互灌廊道),门槛高程为-1.03 m/-1.03 m/-5.33 m,上游最高通航水位为 24.81 m,相应下游水位为 10.37 m,工作阀门最高挡水水头为 14.44 m。工作阀门采用潜孔式平面定轮阀门,6 扇阀门尺寸结构均相同,按泄水廊道工作闸门设计。阀门操作方式为静闭动启,事故情况下可动水闭门。因门重较轻,动水闭门时利用水柱闭门。

工作阀门动水启门静水闭门,启闭设备采用 QPPYⅡ型 1 000 kN-6 m 液压启闭机,采用 1 门 1 机布置,共设 8 台液压启闭机,输水廊道的 4 台液压启闭机分别与各自同阀首同侧的人字闸门液压系统共用泵站,每个互灌廊道设 2 台液压启闭机,共用 1 个液压泵站。

3. 输水廊道和互灌廊道检修阀门及其启闭设备

为检修船闸廊道工作阀门及其埋件,在工作阀门的上游和下游侧各需设置一道检修闸门。充、泄和互灌廊道检修阀门孔尺寸均为 5.0 m×5.5 m,2 条互灌廊道共设 12 扇阀门(含近邻侧互灌水廊道)阀顶高程为 34.18 m/27.31 m/27.31 m(上阀首/下阀首/互灌廊道),门槛高程为-1.03 m/-1.03 m/-5.33 m,阀门设计成相同结构,互灌廊道检修阀门的底槛高程最低,按互灌廊道检修闸门设计。阀井顶高程为 27.31 m,底槛高程为-5.33 m,检修水位为 24.81 m,阀门设计水头为 30.14 m。阀门采用潜孔式平面滑动叠梁钢阀门,单吊点,配拉杆启闭。检修阀门启闭设备采用 320 kN 临时设备。

4. 闸室检修放空廊道工作阀门及其启闭设备

为了在船闸检修期间放空闸室,以及在船闸运行期检修互灌水廊道工作闸门时放空互灌水廊道,在互灌水廊道和集水井间的进水廊道设置工作阀门,船闸正常运行期,阀门关闭,挡住闸室内的水不进入集水井。闸室放空廊道工作阀门底槛高程为-5.33 m,共 2 孔设置 2 扇阀门,孔口尺寸均为 1.0 m×1.8 m(宽×高)。阀门型式为潜孔式平面滑动阀门,高承载的 MGA 工程塑料合金滑块支承。阀门操作方式为静水闭门,动水启门,启门

时水位差 $\Delta H \leqslant 5.0$ m。阀门启闭设备采用 1 台 50 kN 临时启吊设备。

(三)闸室金属结构设备

1. 浮式系船柱

在闸室两侧闸墙上,沿闸室水流方向各布置 9 个可随闸室水位变化而自动升降的浮式系船柱,浮筒升降幅度按满足最高、最低通航水位时的通航要求设定,以保证在充泄水过程中闸室内停泊船只的安全。1 座船闸浮式系船柱数量 18 套,埋件 18 套,二三线船闸共设 36 套浮式系船柱和埋件。

2. 上闸首活动桥及其启闭设备

为沟通上闸首与中隔断道路,在上闸首中隔断检修闸门门库顶部布置 1 座活动桥。活动桥平时横跨在门库顶部,上闸首检修闸门需要出入门库时,活动桥旋转 90°到下游侧,让开门库口门,以便检修闸门出入门库。

活动桥主要荷载为行人和吊车,活动桥荷载按 100 t 汽车吊轮压荷载计算。桥面宽度按单车道宽度加人行宽度,净宽 6 m。桥面高程平上闸首闸顶高程 37.31 m。活动桥回转机构设置在门库下游侧。液压启闭机油缸推动拐臂驱动回转盘转动,实现钢桥水平 90°旋转。回转支承选用 ϕ 2.3 m 三排滚柱式回转轴承。

第八节　广西百色水利枢纽过船设施

一、工程概况

广西百色水利枢纽通航设施工程位于百色水利枢纽主坝左岸的那禄沟,上接百色水库,下游于东笋电站坝下 600 m 处接入右江。工程等别为Ⅰ等,上游最高通航水位 228.0 m,中间渠道正常水位 203.0 m,下游最低通航水位 114.4 m,通航规模为 2×500 t 级船队兼顾 1 000 t 级单船。主要建筑物自上而下依次为船闸、中间渠道、渡槽、垂直升船机、下游辅助船闸。金属结构设备主要布置在一级省水船闸、二级升船机、下游辅助船闸三个部位。

二、一级省水船闸金属结构设备

根据工程总体布置,第一级通航建筑物采用船闸,闸室有效尺寸为 130.0 m×12.0 m×4.7 m(长×宽×槛上水深),最大通航水头为 25.0 m,通航净空为 10.0 m。为节省用水量,减少通航对发电的影响,同时减小船闸弃水量,首次采用省水船闸,在闸室一侧设高位省水池,另一侧设低位省水池,通过两侧水池调节实现船闸省水运行,但船只单次过闸时间较常规船闸有所延长。船闸正常采用省水模式运行,当上游水位低于枢纽汛期限制水位 214.0 m 时可采用非省水模式运行。省水船闸见图 7-45。

船闸系统金属结构设备有上闸首挡洪事故闸门、上闸首工作闸门、下闸首工作闸门、下闸首检修闸门、防撞装置以及左右两侧充泄水廊道工作阀门、充水廊道进口拦污栅、廊道检修阀门、省水池廊道工作阀门和浮式系船柱等。除人字闸门设计有所不同外,其余闸门设计与常规船闸基本相同。

上、下闸首人字闸门布置和结构相同,其中上闸首工作闸门兼顾挡百年一遇洪水位228.50 m,当出现超标洪水时,使用上游事故门挡洪。本工程人字闸门特点为通航水位变幅大、闸门运行水头高、门体高宽比太大,设计制造难度大,闸门变形较难控制,应通过加大主梁截面尺寸,提高门体抗扭刚度,减小闸门变形。类似船闸高宽比较大的人字闸门还有广西乐滩水电站人字闸门,孔口尺寸 12 m×32.1 m;广西大化水电站人字闸门,孔口尺寸 12 m×32.0 m。国内船闸高宽比最大的闸门是乌江银盘水电站下闸首一字工作闸门,孔口尺寸 13.0 m×41.0 m,多年运行良好。人字闸门见图 7-46。

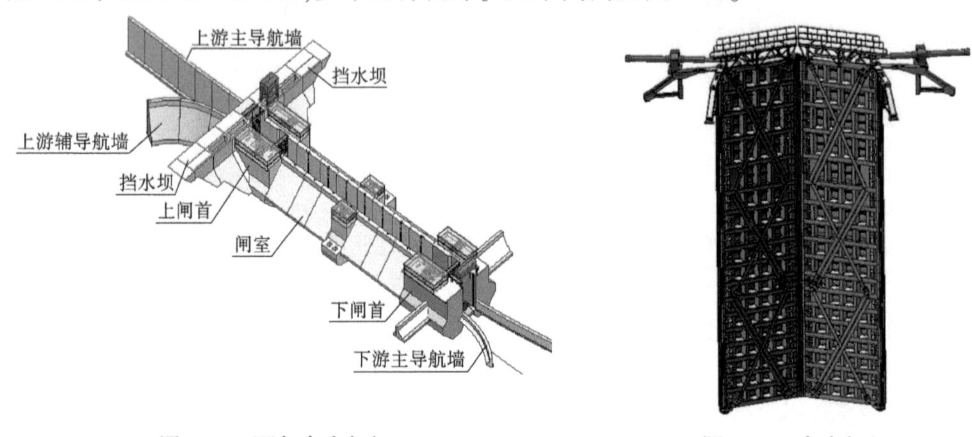

图 7-45 百色省水船闸

图 7-46 人字闸门

省水船闸工作过程为:当船只上行进入闸室、对闸室充水时,先将低位省水池的水充至闸室的 1/4,再将高位省水池的水充水至闸室的 1/2,最后闸室的 1/2 水通过充水廊道充平至库水位;当船只下行进入闸室、对闸室放水时,先将闸的 1/4 水存储进高位省水池,再将闸室的 1/4 水存储进低位省水池,最后闸室的 1/2 水通过泄水廊道泄至下游。高低位省水池各设 2 条廊道,每条廊道在闸室侧和省水池侧各设 1 扇工作阀门,共设 8 扇。工作阀门双向止水,采用错距形门槽,同一条廊道中的 2 扇阀门共用 1 个泵站,且互为检修,不另设检修闸门。

以船舶上行作为初始状态,此时高低位省水池中的水量全满,并各为闸室容积的 1/2;省水廊道高低省水池侧工作阀门处于开启状态,闸室侧工作阀门处于关闭状态;此时上闸首人字闸门、充水廊道工作阀门处于全关状态;下闸首泄水廊道工作阀门处于全关状态,人字闸门处于全开状态。

船舶上行流程:船舶由下游引航道经辅助船闸、升船机、中间渠道上行进入闸室→关闭下闸首人字闸门→开启低位省水池闸室侧工作阀门充水至闸室的 1/4→关闭低位省水池省水池侧工作阀门→开启高位省水池闸室侧工作阀门充水至闸室的 1/2→关闭高位省水池省水池侧工作阀门→开启充水廊道工作阀门充满闸室→开启上闸首人字闸门→船舶上行出闸。

船舶下行流程:船舶由上游引航道下行进闸,同时关闭充水廊道工作阀门→关闭上闸首人字闸门→开启高位省水池省水池侧工作阀门泄水 1/4 至高位省水池→关闭高位省水池闸室侧工作阀门→开启低位省水池省水池侧工作阀门再泄水 1/4 至低位省水池→关闭低位省水池闸室侧工作阀门→开启泄水廊道工作阀门全部泄水至下游→开启下闸首人字闸门→船舶下行出闸,经中间渠道、升船机和辅助船闸进入下游引航道。

三、二级升船机金属结构设备

根据工程总体布置,第二级通航建筑物采用全平衡钢丝绳卷扬式垂直升船机,最大提升高度 88.8 m,承船厢水域有效尺寸:130.0 m×12.0 m×3.9 m(长×宽×水深)。金属结构、机械设备主要布置在升船机上闸首、升船机船厢室段和升船机下闸首三大部位。国内全平衡卷扬式垂直升船机工程技术参数对比见表 7-7,升船机机室和主提升机见图 7-47。

表 7-7 国内全平衡卷扬式垂直升船机工程技术参数对比

技术参数	百色升船机	水口升船机	亭子口升船机	构皮滩升船机(二级)	思林升船机
升船机规模	2×500 t 兼顾 1 000 t	2×500 t	2×500 t 兼顾 1 000 t	500 t	500 t
提升力(kN)	8×700	4×600	8×600	4×400	4×515
提升高度(m)	88.8	59.0	85.4	127	76.6
电机功率(kW)	8×250	4×160	8×200	4×160	4×200
减速箱速比	715	366.5	618.8	650.757	117.3
船厢有效尺寸(m×m×m)(长×宽×水深)	130.0×12.0×3.9	114×12.0×2.5	116.0×12.0×2.5	59.0×11.7×2.5	59.0×12.0×2.5
船厢/水体重(t)	3 600/6 000	1 080/4 420	2 600/3 650	1 220/2 180	2 300/1 000
卷筒数量(个)	16	8	16	8	16
卷筒直径(m)	4.6	3.5	4.0	4.2	4.0
钢丝绳直径(mm)	76	52	66	64	64

(一)升船机上闸首金属结构设备

升船机上闸首与中间渠道末端的通航渡槽相连接,上闸首金属结构设备有事故闸门、工作闸门及其相应的启闭设备。

上闸首事故检修闸门和上闸首工作闸门均采用平面滚动闸门,各由一台 2×250 kN 固定卷扬式启闭机启闭。闸门提离闸首后由自如式锁定装置锁定在主机房高程 217.00 m 处,门底缘高于最小通航净空限制线以上 300 mm。事故检修闸门平时处于开启锁定待命状态,当闸首工作闸门出现闭门事故时,动水闭门,事故排除后充水平压启门;闸首工作闸门平时处于关闭挡水状态,待过船时船厢与上闸首对接且间隙充水平压后启门。上闸首的船厢室侧端面还布置有 U 形止水埋件,作为船厢对接时间隙密封装置的止水面。

(二)升船机船厢室金属结构设备

1. 主提升机

主提升机布置在塔柱顶部机房 217.0 m 高程,由 8 套提升卷筒组、8 套平衡卷筒组、1 套机械同步轴系统、1 套安全制动系统、4 套干油润滑系统等设备组成,设有配套的提升

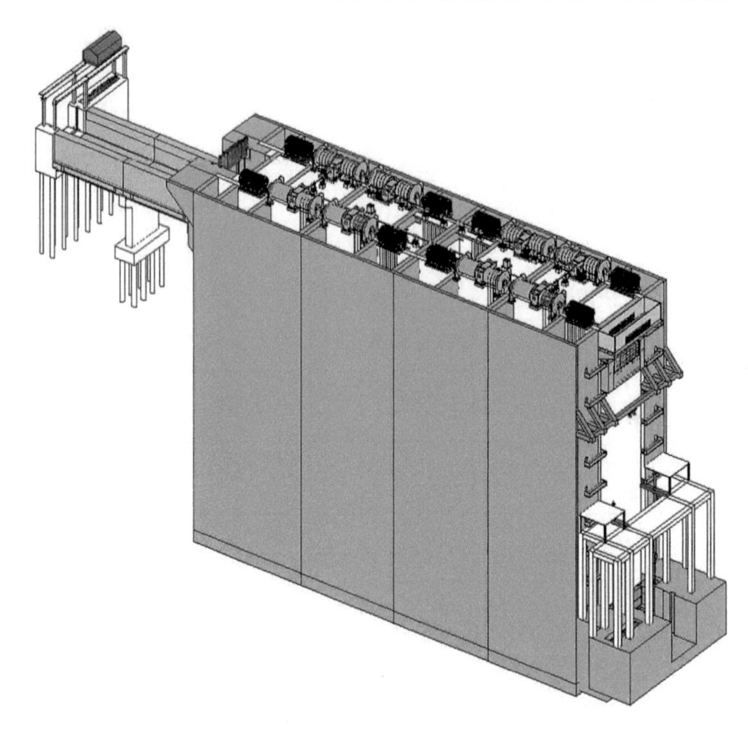

图 7-47　升船机机室和主提升机

绳、转矩平衡绳、重力平衡绳、转矩平衡重、重力平衡重、电动机、减速机、工作制动器、安全制动器同步轴系统等。主提升机额定容量 5 000 kN,提升速度 15 m/min,最大工作提升高度 88. 8 m,电动机功率 8×220 kW。平衡重总重 10 700 t,其中重力平衡重总重 6 600 t,转矩平衡重总重 4 100 t。主机房内高程 233. 0 m 处设有一台 3 500 kN/2×200 kN 双向检修桥机,桥机主钩扬程 130 m,轨距 40 m。升船机主提升机见图 7-48。

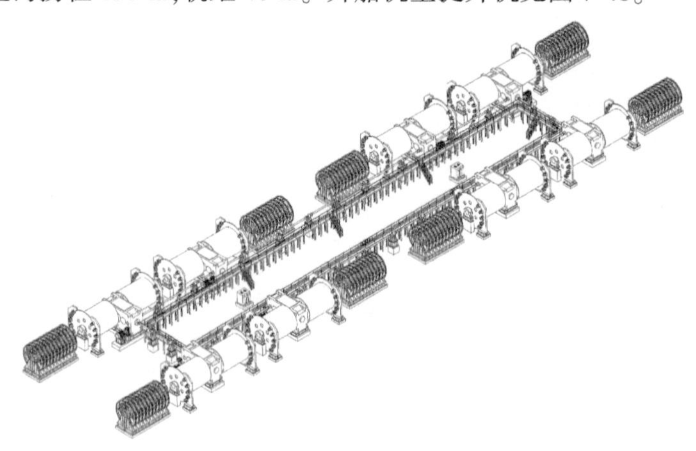

图 7-48　升船机主提升机

2. 船厢

船厢有效水域尺寸为 130. 0 m×12. 0 m×3. 9 m(长×宽×水深),船厢干舷高度 0. 8 m。船厢结构和设备总重 3 500 t,水体重 7 200 t,船厢升降允许误载水深±0. 15 m。厢体为全钢结构,现场拼装。船厢两端设卧倒式闸门和防撞钢梁,均由液压启闭机操作。船厢内还设有间隙密封机构、间隙充泄水系统、对接顶紧装置、对接锁定装置和导向装置。升船机船厢参见图 7-49。

(a)　　(b)

图 7-49　升船机船厢

(三)升船机下闸首金属结构设备

升船机下闸首金属结构设备有工作大门、挡洪检修闸门及其相应的启闭设备。为适应下游水位变率快的特点,下闸首工作大门采用易于调整门位、带通航卧倒小门的下沉式双扉平面闸门,在挡水条件下,下游水位的小幅度变化由卧倒小门的富余高度适应;当卧倒小门不能适应下游水位变幅时,通过调节工作大门的门位予以适应。升船机下闸首工作大门见图 7-50。

图 7-50　升船机下闸首工作大门

工作大门外形尺寸为 21.5 m×15.3 m×4.15 m(宽×高×门厚),操作条件为带压启闭以调整门位,闸门采用闸顶 145.40 m 高程机房内布置的 2×5 000 kN 固定卷扬式启闭机直接联门操作。机房内设置一台 500 kN/50 kN 的双向检修桥机。正常通航时,工作大门由布置在闸门两侧的 2 套锁定装置锁定在门槽内。

卧倒小门布置在 U 形门叶结构上方的槽口内,槽口净宽 12.0 m,高 7.0 m,最小通航水深 4.1 m,最大可适应下游 1.88 m 的通航水位变化。卧倒小门为多主梁实腹式平面闸门,设计水头 6.08 m,采用铰接支座与工作大门连接,设有锁定机构。操作条件为平压启闭,由 1 台 2×1 500 kN 液压启闭机操作。卧倒小门平时旋转至竖直位挡水;正常通航当船厢与工作大门对接完成后，卧倒小门开启操作旋转至水平位通航。

挡洪检修闸门布置在工作大门下游，主要用于工作大门、下闸首航槽等结构设备检修，并兼顾挡下游洪水。挡洪检修闸门采用平面滑动叠梁门，由 1 台 2×250 kN 双向桥机配液压自动挂脱梁操作，检修叠梁平时存放在航槽右侧的门库内。

四、下游辅助船闸金属结构设备

据统计数据，下游水位最大变幅 5. 64 m，下游引航道水位变率超过 2 m/h 的频次为 4 次/a，水位变率超过 1. 5 m/h 的频次为 15 次/a，水位变率超过 1 m/h 的频次为 222 次/a，水位变率较大，频次较高，将严重影响升船机承船厢对接和船舶进出承船厢的安全，故在升船机下游引航道设带有 1 个闸首的辅助船闸，辅助船闸宽度 34 m，设 1 扇提升式平面工作闸门，不作为检修闸门使用。在辅助闸室内的上行、下行船只错船通行。

辅助船闸工作闸门平时锁定在孔口上方，当升船机工作时，辅助船闸工作闸门关闭挡水，保证闸室内水位基本无变幅；当船舶进出辅助船闸时，提升闸门至孔口上方，保证 10 m 通航净空。辅助船闸工作闸门孔口尺寸为 34 m×12. 7 m，为桁架式结构，设计水头按 3. 5 m 计，双向挡水，简支轮支承。闸门动水启闭，操作水头差 3. 5 m，启闭设备为 1 台 2× 5 000 kN-28 m 固定卷扬机。下游辅助船闸工作闸门见图 7-51。

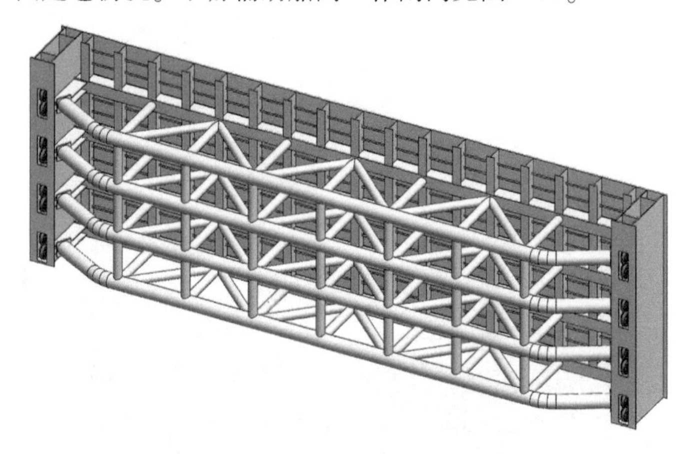

图 7-51　下游辅助船闸工作闸门

第九节　海南迈湾水利枢纽升鱼机

一、工程概况

迈湾水利枢纽工程位于海南省南渡江干流的中游河段，坝址位于澄迈与屯昌两县交界处，是实现琼北地区水资源优化配置的关键性工程，开发任务以供水、灌溉、防洪为主，兼顾发电，并为改善下游水生态环境和琼北地区水系连通创造条件。水库总库容 6. 05 亿 m^3，正常蓄水位 108 m，死水位 72 m，电站总装机容量 40 MW。工程等别为Ⅱ等，工程规模为大(2)型。枢纽建筑物包括 1 座主坝、7 座副坝和左岸灌区渠首。主坝主要建筑物从左至右依次为碾压混凝土挡水重力坝、溢流坝、坝后式发电厂房、灌区渠首、过鱼设施、挡水重力坝。主坝全貌见图 7-52。

图 7-52　迈湾水利枢纽主坝全貌

二、升鱼机金属结构设备

(一)设备总体布置

根据工程总体布置,升鱼机布置在发电厂房右侧。整个升鱼机系统由集鱼系统、运鱼系统、放鱼系统及集控系统四部分组成,前 3 个系统前后依次衔接,通过集控系统协调控制为 1 个全自动升鱼系统,可无人值守循环完成下游鱼类的过坝过程,助推枢纽水域的生态自然。升鱼机工程流程为:集鱼斗在集鱼室完成捞鱼后,用卷扬机提升集鱼斗,鱼经分拣室进到承鱼箱,通过 AGV 运输车水平运输和过坝电梯垂直运输到达坝顶,经卸鱼滑槽将鱼放到水库中。迈湾水利枢纽升鱼机布置和云南黄登电站、大华侨电站较相似,所不同的是过坝方式、放鱼方式。升鱼机布置见图 7-53、图 7-54。

(二)升鱼机设备

1. 集鱼设备

集鱼系统金属结构设备主要由拦鱼电栅、隔鱼栅、赶鱼栅、隔水工作闸门、集鱼斗、集鱼分拣箱及相应启闭设备组成。升鱼机集鱼系统见图 7-55、图 7-56。

为防止鱼类进入电站尾水区域,在尾水渠末段集鱼池左边墙与厂房右边墩间设一套拦鱼电栅。拦鱼电栅是通过将能输出脉冲电压的电栅置于水中,形成水下脉冲电场,从而影响鱼类的活动方式与轨迹。通过拦鱼系统可以有效地避免鱼类进入敏感区域或危险区域,有利于引导鱼类进入预定区域。拦鱼电栅采用单排钢丝绳悬吊电极阵方式,整个电极阵上部钢绳两端分别固定在集鱼池左边墙与厂房右边墩上。

为给鱼类创造较好的水流环境,采用补水渠对集鱼池入口进行补水。为防止鱼类进入补水渠,在补水渠出口设一道不锈钢隔鱼栅,孔口尺寸(宽×高)1.5 m×5.0 m。为防止鱼进入集鱼池上游集鱼斗以外范围,在集鱼斗上游侧设一道不锈钢隔鱼栅,隔鱼栅为露顶平面直栅,孔口尺寸(宽×高)2.5 m×5.0 m。

为完成鱼类的收集工作,在拦鱼电栅右侧集鱼池内设 1 道移动赶鱼栅,移动赶鱼栅孔

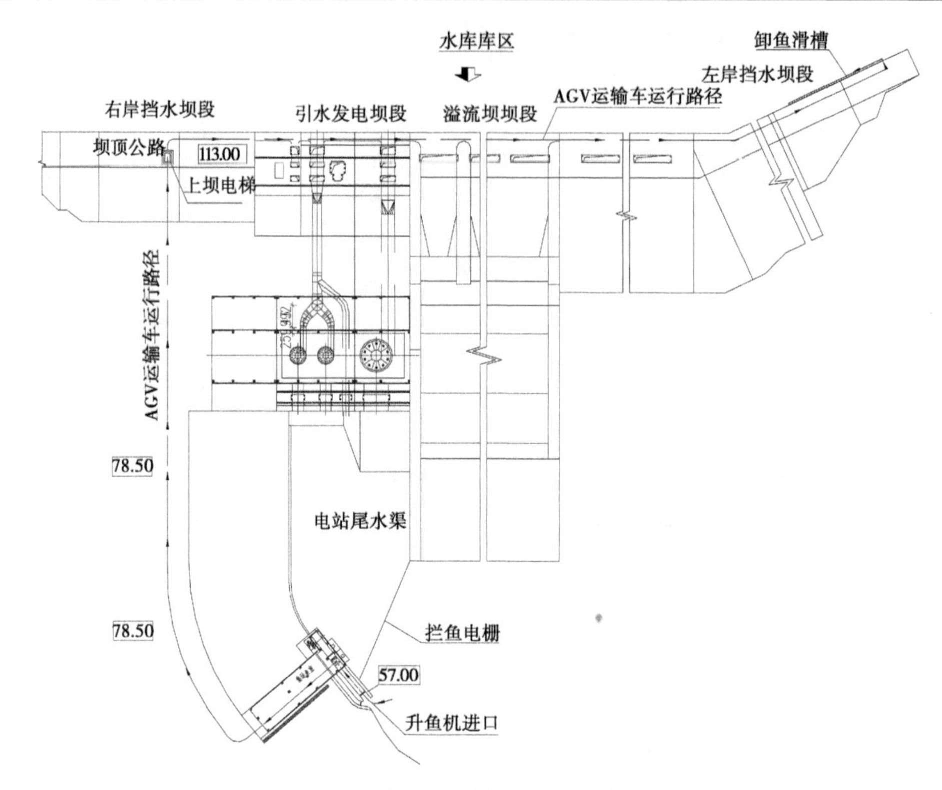

图 7-53　升鱼机平面布置　（单位:m）

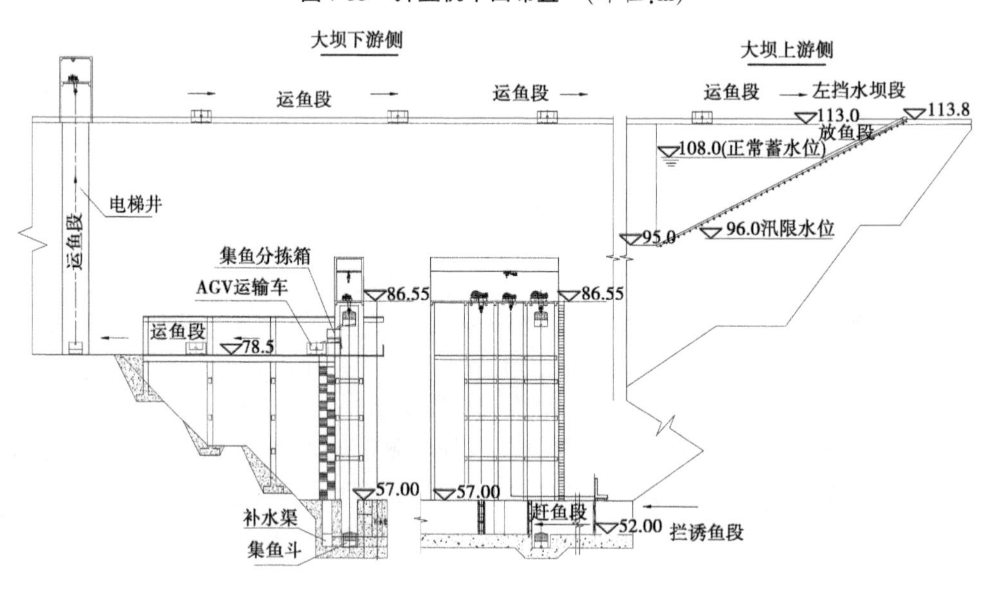

图 7-54　升鱼机立面布置　（单位:m）

口尺寸(宽×高)2.5 m×5.0 m。赶鱼栅材料为不锈钢,赶鱼栅与两侧闸墙、底槛接触面装设一层过滤毛刷。诱鱼、集鱼时赶鱼栅提到水面以上,由 2×50 kN 绞车进行提栅操作,以便鱼进入集鱼池内;赶鱼前先放下赶鱼栅,赶鱼时赶鱼栅由绞车牵引水平移动,将鱼赶至集鱼池上游集鱼斗范围。赶鱼栅需设行程及位置在线监测系统。

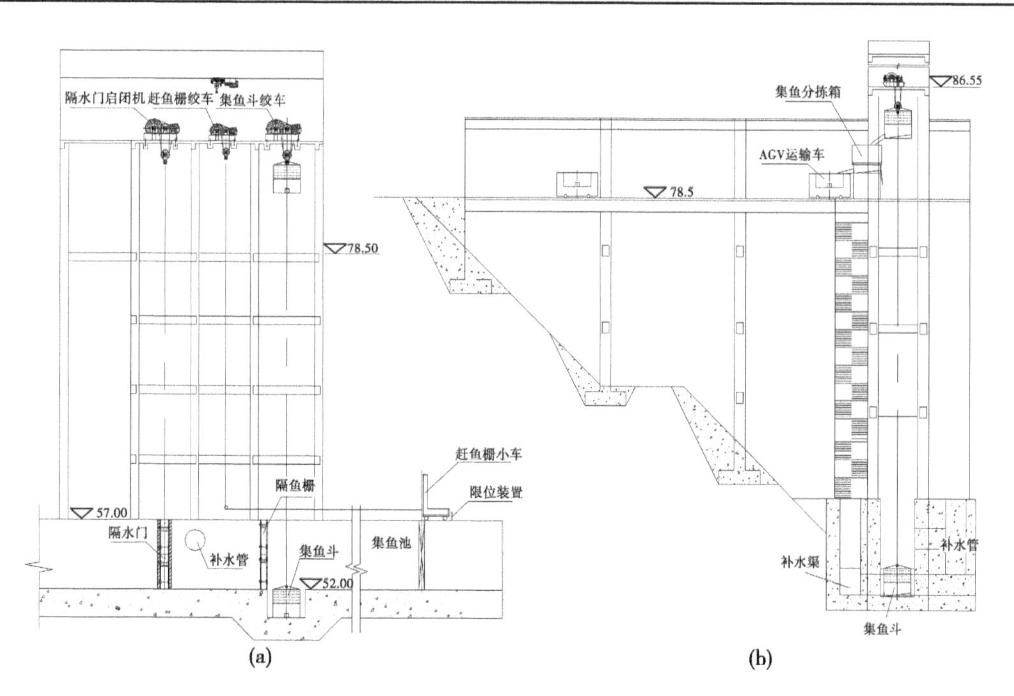

图 7-55 升鱼机集鱼系统 (单位:m)

图 7-56 集鱼系统参考图

鱼类由赶鱼栅引导至集鱼斗上方,由不锈钢集鱼斗完成收集工作。集鱼斗规格为(长×宽×高)2.5 m×2.0 m×2.0 m。集鱼斗底部设计成斜坡形式,为滞留在集鱼斗下方的少量鱼预留生存空间,同时便于鱼在相邻系统间的顺利流转。在集鱼斗侧下部靠近分拣箱侧设1道控制闸门。集鱼时集鱼斗在重力作用下,下沉至集鱼斗坑,集鱼斗底部设有抗浮进水孔,利于集鱼斗入水下沉,待鱼群进入集鱼斗区域后,采用2×160 kN-35 m固定卷扬机对集鱼斗进行提升。集鱼斗上部四周设有滤水孔,当集鱼斗上升至水面以上时,斗内滤水孔以上水由滤水孔流走,这样既可以减轻固定卷扬机的负荷,还可以控制集鱼分拣箱的水池容量,斗内剩余水及鱼随集鱼斗提升至预定位置,通过与集鱼分拣箱对接装置接触自动将集鱼斗闸门顶开,将鱼随水导入集鱼分拣箱。集鱼斗需设行程及位置在线监测系统。

正常运行时集鱼池由机组尾水补水,在集鱼池上游出口段布置一道隔水工作闸门,对集鱼池内的水流起调节作用,完全由泵补水时起隔断水流,防止水流倒流的作用。调流工作闸门为露顶平面滑动钢闸门,孔口尺寸(宽×高)2.5 m×5.0 m,由 160 kN 固定卷扬机接拉杆操作。当机组尾水流量较小,无法满足集鱼条件时,需采用补水泵对集鱼池补水。

集鱼分拣箱布置在 78.5 m 高程平台,主要完成鱼类的中转存储、观察分析以及学习研究。集鱼斗提升至预定位置后,集鱼斗控制闸门开启,鱼随水沿导槽导入集鱼分拣箱。集鱼分拣箱规格为(长×宽×高)2.0 m×3.0 m×2.0 m,材料采用不锈钢,分拣箱底部设计成斜坡形式。在分拣箱侧下部靠近运鱼系统一侧设一扇自动闸门。集鱼分拣箱中部设有溢水孔,箱内上部水由溢水孔流走,为下一次集鱼预留空间,集鱼分拣箱底部设有集沙排沙孔,每间隔一段时间对其进行排沙处理。集鱼分拣箱可以多次接收并临时存储来自集鱼系统的鱼,待鱼达到一定数量后再由运鱼系统运走。分拣箱配备鱼类补氧等生态保持系统,集鱼分拣箱鱼的数量由装设在分拣箱外侧的专用设备完成计数操作。

2. 运鱼设备

运鱼系统主要完成鱼从分拣箱至放鱼系统之间的转运工作,包括两段水平运输和两段垂直运输,主要由带承鱼箱的 AGV 运输车、过坝电梯及配套设备组成。集鱼室和 78.50 m 高程进厂道路间通过垂直岸坡布置的排架衔接。AGV 运输车经过进厂道路、安装间右侧厂区后水平运输至坝下游竖井内,通过坝内电梯将承鱼箱进行垂直提升至坝顶平台 113.0 m 高程,再经左侧重力坝段水平运输至坝前不受引水发电影响的左岸水域投放,如此反复工作。

AGV 运输车上自带承鱼箱。当集鱼分拣箱内鱼达到一定数量后,打开控制闸门,鱼沿导槽导入不锈钢承鱼箱内,承鱼箱规格为(长×宽×高)2.0 m×2.0 m×1.0 m。承鱼箱配置鱼类补氧等生态保持系统,侧面设一扇控制闸门。AGV 运输车载重量为 10 t,走行速度为 20 m/min,车上设有承鱼箱固定装置。运输车在机房内充电桩处自动充电,充电桩电机功率 18.5 kW。AGV 运输车沿设定的路线自动运行,能够在指定位置自动停车及启动。AGV 运输车需设路径及速度在线监测系统和自动对位系统。AGV 运输车参见图 7-57。

过坝电梯主要负责完成 AGV 运输车的上坝、下坝过程。电梯的提升重量为 20 t,行程 35 m,提升平均速度 12 m/min,功率为 55 kW。AGV 运输车靠近或者离开时,电梯能够自动感应开门、关门,与 AGV 运输车自动通信完成对接过坝。过坝电梯设行程及速度在线监测系统,也能作为运行人员的工作电梯。

3. 放鱼设备

放鱼系统主要完成鱼类的生态放养过程,其主要由卸鱼滑槽及其配套设备组成。当 AGV 运输车行驶至坝上放鱼系统处,自动完成对位停车后,承鱼箱控制闸门自动开启,箱内鱼随水由卸鱼滑槽进入到枢纽上游水域中。放鱼之前,需通过补水泵向卸鱼滑槽先行补水润滑和降温,放鱼完毕后还需持续补水一段时间,防止滑行较慢的鱼缺水。放鱼系统设温度在线监测系统。待卸鱼完成后,AGV 运输车自动返回,如此循环工作。放鱼系统

(a)　(b)

图 7-57　AGV 运输车

见图 7-58。

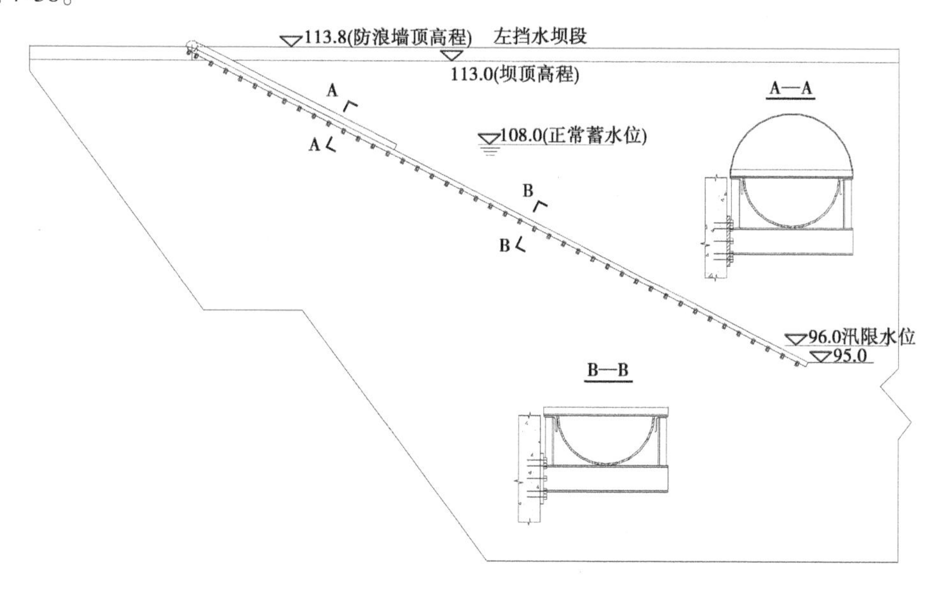

图 7-58　升鱼机放鱼系统　(单位:m)

4. 集控系统

升鱼机集控系统由各电气控制系统、在线监测系统和视频监控系统组成,通过各子系统集成,整合为一个全自动化综合集控系统。各子系统主要包括:绞车自动控制系统、启闭机自动控制系统、AGV 运输车自动控制和对位系统、过坝电梯自动控制系统、卸鱼滑补水水泵自动控制系统;集鱼池流速仪、流量计;赶鱼栅行程及位置在线监测系统、集鱼斗行程及位置在线监测系统、集鱼分拣箱鱼类信息采集系统、AGV 运输车路径及速度在线监测系统、过坝电梯行程及速度在线监测系统、放鱼系统水流及温度在线监测系统;升鱼机系统全程视频监控系统。

第十节　广东珠三角水资源配置工程

一、工程概况

珠江三角洲水资源配置工程是国务院部署的 172 项节水供水重大水利工程之一，是目前世界上流量最大的有压隧洞调水工程，还是粤港澳大湾区互联互通的重要基础设施，将有效地解决广州南沙、深圳、东莞生产生活缺水和珠三角东部区域供水水源单一问题，并为香港和佛山顺德、广州番禺等地提供应急备用水源，解决挤占东江流域生态用水问题，为粤港澳大湾区的高质量可持续发展提供重要的战略支撑。

工程从西江取水，总流量为 80 m^3/s，其中广州市南沙区分水 20 m^3/s，东莞市分水 20 m^3/s，深圳市分水 40 m^3/s；当思贤滘流量小于压咸流量 2 500 m^3/s 时，工程停止为东莞、深圳供水，仅为南沙供水 20 m^3/s。工程全长 113.2 km，设计年供水量 17.08 亿 m^3，总投资约 354 亿元，施工总工期 60 个月。工程等别为Ⅰ等，工程规模为大(1)型，工程总投资 354 亿元，施工总工期 5 年。工程已于 2019 年 5 月开工建设，2020 年全面盾构始发，2021 年全面掘进施工，2022 年全面盾构贯通，2023 年底具备通水条件。

工程主体由 1 条干线、2 条分干线、1 条支线、3 座泵站和 1 座新建调蓄水库组成。干线全长 90.3 km，起点位于西江干流佛山市顺德区境内的鲤鱼洲岛，采用泵站加压取水，先以双线隧洞输水至南沙区高新沙水库，线路长 40.9 km，在此向南沙分水；然后经高新沙泵站加压以单线隧洞输水至东莞市沙溪高位水池，线路长 28.3 km，在此设东莞沙溪分水口；最后干线以单线隧洞自流输水至深圳市罗田水库，线路长 21.1 km。深圳分干线由罗田水库取水，经泵站加压，以隧洞输水至深圳市公明水库，线路长 11.9 km；东莞分干线由罗田水库取水，以隧洞和顶管型式自流输水至东莞市松木山水库，线路长 3.6 km。南沙支线平行于干线布置，由高新沙水库取水，以隧洞自流输水至南沙区黄阁水厂，线路长 7.4 km。三座泵站设计总扬程 133.8 m、总装机 16.4 万 kW，新建高新沙调蓄水库总库容 482 万 m^3。管线布置见图 7-59。

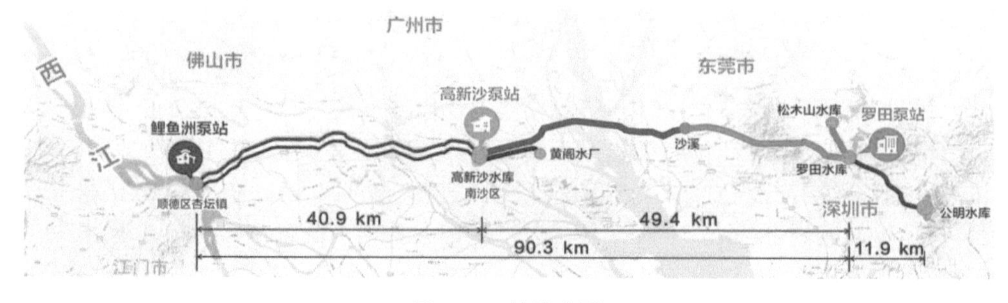

图 7-59　管线布置

二、设计、施工重难点分析及措施

本工程输水管线穿越粤港澳大湾区核心城市群，全线大多采用地下深埋盾构方式，在纵深 40~60 m 的地下空间建造高铁 4 处、地铁 8 处、高速公路 12 处、穿越江河湖海 16 处，为地铁、通信、电力、管廊等市政建设预留浅层地下空间。工程穿越线路复杂,由此带来的挑战也非常多,工程设计、建设、运营面临了长距离深埋盾构施工、高水压衬砌结构设计及施工、宽扬程变速水泵研发、长距离深埋管道检修等诸多世界级难题。工程的建设将创下多项行业、国内乃至世界纪录:世界上流量最大的长距离有压隧洞调水工程(鲤鱼洲至高新沙双线输水隧洞);世界首例无黏结预应力混凝土衬砌的压力输水盾构隧洞(高新沙至沙溪高位水池单线输水隧洞);世界上流量变幅和扬程变幅最大的离心式水泵(鲤鱼洲泵站)。鲤鱼洲—高新沙段双线盾构隧洞施工分为 A2～A7 标 6 个标段,隧洞布置见图 7-60。

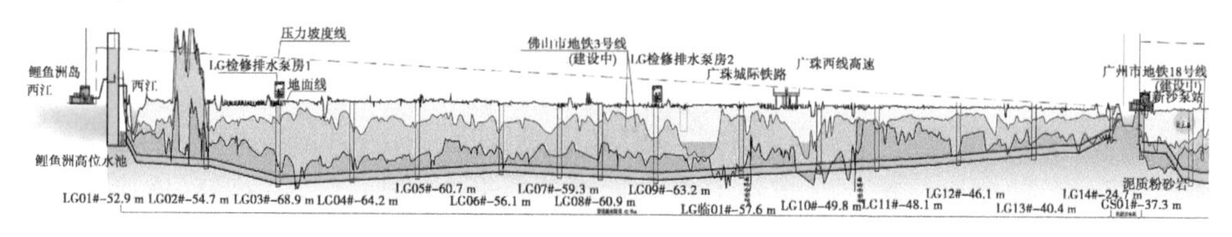

图 7-60　鲤鱼洲—高新沙段双线盾构隧洞布置

(一)高压隧洞衬砌设计难度大

本工程盾构输水隧洞具有地下线路长、埋深大、内外水压力高、围岩条件和衬砌结构复杂等特点,深埋高压输水盾构隧洞衬砌结构设计目前国内外均缺乏成熟的理论依据和成功案例。为了安全高效建设本工程,针对工程建设面临的关键技术问题,联合清华大学、同济大学、武汉大学等国内知名高校和中国水利水电科学研究院、广东省水利水电科学研究院等科研单位,专门开展了《复杂地质条件下高水压盾构输水隧洞复合衬砌结构关键技术研究》《高性能自密实混凝土及壁后注浆材料研发关键技术研究》和《高水压输水隧洞预应力混凝土质量控制关键技术研究》科研专题。目前,隧洞复合衬砌结构、高性能自密实混凝土研究成果已成功应用于试验段项目。

(二)衬砌结构复杂、施工难度大

衬砌结构异常复杂,目前国内外均缺乏成熟的施工工艺和工程案例。通过开展深圳公明水库试验段,解决深埋盾构隧洞钢内衬长距离运输、焊接、安装、防腐、自密实混凝土浇筑等关键施工技术问题;通过预应力混凝土衬砌施工工艺试验研究,解决预应力钢筋布设、定位、锚具槽成型、预应力张拉、锚具槽封堵等关键技术问题;研制适应复杂地层条件下的超深竖井盾构渣料垂直运输关键技术及装备。

(三)宽扬程变幅水泵机组选型困难

受水源条件等因素制约,工程输水流量变化幅度 20～80 m^3/s,加上管道长期运行的阻力变化因素,系统需要适应 16～48 m 的扬程变化范围,变幅达 200%,水泵研发和参数选择难度极大,开展了以下研究:设置鲤鱼洲高位水池,开展大流量输水系统新型竖井式高位水池复杂水力衔接及水流控制技术研究;开展鲤鱼洲高位水池水工模型试验;开展输水系统水力过渡过程专题研究;开展大流量高扬程离心水泵性能指标优选研究;开展大幅度变速对大型水泵性能影响及对策研究。

(四)大直径钢管的制造、安装、防腐工艺复杂

对于超大直径加肋钢管(D=4.8 m)国内尚无使用熔结环氧防腐先例,首次开展钢内衬采用熔结环氧防腐技术研究和盾构隧洞内衬钢管复合结构耐腐蚀长寿命保障关键技术研究。由于内衬钢管与盾构管片间的间隙很小，首次研制适应大直径钢管狭小空间长距离智能运输、安装关键技术及设备。

（五）开挖弃渣量巨大，处置困难

本工程将产生 1 400 万 m^3 渣土，如全部运至弃渣场需征地 5 800 亩，渣场用地难以解决，造成大量土地资源的浪费，且渣土的运输和填埋费用较高，给社会和环境带来诸多不利影响。为此开展了《盾构隧洞开挖渣土资源化利用关键技术研究》，目前，全线共建成渣土资源化利用厂 13 处，通过资源化利用，大大减少工程弃渣量，节约土地资源，避免了工程建设和运营对地表陆生生态和水生生态的影响。

（六）长距离深埋隧洞检修期困难，运行维护难度大

针对长距离深埋隧洞的检修期排水、通风、交通困难问题，开展大口径高压检修闷头研究及设计；开展地下长距离输水管道检修期通风研究；研制适应长距离深埋压力输水隧洞智能检测、运行维护关键技术及装备。

（七）长距离 TBM 掘进对不良地质施工风险大

长距离 TBM 掘进对不良地质的适应性较差，易出现突水、突泥、塌方、卡机等重大灾害风险，联合山东大学、中山大学开展了《TBM 及钻爆隧洞地质超前预报及主动控灾关键技术研究》，拟突破 TBM 相控阵声波与钻孔定向雷达方法，实现不良地质精细探测与智能识别，分辨率达到亚米级；形成 TBM 掘进穿越断层塌方卡机致灾机制及注浆加固方法，实现 TBM 穿越不良地质段的安全控制；构建基于 GIS 和 BIM 的 TBM 隧洞综合管控平台，实现工程业务可视化、数据共享化、决策智能化。

三、内衬钢管设计

（一）内衬钢管设计优化

干线鲤鱼洲—高新沙段为双线盾构隧洞，结构型式均为盾构机成洞后外衬采用预制钢筋混凝土管片，管片外径 6 m，内径 5.4 m，厚度 0.3 m，环宽 1.5 m，管片间用螺栓连接。内衬钢管材质 Q355C，内衬钢管内径 4.8 m，内衬钢管与盾构管片之间填充 C30 高性能自密实混凝土。内衬钢管分段设计，最大设计内水压力 1.1 MPa，最大设计外水压力 0.93 MPa。排水方式首次采用新型复合排水板方案，即在衬砌管片内侧隧洞上部 240°沿隧洞方向铺设新型复合排水板，形成隔离排水层。初步设计阶段内衬钢管壁厚 16~22 mm，外侧设 120 mm×24 mm 加劲环，环间距 1.5~2 m，内衬钢管工程量达 20 万 t 以上。鲤鱼洲至高新沙段双线盾构隧洞标准断面图见图 7-61。

施工图设计阶段根据对水锤复核计算成果和隧洞沿线外水压力、地质情况，对内衬钢管壁厚和加劲环间距进行了以下设计优化：

（1）根据施工图阶段水锤复核计算成果，鲤鱼洲泵站—高新沙水库管段番禺分水工况进行了补充计算，在番禺分水口关阀（100 s）两条管分别从主管取水 5 m^3/s 工况下，管道最大内水压力超出初设设计压力等级范畴。因此，施工图阶段拟提高鲤鱼洲至高新沙段相应区间管道设计压力等级，相应增加内衬钢管壁厚，即：A4 标内衬钢管壁厚由 20 mm/18 mm 调整为 20 mm，A5 标内衬钢管壁厚由 18 mm 调整为 20 mm，A7 标首个盾构区

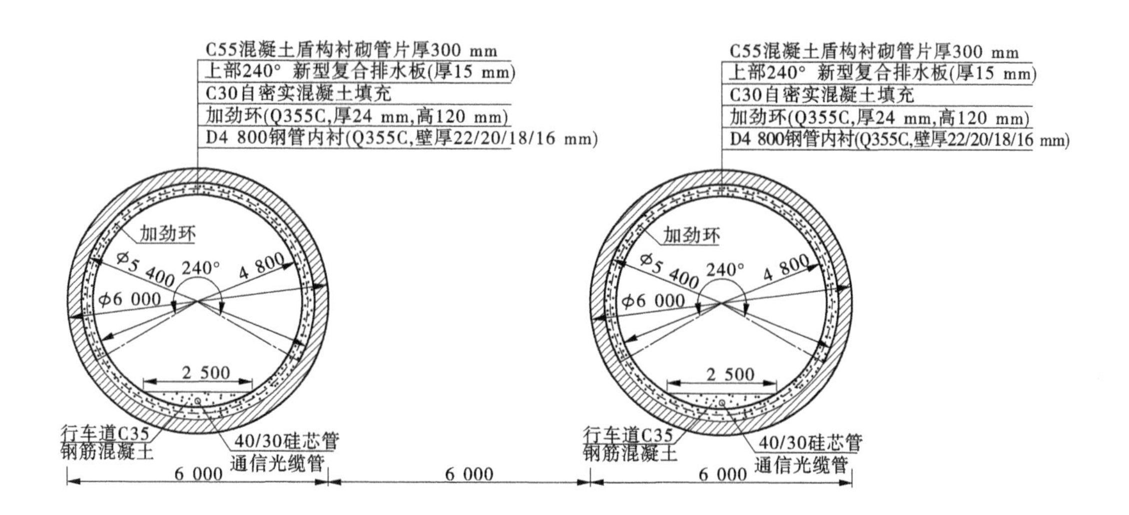

图 7-61 初步设计阶段双线盾构隧洞标准断面 (单位:mm)

间内衬钢管壁厚由 16 mm 调整为 18 mm。

(2)根据隧洞纵断面布置情况以及隧洞沿线外水压力情况,结合阳江抗外压试验结果以及隧洞掘进施工现场地下水丰富情况,减小外水压力折减系数,在内衬钢管满足内水压力的条件下,通过局部调整壁厚以及加密加劲环间距的方式,以满足内衬钢管抗外压稳定的要求,具体如下:A2 标大金山段钢内衬壁厚由 22 mm 调整为 26 mm,A2 标~A7 标钢内衬加劲环间距统一调整为 1.2 m。

(3)结合《珠江三角洲水资源配置工程复杂地质条件下高水压盾构输水隧洞复合衬砌结构关键技术研究》成果,根据管片-钢内衬联合受力结构适用的内、外水压力条件以及地质条件,经综合分析,A7 标第二个盾构区间盾构隧洞内、外水压力条件满足采用管片-钢内衬联合受力结构的要求,并且盾构隧洞主要位于弱风化泥质粉砂岩,地层较均一,地质条件有利于管片-钢内衬联合受力结构的实施和应用。因此,取消 A7 标第二个盾构区间盾构隧洞隔离排水层,采用管片-钢内衬联合受力结构,可节约一定的工程量及工期。

(4)结合试验段项目实施经验,为使钢内衬检测方法及评定更符合工程实际,更有利于工程实施,更有利于周围环境安全以及施工人员健康,更有利于提高工效确保施工进度,对钢内衬检测方法及评定做了一些优化调整。

调整后的设计方案为:内衬钢管壁厚 16~26 mm,外侧设 120 mm×24 mm 加劲环,环间距 1.2 m。A7 标第二个盾构区间(LG13~LG14)盾构隧洞取消隔离排水层,按管片-钢内衬联合受力设计,其余标段仍设隔离排水层。优化后的结构断面详见图 7-62、图 7-63。

本次设计优化调整没有引起工程规模的变化,仅根据计算需要局部适当增加内衬钢管壁厚,加劲环适当加密,提高了输水结构的工程安全性。通过钢内衬检测方法及评定的调整,提高了工效,总体上不影响工期。由于阶段系数不同,相比初步设计阶段,鲤鱼洲至高新沙段内衬钢管投资未增加。

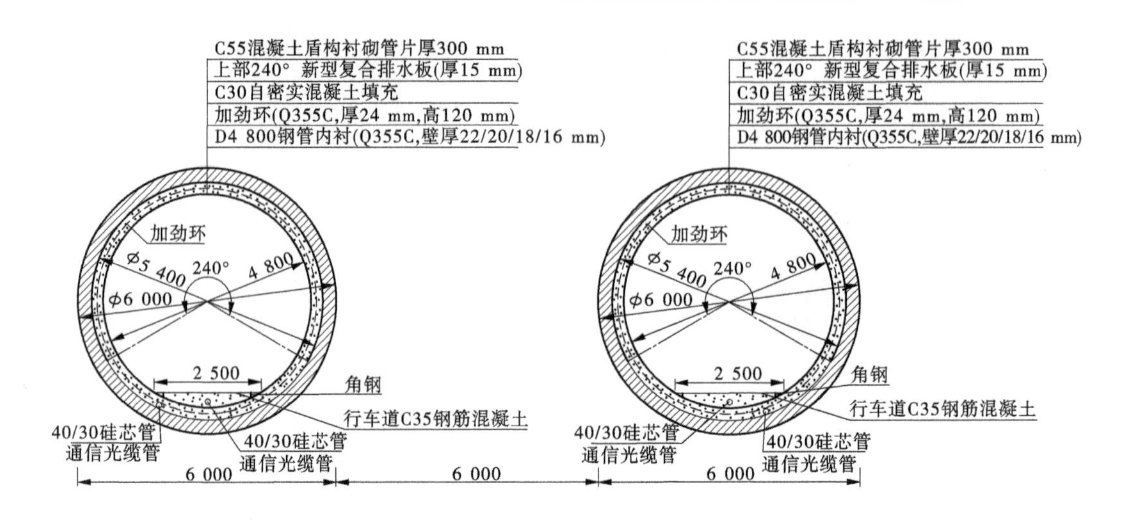

图 7-62 施工图设计阶段优化后的双线盾构隧洞标准断面 (单位:mm)

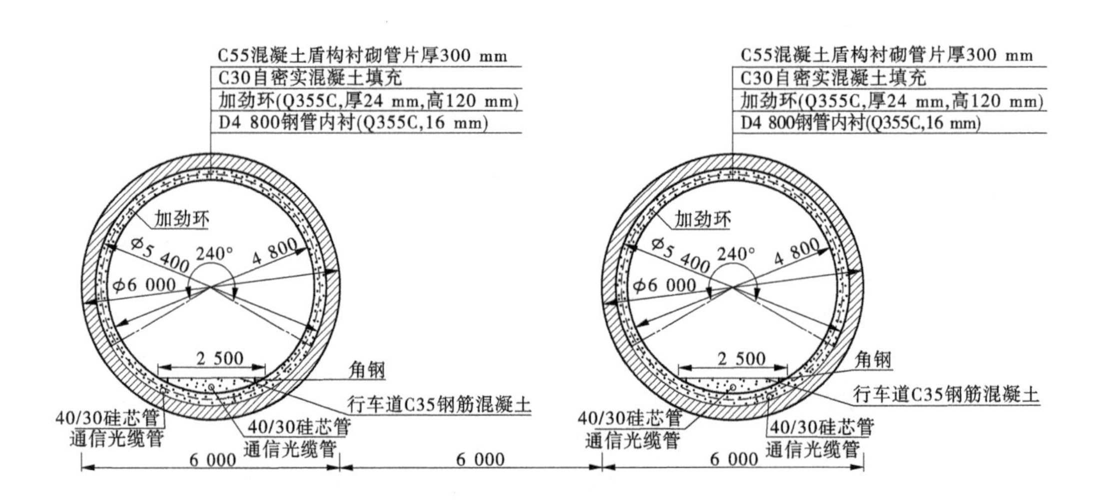

图 7-63 施工图设计阶段优化后的双线盾构隧洞联合受力断面 (单位:mm)

(二)内防腐熔结环氧粉末技术要求

1. 设计技术要求

干线鲤鱼洲—高新沙段为双线盾构隧洞内衬 $D=4.8$ m 钢管的内防腐层采用熔结环氧粉末涂料防腐,要求耐久性达到 50 年。环氧粉末要求达到饮用水卫生指标,干膜厚度 450 μm,不允许用液体环氧替代环氧粉末。环氧粉末涂装施工前,应在实验室内进行涂层性能测试,性能满足要求后方可用于施工。熔结环氧粉末涂料的涂敷施工应满足《熔融结合环氧粉末涂料的防腐蚀涂装》(GB/T 18593—2010)、《钢质管道熔结环氧粉末外涂层技术规范》(SY/T 0315—2013)、《钢质管道熔结环氧粉末内防腐层技术标准》(SY/T 0442—2010)等规范要求。环氧粉末涂装见图 7-64。

(a)涂装前

(b)涂装中

图 7-64　环氧粉末涂装

2.涂装技术要求

1)表面预处理

钢材表面涂装前,必须进行表面预处理。在预处理前,钢材表面的焊渣、毛刺、油脂等污物应清除干净,表面清洁度等级应达到《涂覆涂料前钢材表面处理　表面清洁度的目视评定　第1部分:未涂覆过的钢材表面和全面清除原有涂层后的钢材表面的锈蚀等级和处理等级》(GB/T 8923.1—2011)规定的Sa2.5级。

钢管经喷砂或抛丸处理后应达到金属白色,粗糙度达到《涂覆涂料前钢材表面处理　喷射清理后的钢材表面粗糙度特性　第2部分:磨料喷射清理后钢材表面粗糙度等级的测定方法　比较样块法》(GB/T 13288.2—2011)标准中级,粗糙度指标 $R_z=40\sim100$ μm。表面预处理后,将钢管内表面残留的钢丸/沙粒和灰尘清除干净。表面灰尘度应达到现行国家标准《涂覆涂料前钢材表面处理　表面清洁度的评定试验　第3部分:涂覆涂料前钢材表面的灰尘评定(压敏胶带法)》(GB/T 18570.3—2005)规定的2级。涂装前应使用洁净的压缩空气清洁干净钢管内、外表面,所用压缩空气必须是清洁、干燥、无油。

2)涂装施工

钢管熔结环氧粉末涂装包括表面预处理、加热钢管、内表面喷涂环氧粉末三个部分,涂装工艺应考虑表面预处理质量、加热温度、质量检测等因素,按涂装工艺评定试验确定的涂装工艺和《熔融结合环氧粉末涂料的防腐蚀涂装》(GB/T 18593—2010)要求进行防腐层涂装。

经过表面处理的钢管采用无污染的热源均匀加热。一般利用中频线圈加热钢管(电感应加热,钢管通过载有交变大电流的线圈所形成的交变磁场产生涡流加热)或燃气炉、电热炉加热,严禁直接用火烧,加热温度可根据生产速度、管壁的厚度以及希望的涂层胶化、固化时间进行调整,一般控制在180~250 ℃。每批粉末涂料(50~60 t/批)应提供DSC动态曲线,确定固化工艺参数,钢管必须加热均匀,钢管温差≤±10 ℃,确保涂层有高效的附着力,熔结环氧粉末采用压送或抽吸等方法将粉末均匀送入原管内,使其熔融附着在管壁上。钢管加热涂装完成后应采用空气冷却或水冷却方法进行保温和冷却,保温和冷却应满足环氧粉末涂料的固化要求。涂装过程中设置红外热像仪对钢管加热温度进行实时监测，做到每根钢管涂装温度可追溯。

3）涂装质量检测

（1）外观检测：防腐管应逐根目测检查，厚度应均匀、无露底、无针孔、无皱纹、无漏涂、无起泡、无脱落、无分层、无裂缝、无流挂。

（2）干膜厚度检测：应使用防腐层测厚仪，逐根测量沿管长方向任意分布的至少 10 个点的防腐层厚度，测量每个位置圆周方向均匀分布。测量点至少包括距管端 1 m 以上位置的 4 个点，对于焊接管，应有 1 个测点在焊缝上。单根管长按 6~12 m 计。

（3）漏点检测：对每根钢管的全部涂层应做漏点检测，应按现行标准《管道防腐层检漏试验方法》（SY/T 0063—1999）的规定进行防腐层检漏，检漏仪应至少每班（不超过 12 h）校准一次。

（4）涂层性能检测：每个区间抽 1 根对涂层的抗冲击性、抗弯曲性、耐磨性、附着力、黏结强度和硬度进行检测且应符合规定。

（5）附着力检测：附着力检测应包含以下两种方法，即拉开法和水煮撬剥法，两种方法的检验结果均应符合设计要求；拉开法检测方法应按现行试验规程《色漆和清漆拉开法附着力试验》（GB/T 5210—2006）的方法进行检测；撬剥法检测方法应按现行规范《钢质管道熔结环氧粉末内防腐层技术标准》（SY/T 0442—2010）附录 G 或《给水涂塑复合钢管》（CJT 120—2016）附录 B 的方法进行测定。

（6）黏结强度检测：涂层完成并经标准养护后，按照管道批次采用《胶粘剂对接接头拉伸强度的测定》（GB/T 6329—1996）规定的方法进行防腐涂层黏结强度测定，管道同批次试件随机检测点数不少于 7 个。

四、内衬钢管运输、安装

（一）钢管洞内运输和组装

干线鲤鱼洲—高新沙段为双线盾构隧洞直径 6 m，衬砌管片厚度 0.3 m，衬砌管片后隧洞直径 5.4 m；内衬钢管直径 4.8 m，以壁厚 22 mm 管段为例，加劲环高度 120 mm，加劲环外圈直径为 5.084 m，加劲环外圈与盾构管片之间的理论间隙只有 158 mm，空间十分狭小，因此隧洞内钢管的运输和安装是本工程的难点，较地下埋管施工难度更大。

隧洞内钢管运输措施：编制内衬钢管隧洞洞内运输和安装的专项方案；工厂制作时严格把控内衬钢管制造质量，钢管两管口端面需安装定位块，以保证钢管连续安装的定位精度。

钢管洞内运输以 12 m 作为运输单元，自重 40 多 t。运输前，在工作井口现场各布置 1 台汽车吊和 1 台汽车供二次转运用，利用 120 t 汽车吊，每次吊 1 节管节放到井底，钢管在隧洞内的水平运输、重载爬坡使用前后 2 台轮胎式专业液压台车，以“抬轿”方式运输到安装点进行安装。轮胎式专业液压运输车专门订制，见图 7-65。

运输车将首节驮运就位调整好后，用外支撑将钢管与洞壁之间加固牢固。第二节钢由运输车正常驮运至首节管口，运输车辅助轮抬起主轮进入首节，收起辅助轮、前轮全部进入首节，继续前进直至第二节与首节间的空隙缩小至 100 mm 时，运输车顶部的顶升装置通过移动水平、竖向油缸，将第二节与首节准确组对。待两节管合拢并且调整好各项指

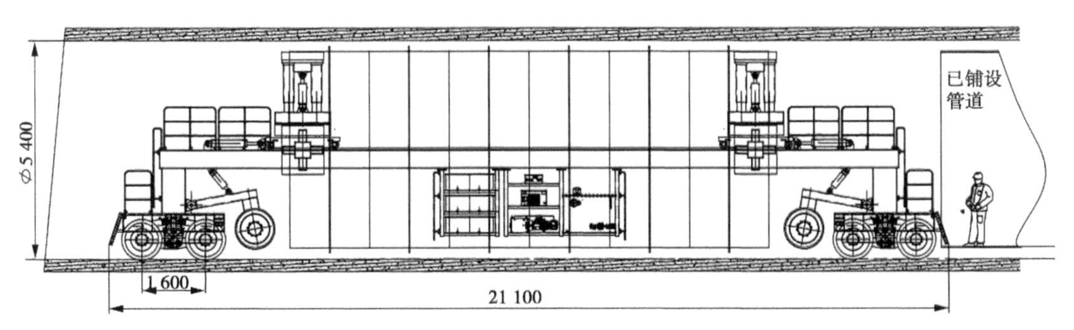

(a)运输车纵剖面图

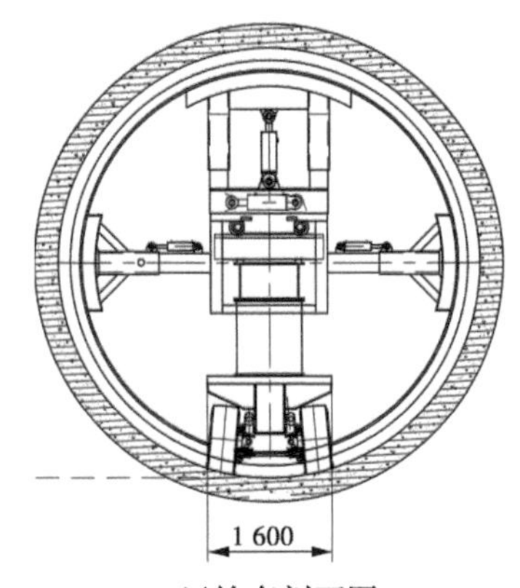

(b)运输车剖面图

(c)运输车运输管节进洞

图 7-65　轮胎式专用液压运输车　(单位:mm)

标符合要求后,进行环缝点焊和管道加固,最后运输车原路退出。如此循环工作,完成全部钢管洞内运输和组装。钢管洞内运输、组装见图 7-66。

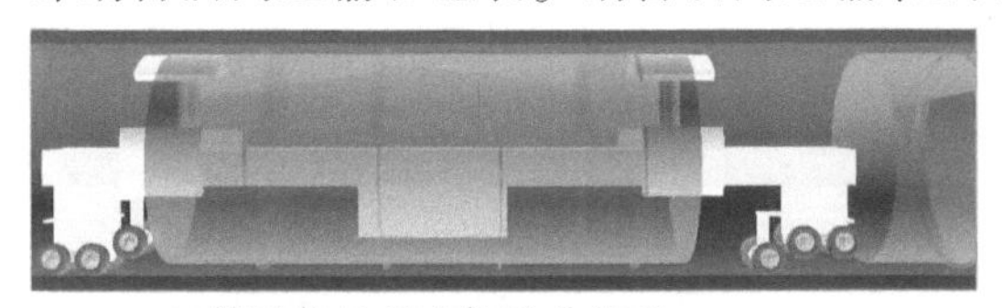

(a)辅助轮抬起主轮进入首节

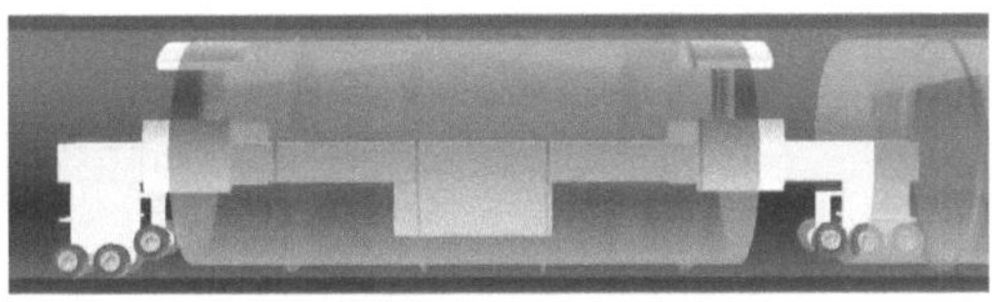

(b)收起辅助轮、前轮全部进入首节

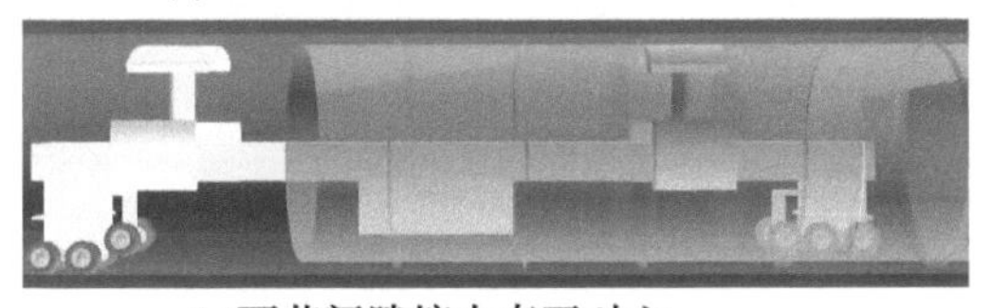

(c)两节间隙缩小直至对立

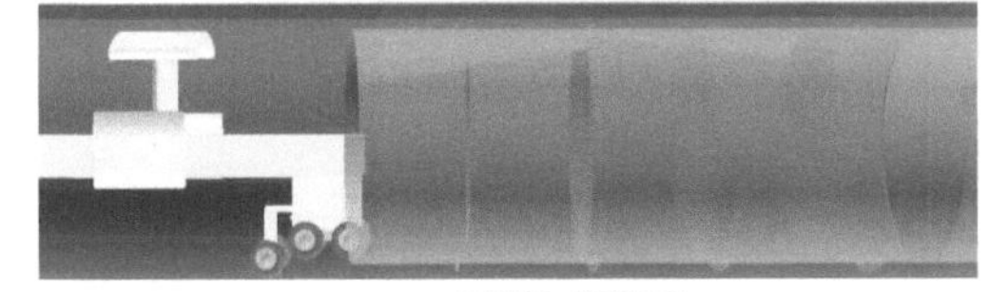

(d)运输车退出

图 7-66　钢管洞内运输、组装示意图

(二)钢管洞内安装

由于内衬钢管与盾构管片间的间隙很小,安装人员和设备无法到管外进行常规外环缝安装焊接,洞内环缝安装焊接采用单面焊双面成型工艺,在工厂内制作管节时开好“V”形坡口,在洞内使用手工半自动焊打底和全位置自动气体保护焊填充盖面。全自动焊使用专用焊机和柔性轨道,焊机沿轨道环向行走,焊接工位可根据管内径进行调节,见图 7-67。

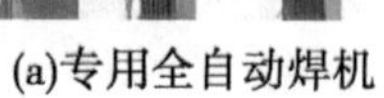

(a)专用全自动焊机

(b)环形轨道

图 7-67　洞内环缝安装焊单面焊双面成型

第八章　行业管理

第一节　水工金属结构产品生产许可与认证

生产许可证制度是为保证产品的质量安全,由国家主管产品生产领域质量监督工作的行政部门制定并实施的一项旨在控制产品生产加工企业生产条件的监控制度。依据《中华人民共和国工业产品生产许可证管理条例》(国务院令第440号)、《中华人民共和国工业产品生产许可证管理条例实施办法》(国家质量监督检验检疫总局令第156号)等规定,水工金属结构产品自2007年正式实行生产许可证管理,由国家质量监督检验检疫总局负责生产许可证的实施和监督管理工作。任何企业未取得生产许可证不得生产水工金属结构产品,任何单位和个人不得销售或者在经营活动中使用未取得生产许可证的水工金属结构产品。2018年国务院压减工业产品生产许可证管理目录,取消水工金属结构产品生产许可证管理。水工金属结构产品生产许可证管理实施了11年,主要经历以下三个阶段。

一、生产许可实施

全国工业产品生产许可证办公室于2007年8月2日印发《水工金属结构产品生产许可证实施细则》,规定常用的水工金属结构发证产品单元分为平面滑动闸门、平面定轮闸门、平面链轮闸门、人字闸门、弧形闸门、拦污栅、水利水电工程阀门、水利水电工程压力钢管、水利水电工程压力钢岔管、水利水电工程压力钢管伸缩节、耙斗式清污机、回转式清污机,共12个产品单元,并规定了相应的规格及参数。产品单元、规格及参数见表8-1。

表8-1　产品单元、规格及参数

<table>
<tr><th>产品单元</th><th>规格及参数</th></tr>
<tr><td>平面滑动闸门</td><td rowspan="6">
<table>
<tr><th colspan="2">规格</th><th>参数</th></tr>
<tr><td colspan="2">小型</td><td>$FH \leqslant 200\ m^3$</td></tr>
<tr><td colspan="2">中型</td><td>$200\ m^3 < FH \leqslant 1\ 000\ m^3$</td></tr>
<tr><td rowspan="3">大型</td><td>大(1)型</td><td>$1\ 000\ m^3 < FH \leqslant 2\ 000\ m^3$</td></tr>
<tr><td>大(2)型</td><td>$2\ 000\ m^3 < FH \leqslant 3\ 500\ m^3$</td></tr>
<tr><td>大(3)型</td><td>$3\ 500\ m^3 < FH \leqslant 5\ 000\ m^3$</td></tr>
<tr><td colspan="2">超大型</td><td>$FH > 5\ 000\ m^3$</td></tr>
</table>
注:1. FH=门叶面积(m^2)×设计水头(m),人字闸门门叶面积按双扇计算。
2. 拦污栅的 H 为设计水位到进水孔口底坎高程的差。
</td></tr>
<tr><td>平面定轮闸门</td></tr>
<tr><td>平面链轮闸门</td></tr>
<tr><td>人字闸门</td></tr>
<tr><td>弧形闸门</td></tr>
<tr><td>拦污栅</td></tr>
</table>

续表 8-1

<table>
<tr><th colspan="2">产品单元</th><th>规格及参数</th></tr>
<tr><td rowspan="3">水利水电工程阀门</td><td>蝶阀</td><td rowspan="3">
<table>
<tr><th>规格</th><th>参数</th></tr>
<tr><td>小型</td><td>$FH \leq 100\ \text{m}^3$</td></tr>
<tr><td>中型</td><td>$100\ \text{m}^3 < FH \leq 400\ \text{m}^3$</td></tr>
<tr><td>大型</td><td>$400\ \text{m}^3 < FH \leq 1\ 000\ \text{m}^3$</td></tr>
<tr><td>超大型</td><td>$FH > 1\ 000\ \text{m}^3$</td></tr>
</table>
注:FH=过流面积(m^2)×水头(m)
</td></tr>
<tr><td>锥阀</td></tr>
<tr><td>球阀</td></tr>
<tr><td colspan="2">水利水电工程压力钢管</td><td rowspan="3">
<table>
<tr><th>规格</th><th>参数</th></tr>
<tr><td>小型</td><td>$DH \leq 50\ \text{m}^2$</td></tr>
<tr><td>中型</td><td>$50\ \text{m}^2 < DH \leq 300\ \text{m}^2$</td></tr>
<tr><td>大型</td><td>$300\ \text{m}^2 < DH \leq 1\ 500\ \text{m}^2$</td></tr>
<tr><td>超大型</td><td>$DH > 1\ 500\ \text{m}^2$</td></tr>
</table>
注:1. DH=内径(m)×设计水头(m)
2. 岔管内径:取最大内径。
</td></tr>
<tr><td colspan="2">水利水电工程压力钢岔管</td></tr>
<tr><td colspan="2">水利水电工程压力钢管伸缩节</td></tr>
<tr><td colspan="2">耙斗式清污机</td><td rowspan="2">
<table>
<tr><th rowspan="2">规格</th><th colspan="2">参数</th></tr>
<tr><th>耙斗式</th><th>回转式</th></tr>
<tr><td>小型</td><td>耙斗容积≤$1\ \text{m}^3$</td><td>齿耙宽度×清污深度≤$30\ \text{m}^2$</td></tr>
<tr><td>中型</td><td>$1\ \text{m}^3$<耙斗容积≤$3\ \text{m}^3$</td><td>$30\ \text{m}^2$<齿耙宽度×清污深度≤$100\ \text{m}^2$</td></tr>
<tr><td>大型</td><td>耙斗容积>$3\ \text{m}^3$</td><td>齿耙宽度×清污深度>$100\ \text{m}^2$</td></tr>
</table>
</td></tr>
<tr><td colspan="2">回转式清污机</td></tr>
</table>

二、生产许可调整

2016 年 9 月 30 日,国家质量监督检验检疫总局重新印发《水工金属结构产品生产许可证实施细则》,规定水工金属结构发证产品分为闸门、阀门、压力钢管和清污机,共 4 个产品单元,并规定了相应的规格及参数。闸门产品单元包括平面闸门、拦污栅、人字闸门和弧形闸门 4 个产品品种;阀门产品单元包括球阀、蝶阀和锥形阀 3 个产品品种;压力钢管产品单元包括岔管、钢管和伸缩节 3 个产品品种;清污机产品单元包括耙斗式清污机和回转式清污机 2 个产品品种。水工金属结构产品单元划分见表 8-2。

与 2007 年 8 月 2 日的《水工金属结构产品生产许可证实施细则》相比,新版《水工金属结构产品生产许可证实施细则》缩减产品单元数量,将 14 个产品单元调整、合并为 4 个产品单元、12 个产品品种;缩减产品品种数量,将平面滑动闸门、平面定轮闸门和平面链轮闸门合并为平面闸门;调整闸门规格划分,将中型和大(1)型合并为中型,将大(2)型、大(3)型合并为大型;高难度产品覆盖低难度产品,平面闸门覆盖拦污栅、球阀覆盖蝶阀、岔管覆盖钢管。

表 8-2 水工金属结构产品单元划分

序号	产品单元	产品品种	说明	规格及参数
1	闸门	平面闸门	平面闸门覆盖拦污栅	超大型:$FH>5\ 000\ m^3$ 大型:$2\ 000\ m^3<FH\leqslant 5\ 000\ m^3$ 中型:$200\ m^3<FH\leqslant 2\ 000\ m^3$ 小型:$FH\leqslant 200\ m^3$
		拦污栅		
		人字闸门	—	
		弧形闸门	—	
2	阀门	球阀	球阀覆盖蝶阀	超大型:$FH>1\ 000\ m^3$ 大型:$400\ m^3<FH\leqslant 1\ 000\ m^3$ 中型:$100\ m^3<FH\leqslant 400\ m^3$ 小型:$FH\leqslant 100\ m^3$
		蝶阀		
		锥形阀	—	
3	压力钢管	岔管	岔管覆盖钢管	超大型:$DH>1\ 500\ m^2$ 大型:$300\ m^2<DH\leqslant 1\ 500\ m^2$ 中型:$50\ m^2<DH\leqslant 300\ m^2$ 小型:$DH\leqslant 50\ m^2$
		钢管		
		伸缩节	—	
4	清污机	回转式清污机	—	大型:$BS>100\ m^2$ 中型:$30\ m^2<BS\leqslant 100\ m^2$ 小型:$BS\leqslant 30\ m^2$
		耙斗式清污机	—	大型:耙斗容积 $L>3\ m^3$ 中型:耙斗容积 $1\ m^3<L\leqslant 3\ m^3$ 小型:耙斗容积 $L\leqslant 1\ m^3$

注:1. FH=过流面积(m^2)×水头(m);

2. DH=内径(m)×设计水头(m);

3. BS=齿耙宽度(m)×清污深度。

三、生产许可取消

2017 年 6 月,国务院印发《关于调整工业产品生产许可证管理目录和试行简化审批程序的决定》(国发〔2017〕34 号),取消了 19 类工业产品生产许可证管理,将 3 类工业产品由实施生产许可证管理转为实施强制性产品认证管理。调整后,原有的 60 类生产许可证管理的产品保留 38 类,水工金属结构产品生产许可证管理予以保留。

2018 年 9 月,国务院印发《关于进一步压减工业产品生产许可证管理目录和简化审批程序的决定》(国发〔2018〕33 号)和《国务院关于在全国推开“证照分离”改革的通知》(国发〔2018〕35 号),取消 14 类工业产品生产许可证管理,将 4 类工业产品生产许可证管理权限下放给省级市场监督管理部门。调整后继续实施工业产品生产许可证管理的产品共计 24 类,其中,由国家市场监督管理总局实施的 7 类,由省级人民政府质量技术监督部门(市场监督管理部门)实施的 17 类。本次调整,水工金属结构产品生产许可证管理制度被正式取消,但水工金属结构产品规格分档仍继续适用。

2019 年 9 月,国务院印发《关于调整工业产品生产许可证管理目录加强事中事后监管的决定》(国发〔2019〕19 号),工业产品生产许可证管理取消 13 类,合并减少 1 类,调整后继续实施工业产品生产许可证管理的产品共计 10 类。文件要求:“各地区、各有关部门要抓紧做好工业产品生产许可证管理目录调整工作,减证不减责任,全面加强事中事后监管”“对取消生产许可证管理的产品,要充分利用信息化手段,建立健全检验检测机构、科研院所、行业协会等广泛参与的质量安全监测预警机制”。水工金属结构产品自此转为事中事后监督管理,推行行业管理自愿性认证制度。

四、产品认证

按照国务院推进减政放权、放管结合、优化服务的决策部署,为深入贯彻落实“水利工程补短板、水利行业强监管”水利发展改革总基调,进一步强化行业产品质量监督管理,推进水工金属结构产品健康有序高质量发展,中国水利协会机械分会在水利部综合事业局等相关部门的领导下,牵头推行水工金属结构自愿性认证工作,北京新华节水产证认证有限公司负责水工金属结构自愿性认证的具体实施,根据相关产品认证的实施细则开展认证工作。水工金属结构产品自愿性认证见附录一《关于推行水工金属结构产品自愿性认证的通知》,金属结构产品认证实施细则见附录二《水利水电工程金属结构产品认证实施细则》。

水工金属结构产品认证根据实施细则分为闸门、压力钢管和清污机三个产品单元,将中型和小型合并为中小型规格,重新划分了产品规格及参数;取消了阀门产品认证。闸门规格划分见表 8-3,压力钢管规格划分见表 8-4,清污机规格划分见表 8-5。

表 8-3　闸门规格划分

序号	产品单元	规格
1	平面闸门	超大型:$FH>5\ 000\ m^3$ 大型:$1\ 000\ m^3<FH\leq 5\ 000\ m^3$ 中小型:$FH\leq 1\ 000\ m^3$
2	人字闸门	
3	弧形闸门	

注:FH=门叶宽(m)×门叶高(m)×设计水头(m);人字闸门门叶宽为双扇宽度之和。

表 8-4　压力钢管规格划分

序号	产品单元	规格
1	岔管	超大型:$DH>1\ 500\ m^2$ 大型:$300\ m^2<DH\leq 1\ 500\ m^2$ 中小型:$DH\leq 300\ m^2$
2	钢管	

注:DH=内径(m)×设计水头(m);岔管内径取主管管口内径;同一规格下岔管覆盖钢管。

表 8-5　清污机规格划分

序号	产品单元	规格
1	耙斗式清污机	大型：$L>3\ m^3$
		中小型：$L\leqslant3\ m^3$
2	回转齿耙式清污机	大型：$BS>100\ m^2$
		中小型：$BS\leqslant100\ m^2$

注：1. 回转式清污机：BS=齿耙宽度（m）×清污深度（m）；

2. 耙斗式清污机：L=耙斗容积（m^3）。

第二节　启闭机使用许可与监管

水利工程启闭机质量状态关系到水利工程运行和人民生命财产的安全，直接影响到社会安定。国家历来重视水利工程启闭机的质量安全管理工作，水利部自 1992 年开始对启闭机实行使用许可证管理制度，要求生产启闭机的企业，应当按规定向国务院水行政主管部门申请取得水利工程启闭机使用许可证。企业未取得水利工程启闭机使用许可证的，不得参加水利工程启闭机的投标，其生产的启闭机禁止在水利工程中使用。2017 年 9 月，国务院取消了水利工程启闭机使用许可证管理制度。2020 年 8 月，水利部正式推行水利工程启闭机事中事后监督管理。水利工程启闭机历经 18 年，从事前取证转为事中事后监督管理，主要经历以下三个阶段。

一、使用许可实施

水利部于 1992 年开始颁布了《水利部启闭机产品质量等级评定暂行管理办法》（水机〔1992〕2 号），开始对水利工程启闭机实行使用许可证管理制度。2010 年 10 月水利部颁布了《水利工程启闭机使用许可管理办法》（水利部令第 41 号），由国务院水行政主管部门负责启闭机生产及使用许可的实施和监督管理工作。同年 10 月，水利部正式印发《水利工程启闭机使用许可管理办法实施细则》，明确由水利部负责启闭机生产及使用许可的实施和监督管理，由水利部产品质量监督总站承办水利工程启闭机使用许可的具体工作。

《水利工程启闭机使用许可管理办法实施细则》规定常用的水利工程启闭机发证产品型式分为螺杆式、固定卷扬式、移动式、液压式四种型式，按单吊点启闭力划分规格，除螺杆式启闭机划分为小型、中型、大型三种规格外，其余三种启闭机划分为小型、中型、大型、超大型四种规格，启闭机产品的型式及规格划分见表 8-6。对于超大型启闭机，应逐台进行型式试验。

表 8-6　启闭机产品的型式及规格划分

型式	规格	启闭力(以单吊点计)(kN)
螺杆式	小型	$Q<250$
	中型	$250 \leqslant Q<500$
	大型	$Q \geqslant 500$
固定卷扬式	小型	$Q<500$
	中型	$500 \leqslant Q<1\ 250$
	大型	$1\ 250 \leqslant Q<3\ 200$
	超大型	$Q \geqslant 3\ 200$
移动式(含门式、桥式和台车式)	小型	$Q<500$
	中型	$500 \leqslant Q<1\ 250$
	大型	$1\ 250 \leqslant Q<2\ 500$
	超大型	$Q \geqslant 2\ 500$
液压式	小型	$Q<800$
	中型	$800 \leqslant Q<1\ 600$
	大型	$1\ 600 \leqslant Q<3\ 200$
	超大型	$Q \geqslant 3\ 200$

自从实行水利工程启闭机使用许可制度以来,生产企业通过取证准备、申请、企业实地核查、产品质量检验、取证后监督检查等一系列活动,逐步增强了质量意识,健全和完善了质量体系及各项制度,积极采用先进生产工艺、设备和技术,努力加强职工的技能和业务培训,企业管理水平有了明显提高,启闭机产品质量得到了较大幅度的提高,减缓了市场的恶性竞争,获得了广大企业的认可和支持。

国内大型螺杆式启闭机生产厂家主要有黄骅市五一机械有限公司、江苏武东机械有限公司;超大型固定卷扬式启闭机和超大型移动式启闭机生产厂家主要有中国葛洲坝集团机械船舶有限公司、中国水利水电夹江水工机械有限公司、郑州水工机械有限公司;超大型液压式启闭机生产厂家主要有江苏武进液压启闭机有限公司、常州液压成套设备厂有限公司、中船重工中南装备有限责任公司。

二、使用许可取消

为贯彻落实 2013 年 5 月《国务院关于取消和下放一批行政审批项目等事项的决定》(国发〔2013〕19 号),进一步推进行政审批制度改革,规范水利行政审批项目的实施,2017 年 9 月,国务院印发《关于取消一批行政许可事项的决定》(国发〔2017〕46 号,简称《决定》),取消了水利工程启闭机使用许可证核发事项。文件要求,自《决定》颁布之日起,水利部不再受理水利工程启闭机使用许可证核发事项;原已批准的水利工程启闭机使用许可证自动注销;采购和使用启闭机设备,不再要求生产企业提供水利工程启闭机使用

许可证。关于行政许可取消后的后续监管措施,文件要求:

(1)完善技术标准体系。进一步明确水利工程启闭机的产品质量标准和安装质量标准。

(2)强化企业质量责任。启闭机生产企业和安装企业依法对产品质量和安装质量负责。

(3)加强水利工程启闭机使用环节的质量监督管理。完善水利工程启闭机安装和运行管理相关规定,落实项目法人和运行管理单位的责任。明确启闭机进场安装前必须进行质量检测,合格后方可安装;安装后必须进行试运行前验收,验收合格后方可投入试运行;使用运行期间必须定期进行检查测试,发现问题整改后方可继续使用。

(4)加快信用体系建设。健全水利工程启闭机数据库和生产、安装企业信用信息档案,建立水利工程建设监管与信用信息档案的联动和联合惩戒机制。实施“黑名单”制度,加大对违法违规企业的处罚力度。

三、事中事后监管

为贯彻落实国务院取消启闭机使用许可后继续加强事中事后监管的要求,2020 年 8 月 27 日水利部办公厅印发《水利工程启闭机事中事后监管工作实施方案》(办建设函〔2020〕648 号),见附录三《水利工程启闭机事中事后监管工作实施方案》。文件明确,水利部水利工程建设司和政策法规司牵头,相关单位配合,共同组织开展水利工程启闭机事中事后监管工作。水利部综合事业局负责承担具体工作和建立水利工程启闭机生产企业及启闭机产品名录库,实行动态管理。截至 2021 年底,在水利工程启闭机信息管理平台上备案企业共 1 280 家,其中螺杆式启闭机生产企业 349 家、固定卷扬式启闭机生产企业 516 家、移动式启闭机生产企业 128 家、液压启闭机生产企业 287 家,除液压启闭机企业生产的产品相对专业化外,其余绝大多数企业同时生产多种型式启闭机产品。

水利工程启闭机事中事后监管工作采取“双随机、一公开”方式,由水利部水行政主管部门依法依规对水利工程启闭机生产企业及其生产的启闭机进行有计划的监督检查。监督检查内容包括现场检查和产品质量抽样检验两个方面,其中现场检查主要内容包括水利工程启闭机生产企业基本条件、技术能力和检测能力;产品质量抽样检验由产品检验人员根据监督检查计划确定的启闭机产品规格和型式,按照相关标准的要求,从生产现场抽取已经企业检验合格的产品(或部件)进行抽样检验。对获证企业进行事中事后监管,是保证启闭机生产质量的重要措施,是水行政主管部门的重要职责,是闭环监管机制的重要方面。

第三节　特种设备制造许可

一、特种设备实施

特种设备制造许可证,即“TS 认证”,是指国家质量监督检验检疫总局对特种设备的生产(含设计、制造、安装、改造、维修等项目)、使用、检验检测相关单位进行监督检查,对经评定合格的单位给予从业许可,授予使用“TS 认证”标志的管理行为。特种设备制造许分为八类,分别为:锅炉、压力容器制造许可,压力管道元件制造许可,厂内机动车辆类制造许可,客运索道制造许可,大型游乐设施许可,大型游乐设施类制造许可,起重机械类制造许可,电梯类特种设备制造许可。在特种设备领域,各制造、使用、检测单位在规定的期限内如果不能取得“TS 认证”,国家将不允许其进入特种设备的相关领域开展经济活动。

根据《中华人民共和国特种设备安全法》《特种设备安全监察条例》的规定,质检总局于 2014 年 10 月修订了《特种设备目录》,将原《特种设备目录》中的电站门式起重机合并到通用门式起重机中,将电站桥式起重机合并到通用桥式起重机中,额定起重量由不小于 1 t 提高到不小于 3 t。修订后的《特种设备目录》中的起重机械目录见表 8-7。水利水电工程中的门式启闭机、桥式启闭机属于起重机械,对其中的额定起重量≥3 t 且提升高度≥2 m 的门式起重机、桥式起重机执行特种设备制造许可证管理制度。

表 8-7　起重机械目录

代码	各类	类别	品种
4000	起重机械	起重机械,是指用于垂直升降或者垂直升降并水平移动重物的机电设备,其范围规定为额定起重量大于或者等于 0.5 t 的升降机;额定起重量大于或者等于 3 t(或额定起重力矩大于或者等于 40 t · m 的塔式起重机,或生产率大于或者等于 300 t/h 的装卸桥),且提升高度大于或者等于 2 m 的起重机;层数大于或者等于 2 层的机械式停车设备。	
4100		桥式起重机	
4110			通用桥式起重机
4130			防爆桥式起重机
4140			绝缘桥式起重机
4150			冶金桥式起重机
4170			电动单梁起重机
4190			电动葫芦桥式起重机
4200		门式起重机	
4210			通用门式起重机
4220			防爆门式起重机
4230			轨道式集装箱门式起重机
4240			轮胎式集装箱门式起重机
4250			岸边集装箱起重机
4260			造船门式起重机
4270			电动葫芦门式起重机

续表 8-7

代码	各类	类别	品种
4280			装卸桥
4290			架桥机
4300		塔式起重机	
4310			普通塔式起重机
4320			电站塔式起重机
4400		流动式起重机	
4410			轮胎起重机
4420			履带起重机
4440			集装箱正面吊运起重机
4450			铁路起重机
4700		门座式起重机	
4710			门座起重机
4760			固定式起重机
4800		升降机	
4860			施工升降机
4870			简易升降机
4900		缆索式起重机	
4A00		桅杆式起重机	
4D00		机械式停车设备	

二、特种设备调整

依据《特种设备生产单位许可目录》《特种设备作业人员资格认定分类与项目》《特种设备检验检测人员资格认定项目》《特种设备生产和充装单位许可规则》等许可要求，2019 年 6 月，国家市场监督管理总局印发《市场监管总局办公厅关于特种设备行政许可有关事项的实施意见》（市监特设〔2019〕32 号）。文件规定，机电类特种设备，以及电梯、起重机、客运索道部件和安全保护装置等，不再进行型式试验备案，相关型式试验报告和型式试验证书上传特种设备型式试验公示平台进行公示，生产单位应当按照型式试验报告和型式试验证书确定的范围开展相应的生产活动。2019 年 6 月 1 日起实施的特种设备生产单位许可目录见表 8-8，起重机械许可参数级别见表 8-9。

表 8-8 特种设备生产单位许可目录

许可类别	项目	由总局实施的子项目	总局授权省级市场监管部门实施或由省级市场监管部门实施的子项目
制造单位许可	起重机械制造（含安装、修理、改造）	1. 桥式、门式起重机（A） 2. 流动式起重机（A） 3. 门座式起重机（A）	1. 桥式、门式起重机（B） 2. 流动式起重机（B） 3. 门座式起重机（B） 4. 机械式停车设备 5. 塔式起重机、升降机 6. 缆索式起重机 7. 桅杆式起重机

表 8-9 起重机械许可参数级别

设备类别	许可参数级别		备注
	A	B	
桥式、门式起重机	200 t 以上	200 t 及以下（注）	A 级覆盖 B 级，岸边集装箱起重机、装卸桥纳入 A 级许可
流动式起重机	100 t 以上	100 t 及以下（注）	A 级覆盖 B 级
门座式起重机	40 t 以上	40 t 及以下（注）	A 级覆盖 B 级
机械式停车设备	不分级		
塔式起重机、升降机			
缆索式起重机			
桅杆式起重机			

第四节 设计问责

一、设计问责实施

为贯彻落实“水利工程补短板、水利行业强监管”水利改革发展总基调，保障水利工程勘测设计质量，2020 年 3 月 6 日，水利部印发《水利工程勘测设计失误问责办法（试行）》（水总〔2020〕33 号）（简称《办法》）。《办法》明确了水利工程勘测设计失误的分级标准和问责标准，将实现水利工程勘测设计失误问责的制度化、科学化，进一步压实勘测设计责任，促进勘测设计质量不断提升。

《办法》依据《建设工程质量管理条例》《建设工程勘察设计管理条例》等相关法律、法规、规章，结合水利工程勘测设计实际制定，适用于初步设计批复后的水利工程勘测设计失误问责。水利部、省级水行政主管部门及市级、县级水行政主管部门负责对全国、本行政区域内具有管辖权的水利工程勘测设计质量实施统一监督管理,组织水利工程勘测设计质量监督检查,对勘测设计失误进行调查、认定和问责。问责对象为造成水利工程勘测设计失误的责任单位和责任人。

二、设计问责分级

勘察设计依据的基础资料应真实、完整、准确,设计应符合法律、法规、规章、强制性标准和推荐性技术标准的要求,设计深度符合设计阶段的工作深度要求。金属结构设计失误分级标准见表8-10。

表8-10　金属结构设计失误分级标准

序号	问题描述	分级		
		一般	较重	严重
(一)	金属结构设备选型、布置			
1	金属结构设备选型、布置不完全符合技术标准要求,但基本满足工程功能和安全要求	√		
2	金属结构设备选型、布置不符合技术标准要求,工程功能发挥受到影响,存在一定安全隐患,采取补救措施后,可以保证工程运行安全和金属结构设备安全		√	
3	金属结构设备选型、布置不符合技术标准要求,工程功能发挥和安全运行受到影响,存在较大安全隐患,影响工程安全运行			√
(二)	主要建筑物金属结构设计			
4	泄水、输水、发电、过坝建筑物等的金属结构设计不完全符合技术标准要求,但基本满足工程功能和安全要求	√		
5	泄水、输水、发电、过坝建筑物等的金属结构设计不符合技术标准要求,存在一定安全隐患,采取补救措施后,可以保证工程运行安全和金属结构设备安全		√	
6	泄水、输水、发电、过坝建筑物等的金属结构设计不符合技术标准要求,存在较大设备及工程运行安全隐患			√

第五节　设计变更

一、设计变更依据

设计变更是自水利工程初步设计批准之日起至工程竣工验收交付使用之日,对已批准的初步设计所进行的修改活动。为适应当前水利建设新形势，落实好水利改革发展总基调，进一步规范设计变更管理，依据《建设工程勘察设计管理条例》《建设工程质量管理条例》，水利部以水规计〔2020〕283 号文，对现行《水利工程设计变更管理暂行办法》（水规计〔2012〕93 号）进行了修订完善。此规定适用于新建、改（扩）建、加固等大中型水利工程的设计变更管理，小型水利工程的设计变更管理可以参照执行。要求各级水行政主管部门、流域管理机构应加强初步设计文件实施的监督管理。项目法人应提升管理水平，严格执行基本建设程序和批复的初步设计文件，加强设计变更管理。勘察设计单位应着力提高勘察设计水平，控制重大设计变更，减少一般设计变更。

二、设计变更分类

水利工程设计变更分为重大设计变更和一般设计变更。重大设计变更是指工程建设过程中，对初步设计批复的有关建设任务和内容进行调整，导致工程任务、规模、工程等级及设计标准发生变化，工程总体布置方案、主要建筑物布置及结构型式、重要机电与金属结构设备、施工组织设计方案等发生重大变化，对工程质量、安全、工期、投资、效益、环境和运行管理等产生重大影响的设计变更。

金属结构专业重大设计变更是指：干渠（线）及以上工程有压输水钢管材质、设计压力及调压设施的重大变化；具有防洪、泄水功能的闸门工作性质、闸门门型、布置方案、启闭设备型式的重大变化；电站、泵站等工程应急闸门工作性质、闸门门型、布置方案、启闭设备型式的重大变化；导流封堵闸门的门型、结构、布置方案的重大变化。

重大设计变更以外的其他设计变更，为一般设计变更，包括并不限于：水利枢纽工程中次要建筑物的布置、结构型式、基础处理方案及施工方案变化；堤防和河道治理工程的局部变化；灌区和引调水工程中支渠（线）及以下工程的局部线路调整、局部基础处理方案变化，次要建筑物的布置、结构型式和施工组织设计变化；一般机电设备及金属结构设备型式变化；附属建设内容变化等。

三、设计变更报批与监管

工程勘察、设计文件的变更，应委托原勘察、设计单位进行。经原勘察、设计单位书面同意，项目法人也可以委托其他具有相应资质的勘察、设计单位进行修改。重大设计变更文件编制应当满足初步设计阶段的设计深度要求，有条件的可按施工图设计阶段的设计深度进行编制。

工程设计变更审批采用分级管理制度。重大设计变更文件，由项目法人按原报审程序报原初步设计审批部门审批。报水利部审批的重大设计变更，应附原初步设计文件报送单位的意见。一般设计变更文件由项目法人组织有关参建方研究确认后实施变更，并报项目主管部门核备，项目主管部门认为必要时可组织审批。设计变更文件审查批准后，由项目法人负责组织实施。

水利部负责对全国水利工程的设计变更实施监督管理。水利部流域管理机构和地方各级水行政主管部门按照规定的职责分工，负责对其有管辖权的水利工程设计变更进行监督管理。

第六节　水利建设项目稽察

一、稽察内容

2020年5月22日，水利部监督司印发《水利部监督司关于印发水利建设项目稽察常见问题清单（试行）的通知》（监督质函〔2020〕16号）（简称《问题清单》），要求水利部本级及各流域管理机构组织开展水利建设项目稽察工作。从一年试行情况看，《问题清单》应用效果较好，水利部监督司组织对《问题清单》进行补充完善，形成《水利建设项目稽察常见问题清单（2021年版）》。2021年6月28日，水利部办公厅印发《水利部办公厅关于印发水利建设项目稽察常见问题清单（2021年版）的通知》（办监督〔2021〕195号），要求在水利部本级及各流域管理机构组织开展的水利建设项目稽察中正式执行。

《水利建设项目稽察常见问题清单（2021年版）》专用于水利部本级及各流域管理机构开展水利建设项目稽察过程中的问题检查和问题认定，稽察主要包括前期与设计、建设管理、计划管理、建设资金使用与管理、质量管理、安全管理等6个专业内容。

稽察发现的问题是指工程建设过程中在设计、施工、建设管理等各阶段及各环节，违反或不满足法律法规、部门规章、规范性文件和技术标准、政策性文件等要求，对工程的建设、功能发挥、安全运行等可能造成影响的问题。问题性质可分为“严重”“较重”“一般”三个类别。

问题性质可参考以下原则认定：根据问题可能产生的影响程度、潜在风险等认定。可能对主体工程的质量、安全、进度或投资规模等产生较大影响的问题认定为“严重”，产生较小影响的认定为“较重”或“一般”；根据工程等别和建筑物级别等认定。属于大中型工程（Ⅰ、Ⅱ、Ⅲ）的认定为“严重”或“较重”，属于小型工程（Ⅳ、Ⅴ）的认定为“较重”或“一般”；结合问题发生所处的工程部位认定。发生在关键部位及重要隐蔽工程的认定为“严重”或“较重”，发生在一般部位的认定为“较重”或“一般”；根据工作深度认定。如某项管理制度未建立、未编制等认定为“较重”，制度不健全、内容不完整、缺少针对性等认定为“一般”。对稽察发现问题有疑问的，被稽察单位可当场或现场稽察工作结束前提供相关材料进行申诉；稽察组应充分与其沟通，并对相关说明和材料进行复核。

二、稽察常见问题清单

《水利建设项目稽察常见问题清单（2021年版）》第1章“前期与设计”中的5单项工程（或专业）安全和结构安全符合性包括金属结构、机电设备等19节，其中的5.18节“金属结构稽察清单”共42条，详细列出了金属结构专业设计稽察常见问题清单和稽察所依据的相关法规标准内容或条款，详见表8-11。

表 8-11　金属结构专业设计稽察常见问题清单(2021 年版)

序号	问题描述	相关法规标准	法规标准内容或条款
5.18.1	闸门设计基础资料不完整	《水利水电工程钢闸门设计规范》(SL 74—2019)第 1.0.4 条	1.0.4　设计闸门时,应根据具体情况一般需要下列有关资料: 1 工程的任务和水工建筑物的布置; 2 闸门的孔口尺寸和运用条件; 3 水文、泥沙、水质、冰情、漂浮物和气象方面的情况; 4 闸门的材料、制造、运输和安装方面的条件; 5 地震及其他特殊要求等
5.18.2	闸门结构计算方法不符合规范要求	《水利水电工程钢闸门设计规范》(SL 74—2019)第 1.0.6 条	1.0.6　闸门结构设计和验算应采用容许应力方法。对于大孔口、高水头闸门宜采用有限元法分析方法进行复核
5.18.3	闸门布置不符合规范要求	《水利水电工程钢闸门设计规范》(SL 74—2019)第 3.1.1 条	3.1.1　闸门应布置在水流较平顺的部位,并符合下列要求: 1 门前应避免出现横向流和漩涡。 2 门后应避免出现淹没出流和回流。 3 闸门底部和闸门顶部不应同时过水。 4 闸门井与孔口不应同时过水
5.18.4	闸门选型不符合规范要求	《水利水电工程钢闸门设计规范》(SL 74—2019)第 3.1.2 条	3.1.2　闸门型式选择应根据下列因素综合考虑确定: 1 工程对闸门运行要求。 2 闸门在水工建筑物中的位置、孔口尺寸、上下游水位、操作水头和门后水流流态。 3 泥沙和漂浮物及冰冻情况。 4 启闭机的型式、启闭力和挂脱钩方式。 5 制造、运输、安装、维修和材料供应等条件。 6 技术经济指标
5.18.5	启闭机选型不符合规范要求	《水利水电工程钢闸门设计规范》(SL 74—2019)第 3.1.3 条	3.1.3　泄水和水闸系统中的多孔口工作闸门,当需短时间内全部开启或均匀泄水时,应选用固定式启闭机

续表 8-11

序号	问题描述	相关法规标准	法规标准内容或条款
5.18.6	启闭机无备用电源	《水利水电工程钢闸门设计规范》(SL 74—2019)第3.1.4条	3.1.4　具有防洪功能的泄水和水闸枢纽工作闸门的启闭机必须设置备用电源,必要时设置失电应急液控启闭装置
5.18.7	两道闸门间距不符合规范要求	《水利水电工程钢闸门设计规范》(SL 74—2019)第3.1.5条	3.1.5　两道闸门之间或闸门与拦污栅之间的最小净距应满足门槽混凝土强度与抗渗、启闭机布置与运行、闸门安装与维修和水力学条件等要求,且不宜少1.50 m
5.18.8	露顶式闸门高度不符合规范要求	《水利水电工程钢闸门设计规范》(SL 74—2019)第3.1.8条	3.1.8　露顶式闸门顶部应在可能出现的最高挡水位以上有0.3~0.5 m的超高
5.18.9	寒冷地区闸门无防冰冻设施	《水利水电工程钢闸门设计规范》(SL 74—2019)第3.1.9条	3.1.9　闸门不得承受冰的静压力
5.18.10	闸门通气孔设置不合理	《水利水电工程钢闸门设计规范》(SL 74—2019)第3.1.10条	3.1.10　当潜孔式闸门门后不能充分通气时,必须在紧靠闸门下游的孔口顶部设置通气孔,通气孔出口应高于可能发生的最高水位,其上端应与启闭机室分开,并应有防护设施
5.18.11	闸门通气孔面积不符合规范要求	《水利水电工程钢闸门设计规范》(SL 74—2019)第3.1.11条	3.1.11　通气孔面积应按附录B计算
5.18.12	闸门单元划分及刚度不满足制造、运输和安装条件	《水利水电工程钢闸门设计规范》(SL 74—2019)第3.1.13条	3.1.13　为便于制造、运输和安装,闸门、拦污栅结构设计时应符合下列要求: 1 考虑制造、安装的具体条件。 2 运输单元应具有必要的刚度,外形尺寸和重量应满足运输的要求

续表 8-11

序号	问题描述	相关法规标准	法规标准内容或条款
5.18.13	闸门单元划分不合理,受力焊缝现场焊接工作量偏大	《水利水电工程钢闸门设计规范》(SL 74—2019)第3.1.13条	3.1.13 4结构构件的连接宜采用焊接,但应减少现场焊接工作量。闸门节间也可采用销轴或螺栓连接
5.18.14	未设置闸门检修孔或检修台	《水利水电工程钢闸门设计规范》(SL 74—2019)第3.1.14条	3.1.14 闸门、拦污栅和启闭机的布置设计应符合下列要求: 3 露顶式闸门,当不能提升到闸墩墩面时,宜在适当高程处设置检修孔或检修台。潜孔式弧形闸门,宜在其胸墙和侧止水导板的适当高程处,设置不小于800 mm宽的检修台阶。在支铰处宜设检修平台
5.18.15	未提出防腐蚀要求,或防腐材料不适合闸门干湿交替工作条件	《水利水电工程钢闸门设计规范》(SL 74—2019)第3.1.15条、第5.1.15条	3.1.15 闸门及附属设备防腐蚀设计应根据运行条件、闸门型式、设置部位、水质及环保要求等情况确定。 5.1.15 闸门防腐蚀涂装材料应根据工作环境、环保要求、工作年限、使用工况选用,并符合SL 105规定的要求
5.18.16	泄水孔(洞)工作闸门的上游侧未设置事故闸门	《水利水电工程钢闸门设计规范》(SL 74—2019)第3.2.2条	3.2.2 在泄水孔(洞)工作闸门的上游侧应设置事故闸门。对高水头和长泄水孔(洞)的闸门还应研究在事故闸门前设置检修闸门的必要性
5.18.17	潜孔弧门门楣无防射水设施	《水利水电工程钢闸门设计规范》(SL 74—2019)第3.2.7条	3.2.7 对于潜孔式弧形闸门,门楣上应设置防射水封
5.18.18	快速闸门关闭时间不满足要求	《水利水电工程钢闸门设计规范》(SL 74—2019)第3.3.3条	3.3.3 快速闸门关闭时间应满足对机组和钢管的保护要求,在接近底槛时其下降速度不宜大于5 m/min
5.18.19	快速闸门控制无可靠电源	《水利水电工程钢闸门设计规范》(SL 74—2019)第3.3.3条	3.3.3 快速闸门启闭机应能现地操作和远控闭门,并应配有可靠电源和准确的开度指示控制器

续表 8-11

序号	问题描述	相关法规标准	法规标准内容或条款
5.18.20	封堵闸门启闭机容量不符合动水启门的要求	《水利水电工程钢闸门设计规范》(SL 74—2019)第3.5.2条	3.5.2　封堵闸门的设计应考虑下闸过程中,在一定水头下动水启门的情况
5.18.21	工作闸门未考虑动力系数,或动力系数取值有误	《水利水电工程钢闸门设计规范》(SL 74—2019)第4.0.3条	4.0.3　高水头下经常动水操作的工作闸门或经常局部开启的工作闸门,设计时应考虑闸门各部件承受不同程度的动力荷载,可按闸门不同型式及其水流条件,并将作用在闸门不同部件上的静荷载分别乘以不同的动力系数来考虑。动力系数值取范围为1.0~1.2。对露顶式弧门主梁与支臂宜取1.1~1.2。大型工程中水流条件复杂的重要工作闸门,其动力系数应作专门研究。当进行闸门刚度验算时,不考虑动力系数
5.18.22	闸门计算荷载组合不合理	《水利水电工程钢闸门设计规范》(SL 74—2019)第4.0.4条	4.0.4　闸门设计时,应将可能同时作用的各种荷载进行组合。荷载组合分为基本组合和特殊组合两类。基本组合由基本荷载组成,特殊组合由基本荷载和一种或几种特殊荷载组成,荷载组合按表4.0.4采用
5.18.23	闸门材料选择不符合规范要求	《水利水电工程钢闸门设计规范》(SL 74—2019)第5.1.1条	5.1.1　闸门主要承载结构的钢材应根据闸门的性质、操作条件、连接方式、工作温度等不同情况选择其钢号和材质,其质量标准应分别符合GB/T 700、GB/T 1591、GB 713、GB/T 714规定的要求,并根据不同情况按表5.1.1选用
5.18.24	所选闸门材料或性能不符合规范要求	《水利水电工程钢闸门设计规范》(SL 74—2019)第5.1.2条	5.1.2　闸门承载结构的钢材应保证其抗拉强度、屈服强度、伸长率和硫、磷的含量符合要求,对焊接结构尚应保证碳的含量符合要求。 主要受力结构和弯曲成型部分钢材应具有冷弯试验的合格保证。承受动载的焊接结构钢材应具有相应计算温度冲击试验的合格保证。承受动载的非焊接结构,必要时,其钢材也应具有冲击试验的合格保证

续表 8-11

序号	问题描述	相关法规标准	法规标准内容或条款
5. 18. 25	未按规范选择标准高强度螺栓	《水利水电工程钢闸门设计规范》(SL 74—2019)第 5. 1. 13 条	5. 1. 13　高强度螺栓连接副应符合 GB/T 1228~GB/T 1231、GB/T 3632 规定的要求
5. 18. 26	所选钢材容许应力取值不合理	《水利水电工程钢闸门设计规范》(SL 74—2019)第 5. 2. 1 条	5. 2. 1　钢材的容许应力应根据表 5. 2. 1-1 的尺寸分组,按表 5. 2. 1-2 采用。连接材料的容许应力按表 5. 2. 1-3、表 5. 2. 1-4 采用。 对下列情况,表 5. 2. 1-2 至表 5. 2. 1-4 的数值应乘以调整系数: ——大、中型工程的工作闸门及重要的事故闸门调整系数为 0. 90~0. 95; ——在较高水头下经常局部开启的大型闸门调整系数为 0. 85~0. 90; ——规模巨大且在高水头下操作而工作条件又特别复杂的工作闸门调整系数为 0. 80~0. 85。 上述系数不应连乘,特殊情况,另行考虑
5. 18. 27	弧门支铰位置布置不合理,易受水流冲击	《水利水电工程钢闸门设计规范》(SL 74—2019)第 6. 1. 7 条	6. 1. 7　弧形闸门支铰布置应考虑符合以下要求: 1 面板曲率半径与闸门高度的比值,对露顶式可取 1. 0~1. 5,对潜孔式可取 1. 1~2. 2。 2 弧形闸门支铰宜布置在过流时支铰不受水流及漂浮物冲击的高程上。 3 溢流坝上的露顶式弧形闸门,支铰位置可布置在闸门底槛以上(1/3~3/4)*H*(*H* 为门高)处。 4 水闸的露顶式弧形闸门,支铰位置可布置在闸门底槛以上(2/3~1)*H* 处。 5 深孔式弧形闸门,支铰位置可布置在底槛以上大于 1. 1*H* 处
5. 18. 28	弧门支臂与主梁的连接不规范	《水利水电工程钢闸门设计规范》(SL 74—2019)第 6. 1. 12 条	6. 1. 12　弧形闸门的支臂与主横梁应保证刚性连接。斜支臂与主横梁如采用螺栓连接,宜设抗剪板。抗剪板与连接板两端面应保证接触良好

续表 8-11

序号	问题描述	相关法规标准	法规标准内容或条款
5.18.29	闸门结构计算中,强度、刚度和稳定性计算有漏项	《水利水电工程钢闸门设计规范》(SL 74—2019)第6.2.1条	6.2.1　闸门结构设计计算,应按第1.0.6条规定的计算原则及第4.0.1条~第4.0.5条规定的荷载,及实际可能发生的最不利的荷载组合情况,按基本荷载组合和特殊荷载组合条件分别进行强度、刚度和稳定性验算
5.18.30	闸门主要受力结构的强度计算有漏项	《水利水电工程钢闸门设计规范》(SL 74—2019)第6.2.2条	6.2.2　闸门承载构件和连接件,应验算正应力和剪应力。在同时承受较大正应力和剪应力的作用处,还应验算折算应力。对高水头闸门主梁如有必要可按薄壁深梁理论校核。 弧形闸门的纵向梁系和面板,可忽略其曲率影响,近似按直梁和平板进行验算
5.18.31	闸门吊耳计算未考虑超载系数	《水利水电工程钢闸门设计规范》(SL 74—2019)第7.3.3条	7.3.3　作用在吊耳、吊杆、连接轴、连接板和连接螺栓上的荷载,应按所选启闭机的启闭力(对操作多种类型闸门的移动式启闭机,应取各门相应的计算启闭力)乘以1.1~1.2的超载系数计算,以考虑闸门启闭时的超载或不均匀影响。潜孔闸门上的吊耳,因工作条件复杂,除考虑上述系数外,尚应予以适当增强
5.18.32	闸门吊耳计算不符合规范要求	《水利水电工程钢闸门设计规范》(SL 74—2019)第7.3.6条、附录M	7.3.6　吊耳的宽度、厚度与孔径的关系尺寸及吊杆、吊耳的计算,应符合附录M的规定。 附录M吊耳与吊杆的计算
5.18.33	未考虑焊缝施焊的可操作性	《水利水电工程钢闸门设计规范》(SL 74—2019)第7.6.2条	7.6.2　闸门结构及焊接件设计应考虑施焊方便、焊条角度要求及烟雾顺利逸出
5.18.34	未对重要受力焊缝提出要求	《水利水电工程钢闸门设计规范》(SL 74—2019)第7.6.3条	7.6.3　对承受动荷载或低于0℃下工作的闸门,主梁翼缘与腹板间、主梁腹板与边梁腹板间、支臂与两端支承板及承受弯矩段腹板与翼缘间的T形焊缝,应予焊透。腹板边缘尚应根据板厚和施焊条件进行加工。对于低温工作的一类、二类焊缝,焊接接头尚应进行冲击试验

续表 8-11

序号	问题描述	相关法规标准	法规标准内容或条款
5.18.35	受力构件长度不够时采用塞焊	《水利水电工程钢闸门设计规范》(SL 74—2019)第7.6.4条	7.6.4　承受主要荷载的结构不得采用塞焊连接
5.18.36	闸门埋件结构设计不符合按规范要求	《水利水电工程钢闸门设计规范》(SL 74—2019)第8.0.1条	8.0.1　闸门埋件应能将闸门所承受的荷载安全地传递到混凝土或其他材料中。 门槽一期混凝土面与门叶间应有不小于100 mm的距离。门槽高度小于10 m的可适当减小
5.18.37	闸门埋件设计未考虑二期混凝土,或尺寸不满足安装要求	《水利水电工程钢闸门设计规范》(SL 74—2019)第8.0.2条	8.0.2　闸门埋件应采用二期混凝土安装。二期混凝土宜有足够尺寸
5.18.38	一、二期埋件搭接锚筋直径或长度不够	《水利水电工程钢闸门设计规范》(SL 74—2019)第8.0.3条	8.0.3　安装埋件和锚固二期混凝土的锚筋,直径不宜小于16 mm,伸出一期混凝土面的长度不宜小于150 mm。 低水头小孔口闸门埋件所用锚筋的直径及外伸长度可适当减小。为适应钢滑模板施工,一期锚筋也可采用锚板型式。但在构造上应加强锚板与二期混凝土的锚固措施
5.18.39	多泥沙河流埋件设计未采取抗磨抗空蚀措施	《水利水电工程钢闸门设计规范》(SL 74—2019)第8.0.4条	8.0.4　多泥沙河流上的排沙泄水孔(洞)闸门的门槽埋件及其附近衬护,应结合抗磨蚀和抗空蚀的要求进行设计。当水流中有大量推移质过闸时,闸孔底部应采取相应的衬护措施
5.18.40	埋件分节不合理,或易变形	《水利水电工程钢闸门设计规范》(SL 74—2019)第8.0.5条	8.0.5　埋件分段时应考虑制造、运输和安装对其长度的限制及其本身刚度的要求
5.18.41	启闭机容量偏小	《水利水电工程钢闸门设计规范》(SL 74—2019)第9.2.2条	9.2.2　选用启闭机的启闭容量不应小于计算启闭力
5.18.42	未要求自动挂脱梁做静平衡试验	《水利水电工程钢闸门设计规范》(SL 74—2019)第9.3.2条	9.3.2　5自动挂脱梁应做静平衡试验,以便操作平稳,入槽前不应有倾斜、阻卡等现象

附录一　关于推行和启动水工金属结构产品自愿性认证的通知

中国水利企业协会
机械分会文件

中水企机械〔2020〕1号

关于推行水工金属结构产品自愿性认证的通知

各有关单位：

按照国务院推进简政放权、放管结合、优化服务的决策部署，根据《国务院关于进一步压减工业产品生产许可证管理目录和简化审批程序的决定》（国发〔2018〕33号）、《国务院关于在全国推开“证照分离”改革的通知》(国发〔2018〕35号）等有关规定,水工金属结构产品生产许可证取消后，应加强事中事后监督管理，推行行业产品自愿性认证。

为深入贯彻落实“水利工程补短板、水利行业强监管”水利改革发展总基调，进一步强化行业产品质量监督管理，推进水工金属结构产品健康有序高质量发展，中国水利企业协会机械分会在水利部综合事业局等相关部门的指导下，推行水工金属结构产品自愿性认证工作。

鼓励各单位本着自愿原则，积极参加，若有疑问请与分会联系。

中国水利企业协会机械分会

2020 年 6 月 4 日

北京新华节水产品认证有限公司文件

新节综〔2020〕07号

关于启动水工金属结构产品自愿性认证工作的通知

各相关单位：

推行行业产品自愿性认证是国务院强化行业产品质量监督管理的重要手段。中国水利企业协会机械分会根据《国务院关于进一步压减工业产品生产许可证管理目录和简化审批程序的决定》（国发〔2008〕33号），下发《关于推行水工金属结构产品自愿性认证的通知》（中水企机械〔2020〕1号），在行业内推行水工金属结构产品自愿性认证工作。

北京新华节水产品认证有限公司依托行业资源，立足行业需求，服务行业发展，在水利部综合事业局、中国水利企业协会机械分会的指导下，在水利部水工金属结构质量检验测试中心等单位的配合下，正式启动水工金属结构产品自愿性认证工作，水工金属结构产品认证实施方案见附件。

欢迎水工金属结构产品生产企业咨询和参与。

附件 1. 水利水电工程钢闸门认证实施规则

附件 2. 水利水电工程清污机认证实施规则

附件 3. 水利水电工程压力钢管认证实施规则

附件 4. 水工金属结构产品工厂质量保证能力要求

北京新华节水产品认证有限公司

2020 年 6 月 4 日

附录二　水利水电工程金属结构产品认证实施细则

北京新华节水产品认证有限公司

XHRZ-GZ-03-J08-01-2020-A/0

水利水电工程钢闸门认证实施规则

编写：技术部
审核：殷春霞
批准：殷春霞
状态：有效 04

发布日期：2020年6月2日　　实施日期：2020年6月2日

北京新华节水产品认证有限公司

XHRZ-GZ-11-J06-01-2020-A/0

水利水电工程压力钢管认证实施规则

编写：技术部
审核：殷春霞
批准：殷春霞
状态：有效 04

发布日期：2020年6月2日　实施日期：2020年6月2日

北京新华节水产品认证有限公司

XHRZ-GZ-10-J03-01-2020-A/0

水利水电工程清污机认证实施规则

编写：技术部
审核：殷春霞
批准：殷春霞
状态：有效 04

发布日期：2020年6月2日　　实施日期：2020年6月2日

附录三　水利工程启闭机事中事后监管工作实施方案

中华人民共和国水利部办公厅

办建设函〔2020〕648 号

水利部办公厅关于印发水利工程启闭机事中事后监管工作实施方案的通知

各流域管理机构，各省、自治区、直辖市水利（水务）厅（局），新疆生产建设兵团水利局，各有关单位：

为深入贯彻落实“水利工程补短板、水利行业强监管”水利改革发展总基调，根据《国务院关于加强和规范事中事后监管的指导意见》（国发〔2019〕18 号）和《水利部关于取消水利工程启闭机使用许可证核发后加强事中事后监管的通知》（水建管〔2018〕1 号）精神要求，进一步加强水利工程启闭机事中事后监管工作，保障水利工程建设质量和安全，我部制定了《水利工程启闭机事中事后监管工作实施方案》。现予以印发，请认真贯彻执行。

水利部办公厅

2020 年 8 月 27 日

水利工程启闭机事中事后监管工作实施方案

一、总　则

第一条　为贯彻落实《国务院关于加强和规范事中事后监管的指导意见》(国发〔2019〕18号)和《水利部关于取消水利工程启闭机使用许可证核发后加强事中事后监管的通知》(水建管〔2018〕1号)的精神和要求,规范水利工程启闭机事中事后监管工作,制定本方案。

第二条　水利工程启闭机事中事后监管工作,是指国务院水行政主管部门依法依规对水利工程启闭机生产企业及其生产的启闭机产品进行有计划的监督检查和抽样检验。事中事后监管工作主要采取"双随机、一公开"方式,随机抽取检查对象、随机抽取检查人员,检查结果向社会公开。

本方案所称启闭机,是指水利工程中用于开启和关闭闸门、起吊和安放拦污栅的专用设备。启闭机产品的型式和规格划分见附件1。

第三条　水利工程启闭机事中事后监管工作遵循全面覆盖、规范透明、问题导向的原则,做到阳光监管、信息公开、客观公正、实事求是。

二、检查内容和方式

第四条　监督检查内容包括现场检查和产品质量抽样检验两个方面。

第五条　现场检查主要内容包括水利工程启闭机生产企业基本条件、技术能力和检测能力,具体检查内容见附件2。

第六条　产品质量抽样检验由产品检验人员根据监督检查计划确定的启闭机产品规格和型式,按照相关标准的要求,从生产现场抽取已经企业检验合格的产品(或部件)进行抽样检验,产品抽样检验项目见附件3。

第七条　现场检查的主要方式包括:听取情况介绍、查阅资料、察看现场、询问核查等。检查组应详细记录检查过程中发现的问题和情况,采取复印、录音、摄像(影)等手段,收集相关资料。

第八条　产品质量抽样检验的主要方式包括:听取情况介绍、查阅自检资料、现场检验等。检验人员应按要求填写检验记录。

第九条　现场检查和产品质量抽样检验工作完成后,检查人员填写现场检查记录表(附件4),被检查单位人员在产品质量抽样检验记录表(附件5)和检查问题确认单(附件6)上分别签字确认。

三、组织实施

第十条　水利部水利工程建设司(以下简称建设司)、水利部政策法规司(以下简称政法司)牵头,相关单位配合,共同组织开展水利工程启闭机事中事后监管工作。水利部综合事业局(以下简称综合局)承担具体工作。

第十一条 政法司和建设司负责建立执法检查人员名录库,实行动态管理。

第十二条 综合局负责建立水利工程启闭机生产企业及启闭机产品名录库,实行动态管理。水利工程建设单位和启闭机生产企业应在签署设备采购合同后 20 个工作日内分别在产品名录库中填报相关产品信息。

第十三条 综合局负责制定事中事后监督检查事项清单,明确检查主体、内容和方式等。检查事项清单报政法司和建设司审定后,由水利部向社会公开。

第十四条 综合局每年年初制定年度监督检查计划,经政法司和建设司审定后,由水利部向社会公开。综合局按计划组织实施。

第十五条 综合局负责随机抽取名录库中的启闭机生产企业及相关产品,并报建设司审批。抽取遵循以下原则:

(一)以有序推动重点水利工程顺利实施、防范化解水利建设项目风险隐患为目标,围绕水利工程建设管理重点工作,将已签署设备采购合同的水利工程启闭机生产企业及其产品作为重点监管对象;

(二)根据水利工程所属区域和启闭机产品规格及型式,按照相对均衡的原则,随机抽取检查对象,合理确定检查比例;

(三)避免短期内多次对同一单位和产品进行检查;

(四)在督查、稽察中发现问题较多的重大水利工程建设项目涉及的启闭机生产企业可作为重点检查对象,适当提高检查频次;对投诉举报、问题较多、信用较差的启闭机生产企业进行指定检查。

第十六条 检查对象确定后,综合局从执法检查人员名录库中随机抽取执法检查人员并报建设司审定。

(一)检查组由 6~7 人组成,其中组长 1 名,具有执法资格的检查人员不少于 2 人,检查专家 1~2 人,产品质量抽样检验人员 2 人,检查工作实行组长负责制。

根据产品检验任务和要求选派产品质量抽样检验人员,检验人员专业和资质应符合相关法律法规的要求。检验人员在进行产品抽样检验工作过程中应独立行使质量检验职责。

(二)检查组成员与被检查单位有利害关系,存在以下情形的,应予回避:

1. 本人曾工作过的单位;

2. 本人在其中兼职的单位;

3. 本人曾管辖过的单位;

4. 与本人或亲属有直接利害关系的单位;

5. 其他需要回避的情形。

(三)检查人员无法参加检查工作时,应采取"递补抽取"方式随机抽取递补。

第十七条 检查对象和检查人员确定后,应在监督检查工作开展前 5 个工作日通知被检查对象和检查人员。

第十八条 监督检查工作结束后,检查组应及时向综合局提交现场检查记录表、产品抽样检验报告、检查问题确认单和相关取证材料，综合局编写监督检查报告。

第十九条　按照“谁检查、谁录入、谁公开”的原则，综合局起草公示文件，建设司负责提出行政处理意见，报请部领导批准后，将查处结果在水利部官网、全国水利建设市场监管服务平台等公开，接受社会监督。建设司会同政法司将有关违法线索或案件移交有关部门实施行政处罚。

第二十条　查处结果公开期满后，水利部在10个工作日内发出行政处理通知书。查处结果作为全国水利建设市场对启闭机进行设备招投标时的重要依据。

第二十一条　查处结果按规定记入被检查单位诚信档案，存在严重失信行为的单位列入失信黑名单。

四、工作要求

第二十二条　检查人员开展监督检查工作时，有权采取以下措施：

（一）向检查对象、相关单位和人员调查、取证及了解情况；

（二）查阅与检查内容相关的文件、合同等资料；

（三）进入检查对象相关场所进行查验、询问等；

（四）向水利部反映监督检查情况，提出意见建议。

第二十三条　检查人员开展监督检查工作，应履行以下义务：

（一）依法履行职责，坚持原则，自觉维护国家利益；

（二）遵守和执行法律、法规、规章、规范性文件和技术标准；

（三）深入现场，客观公正、实事求是反映检查对象情况，认真完成监督检查任务；

（四）遵守廉洁自律有关规定；

（五）遵守相关保密规定，保守检查对象的商业和技术秘密。

第二十四条　检查对象享有以下权利：

（一）对检查中提出的问题，有权进行陈述和申辩；

（二）对检查结果有异议的，可以申诉；

（三）发现检查人员有本方案第二十六条所列行为时，有权向水利部有关部门反映。

第二十五条　检查对象应履行以下义务：

（一）积极配合、协助开展监督检查工作，按检查组的要求及时提供相关文件资料，并对其真实性和准确性负责；

（二）对检查工作所需的文件、合同等资料，不得拒绝、隐匿和弄虚作假；

（三）对检查组提出的询问作出解释说明。

第二十六条　检查人员有下列行为之一的，给予批评教育；情节严重的，不得继续从事检查工作，并建议有关单位给予党纪政纪处分；涉嫌犯罪的，移送司法机关依法处理。

（一）不认真履行职责，执法检查成果存在严重错误的；

（二）与检查对象串通，编造虚假检查报告的；

（三）对检查发现的重大问题隐匿不报，严重失职的；

（四）违反中央八项规定精神或检查工作纪律的；

（五）违规干预检查对象的正常工作的；

（六）泄露国家秘密以及检查对象商业和技术秘密的；

（七）具有其他违法违规行为的。

第二十七条 检查对象有下列行为之一的，对有关单位和人员通报批评；涉嫌犯罪的，移送司法机关依法处理。

（一）拒绝、阻碍检查人员开展检查工作或者打击报复检查人员；

（二）拖延或拒不提供有关会议记录、文件、资料、合同、协议、财务状况和开展生产或管理工作情况的资料，或者隐匿、伪报资料，或者提供假情况、假证词；

（三）可能影响检查人员公正履行职责的其他行为。

第二十八条 检查对象所在流域管理机构和各级水行政主管部门要积极配合检查工作，如实反映相关情况信息，为检查工作提供便利条件。

五、附　则

第二十九条 本方案由水利部负责解释。

第三十条 本方案自印发之日起施行。

附件：1. 启闭机产品的型式及规格划分表（略）

2. 水利工程启闭机事中事后监管现场检查事项清单（略）
3. 水利工程启闭机产品抽样检验项目清单（略）
4. 水利工程启闭机生产企业现场检查记录表（略）
5. 产品质量抽样检验记录表（略）
6. 检查问题确认单（略）